Vanessa Lux, Jörg Thomas Richter (Hrsg.)
Kulturen der Epigenetik: Vererbt, codiert, übertragen

Weitere empfehlenswerte Titel

**Deep Metazoan Phylogeny: The Backbone of the Tree of Life.
New insights from analyses of molecules, morphology, and theory of data analysis**
Bartholomaeus, Wägele (Eds); 2014
ISBN 978-3-11-027746-3, e-ISBN 978-3-11-027752-4

**Network-based Molecular Biology.
Data-driven Modeling and Analysis**
Nikoloski, Grimbs; 2014
ISBN 978-3-11-026256-8, e-ISBN 978-3-11-026266-7

Systems Biotechnology
Heinzle; 2014
ISBN 978-3-11-028924-4, e-ISBN 978-3-11-028926-8

Optogenetics
Hegemann, Sigrist (Eds); 2013
ISBN 978-3-11-027071-6 , e-ISBN 978-3-11-027072-3

Kulturen der Epigenetik: Vererbt, codiert, übertragen

―

Herausgegeben von
Vanessa Lux und Jörg Thomas Richter

DE GRUYTER

Herausgeber

Vanessa Lux
Zentrum für
Literatur- und Kulturforschung
Schützenstr. 18
10117 Berlin
E-Mail: lux@zfl-berlin.org

Jörg Thomas Richter
Zentrum für
Literatur- und Kulturforschung
Schützenstr. 18
10117 Berlin
E-Mail: richter@zfl-berlin.org

Die dieser Publikation zugrunde liegenden Tagungen und der Druck des Bandes wurde vom Bundesministerium für Bildung und Forschung unter dem Förderkennzeichen 01UG0712 gefördert. Die Verantwortung für den Inhalt liegt bei den Herausgebern.

ISBN 978-3-11-055449-6
e-ISBN 978-3-11- 031603-2
Set-ISBN 978-3-11- 031604-9

Library of Congress Cataloging-in-Publication Data
A CIP catalog record for this book has been applied for at the Library of Congress.

Bibliografische Information der Deutschen Nationalbibliothek
Die Deutsche Nationalbibliothek verzeichnet diese Publikation in der
Deutschen Nationalbibliografie; detaillierte bibliografische Daten sind im Internet über
http://dnb.dnb.de abrufbar.

© 2017 Walter de Gruyter GmbH, Berlin/Boston
Dieser Band ist text- und seitenidentisch mit der 2014 erschienenen gebundenen Ausgabe.
Coverabbildung: Onishi Yasuaki (2009) „reverse of volume". Installation am Aomori Contemporary Art Center, Aomori, Japan (Material: Plastikfolie, Leim u. a.; Maße 593x360x2000 cm).
Satz: PTP-Berlin Protago-T$_E$X-Production GmbH, Berlin
Druck und Bindung: CPI buch bücher.de GmbH, Birkach

♾ Gedruckt auf säurefreiem Papier
Printed in Germany

www.degruyter.com

Inhalt

Autorenverzeichnis —— ix

Vanessa Lux und Jörg Thomas Richter
Einleitung —— xiii

Teil I: Ernährung

Guy Vergères und Doreen Gille
1 Nutri(epi)genomik —— 1

Susanne Bauer
2 Ernährung als epigenetische Schaltstelle. Wie die Nutrigenomik Körper, Nahrung und Sozialität neu zusammenfügt —— 11

Teil II: Reproduktion

Jan Baedke und Christina Brandt
3 Die *andere* Epigenetik: Modellbildungen in der Stammzellbiologie und die Diversität epigenetischer Ansätze —— 23

Heiner Niemann
4 Somatisches Klonen und Epigenetik bei Nutztieren —— 43

Teil III: Trauma

Isabelle Mansuy
5 Epigenetische Steuerung komplexer Hirnfunktionen und deren Pathologien —— 57

Marianne Leuzinger-Bohleber und Tamara Fischmann
6 Transgenerationelle Weitergabe von Trauma und Depression: Psychoanalytische und epigenetische Überlegungen —— 69

Vanessa Lux
7 Ererbtes Trauma —— 89

Teil IV: Immunität

Johannes Türk
8   Zur Begriffsgeschichte von Immunität —— 107

Hilmar Lemke
9   Mechanismen der transgenerationellen Übertragung von Immunität: Relation und Relevanz für die gegenwärtige molekularbiologische Epigenetik —— 117

Teil V: Modellieren

Christoph Bock
10   Ein integrierter Ansatz zur Beschreibung und Analyse genetisch-epigenetischer Zellzustände —— 135

Jaan Valsiner
11   Epigenetik und Entwicklung: Drei Kontrollmodelle —— 151

Teil VI: Prägung und Entwicklung

Urte Helduser
12   Versehen und Vererbung: Zur Wissens- und Diskursgeschichte der mütterlichen Imagination im 18. Jahrhundert —— 165

Horst Kreß
13   Epigenetische Mechanismen embryonaler Induktion und sozialer Prägungsprozesse —— 179

Barbara Tzschentke
14   Prägung physiologischer Regelsysteme: Wie die perinatale Umwelt Weichen stellt —— 193

Teil VII: Milieu und Transmission

Karola Stotz
15   Die Entwicklungsnische als Integrationsrahmen erweiterter Vererbungssysteme —— 209

Georg Toepfer
16   Transmission von Organisation —— 221

Teil VIII: Vererbung und Mutation

Staffan Müller-Wille
17   Epigenese und Präformation: Anmerkungen zu einem Begriffspaar —— 237

Jörg Thomas Richter
18   Mutationen und ihre Präfixe in der Epigenetik —— 245

Teil IX: Intervenieren

Jörg Niewöhner
19   Molekularbiologische Sozialwissenschaft? —— 259

Sebastian Schuol
20   Kritik der Eigenverantwortung: Die Epigenetik im öffentlichen Präventionsdiskurs zum metabolischen Syndrom —— 271

Autorenbiografien —— 283
Personenregister —— 287
Sachregister —— 289

Autorenverzeichnis

Jan Baedke
Fakultät III, Institut für Philosophie I
Lehrstuhl für Wissenschaftstheorie und
Wissenschaftsgeschichte
GA 3/147
Ruhr-Universität Bochum
Universitätsstr. 150
44801 Bochum, Deutschland
E-Mail: jan.baedke@ruhr-uni-bochum.de
Kapitel 3

Susanne Bauer
Goethe-Universität Frankfurt, FB 3
Grüneburgplatz 1 / Postfach 11 19 32
Hauspostfach 21
60323 Frankfurt am Main, Deutschland
E-Mail: Bauer@soz.uni-frankfurt.de
Kapitel 2

Christoph Bock
CeMM Research Center for Molecular
Medicine of the Austrian Academy of
Sciences
Lazarettgasse 14, AKH BT 25.3
1090 Vienna, Österreich
E-Mail: cbock@mpi-inf.mpg.de
Kapitel 10

Christina Brandt
Ruhr-Universität Bochum
Mercator-Forschergruppe "Räume anthropologischen Wissens"
Universitätsstraße 150, FNO 02/16
44801 Bochum, Deutschland
E-Mail: christina.brandt@uv.ruhr-uni-bochum.de
Kapitel 3

Tamara Fischmann
Sigmund-Freud-Institut
c/o Goethe-Universität
Mertonstraße 17/Hauspostfach 55/Raum B-211
60325 Frankfurt am Main, Deutschland
E-Mail: dr.fischmann@sigmund-freud-institut.de
Kapitel 6

Doreen Gille
Agroscope
Schwarzenburgstr. 161
3003 Bern, Schweiz
E-Mail: doreen.gille@agroscope.admin.ch
Kapitel 1

Urte Helduser
Institut f. neuere deutsche Literatur
Fachbereich Germanistik und Kunstwissenschaften
Philipps-Universität Marburg
Wilhelm-Röpke-Str. 6a
35039 Marburg/Lahn, Deutschland
E-Mail: helduser@uni-marburg.de
Kapitel 12

Horst Kreß
Jägerstieg 38b
14532 Kleinmachnow, Deutschland
E-Mail: kress@zedat.fu-berlin.de
Kapitel 13

Hilmar Lemke
Biochemical Institute of the Christian Albrechts University at Kiel
Otto-Meyerhof-Haus
Rudolf-Hoeber-Str. 1
24118 Kiel, Deutschland
E-Mail: hlemke@biochem.uni-kiel.de
Kapitel 9

Marianne Leuzinger-Bohleber
Sigmund-Freud-Institut
c/o Goethe-Universität
Mertonstraße 17/Hauspostfach 55/Raum B-211
60325 Frankfurt am Main, Deutschland
E-Mail: m.leuzinger-bohleber@sigmund-freud-institut.de
Kapitel 6

Vanessa Lux
Zentrum für Literatur- und Kulturforschung
Schützenstr. 18
10117 Berlin, Deutschland
E-Mail: lux@zfl-berlin.org
Kapitel 7

Isabelle Mansuy
Brain Research Institute
University of Zürich/
Swiss Federal Institute of Technology Zürich
Winterthurerstrasse 190
8057 Zürich, Schweiz
E-Mail: mansuy@hifo.uzh.ch
Kapitel 5

Staffan Müller-Wille
University of Exeter
Department of History
Amory Building
Rennes Drive
Exeter EX4 4RJ, Großbritannien
E-Mail: sewm201@ex.ac.uk
Kapitel 17

Heiner Niemann
Institut für Nutztiergenetik (FLI)
Hoeltystr 10
31535 Neustadt, Deutschland
E-Mail: heiner.niemann@fli.bund.de
Kapitel 4

Jörg Niewöhner
Humboldt-Universität zu Berlin
Institut für Europäische Ethnologie
Mohrenstr. 41
10117 Berlin, Deutschland
E-Mail: joerg.niewoehner@staff.hu-berlin.de
Kapitel 19

Jörg Thomas Richter
Zentrum für Literatur- und Kulturforschung
Schützenstr. 18
10117 Berlin, Deutschland
E-Mail: richter@zfl-berlin.org
Kapitel 18

Sebastian Schuol
Im Rotbad 41/2
72076 Tübingen, Deutschland
E-Mail: sebastian.schuol@googlemail.com
Kapitel 20

Karola Stotz
Department of Philosophy
Main Quadrangle A 14
University of Sydney, NSW 2006,
Australien
E-Mail: karola.stotz@gmail.com
Kapitel 15

Georg Toepfer
Zentrum für Literatur- und Kulturforschung
Schützenstraße 18
10117 Berlin, Deutschland
E-Mail: toepfer@zfl-berlin.org
Kapitel 16

Johannes Türk
Indiana University
Department of Germanic Studies
Ballantine Hall 644
1020 E. Kirkwood Avenue
Bloomington, IN 47405-7103, USA
E-Mail: joturk@indiana.edu
Kapitel 8

Barbara Tzschentke
Pappelallee 5
16321 Rüdnitz, Deutschland
E-Mail: barbara.tzschentke@rz.hu-berlin.de
Kapitel 14

Jaan Valsiner
Niels Bohr Professor of Cultural Psychology
Department of Communication and Psychology
Aalborg Universitet
Koroghstraede 3-4219
9220 Aalkborg Oest, Dänemark
E-Mail: jvalsiner@gmail.com
Kapitel 11

Guy Vergères
Agroscope
Schwarzenburgstr. 161
3003 Bern, Schweiz
E-Mail: guy.vergeres@agroscope.admin.ch
Kapitel 1

Vanessa Lux und Jörg Thomas Richter
Einleitung

DNA existiert nicht isoliert. Sie ist mit einer Vielzahl von molekularen Mechanismen verbunden, die sie in Form halten, vervielfältigen und gegebenenfalls reparieren. Sie sorgen etwa dafür, dass Hautzellen und Nervenzellen einer Person, obwohl sie die gleiche DNA enthalten, unterschiedlich aussehen und funktionieren. Das sich derzeit formierende Forschungsfeld der Epigenetik untersucht, wie diese Mechanismen Gen-Aktivität regulieren und sich im Phänotyp niederschlagen. Es umfängt einen Bereich „von der Zelle über den Embryo und den einzelnen Organismus bis hin zu Generationen" (Weigel, 2010: 116). Eine Reihe biomedizinischer Forschungsfelder, darunter Stammzell- und Krebsforschung, Reproduktionsmedizin, Human- und Entwicklungsgenetik, Evolutionsbiologie, Ernährungsepidemiologie und sogar Psychiatrie, erhofft sich von der genaueren Kenntnis dieser epigenetischen Mechanismen wesentliche Durchbrüche. Speziell in den Blick genommen werden dabei Methylgruppen, die sich an der DNA anlagern, die Bindungseigenschaften von Histonen, um die die DNA im Zellkern gelagert ist, und im Zellplasma schwimmende Mikro-RNA. Einige dieser Mechanismen sind relativ stabil, andere verändern sich über die Lebensspanne eines Organismus. Die anfangs nur geringen Unterschiede in den DNA-Methylierungsmustern eineiiger Zwillinge nehmen beispielsweise mit dem Alter zu (Fraga et al., 2005).

Erste Studien weisen darauf hin, dass einige dieser Mechanismen durch die Umwelt, insbesondere durch Ernährung und Stress, beeinflusst werden, mit Folgen, die in späteren Generationen nachweisbar sind. An Agouti-Mäusen konnte gezeigt werden, dass deren genetisch bedingte gelbe Fellfarbe und Fettleibigkeit in der nachfolgenden Generation weniger stark hervortreten, wenn den Weibchen während der Schwangerschaft und in der Stillzeit, also in der Phase, in der beim Embryo die Methylierung der DNA erfolgt, eine Diät mit Methylgruppenlieferanten (Folsäure, Vitamin B12, Cholin und Betain) verabreicht wird (Waterland & Jirtle, 2003). Die DNA-Methylierung war beim Mäusenachwuchs insgesamt erhöht und blockierte teilweise auch das für gelbe Fellfarbe und Fettleibigkeit ursächliche Agouti-Gen. Ebenfalls an Mäusen konnte zudem ein Zusammenhang zwischen frühkindlichem Stress, Verhaltensstörungen und einer veränderten DNA-Methylierung an relevanten Genorten in Hirn- und Spermienzellen aufgezeigt werden (vgl. Franklin et al., 2010; Mansuy, in diesem Band). Sowohl die Verhaltensstörungen als auch die veränderten DNA-Methylierungsmuster waren beim Nachwuchs aus der männlichen Linie bis in die dritte Generation nachweisbar. Bestätigen sich diese Ergebnisse in Folgeuntersuchungen, belegen sie die Weitergabe von erworbenen DNA-Methylierungsmustern über die Keimbahn. Hinweise auf einen transgenerationellen Einfluss epigenetischer Mechanismen beim Menschen haben Studien zum niederländischen Hungerwinter 1944/45 erbracht. Aufgrund der Besatzungspolitik Nazi-Deutschlands erhielt die niederländische Bevölkerung damals durchschnittlich nur 1000 Kalorien am Tag. Bei Kindern der in dieser Zeit schwangeren Mütter fand sich noch mehr als 60 Jahre später eine 5,2%ig verringerte Methylierung am Genort des Wachstumshormons Insulin-like growth factor II (IGF2) (Heijmans et al., 2008) und bei ihren Enkeltöchtern eine erhöhte Tendenz zu Adipositas und ein schlechterer allgemeiner Gesundheitszustand (Painter et al., 2008).

Möglich geworden sind diese Untersuchungen durch Werkzeuge, Apparaturen und Analysemethoden, die in der Genetik und Epidemiologie entwickelt wurden. In vivo, in vitro und in silico haben sich die Grenzen technologischer Machbarkeit verschoben. Genetisch modifizierte Modellorganismen, Zellkultivierungstechniken, Hochleistungssequenzierungsverfahren, Microarray-Technologie, Gen- und andere Großdatenbanken und computergestützte statistische Auswertungsverfahren bilden die technisch-experimentelle Grundlage der Epigenetik. Mit noch hohem Aufwand, aber einiger Sicherheit lassen sich die Effekte von Lebensstil, Ernährungsgewohnheiten, Umwelt, psychischen Erfahrungen und eben auch kultureller Situiertheit in ihren biochemischen Spuren in der Zelle ablesen, darstellen und modellieren.

Die technologischen Aufzeichnungsmöglichkeiten haben zu einem Bruch mit Francis Cricks Dogma der Molekularbiologie geführt, wonach die DNA die RNA und diese wiederum das Protein kodiere und nie umgekehrt. Entgegen solcher linearen Kausalität geht es mit der Epigenetik um Regelkreise, Dynamiken und Wechselwirkungen auf der DNA-Ebene und darüber hinaus um das Zusammenspiel mit der zellulären, physiologischen und organismischen Umwelt. Die gesamte ökologische Nische, und bezüglich des Menschen: Lebensstil und Kultur, werden auf ihre Bedeutung für die Gen-Aktivität befragt. Mit der darin angelegten Öffnung gegenüber nicht genetischen, gleichwohl stabilen sozialen, psychischen oder kulturellen Übertragungsprozessen, gegenüber Tradierung und Tradition nährt die Epigenetik einerseits Hoffnungen auf ein Ende des genetischen Determinismus. Andererseits weckt sie zugleich Ängste vor einer Renaissance Lamarcks.[1] Im Anschluss an August Weismanns Keimplasmatheorie, die Mendelsche Genetik und die neodarwinistische Synthese in der Evolutionstheorie wurde biologische Vererbung auf „eine generationenübergreifende strukturelle Beziehung zwischen Genotypen" („hard inheritance") beschränkt und jegliche andere transgenerationelle Übertragung von Merkmalen („soft inheritance") aus dem Vererbungsbegriff ausgeschlossen (Parnes, 2013: 216). Dieser Ausschluss entwertete Vererbungskonzepte jenseits der Biologie und setzte das Primat erst auf die Zelle, dann auf die Gene und später die DNA. Durch die von der Epigenetik beforschten Verschränkungen der genetischen und Zellaktivität mit physiologischen,

---

[1] Zur falschen Frontstellung zwischen Darwinismus und Lamarckismus, die diesen Ängsten zugrunde liegt und die Diskussion der Epigenetik lange verstellt hat, vgl. Weigel, 2010: 110 ff. Wohlweislich hatte Jean-Baptiste de Lamarck seine Theorie mit dem Zusatz eingegrenzt, dass – in individuell gemischten „Fortpflanzungsgemeinschaften" wie der des Menschen – die sexuelle Fortpflanzung „zwischen Individuen, welche nicht dieselben Eigenthümlichkeiten der Gestalt haben, [...] *alle* durch die besonderen Verhältnisse erworbenen Eigenschaften *verschwinden* [lässt]" (Lamarck, 1809/2002: 200; Hvh. V.L./J.T.R.). Wenn der Nachwuchs gestresster Mäuse, die mit Ungestressten gepaart werden, Stresseffekte erbt, wäre dies also kein Lamarckscher Effekt – wird aber gern so angesprochen.

behavioralen, psychischen, sozialen und kulturellen Prozessen ist es notwendig geworden, den engen biologischen Vererbungsbegriff und die an ihn geknüpfte neodarwinistische Evolutionstheorie erneut zu betrachten. Es gilt, eine „mittlere Ebene" in den Blick zu nehmen, „nämlich die Art und Weise, wie ‚Veränderungen' im Wechselspiel zwischen Organismus und Umwelt, zwischen Natur und Kultur konzeptualisiert werden" (Weigel, 2010: 113 f.). Epigenetik eröffnet hier „vollständig neue Perspektiven für interdisziplinäre Forschung" (ebd.: 122) – nicht nur zwischen Biologie und Medizin, sondern auch über diese hinaus mit den Sozial-, Geistes- und Kulturwissenschaften. Nicht genetische Übertragungsprozesse sowie die psychischen, sozialen und kulturellen Dimensionen des Lebendigen werden von diesen seit langem erforscht.

Von einer solchen interdisziplinären Lebenswissenschaft, die die Vielschichtigkeit des Lebendigen zur Voraussetzung ihrer Forschung nimmt, ist die gegenwärtige Epigenetik noch weit entfernt. Zu ihrer Entwicklung will der vorliegende Band beitragen. Einer solchen Weiterentwicklung stehen jedoch derzeit zwei Hindernisse im Weg: Erstens ist der Begriff der Epigenetik mit einer aus seiner Begriffs- und Wissenschaftsgeschichte resultierenden Mehrdeutigkeit konfrontiert, die zu definitorischen Unsicherheiten führt. Zweitens geht die Integration der Umwelt bzw. Kultur in die primär biomedizinischen Forschungsdesigns mit einer methodisch bedingten Zurichtung des Kulturellen in mess- und quantifizierbare Faktoren einher, wodurch weder die organismische Umwelt noch die menschliche Kultur angemessen repräsentiert werden. Beides soll an dieser Stelle nachgeholt werden, bevor der Band einführend vorgestellt wird.

Zwischen Epigenesis und molekularer Epigenetik

Epigenetik ist ein schillernder Begriff. Wofür er steht, hat sich historisch mehrmals gewandelt. Auch gegenwärtig werden so unterschiedliche Phänomene wie das Studium der Regulation der Gen-Aktivität und deren transgenerationelle Übertragung auf Zellebene (z. B. Holliday, 2002), die Interaktion zwischen genetischen und nicht genetischen Faktoren in der Ontogenese (vgl. Gottesman & Hanson, 2005) und die Entwicklung physiologischer Systeme in Wechselwirkung mit der Umwelt (vgl. Plagemann et al., 2004) als „epigenetisch" gefasst. Diese verschiedenen, sich überlagernden Bedeutungsschichten werden in den derzeitigen epigenetischen Forschungsfeldern unterschiedlich akzentuiert. Dadurch werden jedoch die mit den unterschiedlichen Bedeutungen verknüpften Forschungsfragen vermischt. Für eine Weiterentwicklung der gegenwärtigen Epigenetik ist es wichtig, diese auseinanderzuhalten.

Den Begriff Epigenetik bzw. „epigenetics" im engeren Sinne prägte zuerst Conrad H. Waddington (vgl. Jablonka & Lamb, 2002: 82; Holliday, 2002). In einem Beitrag für die erste Ausgabe der Zeitschrift *Endeavour* bezeichnet er damit das Studium der „causal mechanisms at work", durch die sich der Phänotyp aus dem Genotyp entwickelt (Waddington, 1942: 18). Die Epigenetik solle bestmöglich aufklären, wie das

Wirken der Gene zu dem in Beziehung stehe, was die experimentelle Embryologie als „mechanics of development" erforsche (ebd.). Seine Epigenetik stellt den Versuch dar, die Genetik und ihre Experimentalpraxis, etwa Thomas Hunt Morgans Fruchtfliegenlabor, wieder mit der experimentellen Embryologie zu versöhnen (vgl. Gilbert, 2012; vgl. auch Waddington, 1940). Dabei ist nicht zufällig, dass der Begriff Epigenetik philologisch und konzeptuell an den der Epigenesis anknüpft (vgl. Waddington, 1942; Petronis et al., 2000: 342; van Speybroeck et al., 2002; Willer, 2010). Waddington selbst betonte mit der Wortwahl die Verbindung zum Gegenbegriff der Präformationslehre aus der Embryologie (vgl. Waddington, 1942: 18).

Während der Präformationslehre zufolge alle Merkmale eines entwickelten Individuums bereits in den Keimzellen vorliegen, steht die Epigenesis seit der Antike für die Auffassung, dass zentrale morphologische Strukturen sich erst im Laufe der Entwicklung des Organismus herausbilden. Im 18. Jahrhundert wurde die Kontroverse weitestgehend zugunsten der Epigenesis entschieden.[2] Einen wesentlichen Beitrag hierzu lieferte Caspar Friedrich Wolff (1734–1794) mit seiner Dissertation *Theoria generationis* von 1759. Seine Beobachtungen zur morphologischen Entwicklung des Hühnerembryos aus dem undifferenzierten befruchteten Hühnerei führten zu einer jahrelangen Kontroverse mit Albrecht von Haller (1708–1777), dem damals führenden Vertreter der Präformationslehre (vgl. Roe, 1981). An deren Ende wurde die Vorstellung, alle Keime seien bei der ersten Schöpfung erschaffen worden, so dass sich jede neue Generation nur aus diesen entwickeln müsse, preisgegeben. An ihren Platz rückte die Annahme, dass die Generationen durch das Zusammenspiel des Zeugungsstoffs der Eltern und die Wirkung eines Bildungstriebes entstünden (vgl. Blumenbach, 1791: 13 f.; vgl. auch Weigel, 2006: 132). Während im Umfeld der Haller-Wolff-Kontroverse der Begriff der Entwicklung noch an die Präformationslehre gekoppelt war und der Begriff der Bildung für die Epigenesis stand, sollte sich dies im 19. Jahrhundert ändern. Entwicklung wurde „in ein abstraktes gattungstheoretisches Prinzip übertragen" (Weigel, 2006: 132). Dieses Prinzip wurde wiederum mit der Zeugungs- und Vererbungstheorie sowie dem für diese wesentlichen Konzept der Generation verbunden; der Bildungsbegriff erhielt dagegen eine primär kulturelle Semantik (vgl. ebd.: 133). In der Folge avancierte die Embryologie zur Wissenschaft der biologischen Entwicklung und schuf die Grundlagen für die Entstehung erster Evolutionstheorien. Durch die Verbindung von Entwicklung, Zeugung, Vererbung und Generation konnten das Wissen um die Herausbildung neuer biologischer Strukturen aus vorher undifferenzierter Materie und die Ähnlichkeit der Embryonalstadien verschiedener Arten als Hinweis auf deren Wandelbarkeit gedeutet werden.

Ende des 19. Jahrhunderts fand innerhalb der Embryologie ein Paradigmenwechsel statt: Die vormals beschreibende Disziplin wurde zur Experimentalwissenschaft.

---

2 Vgl. hierzu kritisch die Beiträge von Helduser und Müller-Wille in diesem Band.

Wesentlich hierfür waren die Arbeiten von Wilhelm His (1831–1904), Wilhelm Roux (1850–1924) und Hans Driesch (1867–1941) (vgl. z. B. van Speybroeck et al., 2002: 31 f.). In ihren Versuchen manipulierten sie gezielt die Embryonalentwicklung und dokumentierten die hervorgerufenen Abweichungen im Entwicklungsverlauf. Aufbauend darauf beschrieb Roux die organische Entwicklung als Zusammenwirken von Selbstdifferenzierung und abhängiger, d. h. induzierter Differenzierung und begründete damit seine *Entwicklungsmechanik* (vgl. Roux, 1888). Auch wies er darauf hin, dass eine präformierte Entwicklung in allen Individuen einer Art gleich ablaufen müsse und daher sehr anfällig für variierende Entwicklungsbedingungen sei. Im Gegensatz dazu ermögliche der Mechanismus der Selbstregulation Variabilität im Prozess der Entwicklung selbst, wodurch auch bei wechselnden Umweltbedingungen das gleiche Entwicklungsergebnis erzielt werden könne (Roux, 1895: 981). Seither bilden der Prozess der Zelldifferenzierung, die an dieser beteiligten Mechanismen und Einflussfaktoren und deren Stabilität und Variabilität zentrale Forschungsfragen der Embryologie. Hans Spemann etwa schließt an Roux' Arbeiten an und identifiziert zusammen mit Hilde Mangold ein die Embryonalentwicklung steuerndes Signalzentrum in Eizellen von Amphibien, später Spemann-Organisator genannt, sowie eine der späteren Zelldifferenzierung entsprechende Verteilung von Signalproteinen bereits vor der ersten Zellteilung (vgl. Spemann & Mangold, 1924).

Aus diesem embryologischen Erbe reartikuliert sich in der heutigen epigenetischen Forschung besonders die Kritik an der Präformation, die sich im Zeitalter der Postgenomik als Kritik am genetischen Determinismus äußert. Die im 19. Jahrhundert entstandene Verbindung zwischen Ontogenese und Phylogenese, Individualentwicklung und Evolution, hat wieder an Bedeutung gewonnen. Sie ist wesentlich für die sich stark auf die Epigenetik stützende *Developmental Systems Theory* (vgl. Oyama et al., 2001). Am deutlichsten aber knüpft die gegenwärtige Epigenetik an die embryologische Forschung zur Zelldifferenzierung an, etwa im Bereich der Stammzellforschung mit dem Klonen und den Versuchen einer Reprogrammierung, aber auch mit der Bestimmung zellspezifischer Epigenome sowie in der Bestimmung und Beeinflussung epigenetischer Mechanismen in der Krebsforschung.

Gegenüber diesem embryologischen Vorläufer der Epigenetik lassen sich zwei Bedeutungsverschiebungen in der weiteren Begriffsverwendung ausmachen: erstens hin zu einer Entwicklungsepigenetik und zweitens hin zur gegenwärtigen molekularbiologischen Epigenetik. Die erste Bedeutungsverschiebung nimmt Waddington vor, als er den Begriff „epigenetics" einführt. Waddingtons Enwicklungs*epi*genetik stellt durchaus eine Neuauflage von Roux' Forschungsprogramm im Zeichen der aufkommenden Genetik dar (vgl. Huxley, 1956: 807; Haig, 2012: 14; Gilbert, 2012). Denn ähnlich wie Roux interessiert sich Waddington für die enorme Stabilität organischer Entwicklung trotz variierender Umweltbedingungen. So versucht er, Spemanns Forschung über die Beteiligung von Induktionsprozessen an der embryonalen Zelldifferenzierung mit dem Wissen über Gene zusammenzubringen. Allerdings verschiebt Waddington den Fokus auf die epistatischen Phänomene der Gen-Aktivität. Epigenetik solle die Mechanismen bestimmen, wie aus einer Zelle mit einem unveränderlichen Genotyp zuverlässig, zum richtigen Zeitpunkt und an der richtigen Stelle im Organismus mehrere sehr unterschiedliche Zelltypen und physiologische Struktureinheiten entstehen können. Es gehe darum, die Interaktionsprozesse zwischen Genen und zwischen Gen-Netzwerken und der Umwelt, durch die der Phänotyp aus dem Genotyp entsteht, zu untersuchen, wobei er das Gesamt dieser Entwicklungsprozesse als „epigenotype" (Waddington, 1942: 18) bezeichnet. Die emergenten Entwicklungsprozesse betonend, weist er einen einfachen genetischen Determinismus zurück. Stattdessen schlägt er ein Entwicklungspfadmodell für die Organentwicklung vor. Die von ihm als „Chreoden" bezeichneten Entwicklungspfade repräsentieren den Weg einer embryonalen Stammzelle zu beispielsweise einer Herz- oder Hautzelle. Dabei trägt das Modell auch der Fähigkeit komplexer Organismen und Zellstrukturen Rechnung, Störungen zu frühen Zeitpunkten in der Embryonalentwicklung ausgleichen zu können.

Dieses Entwicklungspfadmodell illustriert Waddington als epigenetische Landschaft (vgl. Waddington, 1940; Waddington, 1957: 26 ff.). Deren Darstellung geht auf ein Bild des Malers John Piper zurück, dass einen Fluss zeigt, der durch ein Tal fließt und sich in verschiedene Talschluchten verzweigt (vgl. Parnes, 2007), wobei die ausfächernden Talschluchten der epigenetischen Landschaft die potenziellen Entwicklungspfade darstellen. Die jeweils mehr oder weniger eindeutigen Wechselwirkungen und Feedback-Schleifen zwischen Genen und Umwelt bestimmen die Struktur der epigenetischen Landschaft – die spezifische Form des Tales. Waddington verwendet das Modell aber auch, um eine Brücke zwischen phänotypisch relevanten Veränderungen des Genotyps auf der Ebene des Individuums und der Entstehung einer Art aus einer anderen in der Evolution zu beschreiben (Waddington, 1957, 1962, 1970). Jeweils größere Veränderungen, wie die Entstehung neuer Arten, werden als Pfadwechsel verstanden (Waddington, 1970: 355 f.). Vor diesem Hintergrund reformuliert Waddington die Frage nach dem Verhältnis von Stabilität und Variabilität der genetischen Ausstattung eines Organismus in der Evolution als Frage nach den durch äußere Faktoren hervorgerufenen Änderungen der genetischen Konfiguration des Entwicklungspfades (Waddington, 1970: 355 f.), was ihm den Vorwurf des Lamarckismus und sogar Lyssenkoismus (nach eigenen Angaben durch Jacques Monod; Waddington, 1974: 89) eintrug.

In der gegenwärtigen Debatte zur Epigenetik gilt Waddington vor allem als Namensgeber der neuen biologischen Teildisziplin (z. B. Jablonka & Lamb, 2002; Holliday, 2002; Haig, 2012). Doch auch seine Zurückweisung des genetischen Determinismus und die von ihm aufgeworfene Frage nach den epigenetischen Modifikationen des Genoms sowie der damit assoziierte Vorwurf des Lamarckismus finden Widerhall (vgl. Gissis & Jablonka, 2011). Waddingtons Versuch der Synthese von Genetik, Embryologie und Evolutionstheorie hat zudem die Frage nach der Bedeutung epigenetischer Mechanismen für die Evolutionstheorie und die Debatte um eine *Extended Synthesis* beeinflusst (vgl. Pigliucci & Müller, 2010). Die epigenetische Landschaft in der Klon- und Stammzellforschung wirkte zudem als produktive Heuristik. Das topographische Modell hat hier nicht nur das Konzept der Reprogrammierung befördert, sondern dient mittlerweile auch der systembiologischen Modellierung großer molekularbiologischer Zelldatenmengen (vgl. Bock sowie Baedke & Brandt, in diesem Band).

Die zweite Bedeutungsverschiebung folgt aus einem mittlerweile veränderten Forschungsgegenstand: Statt allgemeiner Entwicklungsmechanismen untersucht die *molekularbiologische Epigenetik* „mitotically and/or meiotically heritable changes in gene function that cannot be explained by changes in DNA sequence" (Riggs, Martienssen & Russo, 1996: 1; ähnlich Holliday, 1994; Wu & Morris, 2001). Hierzu gehören die eingangs erwähnten Mechanismen der DNA-Methylierung, der Modifikationen der Histon-Struktur, um die die DNA gelagert ist, und der zellinternen Interaktion von Mikro-RNA, deren Auswirkungen auf den Phänotyp und deren potenzielle Beeinflussbarkeit durch Umwelteinflüsse. Geprägt durch die Dominanz von Genetik und Genomik und ihrer Experimentalpraxen und Auswertungsmethoden innerhalb der molekularbiologischen Forschung, liegt der Fokus dieser neuesten Variante der Epigenetik auf der DNA und der Genaktivität. Dies wirft auch die Frage nach ihrer Bedeutung für unser Verständnis von biologischer Vererbung auf. Im Anschluss an Phänomene wie die elterliche Prägung (*parental imprinting*) von Chromosomen oder die transgenerationelle Übertragung von Modifikationen der DNA-Methylierung wurden die epigenetischen Mechanismen als zusätzliches Vererbungssystem interpretiert, das mit der genetischen Vererbung in Wechselwirkung steht und diese ergänzt (vgl. z. B. Jablonka & Lamb, 2005). Die Vorstellung von weiteren Vererbungssystemen neben der DNA hat Vorläufer in der Diskussion um die extrachromosomale und Zellvererbung, wie sie intensiv bis in die späten 1950er Jahre diskutiert wurde (vgl. Haig, 2004: 2). Der Zellbiologe David L. Nanney schlug beispielsweise die Annahme eines eigenständigen, paragenetischen Regulationssystems in der Zelle vor, das das genetische System ergänze und das er in Anlehnung an Waddington als „epigenetic" bezeichnete (Nanney, 1958: 712), und der Molekularbiologe Joshua Lederberg unterschied zwischen ‚nukleoiden' (die DNA-Sequenz betreffenden) und ‚epinukleoiden' (die Konfiguration der DNA und deren Anlagerungen betreffenden) biochemischen Vererbungsträgern (Lederberg, 1958: 385).

Mit dem Fokus auf der Regulation der Genexpression hat sich die molekularbiologische Epigenetik von ihren entwicklungsbiologischen Ursprüngen, die noch bei Waddington wesentlich waren, weit entfernt. Die Hinweise auf eine mögliche Beeinflussbarkeit epigenetischer Mechanismen etwa durch Ernährung (vgl. Vergères & Gille, in diesem Band) oder Stress (vgl. Mansuy, in diesem Band) und ihre transgenerationellen Effekte haben stattdessen die Interpretation nahegelegt, dass die Epigenetik eine molekularbiologische Fundierung der Vererbung erworbener Eigenschaften biete. Allerdings finden die meisten der bisher beschriebenen epigenetischen Modifikationen während der Zelldifferenzierung in der Ontogenese statt und werden gerade nicht an die nächste Generation weitergegeben. Durch die Epigenetik wird die

Unterscheidung zwischen Vererbung und Entwicklung wesentlich rekonzeptualisiert (vgl. Parnes, 2013: 223).

Ein Wiedereintragen der Entwicklungsperspektive in die molekularbiologische epigenetische Forschung würde den Blick auf die Interaktionen des epigenetischen mit anderen physiologischen Systemen, etwa mit Stoffwechselprozessen sowie dem Immun- oder Hormonsystem, richten. Zugleich stellt sich mit der Modellierung solcher Interaktionsprozesse die Frage nach der Erfassung und Interpretation der Wechselwirkungen mit der Umwelt des Organismus auf neue Weise dringend. Aus begriffs- und wissenschaftshistorisch geschärfter Perspektive lässt sich hier zugleich der Ort für einen interdisziplinären Austausch mit den Sozial-, Geistes- und Kulturwissenschaften präzisieren. Soweit es nämlich um den Menschen geht, äußert sich diese Dringlichkeit in Form einer Öffnung der molekularbiologischen Forschung für das Kulturelle. Der primär biologisch gefasste Entwicklungsprozess wird nicht mehr nur durch eine nachgetragene Enkulturation ergänzt, sondern steht selbst, von Beginn an, in einem materiellen Austauschprozess mit Kultur. Im Lichte der – wenn auch wenigen – Hinweise auf eine potenzielle transgenerationelle Übertragung epigenetischer Modifikationen gilt dies nicht nur für die Ontogenese, sondern auch für Vererbung und Evolution. In einer der Vielschichtigkeit des Lebendigen angemessenen Lebenswissenschaft ist Epigenetik daher zwangsläufig interdisziplinär.

Spuren des Kulturellen oder Faktorisierung der Kultur?

Das Verhältnis von biologischer und kultureller Entwicklung, von Natur und Kultur, wird mit der Epigenetik nicht einfach nur durchlässiger konzeptualisiert. Durch die molekularbiologische Bearbeitung entstehen – gewollte oder ungewollte – biologische Deutungsansprüche auf das Kulturelle. Die Gefahr besteht, dass die Differenzierung zwischen Kultur und Natur bei der Vermessung der biologischen Mikroebene nivelliert wird, wenn die in Kultur eingeschriebenen Bedeutungen mit molekularbiologischen Wirkmechanismen identifiziert werden.

Begünstigt wird dies durch die in der molekularbiologischen Epigenetik vorherrschenden Methodenstandards und Forschungsdesigns. Kultur wird hier als mess- und quantifizierbare Größe, als *kultureller Faktor* operationalisiert. Unsere Esskultur, unsere Beziehungen zu den eigenen Kindern, Eltern und Großeltern, traumatische Erlebnisse oder Alltagsstress werden im Tierexperiment simuliert oder, in messbare Einheiten zergliedert, in Fragebögen erfasst und jeweils in ihrem Einfluss auf epigenetische Mechanismen untersucht. Kulturelle Faktoren gelten als potenzielle Moderatoren oder Auslöser für Veränderungen in der Genexpression, die nicht zuletzt Krebs, das Metabolische Syndrom, Traumata oder Depressionen bewirken können. In dieser Konstellation bildet der kulturelle Faktor zumeist nur ein Element in einem Mehrfaktorenmodell – neben genetischen, behavioralen und sonstigen ökologischen Faktoren. Oft wird ‚Kultur' auch einfach unter die Umwelt- oder nicht genetischen Faktoren subsumiert. Kultur, eher als Wort denn als Begriff gebraucht, hält hier nur den Platz frei für den komplexen, schwer zugänglichen Phänomenbereich des Humanen.

Die Operationalisierung von Kultur als Faktor folgt einem problematischen erkenntnistheoretischen Zuschnitt. Das mathematisch-statistische Verständnis vom Faktor wird mit der Verwendung des Begriffs in Genetik und Evolutionstheorie vermischt.[3] Mathematisch-statistisch steht der Faktor für ein Teilelement der Multiplikation, in der zwei Faktoren ein Produkt ergeben, oder, als Ergebnis der Faktorenanalyse, für eine aus der Korrelation messbarer Variablen geschätzte Meta-Variable. In der Genetik übersetzte William Bateson die von Gregor Mendel gefundenen erblichen „Charactere" als „genetic factors" (Bateson, 1909: 29). Thomas Hunt Morgan nahm an, dass eine am Organismus messbare Eigenschaft, ein phänotypisches Merkmal, auf eine Vielzahl von chemischen (Erb-)Faktoren in der Eizelle, d. h. auf Gene zurückgehe, die diese in ihrem Zusammenwirken hervorbringen (vgl. Morgan, 1913; Morgan et al., 1915: 207 f.). In der Geschichte der Evolutionstheorie wurden die wesentlichen Wirkmechanismen, so etwa Variation, Selektion und geografische Isolation, als Faktoren bezeichnet (vgl. Baldwin & Morgan, 1905). Ivan Ivanovitsch Schmalhausen schrieb den äußeren oder Umweltfaktoren in Anlehnung an Baldwin einen bedeutenden Anteil in der Vermittlung zwischen Mikro- und Makroevolution bei der Artbildung zu (vgl. Schmalhausen, 1946/2009).

Für die gegenwärtige molekularbiologische Epigenetik könnte diese Funktion des kulturellen Faktors, ein Wirkmechanismus zu sein, der sich im Phänotyp niederschlägt und zugleich zwischen Mikro- und Makroevolution, Onto- und Phylogenese vermittelt, neue Forschungsperspektiven eröffnen. Das darin liegende Potenzial für eine Verortung des Kulturellen in den Lebenswissenschaften ist durch die forschungsmethodisch bedingte konzeptuelle Reduktion von Kultur auf mathematisch-statistisch verrechenbare Variablen jedoch gleich wieder zurückgenommen. Tatsächlich erfasst werden lediglich die materiellen Spuren des Kulturellen, nicht dieses selbst. Es bietet sich daher an, von Spuren des Kulturellen statt kulturellen Faktoren zu sprechen. Wie immer reduziert, wäre Kultur damit als etwas markiert, das seine Konfiguration in der Epigenetik überschreitet. Diese Überschreitung und ihre Konsequenzen für die Epigenetik näher zu diskutieren ist innerhalb der Epistemologie der Molekularbiologie allein nicht zu bewältigen. Hier können die Sozial-, Geistes- und Kulturwissenschaften Wesentliches beitragen. Ein Ziel wäre etwa, ein Denken zu bewahren und zu fördern, welches, zwischen den verschiedenen Disziplinen gelagert, der Faktorisierung widersteht (vgl. Valsiner, in diesem Band) und damit der Komplexität des Gegenstandes epigenetischer Forschung gerecht wird.

Jenseits davon ist zu fragen, ob nicht Epigenetik selbst zu einem kulturellen Faktor geworden ist. Die Messbarkeit molekularbiologischer Spuren unserer Erfahrung

---

[3] Vgl. hierzu ausführlicher Lux & Richter, 2012, und speziell für die Genetik die Studie von Kovács, 2009.

und die Aussicht auf deren transgenerationelle Weitergabe hat eine hohe Suggestivkraft in der Öffentlichkeit entfaltet. Auf die Folgen der wechselseitigen Erwartungen zwischen Wissenschaft und Öffentlichkeit, auf die Zusammenhänge zwischen „Verwissenschaftlichung der Gesellschaft" und „Vergesellschaftung von Wissenschaft" hat die Wissenschaftssoziologie seit längerem hingewiesen (Weingart, 2005). In ihrer öffentlichen Selbstdarstellung legitimiert sich die Epigenetik mit prospektiven Forschungsbeiträgen zu Ernährung, Krebs, Altern, Trauma, Schwangerschaft, Liebe und Religion sowie einem auf molekularer Basis untersuchten Generationenverhältnis. Die zunehmende Zahl populärwissenschaftlicher Beiträge zur Epigenetik bezeugt dies. Der österreichische Gynäkologe Johannes Huber, etwa, beschreibt unter dem Titel *Liebe lässt sich vererben* (2010) epigenetische Effekte von „Erziehungsfehlern" und wie die „Epigenetik des Streichelns" die Mutter-Kind-Beziehung stärken könne. Hier werden die noch uneindeutigen Ergebnisse der Grundlagenforschung gleich in die Lebensstilpraxis übersetzt und Handlungsempfehlungen für Eltern und Schwangere ausgesprochen. Ähnlich hält auch Peter Spork in seinem Buch *Der zweite Code* (2009) eine ganze Reihe von auf epigenetischem Wissen aufbauenden Hinweisen für unsere alltägliche Lebensführung bereit, darunter methyl- und folsäurereiche Diät, gesunde Ernährung und Stressvermeidung, deren Einhaltung er nicht nur, aber besonders Schwangeren empfiehlt. Neben solchen lebenspraktischen Dimensionen werden längst die weltbildlichen Konsequenzen der Forschung beschworen. Laut dem belgischen Biochemiker Christian de Duve bieten unter anderem die Religionen „ideale Voraussetzungen [...] um für unser genetisches Erbe jene epigenetischen Korrekturen zu verbreiten, die dringend notwendig sind, damit die Welt vor irreparablen, von Menschen verursachten Schäden bewahrt wird" (de Duve, 2011: 201). Durch sie könne der von der natürlichen Selektion auf die Wahrung seines unmittelbaren Vorteils getrimmte Mensch dazu gebracht werden, mit den gegenwärtigen ökologischen, sozialen und politischen Ressourcen verantwortlich umzugehen. Der Epigenetik wächst eine heilsbringende, utopische Funktion zu, die sie aus ihrer Frontstellung zur genetischen Vererbung gewinnt und der gegenüber sie als Korrektiv wirken soll.

Besonders einschlägig für das Ringen um Relevanz innerhalb der öffentlichen Diskurse sind aber die durch die Epigenetik betonten intergenerationellen Zusammenhänge. Mit ihrer Hilfe wird eine Vielzahl historischer, sozialer und kultureller Erfahrungen in ihre physiologischen Spuren übersetzt. So etwa in der BBC-Dokumentation *The ghost in your genes* (2006).[4] Im Wechsel mit Experteninterviews und schematischen Darstellungen epigenetischer Prozesse blendet die Dokumentation Fotodokumente von historischem Landleben, von Patienten mit Erbleiden, von

---

4 Bezeichnenderweise schreibt der Titel eine Metapher fort, die der Philosoph Gilbert Ryle in seiner Auseinandersetzung mit der Genetik und dem Behaviorismus geprägt hat. Sie wurde popularisiert in dem gegen den Geist-Körper-Dualismus gerichteten Buch Arthur Koestlers, *The ghost in the machine* von 1967.

Kriegsgeschehen, aber auch klassische Malerei ein. Auf Bilder des Holocausts folgen Bilder vom 11. September 2001 und Untersuchungsergebnisse epigenetischer Korrelate transgenerationell weitergegebener Traumatisierungen. Schließlich wird gezeigt, wie Agrarflugzeuge Pestizide versprühen, was zu den epigenetischen Folgen von Ernährung überleitet, bevor der Humangenetiker Marcus Pembrey auf die durch die Epigenetik gesteigerte Verantwortung jedes Einzelnen hinweist, die sich aus einem solchen erweiterten, kulturell und biologisch verdichteten Vererbungskonzept ergibt: Durch die individuelle Lebensführung beeinflusse man das Erbmaterial zukünftiger Generationen und sei diesen gegenüber stärker verantwortlich, als es die genetische Vererbung glauben mache.

Erzählungen wie diese überlasten die vorliegenden Befunde. Der darin erzeugte Sog einer weltbildlichen Signifikanz der Epigenetik kann letztlich nur enttäuschen. Noch problematischer ist aber ein weiteres Element dieses epigenetischen Narrativs von der neuen Herrschaft über das genetische Schicksal. Stillschweigend wird darin der Verlust von kulturhistorischer Erfahrungskomplexität hingenommen, die unter eine Reihe von Molekülveränderungen subsumiert wird. Die historisch und individuell spezifischen Erfahrungen von Kriegstraumata, Wohlstands- und Hungerernährung, Migration oder Umweltbelastungen werden auf molekularbiologischer Ebene nicht nur verifiziert, sondern auch auf diese reduziert. Wenngleich Kulturgeschichte in der Tat zu epigenetischen Effekten führen mag, so lassen sich diese nicht in einfacher Umkehrung in kulturhistorische Erfahrung auflösen. Die Epigenetik hat zwar einerseits das Dogma der Molekularbiologie, dass die DNA den Phänotyp dirigiere, herausgefordert. Daraus ist aber andererseits nicht einfach die Umkehrung dieses Dogmas, die Regie des historisch-individuellen Phänotyps über die DNA, ableitbar.

Die Frage nach den entwicklungsbiologischen und transgenerationellen Interaktionen zwischen Physiologie, Kultur und Umwelt bedarf ohnehin nicht solcher Überschätzungen, um ernst genommen zu werden. Sie verlangt angesichts ihrer langen historischen Präsenz, ihrer erkenntnistheoretischen Implikationen und weltbildlichen Grundierungen nach einer Suchbewegung, sowohl in den Biowissenschaften als auch in den Geisteswissenschaften. Hebelt man in Anerkennung von „kontinuierliche[n] Übertragungswege[n] über mehrere, gar über viele Generationen hinweg auch in der Physiologie des Organismus" die „strikte Entgegensetzung von ‚ererbt' und ‚erworben'" aus, zwingt dies – bei aller methodischer Differenz in den unterschiedlichen Disziplinen – zur Beachtung komparativer Ebenen von Vererbung (Parnes, 2013: 242).

Wie könnte angesichts der Methodenkonflikte eine solche komparative Vererbungsforschung aussehen, wenn sie ein Mindestmaß an kultureller Komplexität einbeziehen und zugleich den unterschiedlichen Arbeitsweisen der Fächer Rechnung tragen will, deren Expertisen und Gebiete von den Forschungen der Epigenetik gekreuzt werden? Gibt es eine Methodik, in der sich die horizontale und vertikale Spezifizität von Kultur entgegen ihrer Faktorizität vermitteln lässt? Wie könnte eine

Kulturtheorie aussehen, die auch dann noch stichhaltig bleibt, wenn sie auf ein epigenetisches Suchen nach kulturellen Faktoren antworten will? Die diversifizierte Methodik, die sich dem historisch und lokal Spezifischen und zugleich der historischen Komplexität von Erfahrung widmet, wie sie in den Kulturwissenschaften gepflegt wird, zugunsten eines faktoriellen Verständnisses von Kultur preiszugeben, das solche Phänomene unter kleinste molekulare Veränderungen subsumiert, wäre eine Bankrotterklärung, die auch die epigenetische Forschung ihres Zukunftspotenzials beraubte. Um dies zu vermeiden, bedarf es eines wissenschaftshistorischen Bewusstseins in den Kulturwissenschaften ebenso wie einer Komplizierung der genetischen Begrifflichkeit von Vererbung.

Zu den Beiträgen

Dieser Hintergrund bestimmt in verschiedener Hinsicht den vorliegenden Band, und von Beginn an zeichnete sich ab, dass eine komparative Vererbungsforschung *zwischen* den Disziplinen agieren muss. Der Band versammelt Beiträge aus drei interdisziplinären Workshops, die im Dezember 2011, März 2012 und Oktober 2012 am Zentrum für Literatur- und Kulturforschung Berlin stattfanden – mit Beiträgern aus Biologie, Biochemie, Bioinformatik, Medizin, Psychologie, Soziologie, Kulturwissenschaft, Literaturwissenschaft, Philosophie und Wissenschaftsgeschichte. Im Mittelpunkt der Diskussion standen Kernbereiche der epigenetischen Forschung, wie sie aktuell zur Debatte stehen, und zwar sowohl innerhalb der gegenwärtigen Biologie als auch hinsichtlich ihres wissenschafts- und kulturhistorischen Horizonts, ihrer methodischen Prämissen und kulturellen Implikationen. Wir sind froh, mit diesem Band die Resultate dieses lebendigen natur-, geistes- und gesellschaftswissenschaftlichen Gesprächs abbilden zu können.

Ohne Vollständigkeit beanspruchen zu können, sondiert der Band systematisch die Verschiebungen an den Schnittfeldern von kulturellen und biologischen Übertragungs- bzw. Vererbungstheorien, die entlang der gegenwärtigen epigenetischen Forschung entstanden sind. Wesentliche Konzepte der Epigenetik werden aus Sicht der aktuellen biologischen Forschung vorgestellt und von Beiträgen flankiert, die sie wissenschafts- und kulturhistorisch einordnen, auftauchende methodologische Probleme diskutieren oder die heuristischen, sozialen oder auch ethischen Implikationen und Prämissen dieser Forschung befragen. Guy Vergères und Doreen Gille diskutieren den Einfluss von Ernährung aus Sicht der Nutrigenomik und Nutriepigenetik. Daneben beschreibt Susanne Bauer aus wissenssoziologischer Perspektive, wie dieses Forschungsfeld seinen Gegenstandsbereich konstituiert. Heiner Niemann stellt die epigenetischen Verfahren der Klonierung und Stammzellforschung vor, während Christina Brandt und Jan Baedke wissenschaftshistorisch zugehörige Modellbildungen diskutieren. Eine weitere, prononcierte Position nimmt das Thema psychischer Traumata ein, schon weil sich darin human- und biowissenschaftliche Forschung ineinander verschränken. Isabelle Mansuy berichtet hierzu von neuester epigenetischer Laborforschung an Mäusen, Marianne Leuzinger-Bohleber und Tamara Fischmann weisen auf Konvergenzen zwischen epigenetischen und psychoanalytischen Befunden hin, und Vanessa Lux rekonstruiert die wissenshistorischen Voraussetzungen, die es überhaupt möglich machten, nach den molekularen Spuren der seelischen Wirkung von Lebenserfahrung zu suchen.

Als exemplarisch für die Überschneidungen zwischen Organismus und Umwelt kann außerdem das Immunsystem gelten. Frühzeitig – und fast im Verborgenen – ist es zu einem der wesentlichen Felder epigenetischer Forschungen avanciert, da hier, wie Hilmar Lemke erläutert, notwendig die Schwelle zwischen innen und außen, Selbst und Nichtselbst experimentell und methodisch fassbar gemacht werden musste. Mit dieser Zwischenstellung bildet die Immunität einen Zentralbegriff der medizinischen Forschung, der jedoch, wie Johannes Türk aufzeigt, seinen Geltungsbereich fernab der Medizin entwickelte. Wegen seiner langen Kulturgeschichte hielt er aber auch einen konzeptuellen Raum offen, worin unterschiedlichste Ebenen des Lebens überhaupt aufeinander bezogen werden konnten.

Ein wesentliches Moment der Epigenetik bildet die mathematische und statistische Bewältigung stetig wachsender Datenmengen. Die Erweiterung der Beobachtungsebene von der DNA auf die sie umgebenden Strukturen und deren Interaktion mit der Umwelt, aber auch die technologischen Fortschritte in der Forschung, zwingen zur strategischen Planung und Revision von Forschungsdesigns und Modellen. Die immense Bedeutung bioinformatischer Forschung in diesem Kontext zeigt der Beitrag von Christoph Bock, der ein Modell vorschlägt, das es erlaubt, genetische und epigenetische Forschungsdesigns praktikabel miteinander zu verbinden. Demgegenüber weist Jaan Valsiner auf die heuristischen Konsequenzen hin, die sich aus verschiedenen Modellen ergeben, insbesondere da, wo immer größer werdende Datenmengen nach statistischer Durchdringung verlangen – und mithin die heuristischen Grenzen der Statistik überprüft werden müssen.

Auch die schon in der Verhaltensgenetik und Immunologie untersuchten Zusammenhänge zwischen Prägung und Entwicklung haben in der epigenetischen Forschung erneut Konjunktur – mit aufregenden neuen Ergebnissen, die Barbara Tzschentke präsentiert, deren verhaltensgenetische Vorgeschichte von Horst Kreß ausgeführt wird und deren kulturhistorische Faszinationsgeschichte Urte Helduser darstellt. Eine weitere Möglichkeit, epigenetische Übertragungen zu denken, schlägt Karola Stotz vor, die das Milieu, insbesondere die Entwicklungsnische als Modell beschreibt, in dem verschiedene Vererbungssysteme integriert werden können. Georg Toepfer prüft demgegenüber, inwiefern die in Genetik und Epigenetik veranschlagten Informationstransmissionstheorien es erlauben, die Komplexität von Vererbungsvorgängen zu rekonstruieren. Auf die Konsequenzen von begrifflichen Verschiebungen weisen auch die Beiträge zu Vererbung und Mutation hin. Staffan Müller-Wille zeigt die Abhängigkeit von Präformation und Epigenese von jeweils historisch spezifischen Vererbungsvorstellungen und relativiert die heiß geführte Gegenwartsdebatte um eine ‚entmachtete' Genetik, während Jörg Thomas Richter nach dem Nachleben des genetischen Mutationskonzepts in der Epigenetik fragt.

Welche Konsequenzen aber hat die Auflösung der Differenz zwischen Natur und Kultur in ‚kulturelle Faktoren' für soziale und ethische Belange? In der abschließenden Sektion des Bandes erkundet Jörg Niewöhner die soziale Vorstellungsmacht der epigenetischen Forschung, und Sebastian Schuol stellt sich der Frage, inwiefern – wenn überhaupt – hier neue intergenerationelle Formen der Verantwortung entstehen.

Wie die Beiträge illustrieren, ist heute statt von einer monolithischen epigenetischen Forschung vielmehr von *unterschiedlichen Epigenetiken* mit je spezifischen, historisch differenzierten Zugängen zu sprechen. Der Band soll dazu anregen, das notwendig interdisziplinäre Gespräch zwischen epigenetischer Forschung und Geistes-, Sozial- und Kulturwissenschaften weiter voranzutreiben. Wir danken vorerst allen Beitragenden, dass sie dies engagiert betrieben haben. Ebenso danken wir Bertolt Fessen, der das Lektorat dieses Bandes übernommen hat, sowie Matthias Zinnen für das Erstkorrektorat, die Arbeit am Index und die organisatorische Unterstützung bei der Fertigstellung des Bandes. Das Forschungsprojekt „Kulturelle Faktoren der Vererbung", die hierin organisierte Workshop-Reihe und dieser Band wurden durch die BMBF-Programmfinanzierung des Zentrums für Literatur- und Kulturforschung (ZfL) Berlin ermöglicht. Für Anregungen, Rat und Inspiration bei Projekt, Workshop-Reihe und Band danken wir zudem Ohad Parnes, Stefan Willer, Sigrid Weigel und unseren zahlreichen weiteren Kolleginnen und Kollegen am ZfL.

Literatur

Baldwin, J.M. & Morgan, C.L. (1905). Factors of evolution. In: Dictionary of philosophy and psychology, J.M. Baldwin, Hg. (New York: Macmillan), S. 368.

Bird, A. (2007). Perceptions of epigenetics. Nature, 447(7143): 396–398.

Blumenbach, Johann Friedrich (1791). Über den Bildungstrieb (Göttingen: Dieterich).

de Duve, C. (2010). Die Genetik der Ursünde: Die Auswirkung der natürlichen Selektion auf die Zukunft der Menschheit, S. Vogel, Übers. (Heidelberg: Spektrum Akademischer Verlag).

Fraga, M.F., Ballestar, E., Paz, M.F. et al. (2005). Epigenetic differences arise during the lifetime of monozygotic twins. Proceedings of the National Academy of Sciences of the United States of America 102(30): 10604–10609.

Franklin T.B., Russig H., Weiss I.C. et al. (2010). Epigenetic transmission of the impact of early stress across generations. Biological Psychiatry 68(5): 408–415.

Gilbert, S.F. (2012). Commentary: ‚The epigenotype' by C.H. Waddington. International Journal of Epidemiology 41(1): 20–23.

Gissis, S.B. & Jablonka, E., Hg. (2011). Transformations of Lamarckism. From subtle fluids to molecular biology (Cambridge, MA: MIT Press).

Gottesman, I.I. & Hanson, D.R. (2005). Human development: Biological and genetic processes. Annual Review of Psychology 56: 263–286.

Haig, D. (2004). The (dual) origin of epigenetics. Cold Spring Harbor Symposia on Quantitative Biology 69: 1–4.

Haig, D. (2012). Commentary: The epidemiology of epigenetics. International Journal of Epidemiology, 41(1): 13–16.

Heijmans, B.T., Tobi, E.W., Stein, A.D. et al. (2008). Persistent epigenetic differences associated with prenatal exposure to famine in humans. Proceedings of the National Academy of Sciences of the United States of America 105(44): 17046–17049.

Henning, B.G., Scarfe, A.C. (2013). Beyond mechanism: Putting life back into biology (Lanham, MD: Lexington Books).

Holliday, R. (1994). Epigenetics. An overview. Developmental Genetics 15: 453–457.

Holliday, R. (2002). Epigenetics comes of age in the twenty first century. Journal of Genetics 81(1): 1–4.

Huber, J. (2010). Liebe lässt sich vererben: wie wir durch unseren Lebenswandel die Gene beeinflussen können (München: Zabert Sandmann).

Huxley, J. (1956). Epigenetics. Nature 177(4514): 807–809.

Jablonka, E. & Lamb, M.J. (2002). The changing concept of epigenetics. Annals of the New York Academy of Sciences 981(1): 82–96.

Jablonka, E. & Lamb, M.J. (2005). Evolution in four dimensions: Genetic, epigenetic, behavioral, and symbolic variation in the history of life (Cambridge, MA: MIT Press).

Khan, F. (2010). Preserving human potential as freedom: A framework for regulating epigenetic harms. Health Matrix 20(2): 259–323.

Kovács, L. (2009). Medizin – Macht – Metaphern: Sprachbilder in der Humangenetik und ethische Konsequenzen ihrer Verwendung (Frankfurt a. M.: Peter Lang).

Lamarck, J.-B. (1809/2002). Zoologische Philosophie, Teil 1–3, A. Lang, Übers. (Frankfurt a. M.: Verlag Harri Deutsch).

Lederberg, J. (1958). Genetic approaches to somatic cell variations: Summary comment. Journal of Cellular Physiology 52(S1): 383–401.

Lux, V. & Richter, J.T. (2012). Faktor: Stellvertreter des Kulturellen in Evolution, Genetik und Epigenetik. Trajekte 12(24): 35–39.

Morgan, T.H. (1913). Factors and unit characters in Mendelian heredity. The American Naturalist 47(553): 5–16.

Morgan, T.H., Sturtevant, A.H., Muller, H.J. & Bridges, C.B. (1915). The mechanism of Mendelian heredity (New York: Henry Holt).

Nanney, D.L. (1958). Epigenetic control systems. Proceedings of the National Academy of Sciences of the United States of America 44(7): 712–717.

Oyama, S., Griffiths, P.E. & Gray, R.D., Hg. (2001). Cycles of contingency: Developmental systems and evolution (Cambridge, MA: MIT Press).

Painter, R.C., Osmond, C., Gluckman, P., Hanson, M., Phillips, D.I. & Roseboom, T.J. (2008). Transgenerational effects of prenatal exposure to the Dutch famine on neonatal adiposity and health in later life. BJOG 115(10): 1243–1249.

Parnes, O. (2007). Die Topographie der Vererbung. Epigenetische Landschaften bei Waddington und Piper. Trajekte 14: 26–31.

Parnes, O. (2013). Biologisches Erbe und das Konzept der Vererbung im 20. und 21. Jahrhundert. In: Erbe: Übertragungskonzepte zwischen Natur und Kultur, S. Willer, S. Weigel & B. Jussen, Hg. (Berlin: Suhrkamp), S. 202–242.

Paterson, N. (2006). The ghost in your genes. Dokumentarfilm. Paterson, N. (Regie und Produktion). Für die BBC von NOVA & HORIZON.

Petronis, A., Gottesman, I.I., Crow, T.J. et al. (2000). Psychiatric epigenetics: a new focus for the new century. Molecular Psychiatry 5(4): 342–346.

Pigliucci, M. & Müller, G. B., Hg. (2010). Evolution – the extended synthesis (Cambridge, MA: MIT Press).

Plagemann, A. (2004). ‚Fetal Programming' and ‚functional teratogenesis': on epigenetic mechanisms and prevention of perinatally acquired lasting health risks. Journal of Perinatal Medicine 32(4): 297–305.

Riggs, A.D., Martienssen, R.A. & Russo, V.E.A. (1996). Introduction. In: Epigenetic mechanisms of gene regulation, Cold Spring Harbor monograph series 32, V.E.A. Russo, A.D. Riggs & R.A. Martienssen, Hg. (Plainview, NY: Cold Spring Harbor Laboratory Press), S. 1–4.

Roe, S.A. (1981). Matter, life and generation: eighteenth-century embryology and the Haller-Wolff debate (Cambridge, UK: Cambridge University Press).

Roux, W. (1888). Beiträge zur Entwickelungsmechanik des Embryo. Virchows Archiv 114(2): 246–291.

Roux, W. (1895). Gesammelte Abhandlungen über Entwicklungsmechanik der Organismen, Bd. 2: Abhandlungen XIII–XXXIII, über Entwicklungsmechanik des Embryo (Leipzig: Engelmann).

Schmalhausen, I.I. (1946/2009). Die Evolutionsfaktoren: Eine Theorie der stabilisierenden Auslese, U. Hoßfeld, L. Olsson, G.S. Levit & O. Breidbach, Hg. (Stuttgart: Steiner).

Spemann, H. & Mangold, H. (1924). Über Induktion von Ebryonalanlagen durch Implantation artfremder Organisatoren. Archiv für mikroskopische Anatomie und Entwicklungsmechanik 100(3–4): 599–638.

van Speybroeck, L., de Waele, D. & van de Vijver, G. (2002). Theories in early embryology: Close connections between epigenesis, preformationism, and self-organization. Annals of the New York Academy of Sciences 981(1): 7–49.

von Baer, K.E. (1828/1837). Über Entwickelungsgeschichte der Thiere, 2 Bde. (Königsberg: Bornträger).

Waddington, C.H. (1940). Organisers & genes (Cambridge, UK: Cambridge University Press).

Waddington, C.H. (1942). The epigenotype. Endeavour 1(1): 18–20.

Waddington, C.H. (1957). The strategy of the genes: A discussion of some aspects of theoretical biology (London: George Allen & Unwin).

Waddington, C.H. (1962). New patterns in genetics and development (New York: Columbia University Press).

Waddington, C.H. (1970). Der gegenwärtige Stand der Evolutionstheorie. In: Das neue Menschenbild. Die Revolutionierung der Wissenschaft vom Leben, A. Koestler & J.R. Smythies, Hg. (Wien: Fritz Molden), S. 342–373.

Waddington, C.H. (1974). How much is evolution affected by chance and necessity? In: Beyond chance and necessity. A critical inquiry into professor Jacques Monod's ‚Chance and Necessity', J. Lewis, Hg. (London: The Garnstone Press), S. 89–102.

Waterland R.A. & Jirtle, R.L. (2003). Transposable elements: targets for early nutritional effects on epigenetic gene regulation. Molecular and Cellular Biology 23(15): 5293–5300.

Weigel, S. (2003). Inkorporation der Genealogie durch die Genetik: Vererbung und Erbschaft an Schnittstellen zwischen Bio- und Kulturwissenschaft. In: Genealogie und Genetik: Schnittstellen zwischen Biologie und Kulturgeschichte, S. Weigel, Hg. (Berlin: Akademie Verlag), S. 71–97.

Weigel, S. (2006). Genea-Logik: Generation, Tradition und Evolution zwischen Natur- und Kulturwissenschaften (München: Fink).

Weigel, S. (2010). An der Schwelle von Kultur und Natur: Epigenetik und Evolutionstheorie. In: Evolution in Natur und Kultur, V. Gerhardt & J. Nida-Rühmelin, Hg. (Berlin: de Gruyter), S. 103–125.

Weingart, P. (2005). Die Wissenschaft der Öffentlichkeit. Essays zum Verhältnis von Wissenschaft, Medien und Öffentlichkeit (Weilerswist: Velbrück).

Willer, S. (2010). ‚Epigenesis' in epigenetics: Scientific knowledge, concepts, and words. In: Hereditary hourglass: genetics and epigenetics 1868–2000, A. Barahona, E. Suarez-Díaz & H.-J. Rheinberger, Hg. (Berlin: Max-Planck-Institut für Wissenschaftsgeschichte), S. 13–21.

Wu, C.-T. & Morris, J.R. (2001). Genes, genetics and epigenetics: A correspondence. Science 293(5532): 1103–1105.

Guy Vergères und Doreen Gille
1 Nutri(epi)genomik

1.1 Allgemeines

Der Mensch konsumiert im Laufe seines Lebens ungefähr 20 Kilogramm Tabletten. In pharmakologischen Forschungsstudien und natürlich später auch als Wirkstoff im menschlichen Körper erfüllen diese Medikamente eine spezielle Aufgabe und besitzen dort in der Regel eine spezifische Wirkstoff-Zielverbindung („Target"). Demgegenüber stehen circa 60.000 Kilogramm Nahrungsmittel, die ein Mensch in seinem Leben zu sich nimmt. Zwar wissen wir, dass diese Lebensmittel eine Wirkung haben, aber oft ist unklar, wie groß diese Wirkung ist und welche Targets im menschlichen Körper genau bedient werden. Diese großen Mengen an Nahrungsmitteln im Vergleich zu den Mengen an Medikamenten zeigen, dass Lebensmittel nicht länger nur als Störfaktoren in pharmakologischen Studien abgetan werden können. Ihnen muss ein weitaus wichtigerer Stellenwert zugerechnet werden. Im Prinzip besteht der Mensch aus den Nährstoffen, die er in Form von Lebensmitteln zu sich nimmt, und die Entwicklung sowie der Erhalt des Organismus basieren auf deren regelmäßigem Konsum. Trotz dieser existenziellen Funktion von Nahrungsmitteln gibt es auch gegensätzliche Wirkungen. Zum Beispiel ist ein Großteil der Krebserkrankungen mit der Nahrung positiv oder negativ assoziiert. Diese Zusammenhänge führen zu einer einzig logischen Schlussfolgerung, welche für diverse Forschungszweige von Bedeutung sein *muss*: Nahrung ist mehr als ein Störfaktor.

Ein erst junges Forschungsgebiet, welches sich aus der medizinischen Grundlagenforschung herausgebildet hat, ist die Nutrigenomik. Sie verbindet Genetik, Genomik und Ernährung, ähnlich wie die pharmakologische Forschung, mit der Frage nach der Wirksamkeit chemischer Stoffe im Körper. Die Nutrigenomik verfolgt hierzu ein spezielles Konzept (siehe Abb. 1.1), in dessen Zentrum der Informationsfluss von der DNA zum Metabolit, also einem Stoffwechselprodukt, steht. Entlang der verschiedenen Ebenen dieses Informationsflusses haben sich in den letzten zehn Jahren die Omics-Technologien und die durch sie möglich gewordene Datenerfassung (in Genomik, Epigenomik, Transkriptomik, Proteomik, Metabolomik) als wichtige Werkzeuge der Nutrigenomik entwickelt. Ihnen ist es letztlich zu verdanken, dass die Physiologie zurück in den Fokus der Forschung gerückt ist. Mit der Systembiologie, die ein weiterer Schlüsselfaktor im Konzept der Nutrigenomik ist und den Omics-Technologien konzeptionell zugrunde liegt, beginnt man, den Organismus wieder verstärkt ganzheitlich zu betrachten. Zusammenfassend lässt sich daher festhalten: Nutrigenomik ist nichts anderes als die Anwendung der modernen Biologie auf das Studium der Wechselwirkungen zwischen Lebensmitteln und dem Menschen (als Spezies) (Fenech et al., 2011).

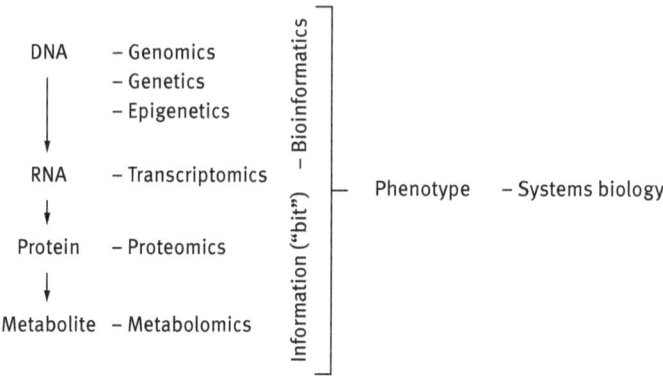

Abb. 1.1: Die Abbildung zeigt das Konzept der Nutrigenomik. Verschiedene Moleküle werden mit den entsprechenden Omics-Technologien analysiert, mittels der Bioinformatik ausgewertet und in Verbindung mit den phänotypischen Eigenschaften des Individuums in einen ganzheitlichen Kontext gebracht: der Systembiologie.

Nutrigenomik, Nutrigenetik und Nutriepigenetik lassen sich wiederum wie folgt unterscheiden: In der *Nutrigenomik* geht es darum, chemisch komplexe Lebensmittel daraufhin zu untersuchen, welche Wirkungen sie nicht so sehr auf das ‚Gen', sondern auf die Physiologie der Spezies Mensch haben. Die Omics-Technologien als wichtiges Tool der Nutrigenomik ermöglichen es, komplexe biologische Wechselwirkungen in einem holistischen Modell zu untersuchen. In der *Nutrigenetik* geht man in der Analyse einen Schritt weiter, um einen zusätzlichen Parameter einbeziehen zu können: die genetische Variabilität zwischen Populationen oder zwischen einzelnen Individuen. Bei der *Nutriepigenetik* kommt eine weitere Dimension hinzu: die Lebenszeit des Individuums. Mit diesem Forschungszweig ist es möglich, Veränderungen über die gesamte individuelle Lebensdauer und sogar über Generationen hinweg zu untersuchen. Diese drei Disziplinen gleichen im Grunde denen der pharmakologischen Forschung – also der Pharmakogenomik, Pharmakogenetik und Pharmakoepigenetik. Mit der Vorsilbe „Nutri" wird ausgedrückt, dass diese Untersuchungsmethoden im Bereich der Ernährungsforschung angewandt werden.

1.2 Charakterisierung der Epigenetik

Epigenetische Veränderungen beim Menschen sind erfolgreich nachgewiesen worden. Bereits 2005 haben Fraga et al. epigenetische Differenzen bei monozygoten Zwillingen erfasst (Fraga et al., 2005). Sie haben sehr junge Zwillingspaare – drei Jahre alt – und ältere Zwillingspaare – circa 50 Jahre alt – untereinander verglichen. Den

Zwillingen wurde Blut entnommen, um das Transkriptom der Lymphozyten, d. h. die Genexpression von ungefähr 25.000 Genen zu messen. Fraga et al. konnten mit ihrer Studie nicht nur zeigen, dass sich eineiige Zwillinge in ihrem Transkriptom unterscheiden, sondern auch, dass diese Unterschiede mit steigendem Alter zum Beispiel durch externe Umwelteinflüsse zunehmen. Je älter man wird, desto individueller wird das eigene Transkriptom. Fraga et al. haben sich auch die epigenetischen Abweichungen auf der Ebene des Genoms angesehen. Die Arbeitsgruppe konnte Gene identifizieren, die in den Zellen der monozygotischen Zwillinge jeweils unterschiedlich methyliert waren. Eine Erklärung für diese Unterschiede könnte die Ernährung sein, denn als ein externer Umweltfaktor verfügt sie über die Eigenschaft, epigenetische Faktoren wie beispielsweise Histon-Modifikationen, DNA-Methylierungen oder Mikro-RNAs zu induzieren und somit als Feinmodulator auf die Genexpression jedes einzelnen Menschen zu wirken.

Der Epigenetik liegt also ein dynamischer Charakter zugrunde. Zwei Parameter sind für sie charakteristisch: zum einen die Zeit, wie etwa das Alter der Zwillingspaare, und zum anderen die metabolische Plastizität. Das Konzept der metabolischen Plastizität besagt, dass der menschliche Organismus mit der Zeit aufgrund natürlicher Veränderungen des Stoffwechselsystems weniger „plastisch" werde (Godfrey et al., 2010). Darunter versteht man, dass der Organismus weniger gut auf externe Wechselwirkungen und Stimuli reagieren und somit viel langsamer wieder in sein metabolisches Gleichgewicht zurückkehren kann. Eine reduzierte Plastizität wird häufig im gleichen Atemzug mit dem Entstehen von Krankheiten genannt. Hieraus ergibt sich die Vorstellung, dass man möglichst früh auf ein metabolisches Ungleichgewicht reagieren sollte, um spätere Erkrankungen zu verhindern. Dies kann zum einen pharmazeutisch mit Medikamenten geschehen, zum anderen kann aber auch gleichzeitig über die Ernährung interveniert werden. In diesem Zusammenhang sind Nährstoffe interessant, die epigenetische Effekte auslösen. Das sind zum Beispiel auf der Ebene der DNA-Methylierung Mikronährstoffe wie Folat, Cholin und Betain, die am „one-carbon metabolism" beteiligt sind. Im Stoffwechsel von Methionin helfen sie mit, eine Methylgruppe aus der Nahrung auf die DNA zu übertragen. Weitere Stoffe mit wahrscheinlichen epigenetischen Effekten sind Vitamine, Selen, Zink, Cadmium und Arsen – also auch toxische Substanzen, die nicht Teil der Nahrung sind, die aber die Menschen mit ihren Lebensmitteln aufnehmen. Diese Mikronährstoffe fungieren als mögliche Modifikatoren, Induktoren oder sogar direkt als Methyllieferanten für die DNA-Methylierung. Auch auf der Ebene der Histon-Strukturen sind modulierende Substanzen bekannt (Delage & Dashwood, 2008).

Die medizinische und ernährungsphysiologische Forschung verfolgt hauptsächlich zwei Forschungsstrategien, deren Ergebnisse sehr unterschiedliche Sichtweisen auf den Menschen erlauben: zum einen den epidemiologischen Ansatz und zum anderen den neueren Ansatz der Systembiologie. Mit dem epidemiologischen Ansatz wird der Einfluss weniger epigenetischer Parameter bei einem definierten, möglichst großen Teil der menschlichen Population untersucht. So fragt man beispielsweise in der epidemiologischen Krebsforschung, welcher Zusammenhang zwischen der Methylierung eines bestimmten Gens, der Zusammensetzung der Nahrung und dem Erscheinen von Krebs besteht. Der systembiologische Ansatz bezieht demgegenüber möglichst viele Parameter mit ein. Eine systembiologische epigenetische Krebsforschung wird demnach mit einem breiten Spektrum an epigenetischen Parametern Aussagen über Humanernährung und die damit einhergehende mögliche Entwicklung von Krebs machen. Aufgrund des hohen Aufwandes können sich systembiologische Studien nur auf wenige Versuchspersonen erstrecken. Da die epigenetischen Informationen zeitlich (Lebenszyklus) und räumlich (Zelle, Gewebe, Organe) sehr dynamisch und heterogen sind, ist die Menge der gewonnenen und analysierten Information bei beiden Methoden sehr groß. Die Aufgabe liegt nun nicht darin, sich für einen Ansatz zu entscheiden, sondern beide optimal zu nutzen, um fundierte Aussagen für eine individualisierte Ernährung einer definierten Population machen zu können.

1.3 Tiermodelle als wissenschaftlicher Beweis für epigenetische Veränderungen

Einen sehr interessanten Aspekt der Nutriepigenetik stellen die transgenerationellen Effekte dar, die sich aus durch Ernährung ausgelösten epigenetischen Veränderungen ergeben. Für solche Epigenomikexperimente haben sich Tiermodelle als sinnvoll erwiesen. Zwei Punkte sind allerdings zu beachten: Erstens enthält der Embryo in einem schwangeren Muttertier bereits die Keimzellen der übernächsten Generation. Somit werden drei Generationen (F0-, F1- und F2-Generation) gleichzeitig der Experimentalsituation ausgesetzt. Wenn diese Mütter mit einer besonderen Diät konfrontiert werden, dann könnten Veränderungen auch noch in der F2-Generation auftreten, ohne dass es sich um einen transgenerationellen epigenetischen Effekt handelt. Zweitens muss man die Wechselwirkung zwischen den verschiedenen Generationen so klein wie möglich halten, um andere Einflüsse auszuschließen. Das beste Modell ist daher die Weitergabe über die väterliche Linie, weil die epigenetischen Veränderungen in diesem Fall nur über die Spermien übertragen werden. Es besteht hier nur ein relativ kurzer Zeitraum, in dem Wechselwirkungen zwischen den Generationen stattfinden. Das ideale Experiment für den Nachweis transgenerationeller epigenetischer Effekte wäre also, die Weitergabe bis zur F3-Generation über die väterliche Linie zu zeigen. In diesem Zusammenhang sind besonders die Studien zur Fettleibigkeit der Agouti-Mäuse bekannt geworden (Waterland et al., 2007).

Vier Versuchsreihen zu transgenerationellen epigenetischen Effekten von Ernährung bei Mäusen sind erwähnenswert: Das *erste* Beispiel ist ein Versuch, bei dem Mäuse in der väterlichen Linie mit einer Niedrigproteindiät ernährt wurden (Carone et al., 2010). Hier wurde der Stoffwechsel der F1-Generation auf verschiedenen Ebenen untersucht, u. a. auch auf der Ebene der DNA-Methylierung. Es wurden die Methylierungsmuster der Mäuse, deren Väter eine Niedrigproteindiät erhalten hatten, mit Methylierungsmustern von Mäusen, deren Väter normal gefüttert wurden, verglichen. Die veränderte Methylierung hatte große Auswirkungen auf die Genexpression der Tiere. Es konnte gezeigt werden, dass Gene, die an der Cholesterol- und Lipidsynthese beteiligt sind, bei der F1-Generation der Niedrigprotein-Gruppe aktiviert wurden. Die Konzentration mancher Stoffwechselmoleküle zwischen den Gruppen unterschied sich ebenfalls. Zum Beispiel war bei der Niedrigproteingruppe der Gehalt von Cholesterolester in der Leber reduziert. Der Versuch zeigt eindrücklich, dass epigenetische Effekte auf unterschiedlichen biologischen Ebenen festgestellt werden können.

Das *zweite* Beispiel ist eine Studie zur Genexpression in der F2-Generation der mütterlichen Linie (Dunn & Bale, 2009). Die Muttertiere der F0-Generation wurden mit einer fettreichen Diät versorgt, und die F2-Generation wurde auf Wachstumsparameter untersucht. Hier konnte man eine geringere Methylierung eines Gens, das für einen spezifischen Wachstumsfaktor-Rezeptor codiert, in der F2-Generation feststellen. Gleichzeitig wurde eine erhöhte Konzentration an verschiedenen Wachstumsfaktoren in dieser F2-Generation gemessen. Zusätzlich zeigten auch die phänotypischen Messungen, dass die Mäuse dieser Linie in der F1- und F2-Generation längere Körper hatten, die auf die Behandlung der F0-Generation mit der fettreichen Diät zurückgingen.

Als *drittes* Beispiel für das Mäusemodell sind die Experimente mit den Agouti-Mäusen zu erwähnen (Waterland et al., 2008). Diese Mäuse wurden so gezüchtet, dass sie ein Gen – das Agouti-Gen – besitzen, das sie krank macht. Die Mäuse werden übergewichtig und entwickeln im Laufe ihres Lebens chronische Krankheiten. Man hat den Tieren dieser Linie nun eine Diät verabreicht, die viele Methyllieferanten enthielt (Betain, Cholin, Folat usw.). Daraufhin wurden die Mäuse der F3-Generation nicht mehr fett. Die Methyllieferanten wurden allerdings in jeder Generation (F0 bis F3) verabreicht. Die Studie zeigt daher, dass die Entwicklung der Fettleibigkeit, die aufgrund der besonderen genetischen Disposition der Agouti-Mäuse zu erwarten war, von der F0- bis zur F3-Generation durch eine kontinuierliche methylreiche Diät schließlich verhindert werden konnte.

Das *vierte* Beispiel wurde erst vor kurzem publiziert. Die Fütterung einer fettreichen Diät an trächtige Ratten erhöhte das karzinogen-induzierte Brustkrebsrisiko in weiblichen Nachkommen der ersten, zweiten und dritten Generation. Dieses erhöhte Risiko wurde gleichermaßen durch die weiblichen und männlichen Keimzellen übertragen, möglicherweise durch epigenetische Mechanismen (de Assis et al., 2012).

1.4 Transgenerationelle epigenetische Veränderungen im Menschen

Doch können solche transgenerationellen epigenetischen Effekte auch beim Menschen nachgewiesen werden? Bislang gibt es hierzu nur sehr wenige Studien. Ein in diesem Zusammenhang viel zitiertes Beispiel ist eine epidemiologische Studie mit

Probanden aus Schweden (Pembrey et al., 2006). Bei dieser hat man sich zunutze gemacht, dass einige große Ernteausfälle und die an sie anschließende Nahrungsmittelknappheit zwischen 1890 und 1920 historisch gut dokumentiert wurden. Dadurch konnte untersucht werden, ob ein statistischer Zusammenhang zwischen der Lebenserwartung der F2-Generation, also der Enkel, und der Nahrungsversorgung des Großvaters in bestimmten Lebensphasen bestand. Den Ergebnissen zufolge war das Mortalitätsrisiko der Enkel erhöht, wenn die Großväter in einer bestimmten Phase vor der Pubertät, der „Slow-Growth-Period", in der Kinder langsamer wachsen und folglich weniger Kalorien brauchen, relativ viel zu essen hatten. Wenn die Großväter dagegen in dieser Phase wenig zu essen hatten, da aufgrund einer schlechten Ernte weniger Lebensmittel zur Verfügung standen, war das Mortalitätsrisiko der Enkel geringer. Erlebten die Großväter die Lebensmittelknappheit jedoch im Alter von zwei bis vier Jahren, dann war der Effekt umgekehrt und die Lebenserwartung der Enkelkinder kleiner. Bei einer Kohorte, die 1905 geboren wurde, konnte zudem gezeigt werden, dass ein Unterschied von bis zu 30 Jahren in der Lebenserwartung zwischen den beiden F2-Populationen besteht (Bygren et al., 2001).

Diese Studien an den schwedischen Kohorten werden zwar häufig zitiert; um sicherzustellen, dass es sich nicht um Zufallsfunde handelt, müssten allerdings erst Replikationsstudien durchgeführt werden. Auch gibt es bis heute keine gesicherten Daten molekularer Natur, die den aufgezeigten transgenerationellen Effekt beim Menschen stützen. Solche Studien sind nur möglich, wenn solche besonderen Ereignisse und deren Folgen über mehrere Generationen hinweg historisch gut dokumentiert sind. Wegen dieser Einschränkung ist es sehr schwer, Populationen zu finden, an denen solche Studien repliziert werden können, und noch schwieriger ist es, Populationen zu finden, für die auch molekularbiologische Daten vorliegen.

Es gibt eine zweite Humanstudie, aus den Niederlanden, die als einzige auch molekularbiologische Daten zu epigenetischen Effekten berücksichtigt (Hejmans et al., 2008). Die Population umfasst eine Generation, die im niederländischen Hungerwinter 1944–1945 während des Zweiten Weltkriegs aufgrund der Besatzungspolitik der deutschen Wehrmacht sehr wenig Lebensmittel zur Verfügung hatte. Aus dieser Population hat man die Kinder der Frauen, die zu dieser Zeit schwanger waren, sechzig Jahre nach ihrer Geburt untersucht und mit Kindern aus einer Kontrollgruppe verglichen, deren Mütter in der Schwangerschaft genug zu essen hatten. Die Frage war hier, ob sich Methylierungsmuster der F1-Generation dieser beiden Gruppen unterschieden. Es konnte tatsächlich eine Differenz im Methylierungszustand des Insulin-like-Growth-Factor-2-Gens (insulinähnlicher Wachstumsfaktor 2) festgestellt werden. Dieses war weniger methyliert, wenn die Mütter in der Schwangerschaft weniger zu essen hatten. Die Studie ist der erste Nachweis einer Korrelation zwischen perikonzeptioneller Exposition gegenüber Umweltfaktoren und DNA-Methylierung in Menschen. Das Wissen über einen solchen Zusammenhang könnte neue Wege ebnen, um Humankrankheiten vorzubeugen. Aber auch hier stellt sich das Problem der Replikation. In einer weiteren Studie wurde in der gleichen Population auch die F2-Generation untersucht (Lumey & Stein, 1997). Fokussiert wurde diesmal auf das Geburtsgewicht der F2-Generation, also der Enkelkinder derjenigen Frauen, denen während der Schwangerschaft im Krieg zu wenige Kalorien zur Verfügung standen, im Vergleich zu Kindern aus einer Kontrollgruppe, deren Großmütter ausreichend Nahrung hatten. Da bekannt ist, dass das zweite, dritte oder vierte Kind einer Frau oft mehr wiegt als das erste, hat man hier nicht allein das Geburtsgewicht der einzelnen Kinder verglichen, sondern die Gewichtsdifferenz des ersten und zweiten Enkelkindes von unterernährten Großmüttern mit der Geburtsgewichtsdifferenz der Kinder von Kontrollgroßmüttern, die während der Schwangerschaft genug Kalorien zur Verfügung standen. Die Ergebnisse zeigen, dass die Differenz im Geburtsgewicht der Enkelkinder signifikant geringer war, wenn die Großmütter im Hungerwinter schwanger waren und die Phase der Unterernährung zeitlich in das erste Schwangerschaftstrimester fiel. Das zweite Kind wog in diesen Fällen sogar weniger als das erste, was unüblich ist.

1.5 Epigenetik – von zellulärer Biochemie bis zur Gesundheit

Neben DNA-Methylierungen zählen, wie erwähnt, auch Mikro-RNAs zu den epigenetischen Modulatoren der Genexpression. Sie binden an mRNA und können darüber die Genexpression regulieren. In diesem Zusammenhang ist die Milch ein besonderes Lebensmittel. Sie verfügt unter anderem über Mikrovesikel (kleine Lipidmembranpartikel), die auch Mikro-RNA einschließen. Da die Mikrovesikel gegenüber saurem pH resistent sind, werden sie möglicherweise im Magen nicht aufgespalten. Diese Eigenschaft lässt vermuten, dass Mikro-RNA vom Kind während des Stillens über die Muttermilch aufgenommen wird und somit die Genexpression des Neugeborenen direkt beeinflussen könnte. Allerdings steht der direkte Nachweis hierfür noch aus. Möglicherweise ist diese Mikro-RNA sogar daran beteiligt, das Immunsystem des Kindes aufzubauen. Dieses Phänomen wäre im engeren Sinne keine transgenerationelle Übertragung von epigenetischen Modifikationen, aber dennoch eine Übertragung von Molekülen aus Lebensmitteln, die die Genexpression direkt beeinflussen können (Kosaka et al., 2010).

Wie ist vor diesem Hintergrund Epigenetik zu definieren? Ganz allgemein könnte man unter Epigenetik die Wissenschaft von der Biochemie (für Zellen) und der Physiologie (für Organismen) der transgenerationellen Übertragung molekularer Information, die nicht durch die Codierung der DNA übermittelt wird, verstehen. Wie in jedem Wissenschaftszweig sind noch nicht alle Geheimnisse gelüftet. So wird zum Beispiel diskutiert, ob neben Modifikationen der DNA-Methylierung auch Histon-Modifikationen übertragen werden können. Zudem gibt es andere, bereits bekannte nicht genetische Wege der Übertragung, die man ebenfalls als epigenetisch bezeichnen könnte, wie beispielsweise Prione, also Proteine, die Proteine verändern können. Besonders im Hinblick auf solche Phänomene ist die Frage nach den Grenzen der Epigenetik schwer zu beantworten, und jede solche Grenzziehung erscheint künstlich.

Entscheidend ist letztlich allein der Phänotyp, unabhängig davon, ob die Mechanismen genetisch oder *epi*genetisch sind.

Für das Thema Ernährung ist aus der Forschung zu epigenetischen Effekten besonders der „one-carbon metabolism" interessant. Dass ein Nährstoff wie Folat das Potenzial hat, als Methyllieferant zu wirken, also eine Methylgruppe aus der Nahrung auf die DNA zu übertragen, ist ein Hinweis auf einen direkten Link zwischen DNA und Ernährung. Man weiß zudem, dass die CpG-Inseln, d. h. Regionen im Genom mit erhöhter Dichte der Dinukleotidsequenz Cytosin-phosphatidyl-Guanin, „Hotspots" für epigenetische DNA-Methylierung sind. An ihnen zeigt sich das enge Zusammenspiel von Epigenetik und Genetik. Denn die Methylierung und damit die epigenetische Modifikation dieser Stellen kann zu Mutationen in der Erbinformation führen. Folat wirkt darüber hinaus auch als Kofaktor bei der DNA-Synthese. Folat-Mangel kann zu fehlerhaften Einfügungen von Basen in die DNA und damit ebenfalls zur Mutagenese führen. Dies ist ein weiterer Link zwischen Ernährung, Epigenetik und auch Genetik.

Wenn wir nun mit Hilfe der Epigenetik wirklich den Phänotyp beeinflussen können, ist es von Bedeutung, wie wir dieses Wissen nutzen. Dabei macht es einen Unterschied, ob es nur um die Epigenetik eines einzelnen Individuums und dessen Gesundheit geht, oder ob die Epigenetik auch für die nächste Generation eine Rolle spielt. Es stellt sich hier die Frage: Kann uns Ernährung von unseren Genen befreien? Allerdings ist die einzige Interventionsform, von der wir bisher wissen bzw. vermuten, dass sie Einfluss auf den Lebensverlauf und eventuell sogar transgenerationelle Effekte hat, die Kalorienreduktion. Wie an einer Reihe von Versuchen an verschiedenen Tieren gezeigt wurde, kann man die Lebensdauer um bis zu 20–30 Prozent verlängern, wenn man weniger Kalorien zu sich nimmt (Roth & Polotsky, 2012). Soll der Mensch also weniger essen, um älter zu werden? Welche Konsequenzen hat das für seine Kinder und Enkelkinder? In diesem Zusammenhang muss präzise beurteilt werden, was in den einzelnen Studien zu transgenerationellen Effekten wirklich beobachtet wurde und wie solide diese Beobachtungen sind. Die Bewertung hängt sehr davon ab, ob weitere Studien die Ergebnisse bestätigen oder nicht. Dabei ist zu hinterfragen, ob die Ergebnisse der wenigen bisher vorliegenden Studien, die sich auf die Ernährungslage im 19. Jahrhundert beziehen, heute überhaupt von Bedeutung sind. Diese Art des Nahrungsmangels aufgrund von Ernteausfällen betrifft die Menschen entwickelter Länder eigentlich nicht mehr. Doch was ist mit den hungernden Menschen in anderen Teilen der Erde? Für sie würde es sich lohnen, transgenerationellen epigenetischen Effekten auf den Grund zu gehen.

Literatur

Bygren, L.O., Kaati, G. & Edvinsson, S. (2001). Longevity determined by ancestors' overnutrition during their slow growth period. Acta Biotheoretica 49(1): 53–59.

Carone, B.R., Fauquier, L., Habib, N. et al. (2010). Paternally induced transgenerational environmental reprogramming of metabolic gene expression in mammals. Cell 143(7): 1084–1096.

de Assis, S., Warri, A., Cruz, M.I. et al. (2012). High-fat or ethinyl-oestradiol intake during pregnancy increases mammary cancer risk in several generations of offspring. Nature Communications 3: 1053.

Delage, B. & Dashwood, R.H. (2008). Dietary manipulation of histone structure and function. Annual Review of Nutrition 28: 347–366.

Dunn, G.A. & Bale, T.L. (2009). Maternal high-fat diet promotes body length increases and insulin insensitivity in second-generation mice. Endocrinology 150(11): 4999–5009.

Fenech, M., El-Sohemy, A., Cahill L. et al. (2011). Nutrigenetics and nutrigenomics: viewpoints on the current status and applications in nutrition research and practice. Journal of Nutrigenetics and Nutrigenomics 4(2): 69–89.

Fraga, M.F., Ballestar, E., Paz, M.F. et al. (2005). Epigenetic differences arise during the lifetime of monozygotic twins. Proceedings of the National Academy of Sciences of the United States of America 102(30): 10604–10609.

Godfrey, K.M., Gluckman, P.D. & Hanson, M.A. (2010). Developmental origins of metabolic disease: life course and intergenerational perspectives. Trends in Endocrinology and Metabolism 21(4): 199–205.

Heijmans, B.T., Tobi, E.W., Stein, A.D. et al. (2008). Persistent epigenetic differences associated with prenatal exposure to famine in humans. Proceedings of the National Acadamy of Sciences of the United States of America 105(44): 17046–17049.

Kosaka, N., Izumi, H., Sekine, K. & Ochiya, T. (2010). MicroRNA as a new immune-regulatory agent in breast milk. Silence 1(1): 7.

Lumey, L.H. & Stein, A.D. (1997). Offspring birth weights after maternal prenatal undernutrition: a comparison within sibships. American Journal of Epidemiology 146(10): 810–819.

Pembrey, M.E., Bygren, L.O., Kaati, G. et al. (2006). Sex-specific, male-line transgenerational responses in humans. European Journal of Human Genetics 14(2): 159–166.

Roth, L.W. & Polotsky, A.J. (2012). Can we live longer by eating less? A review of caloric restriction and longevity. Maturitas 71(4): 315–319.

Waterland, R.A., Travisano, M. & Tahiliani, K.G. (2007). Diet-induced hypermethylation at agouti viable yellow is not inherited transgenerationally through the female. FASEB Journal 21(12): 3380–3385.

Waterland, R.A., Travisano, M., Tahiliani, K.G., Rached, M.T. & Mirza, S. (2008). Methyl donor supplementation prevents transgenerational amplification of obesity. International Journal of Obesity 32(9): 1373–1379.

Susanne Bauer
2 Ernährung als epigenetische Schaltstelle. Wie die Nutrigenomik Körper, Nahrung und Sozialität neu zusammenfügt

Ging es in der öffentlichen Debatte um die „neue Genetik" vorwiegend um die Frage genetischer Determinismen, nahmen mit der breiten Rezeption der Epigenetik[1] auch populärwissenschaftliche Darstellungen eine Wende (vgl. Spork, 2009). Weniger der genetische Code und die Programmierung als vielmehr die Steuerbarkeit der Genexpression und die vielfältigen Wechselwirkungen der DNA mit ihrer molekularen Umgebung stehen nun im Mittelpunkt. Mit den nicht genetischen Mechanismen der Vererbung und der Beeinflussbarkeit der Genaktivität scheinen nach über einem Jahrhundert Mendelscher Genetik einige überholt geglaubte Lamarcksche Motive wieder auf. Die Nutrigenomik ist eines der Felder, an denen sich die Konturen epigenetischer Argumentationen aufzeigen lassen. Denn Nahrung und Ernährung bilden die stofflich-materielle Schnittstelle zwischen Umwelt und Organismus.

Ernährung gilt vielen Biowissenschaftlern als stärkster Umwelteinfluss überhaupt, da die aufgenommene, inkorporierte Nahrung von der systemischen bis zur molekularen Ebene stofflich mit dem Organismus interagiert (vgl. Kussmann & Bladeren, 2011). Im Zuge der „Nutrigenomik" werden Nahrungsmittel entsprechend ihrer epigenomischen Eigenschaften neu geordnet. So werden beispielsweise Beeren damit beworben, dass sie Substanzen enthalten, die freie Sauerstoffradikale im Körper binden und diesen gegen gentoxisch wirkende Schadstoffe schützen. Aufbereitet als Trockenfrucht-Produkte, werden Beeren als bioaktive Nahrungsmittel mit „natürlichen" Präventionseffekten oder Anti-Aging-Potenzialen vermarktet. Mit dieser Verschiebung in der Produktion von Nahrungsmitteln mit zusätzlichen Gesundheitseigenschaften wird Farming zu Pharming, beispielsweise, wenn gezielt Nutraceuticals – analog zu den Pharmaceuticals – hergestellt und als Extrakte auf den Markt gebracht werden. Bei diesen „Gesundheitsprodukten" verschwimmt die Grenze zwischen Medikament und Ernährung.

Neben der Vorstellung „nutrigenomisch aufgewerteter" Nahrungsprodukte geraten zunehmend auch die individuellen Unterschiede der „Konsumenten" selbst in den Mittelpunkt biomedizinischer Forschung: So fragen Nutrigenomiker, inwieweit bestimmte Nahrungsmittel für alle in gleicher Weise gesund sind, und untersuchen hierfür die Variabilität bei einigen genetischen Polymorphismen, die für Stoffwechselprozesse eine Rolle spielen. Populärwissenschaftliche Darstellungen betonen neben individuellen genetischen Unterschieden auch Möglichkeiten einer entsprechenden Ausrichtung der Ernährung oder gar einer Beeinflussbarkeit dieser Gene.

---

[1] Die Debatte um die Epigenetik ist in der Biologie keineswegs neu; vgl. Jablonka & Lamb (1995).

Mit Werbeslogans wie „Essen Sie nicht mehr irgendetwas, denn Sie sind ja auch nicht irgendwer" oder „Hören Sie auf Ihren Körper, hören Sie auf Ihre Gene, ... denn Sie sind einzigartig!" preist beispielsweise das „Institut einfach & genial" einer gesundheitsbewussten Mittelschicht kommerzielle nutrigenetische Tests an.[2] Die nutrigenetische Typisierung wird dabei meist ergänzend zu Bestimmungen von „Stoffwechseltypen" eingesetzt und verspricht eine „personalisierte Ernährungsmedizin". Während nutrigenetische Tests bereits Eingang in kommerzielle Gesundheitsangebote gefunden haben und auf Messen präsentiert werden, lehnen Schulmedizin, Ernährungswissenschaft und Epidemiologie sie dezidiert ab. So wurden kommerzielle Tests im *Deutschen Ärzteblatt* 2005 noch als „verfrüht" und „nicht belastbar" bezeichnet (vgl. Joost, 2005). Auch aktuell wird die prädiktive Kapazität genetischer Tests als zu niedrig eingeschätzt, generell aber, unter Beachtung der für die Epigenetik zentralen Rolle der Gen-Umwelt-Interaktionen, als vielversprechend eingestuft – eine Rhetorik, die bei der Genomforschung und ihren in die Zukunft gerichteten „Ökonomien des Versprechens" gängig ist (Fortun, 2008).

Betrachtet man anstelle nutrigenetischer Tests und ihrer Fortschrittsversprechen konkrete Konstellationen, in welchen nutrigenomische Forschung stattfindet, so erschließt sich das komplexe Feld der Ernährungsepigenetik auf andere Weise. Einer der Vorgänge, mit denen die Genexpression an- und ausgeschaltet werden kann, ist der Mechanismus der Methylierung. Im Gegensatz zu den informationellen Einbahnstraßen anfänglicher Genomforschung und ihrer Rhetorik untersucht die „Nutriepigenetik" den Einfluss der Ernährung auf die molekulare Umwelt der DNA. Doch wie prägen die experimentellen, materiellen und digitalen Infrastrukturen und Konfigurationen nutri(epi)genetischer Wissensproduktion politische Kulturen der Intervention in Nahrung und Ernährung, etwa im Hinblick auf Präventionsprogramme?

Mit der Ernährung werden dem Körper buchstäblich und materiell die Bedingungen industrieller Nahrungsmittelherstellung „einverleibt". In diesem Sinn bezeichnet Hannah Landecker die Epigenetik des Stoffwechsels als einen Ort, „an dem Gesellschaft und Kultur ‚verdaut' werden, ebenso wie Nahrungsumwelten von Menschen und Tieren sozial und kulturell geformt sind" (Landecker, 2010: 135). Die soziotechnischen Systeme der Ernährungsforschung und Interventionsstudien bringen bestimmte Konstellationen von Körper, Naturkulturen sowie spezifische Sozialitäten hervor. Der Begriff ‚Sozialität' bezeichnet hier die Emergenz des Sozialen durch die Konfigurationen und Handlungsketten der Postgenomik und verweist auf die Performativität dieser verschiedener Praxen und der Realitäten, die sie hervorbringen und in die ihre Akteure eingebettet sind (vgl. Mol, 1999; Latour, 2007).

Ein Knotenpunkt emergenter Infrastrukturen und Technologien ist die europäische Nutrigenomics Organization (NuGO), ein Verbund, der das Forschungsfeld wie folgt beschreibt:

---

[2] Vgl. die Website der Firma „Institut e & g" mit Sitz auf dem Campus Berlin-Buch: http://www.einfachundgenial.com (zuletzt aufgerufen 21. Dez. 2012).

> Nutrigenomics is the science that examines the response of individuals to food compounds using post-genomic and related technologies (e.g. genomics, transcriptomics, proteomics, metabol/nomic etc.). The long-term aim of nutrigenomics is to understand how the whole body responds to real foods using an integrated approach termed ‚systems biology'. The huge advantage in this approach is that the studies can examine people (i.e. populations, sub-populations – based on genes or disease – and individuals), food, life-stage and life-style without preconceived ideas.[3]

Charakteristisch für die Nutrigenomik ist neben ihrem individualisierenden Ansatz vor allem die Anwendung postgenomischer Technologien wie neuer Sequenziertechniken, Hochdurchsatzverfahren, Chiptechnologien und großer Biobanken und Datenbanken. Zentral ist dabei die Idee, mit einem systembiologischen Ansatz das Verhältnis zwischen Mensch und Nahrung, je nach Lebensphase und Lebensstil, völlig neu untersuchen zu können. Mit den Omics-Technologien sind in der Ernährungsforschung neue Nischen – wie die Ernährungsepigenetik und die Metabolomik[4] – entstanden. In der postgenomischen Forschung werden neben der Variabilität des Genoms und dessen Expression auch epigenetische Muster, beispielsweise der Methylierung, untersucht.

Wie werden nun die neuen Werkzeuge und Praktiken in der Ernährungsforschung produktiv, und auf welche Weise transformieren sie die konkrete Arbeit der Forschenden und ihre Gegenstände? Im Folgenden beleuchte ich drei experimentelle Konstellationen daraufhin, welche Formen und Formalisierungen Obst und Gemüse – genauer: Beeren und Äpfel – in vitro, in vivo und in silico in der postgenomischen Ernährungsforschung annehmen.

2.1 Himbeeren in vitro

Um Mechanismen des Stoffwechsels zu untersuchen, simulieren Ernährungsforscher die Mechanismen der Verdauung im Labor. In-vitro-Systeme werden gebaut, um die Vorgänge der Stoffwechselprozesse außerhalb des Organismus zu simulieren und stufenweise zu analysieren. In einem Versuchsaufbau im Labor haben Wissenschaftlerinnen aus Schottland und Nordirland die biochemischen Mechanismen bei der Verdauung von Himbeeren beobachtet (vgl. Coates et al., 2007). In einem In-vitro-System, bestehend aus verschiedenen nacheinander geschalteten Behältern, wurde eine extraorganismische Simulation isolierter Komponenten der Stoffwechselvorgänge angeordnet. Bei Himbeeren war aus früheren Untersuchungen bekannt, dass sie besonders viele Antioxidantien enthalten, für die wiederum protektive Effekte ge-

---

[3] Vgl. die Website des NuGO-Verbundes: www.nugo.org; http://www.nugo.org/publicitem.m?key=everyone&pgid=24023&trail=/everyone/24023 (zuletzt aufgerufen 20. Jan. 2012).
[4] Unter Metabolom wird die Gesamtheit aller im Stoffwechselprozess entstehenden Stoffe verstanden.

genüber Tumorbildung nachgewiesen wurden (vgl. Liu et al., 2002). Allerdings waren hierbei reine Phytochemikalien verwendet worden, was keinem physiologisch realistischen Szenario entspricht. In der Simulation sollten nun möglichst reale physiologische Bedingungen in vitro nachgestellt werden. Erster Schritt war das Herstellen eines „realistischen" Gemischs von Phytochemikalien aus echten Himbeeren. Unter künstlich hergestellten Darmbedingungen sollte die Metabolisierung dieses Gemischs dann näher charakterisiert werden. Bei schottischen Farmern gekaufte Himbeeren wurden hierfür über zwei In-vitro-Stufen geschickt, welche die Bedingungen im Magen bzw. im oberen Dickdarm, einschließlich Temperatur, ph-Wert und Gallensäuren, simulieren. Das Mikrobiom – also die Gesamtheit der Mikroorganismen, die den menschlichen Organismus besiedeln und als Darmflora die Stoffwechselvorgänge mit beeinflussen – wurde allerdings noch nicht berücksichtigt. Neuere Untersuchungen sehen die Notwendigkeit, drei Genome zu berücksichtigen: das des Menschen, das der Mikroorganismen sowie das der verdauten pflanzlichen oder tierischen Organismen (vgl. Kussmann & Bladeren, 2011).

Die Himbeermasse wird somit in vitro zu einem dickdarmverfügbaren Himbeerextrakt verdaut. Dieser Extrakt – „,colon-available' raspberry extract (CARE)" (Coates et al., 2007: 1) – wurde dann auf seine Effekte bei der Tumorentstehung näher untersucht. Hierfür bestellten die Forscher menschliche Dickdarmtumorzellen als Zelllinie von der European Collection of Cell Cultures in Salisbury, Wiltshire (Großbritannien) und legten Zellkulturen an, die sie in verschiedenen Konzentrationen mit dem Himbeerextrakt „CARE" behandelten. Die Effekte des Extraktes wurden anschließend über molekularbiologische Tests gemessen und die Daten mit bekannten Mechanismen der Tumorentstehung abgeglichen. Da hier ein den realen physiologischen Bedingungen entsprechender Himbeerextrakt zum Einsatz kam, wurden die Effekte des gesamten Substanzengemisches direkt experimentell untersuchbar (vgl. Coates et al., 2007). Es wurde nicht – wie sonst in der Toxikologie und Pharmakologie – mit Einzelstoffen gearbeitet, sondern mit einem durch simulierte Verdauung erzeugten Gemisch, um Aussagen über reale Nahrungsmittel machen zu können. Insbesondere Forschende aus der Industrie sind dabei letztlich vor allem an der Identifikation von Einzelsubstanzen interessiert, die dann als Nutraceuticals vermarktet werden können.

Der protektive Effekt, den Obst und Gemüse auf Mechanismen der Tumorentstehung haben, wird folgendermaßen erklärt: Freie Sauerstoffradikale in den Zellen schädigen die DNA; werden diese Schäden nicht repariert, kann dies zu unkontrollierter Zellteilung führen. Protektive Komponenten verhindern die Schädigungen der DNA durch Absorption der freien Sauerstoffradikale, senken damit den sogenannten „oxidativen Stress" der DNA und fördern Reparaturmechanismen. Als epigenetischer Mechanismus kommt die Steuerung der DNA-Methylierung durch Ernährung hinzu.

Die Modalität materiell-wissenschaftlicher Praxis wird an einer künstlerischen Nachstellung, die die Funktionsweise solcher In-vitro-Systeme aufgreift, deutlich. Für die Installation „Cloaca" (2000) hat der belgische Konzeptkünstler Wim Delvoye[5] in Zusammenarbeit mit Biowissenschaftlern den menschlichen Verdauungsprozess als Aneinanderschaltung verschiedener Behälter nachgebaut, welche jeweils die Vorgänge im Magen und in verschiedenen Abschnitten des Darms simulieren. Die Installation rückt den Aufbau solcher Experimentalsysteme in den öffentlichen Raum.

2.2 Äpfel in vivo

Neben den mechanischen Versuchsaufbauten nacheinander geschalteter Behälter, in denen die biochemischen Reaktionen gemessen werden können, untersuchen Nutrigenomiker Effekte von Nahrungsmitteln auch in vivo – und zwar meist an Ratten und Menschen. Aus Studien an Modellorganismen wird auf den menschlichen Stoffwechsel geschlossen – so beispielsweise in der Analyse der biochemischen Substanzen, die im Zuge der Verdauung von Äpfeln entstehen (Poulsen et al., 2011). Für Forschende stellt sich die Frage, ob und wie eine wirkungsbezogene Dosis für Nahrungsmittelgruppen in ihrem Experimentalsystem abgeschätzt werden kann. Anders aber als Einzelstoffe, wie die in der Pharmakologie untersuchten Therapeutika, ist ein Apfel biochemisch hochkomplex. Die biochemische Zusammensetzung und das quantitative Verhältnis der Inhaltsstoffe kann, je nach Apfel, stark variieren. Auch hier streben Nutrigenomiker an, möglichst „holistisch" (vgl. Desiere, 2004; Kussmann & Bladeren, 2011) vorzugehen und alle im Prozess des Stoffwechsels vorhandenen Eigenschaften im Experimentalsystem zu erhalten – auch die, welche sich nicht direkt in der Transkription der DNA oder in der Expression von Proteinen niederschlagen. Zudem ändert sich die Zusammensetzung und Konzentration der zu erfassenden biochemischen Verbindungen im Organismus teilweise von Sekunde zu Sekunde. So variieren die Ergebnisse aus massenspektroskopischen Analysen nicht nur *inter*individuell, sondern – zum Beispiel je nach sonstiger Nahrungsaufnahme – auch *intra*individuell. Untersucht man also den simplen Vorgang des Essens von Äpfeln im biochemischen Labor, hat man es mit einem sehr komplexen, variablen Stoffgemisch zu tun. Soll das gesamte Metabolom qualitativ und quantitativ analysiert werden, muss die chemische Beschaffenheit des gegessenen Apfels genau spezifiziert und kontrolliert werden und eine exakte chemische Definition eines Apfels – ein Apfelstandard – etabliert werden. In den In-vivo-Versuchen werden die so definierten Nährstoffe dann ebenso standardisierten Ratten oder Mäusen als Apfelpräparat-Zusatzfutter für ca. vier Wochen gefüttert. Die Laborwissenschaftler vergleichen darauf die Veränderungen in den Konzentrationen der metabolisierten Substanzen bzw. den ausgewählten Biomarkern mit den Werten einer Kontrollgruppe.

---

[5] Vgl. Artnet Magazine: http://www.artnet.com/magazine/reviews/fiers/fiers1-9-01.asp (zuletzt aufgerufen 20. Jan. 2012).

Oft sind die Verfahren zur Untersuchung von Mechanismen mehrstufig. Auf die Proof-of-Principle-Studien folgen Studien mit Probanden. Dabei wandern Hypothesen zu Mechanismen und Wirkungspfaden speziesübergreifend zwischen Mensch und Maus oder Ratte hin und her. Um aber zwischen Tier und Mensch springen zu können, muss zwischen unterschiedlichen Konventionen und Protokollen navigiert werden. Neben Software und Methoden ist auf der Website des NuGO-Netzwerkes auch ein „Bio-Ethics-Guidelines-Tool"[6] als Unterstützung der konkreten Forschung verfügbar. Denn es gestaltet sich äußerst aufwendig, die experimentelle Konfiguration der Tierversuche auf ein ethisch durchführbares Protokoll für Versuche mit menschlichen Probanden zu übertragen. Für viele Laborwissenschaftler ungewohnt und neu ist auch die lange Dauer derartiger Studien, in denen sie es – statt mit über wenige Tage oder Wochen angelegten Experimenten – nun mit Case-Crossover-Designs mit einer Studiendauer von mehreren Monaten zu tun haben. Manche Kliniken, die Ernährungsforschung betreiben, verfügen über eine als Metabolic Suite bezeichnete Abteilung, in welcher die Stoffwechsel-Inputs und -Outputs von Probanden quasi in einem geschlossenen System gemessen und aufgezeichnet werden (vgl. Astley & Penn, 2009).

Aushandlungen über die Belastbarkeit von Zusammenhängen und die Rolle molekularbiologischer Evidenz sind Teil des Public-Health-Regimes der Gesundheitspolitik. Epidemiologische Beobachtungsstudien können sich sogar über Jahrzehnte erstrecken, im Verlauf derer Migrationen von Daten zwischen Speichermedien erforderlich werden. Ein späteres Berücksichtigen neuer Variablen beispielsweise bringt zusätzliche Probleme bei der Bewertung von Zusammenhängen, da die Daten epistemisches Gepäck mitbringen. Im Zeitalter evidenzbasierter Prävention werden epidemiologisch etablierte positive Effekte herangezogen, um staatliche Förderungen für Gesundheitskampagnen, wie beispielsweise die „5-am-Tag-Kampagne"[7], zu legitimieren. Mit neuen Forschungswerkzeugen und Daten stehen weitere Studien und Nachweise zur Bestätigung bisheriger Wissensbestände an.

2.3 Essgewohnheiten in silico

Umgekehrt werden epidemiologische Langzeitstudien[8] auch als „Realitäts-Check" für Ergebnisse aus dem Labor eingesetzt. Zeigt sich bei In-vitro- und In-vivo-Studien ein

---

6 Vgl. Nutrigenomics platform NUGO: http://www.nugo.org/everyone/33084/7/0/30 (zuletzt aufgerufen 20. Jan. 2012).
7 Vgl. Kampagne „5 am Tag" e.V.; http://www.5amtag.de/ (zuletzt aufgerufen 20. Jan. 2012).
8 Die in der zweiten Hälfte des 20. Jahrhunderts als „moderne Epidemiologie" entstandene Forschungsrichtung gilt als Grundlagenwissenschaft von Public Health. Bereits seit dem frühen 20. Jahrhundert wurde das ätiologische Verständnis von Epidemien komplex und bezog sich nicht mehr nur auf einen Erreger (vgl. Mendelsohn, 1998). Heute versteht sich die Epidemiologie als Wissenschaft von den statistischen Verteilungen und Determinanten von Gesundheit und Krankheit in Populatio-

Zusammenhang zwischen Ernährung und Erkrankung, wird das Experiment neu skaliert und in eine epidemiologische Studie übersetzt. Auf Studien mit wenigen Probanden folgen Beobachtungsstudien oder Interventionsstudien, für die die Hypothese auf die (Gesamt-)Bevölkerung transferiert wird. Epidemiologische Studiendesigns mobilisieren und übertragen Techniken der Quantifizierung aus dem Labor auf die Gesellschaft. Auf diese Weise „experimentalisieren" sie „Bevölkerung" als Objekt biomedizinischer Ernährungsforschung. Ernährung wird dabei zur Exposition, während Maßzahlen wie etwa die Krankheitsraten der Studiengruppe als Zielvariablen in Abhängigkeit von einem breiten Spektrum möglicher Risikofaktoren (von genetischen Polymorphismen über Ernährungscharakteristika bis hin zum sozioökonomischem Status) operationalisiert werden. Damit wird ein quasi-experimentelles Setting geschaffen, mit dem Epidemiologen anhand von standardisierten Fragebögen Daten zu Ernährung und Erkrankung für eine Stichprobe aus der Bevölkerung auswerten. Im Zeitalter der Genomforschung hat sich ein wahres Sammelfieber auch um biologische Materialien, insbesondere die DNA, entwickelt. So werden „Biobanken" als Infrastrukturen biomedizinischer Forschung aus öffentlichen Mitteln aufgebaut. Wer an ernährungsepidemiologischen Studien teilnimmt, wird in regelmäßigen Abständen gebeten, ausführliche, mitunter mehrere Stunden beanspruchende Fragebögen auszufüllen. Diese Antworten werden dann in eine Datenbank überführt und je nach Fragestellung mit Hilfe statistischer Verfahren, etwa mit der Faktorenanalyse, bearbeitet, um dann Hypothesen über Zusammenhänge zwischen Ernährung und Erkrankungen zu testen.

In den letzten 20 Jahren sind Mittel aus der Forschungsförderung der EU verstärkt in multizentrische Studien geflossen, die koordinierte europäische Infrastrukturen – Datenbanken und Biobanken – aufbauen. Ein Beispiel für eine solche multizentrische Studie ist die Anfang der 1990er Jahre begonnene und in zwölf Ländern gleichzeitig durchgeführte EPIC-Studie, die European Prospective Investigation into Cancer and Nutrition (vgl. Riboli & Kaaks, 1997), die Ernährungsgewohnheiten und zugleich, in einem Langzeit-Follow-up-Design, Daten zum Auftreten von Krebs, Herz-Kreislauf-Erkrankungen und Diabetes abfragt.[9] In solchen Assoziationsstudien wird über Ernährungs- und Lebensstilfragebögen etwa der Konsum von einzelnen Nahrungsmittelgruppen – beispielsweise von Obst – statistisch mit dem Auftreten bestimmter Krankheiten in Beziehung gesetzt. Sind die Fragebögen in eine Datenbank überführt, gehen die Daten – vermittelt über zahlreiche Aufbereitungs- und Analyseschritte – in

---

nen und Subpopulationen (vgl. Last, 2001) mit Spezialfeldern wie Herz-Kreislauf-Epidemiologie und Krebsepidemiologie, Ernährungs- und Umwelt-Epidemiologie sowie genetische/genomische Epidemiologie.
9 Aufgrund der unterschiedlichen Ernährung – zum Beispiel variiert der Obst- und Gemüsekonsum zwischen Nord- und Südeuropa – gelten multizentrische Studien hier als besonders informativ. An der Studie sind auch das Deutsche Institut für Ernährungsforschung in Potsdam und das Deutsche Krebsforschungszentrum in Heidelberg beteiligt.

epidemiologische Risikomodellierungen ein.[10] Diese multivariaten Modellierungen sind das Kernstück bei der Berechnung der Stärke und statistischen Signifikanz des Einflusses von Ernährung als Risiko- oder protektiver Faktor. Das epidemiologische Prinzip der Assoziationsstudien wurde auch für die Untersuchung molekularer Marker angewandt. Prominentes Beispiel sind hierfür die Genome Wide Association Studies (GWAS), mit denen genetische Variabilität auf Assoziationen mit Krankheiten getestet wird (vgl. Ferguson, 2010).

Die Epidemiologie hat sich in eine verteilte, hochgradig standardisierte und vernetzte Wissenschaft, also regelrecht in eine „Big Science" entwickelt (vgl. Hoover, 2007). Es ist Teil epidemiologischer Forschungspraxis, Datensätze zusammenzuführen und (als kombinierten Datensatz) gepoolt auszuwerten, so dass für die statistische Analyse große Fallzahlen vorliegen. Wird die erwähnte europäische multizentrische Studie mit etwa einer halben Million Teilnehmenden mit ähnlichen Studien aus Nordamerika oder Asien zusammengeführt, entstehen Datensätze, die mehrere Millionen Teilnehmende umfassen. Über die informationstechnischen Möglichkeiten des Transfers von Schablonen sowie partiellen Inhalten hat sich die Forschungspraxis zu einem verteilten, hoch arbeitsteiligen, datenbankbasierten Vorgehen entwickelt, dessen Studienumfänge in die Millionen Datensätze gehen und an dessen Publikationen 50 bis 100 Co-Autoren oder noch größere Konsortien beteiligt sind.

Nicht nur in der Epidemiologie, sondern auch in den Omics spielen Datenplattformen eine zentrale Rolle. In der „Systembiologie", die als „In-silico"-Forschung stattfindet, werden Datensammlungen als biologische Systeme aufgefasst. Sie repräsentieren das Quasi-Experiment in Form digitaler, gespeicherter Daten und werden selbst zu Systemen, an denen wiederum experimentiert, umprogrammiert und getestet wird.

2.4 Epigenetische Schaltstellen: Omics als Infrastruktur

Die soziotechnische Infrastruktur der Omics-Technologien hat das Feld „Nahrung und Ernährung" nachhaltig transformiert. In-vitro-, In-vivo- und In-silico-Forschungssysteme der Ernährungsforschung stehen miteinander in Verbindung. Webbasierte Plattformen bilden Knotenpunkte, über die Datenströme zwischen diesen Ebenen ausgetauscht, miteinander abgeglichen und aktualisiert werden. Verfahren pragmatischer Triangulation sind bereits Teil des epidemiologischen Verständnisses von Kausalität und statistischem Schließen in der Epidemiologie (vgl. Berlivet, 2005). So wird sozial- oder umweltepidemiologischen Hypothesen, für die keine biologischen Mechanismen

---

10 In epidemiologischer Perspektive stellt die Ernährung die zu untersuchende Exposition dar, die statistisch ins Verhältnis zum Outcome (Erkrankungen) gesetzt wird. Dieses Prinzip wird für die Berechnung des mit bestimmten Ernährungsweisen verbundenen zusätzlichen Krankheitsrisikos herangezogen.

nachgewiesen wurden, wenig Plausibilität zugeschrieben.[11] Im Zuge der Epigenetik sind nun zusätzliche molekulare Pfade des Embodiments (Umwelt – Ernährung – Methylierung/Genexpression) ausgearbeitet und experimentell verifizierbar geworden.[12] In der Ernährungsepidemiologie konnten auch Genom-Assoziationsstudien nur selten direkte Zusammenhänge mit Erkrankungen nachweisen. Jedoch hat sich durch die Sequenzierungstechnologien und Micro-Arrays eine technologische Infrastruktur für weitere Forschung etabliert, die wiederum neue Hypothesen generiert. Die nächste Generation der Sequenzierungstechnologien bringt bereits heute weitere Daten und Forschungsnischen hervor. So gehört zu einer „erweiterten Nutrigenomik" (Kussmann & Bladeren, 2011) auch die Frage nach Interaktionen zwischen dem Genom des Menschen, dem Genom der Nahrung sowie dem Mikrobiom, also Genomen der Darmflora.

Die molekularen und bioinformatischen Technologien der Postgenomik übertragen dabei wiederum bestimmte technische Dispositionen. Im Zuge der Datenverarbeitung wird das „nutrigenetische Individuum" als statistisches Daten-Profil hervorgebracht und als solches für die Forschung mobilisiert. Während die sozialepidemiologisch geprägte Gesundheitsforschung anders als die Individualmedizin programmatisch gerade nicht am Einzelfall ansetzt, sondern zum Ziel hat, strukturelle Differenzen aufzuzeigen und sozialen Ungleichheiten entgegenzuwirken, setzt die Nutrigenomik dezidiert auf „Individualisierung". Allerdings funktioniert die epidemiologisch-vermittelte Individualisierung entlang einer Reihe von Typisierungen und probabilistischen Kalkulationen, die sich auf Gruppen beziehen und deren Übertragung auf konkrete Personen zwar approximativ in der Praxis üblich, dennoch mit Unsicherheit behaftet und wissenschaftlich umstritten ist. Die Datengefüge und zugehörigen Praktiken beinhalten neben der Extrapolation populationsbezogener Ergebnisse auf Individuen auch eine spezifische Mobilisierung von Vergangenheit in den in der Gegenwart wirksamen antizipativen Risikoschätzungen (vgl. Adams et al., 2009). Diese zeitlichen Vorwegnahmen von Zukunft in Epidemiologie und Genomforschung sind dabei eng verbunden mit individuellem Risikomanagement entlang statistischer Indikatoren und präventiver, biopolitischer Optimierung von Bevölkerungsgesundheit.

Die nutri(epi)genetisch informierte Präventionspolitik reicht von der in Nordamerika bestehenden gesetzlich vorgeschriebenen generellen Folsäuresupplementierung von Mehl bis hin zu kommerziellen genetischen Tests. Mit der Entwicklung solcher

---

[11] Die analytische Epidemiologie untersucht statistische Assoziationen zwischen Variablen. Von einer kausalen Beziehung wird gesprochen, wenn bestimmte „Kausalitätskriterien" erfüllt sind, u. a. das Vorliegen einer starken, statistisch signifikanten Assoziation und eines biologischen Mechanismus (vgl. Hill, 1965).
[12] Gleichermaßen wurden transgenerationelle Effekte von Umwelteinwirkungen über diese Pfade dokumentiert, z. B. für das oft zitierte Agouti-Maus-System (vgl. Waterland & Jirtle, 2003; Landecker, 2010).

Interventionsoptionen ist eine spezifische Emergenz des Sozialen verknüpft, die sich durch von oben verordnete Public-Health-Maßnahmen als kollektives soziales Experiment herausbildet. Parallel dazu wird nutrigenetisches Enhancement als medizinischer Fortschritt direkt an zahlungswillige Konsumenten vermarktet.

Fortschrittsversprechen aller Art haben die Biotechnologien stets begleitet – seien es neue Medikamente und Therapien mit Hilfe „roter" Gentechnologie oder die Verbesserung landwirtschaftlicher Erzeugnisse durch „grüne" Gentechnologie mit jeweils immensen Kapitalinteressen. Die „Ökonomien des Versprechens" (Fortun, 2008) der Biowissenschaften fungieren als Kristallisationsflächen von Hype und Hope. Unter dem Stichwort „grüne Revolution" bewarb die chemische Industrie in den 1960er Jahren die Intensivierung der Landwirtschaft durch High-tech-Saatgut und Pestizide in Entwicklungsländern. 50 Jahre später entdeckt das Nutritional Epigenomics Excellence Network der UC Davis[13] in der Nutrigenomik Potenziale für die Reduzierung sozialer Ungleichheit, Wissenstransfer in Niedriglohnländer sowie für Produkte, die vulnerablen Bevölkerungsgruppen nutzen sollen.

Neben Enhancementversprechen und der Vermarktung nutrigenetischer Tests als exklusive Gadgets, hat die Postgenomik weitreichende Folgen für das Verständnis von Körper und Ernährung. Modelle der Beeinflussbarkeit von Genexpression durch die Umwelt des Organismus haben Vorstellungen der ausschließlichen Steuerung durch Gene abgelöst. Die Postgenomik erschließt molekulare Pfade der Vermittlung zwischen Außen und Innen des Organismus sowie der transgenerationellen Prägung durch die Umwelt auf neue Weise. Ernährung wird dabei zu einer zentralen Schaltstelle in den molekularen Kaskaden von Umwelt über Stoffwechsel zum Genom bis hin zu transgenerationeller Optimierung. Scheinen Epigenetik-Diskurse das einfache Konzept genetischer Determinierung zu unterlaufen, lässt sich „epigenetische Individualität" in der Totalität generationsübergreifender Gen-Umwelt-Interaktionen auch als noch stärkerer Determinismus auffassen. Welche Effekte die molekularen Optimierungen der Umwelten unter epigenetischen Vorzeichen nach sich ziehen, werden die daraus hervorgehenden Assemblagen und Ökonomien erst noch zeigen.

---

[13] Vgl. Website des Center of Excellence for Nutritional Genomics, University of California, Davis, USA: <http://nutrigenomics.ucdavis.edu/> (zuletzt aufgerufen: 20. Jan. 2012).

Literatur

Adams, V., Murphy, M. & Clarke, A. (2009). Anticipation: Technoscience, life, affect, temporality. Subjectivity 28: 246–265.
Astley, S. & Penn, L., Hg. (2009). Design of human nutrigenomics studies (Wageningen: Wageningen Academic Publishers).
Berlivet, L. (2005). ‚Association or causation?' The debate on the scientific status of risk factor epidemiology, c.1947–c.1965. In: Making health policy: networks in research and policy after 1945, Clio medica 75, V. Berridge, Hg. (Amsterdam: Rodopi), S. 43–74.
Coates, E.M., Popa, G., Gill, C.I.R. et al. (2007). Colon-available raspberry polyphenols exhibit anti-cancer effects on *in vitro* models of colon cancer. Journal of Carcinogenesis 6: 4.
Desiere, F. (2004). Towards a systems biology understanding of human health: interplay between genotype, environment and nutrition. Biotechnology Annual Review 10: 51–84.
Ferguson, L.R. (2010). Genome-wide association studies and diet. In: Personalized nutrition, World review of nutrition and dietetics, A.P. Simopoulos & J.A. Milner, Hg. (Basel: Karger), S. 8–14.
Fortun, M. (2008). Promising genomics. Iceland and deCODE genetics in a world of speculation (Berkeley, CA: University of California Press).
Hill, A.B. (1965). The environment and disease: Association or causation? Proceedings of the Royal Society of Medicine 58: 295–300.
Hoover, R.N. (2007). The evolution of epidemiologic research: from cottage industry to „big" science. Epidemiology 18(1): 13–7.
Jablonka, E. & Lamb, J. (1995). Epigenetic inheritance and evolution – the Lamarckian dimension (Oxford: Oxford University Press).
Joost, H.-G. (2005). Genotyp-basierte Ernährungsempfehlungen. Noch im experimentellen Stadium. Deutsches Ärzteblatt 102(32): A2608–2610.
Kussmann, M. & van Bladeren, P.J. (2011). The extended nutrigenomics – understanding the interplay between the genomes of food, gut microbes, and human host. Frontiers in Genetics 2: 21.
Landecker, H. (2010). Nahrung als Exposition: Epigenetik der Ernährung und die Molekularisierung der Umwelt. In: Essen in Europa. Kulturelle ‚Rückstände' in Nahrung und Körper. S. Bauer, C. Bischof, S.G. Haufe et al., Hg. (Bielefeld: Transcript-Verlag), S. 135–162.
Last, J. (2001). A dictionary of epidemiology. 4th edition (Oxford: Oxford University Press).
Latour, B. (2007). Eine neue Soziologie für eine neue Gesellschaft (Frankfurt a. M.: Suhrkamp).
Liu, M., Li, X.Q., Weber, C., Lee, C.Y., Brown, J. & Liu, R.H. (2002). Antioxidant and antiproliferative activities of raspberries. Journal of Agricultural and Food Chemistry 50(10): 2926–2930.
Mendelsohn, A.J. (1998). From eradication to equilibrium: how epidemics became complex after World War I. In: Greater than the parts: Holism in biomedicine, 1920–1950, C. Lawrence & G. Weisz, Hg. (Oxford: Oxford University Press), S. 303–331.
Mol, A. (1999). Ontological politics. In: Actor network theory and after, Sociological review: Monographs, J. Law & J. Hassard, Hg. (Oxford: Blackwell), S. 74–89.
Poulsen, M., Mortensen, A., Binderup, M.L., Langkilde, S., Markowski, J. & Dragsted, L.O. (2011). The effect of apple feeding on markers of colon carcinogenesis. Nutrition and Cancer 63(3): 402–409.
Riboli, E. & Kaaks, R. (1997). The EPIC Project: rationale and study design. European Prospective Investigation into Cancer and Nutrition. International Journal of Epidemiology 26(1): 6–14.
Spork, P. (2009). Der zweite Code. Epigenetik oder wie wir unser Erbgut steuern können (Hamburg: Rowohlt).
Waterland, R.A. & Jirtle, R.L. (2003). Transposable elements: targets for early nutritional effects on epigenetic gene regulation. Molecular and Cellular Biology 23(15): 5293–5300.

Websites:

Artnet Magazine (Aufgerufen am 20. Jan. 2012 unter http://www.artnet.com/magazine/reviews/fiers/fiers1-9-1.asp).
NutriGemomics Oganization NUGO.org (Aufgerufen am 20. Jan. 2012 unter http://www.nugo.org/).
Kampagne „5 am Tag" e. V. (Aufgerufen am 20. Jan. 2012 unter http://www.5amtag.de/).
Website des Center of Excellence for Nutritional Genomics, University of California, Davis, USA (Aufgerufen am 20. Jan. 2012 unter http://nutrigenomics.ucdavis.edu/).
Website der Firma „Institut e & g", Campus Berlin-Buch (Aufgerufen am 21. Dez. 2012 unter http://www.einfachundgenial.com).

Jan Baedke und Christina Brandt

3 Die *andere* Epigenetik: Modellbildungen in der Stammzellbiologie und die Diversität epigenetischer Ansätze

Der gegenwärtig zu verzeichnende Boom der Epigenetik in verschiedensten Bereichen der Biologie und Medizin sowie dessen Echo im öffentlichen Diskurs provoziert aus wissenschaftshistorischer und -philosophischer Perspektive zwei Fragen: Befindet sich die gegenwärtige biowissenschaftliche Forschung im Feld der Epigenetik tatsächlich in einem revolutionären Wandel, oder lassen sich Kontinuitäten in Forschungsansätzen, Problemstellungen und Modellbildungen aufweisen, die von der heutigen Epigenetik aus weit in das 20. Jahrhundert zurückreichen? Ein Beispiel hierfür wären etwa die den Genzentrismus der klassischen Genetik und Molekularbiologie überschreitenden und bis in die zweite Hälfte des 20. Jahrhunderts reichenden Diskussionen um zytoplasmatische Vererbung (vgl. Sapp, 1987). Des Weiteren ist zu fragen, ob ‚die' Epigenetik auf dem Wege ist, ein neues allumfassendes wissenschaftliches Paradigma zu werden. Muss sie gar als neuer biologischer Theorierahmen, der z. B. philosophische Fragen nach dem Identitätsbegriff neu ausrichten kann, verstanden werden (vgl. Boniolo & Testa, 2012), oder handelt es sich hier eher um ein heterogenes Feld verschiedenster Forschungsansätze, die über den Begriff „Epigenetik" lediglich lose miteinander verbunden sind?

Für eine genauere Beantwortung dieser Fragen ist wesentlich, wie diejenigen, die epigenetische Mechanismen erforschen, ihr eigenes hoch dynamisches Forschungsfeld begreifen und wie sie den Begriff „Epigenetik" in Abgrenzung zu anderen Forschungsfeldern definieren. Dazu soll in diesem Beitrag selbstbezogenen Standortbestimmungen und insbesondere methodologischen Reflexionen in der epigenetischen Stammzellbiologie – also Studien zu Zelldifferenzierungsprozessen bzw. der sogenannten ‚Reprogrammierung' (also der experimentellen Umkehrung dieser Prozesse) – besondere Aufmerksamkeit geschenkt werden. Diese Charakterisierung der methodologischen Ausrichtung der modernen Stammzellepigenetik offenbart eine ‚andere' Epigenetik, die sich in ihrem wissenschaftlichen Selbstverständnis nicht nur von einer im populären Diskurs oft als neo-lamarckistisch bezeichneten Epigenetik absetzt, sondern deren Vertreter sich auch innerwissenschaftlich von einer spezifischen Definition der Epigenetik, die sich in den letzten Jahren herauskristallisierte, abgrenzen. Wir greifen dieses Rede von einer ‚anderen Epigenetik' hier auf, um die Diversität verschiedener forschungsmethodologischer Ansätze herauszustellen – eine Diversität, die verdeutlicht, dass es nicht ohne weiteres möglich ist, im gegenwärtigen Forschungsfeld eine Art identischen Kern eines epigenetischen Forschungsprogramms auszumachen. So wurde in den letzten Jahren, im Rückgriff auf Conrad Hal Waddingtons Modell der „epigenetischen Landschaft" (epigenetic landscape) und dessen Ansatz einer mathematischen Modellierung komplexer dynamischer Systeme versucht, bisher getrennte biowissenschaftliche Forschungsansätze aus der Stammzell- und Systembiologie zusammenzuführen und als Epigenetik neu auszurichten.

Diese wissenschaftshistorische Standortbestimmung der aktuellen Stammzellepigenetik wird von uns mit der Position der molekularbiologischen Epigenetik anhand der Debatte um eine mögliche Erweiterung der modernen synthetischen Evolutionstheorie kontrastiert. Dabei wird deutlich, dass sich unter dem Titel „Epigenetik" ein äußerst heterogenes Forschungsfeld mit inneren Konflikten verbirgt. Auch eine Unterscheidung in „intragenerationelle" und „intergenerationelle" Epigenetik, wie sie sich in den letzten Jahren eingebürgert hat – wobei erstere ihren Fokus auf die Beeinflussung von auf die Gene wirkenden Regulationsmechanismen durch die Umwelt innerhalb einer Zellgeneration richtet und letztere sich mit all jenen Phänomenen beschäftigt, die sich über mehrere Generationen von Zellen oder ganzen Organismen unabhängig von der zugrundeliegenden DNA-Sequenz übertragen (vgl. Boniolo & Testa, 2012: 284 f.) –, kann die Diversität in der methodologischen Ausrichtung nicht in den Blick nehmen. Die Differenzen zwischen verschiedenen Bereichen epigenetischer Forschung umfassen mehr als nur unterschiedliche Forschungsschwerpunkte angesichts eines vermeintlich gemeinsamen Phänomenfeldes epigenetischer Mechanismen. So gehen entscheidende, aber bisher vernachlässigte innerdisziplinäre Konflikte darauf zurück, dass im Feld der modernen Epigenetik ganz unterschiedliche methodologische Traditionen und Forschungsansätze aus dem 20. Jahrhundert fortwirken – Traditionen, welche den Blick der Wissenschaftler auf ihre Disziplin, deren Geschichte sowie auf den Platz und die Rolle dieser innerhalb der Biologie entscheidend prägen.

3.1 ‚Epigenetik' und ‚Epigenetische Vererbung'

Von den in der Stammzellforschung tätigen Epigenetikern liest man vermehrt Sätze wie den folgenden: „Such DNA and histone modifications were given the attribute ‚epigenetic' – *an onomasiologically unfortunate choice* [...] – to distinguish them from genetic, DNA sequence-based mechanism of inheritance" (Huang, 2009: 549; Hvh. J.B. & C.B.).

Hier wird sich *inner*disziplinär dagegen ausgesprochen, Phänomene nicht genetischer Vererbung als „Epigenetik" zu bezeichnen. Dies ist erklärungsbedürftig. Denn sowohl die stammzellbiologische Forschung zu Zelldifferenzierungsprozessen als auch die Forschung zu nicht genetischen interzellulären bzw. -organismischen Übertragungsprozessen nehmen dieselben Phänomene in den Blick: Beide untersuchen Chromatinmodifizierungen, die die Gentranskription regulieren, wie z. B. DNA-Methylierung und Histon-Acetylierung. Dies geschieht aber aus unterschiedlichen Perspektiven: Während erstere Forschungsrichtung an der Rolle dieser *nicht genetischen* Faktoren in der Embryo- und Morphogenese interessiert ist, konzentriert sich letztere auf die Vererbbarkeit und zum Teil evolutionstheoretische Relevanz dieser Faktoren sowie auf deren potenzielle Unabhängigkeit von genetischen Determinanten. Beide Forschungsperspektiven werden jedoch als Epigenetik diskutiert. So konstatiert David Haig: „The label epigenetic was soon [around the year 2000] extended to include all transcriptional effects of chromatin modification *whether or not these were inherited*" (Haig, 2012: 15; Hvh. J.B. & C.B.).

Waddington führte 1942 den Begriff Epigenetik als Namen für eine neue, Genetik und Embryologie synthetisierende biologische Disziplin ein, die die kausale Analyse derjenigen Mechanismen, durch die Gene phänotypische Effekte produzieren, mit dem Wissen über Entwicklungsprozesse aus der experimentellen Embryologie vereinen sollte (Waddington, 1942). Erst seit den späten 1980er und insbesondere seit den 1990er Jahren wurde diese entwicklungsbiologische Epigenetik um den Fokus auf *nicht genetische Vererbung* zwischen Zellen und zwischen Organismen erweitert.[1] In der Molekularbiologie wurde „Epigenetik" zunächst als „[n]uclear inheritance which is not based on differences in DNA sequence" (Holliday, 1994: 454) und jüngst als „the study of heritable changes in gene expression that are not due to changes in DNA sequence" (Eccleston et al., 2007: 395) definiert. Tollefsbol schreibt 2011 in seinem *Handbook of epigenetics*:

> [A] consensus definition is that epigenetics is the collective *heritable* changes in phenotype due to processes that arise independent of primary DNA sequence. This *heritability* of epigenetic information was for many years thought to be limited to cellular divisions. However, it is now apparent that epigenetic processes can be transferred in organisms from one generation to another. (Tollefsbol, 2011: 1; Hvh. J.B. & C.B.)

Dieser *epigenetic-inheritance*-Zweig des Forschungsfeldes erlangte in den letzten zwei Jahrzehnten eine vorläufige Vormachtstellung bei der Bestimmung des disziplinären Zentrums der Epigenetik. Was hier als Epigenetik diskutiert wurde und wird, lässt sich als eine Neubestimmung deuten, die sich deutlich von Waddingtons Ansatz unterscheidet. In ihrer Ausrichtung auf nicht genetische Vererbung begreift sie epigenetische Vererbungssysteme als parallel zu genetischen Vererbungssystemen operierende Einheiten, die in relativer Unabhängigkeit von Genen auch langfristig, d. h. über mehrere Generationen hinweg, stabile Phänotypen hervorbringen (vgl. Jablonka & Raz, 2009). In ihrer molekularbiologischen Fundierung hingegen wird ein Konzept von Epigenetik vertreten, das den vorherrschenden Fokus auf die DNA zwar um epigenetische Gen-Regulationsfaktoren erweitert, aber nicht grundsätzlich infrage stellt (vgl. Morange, 2002: 56–59). Die Liste bekannter Gen-Regulationsfaktoren wird hier lediglich erweitert (vgl. Griesemer, 2011).

Doch neben diesen beiden Forschungsansätzen innerhalb der modernen Epigenetik findet sich in der gegenwärtigen Stammzellforschung eine Ausrichtung, in der

---

[1] Zur Geschichte des Epigenetikbegriffs vgl. Wu & Morris (2001), Jablonka & Lamb (2002), van Speybroek (2002), Morange (2002), Holliday (2002, 2006), Haig (2004, 2012) und Ptashne (2007).

das Waddingtonsche Forschungsprogramm eine ungeahnte Renaissance erlebt. In direkter Anknüpfung an Waddingtons spätere Arbeiten zur mathematischen Modellierung und topographischen Repräsentation dynamischer Systeme sowie seine grundlegend systemische Perspektive auf komplexe Systeme wird hier eine *andere* – und ihrem Selbstverständnis nach methodologisch gefestigte – Epigenetik favorisiert. Diese wendet sich nicht nur gegen neo-darwinistische Engführungen, sondern auch gegen die methodologische Ausrichtung und das disziplinäre Selbstverständnis einer von der Molekularbiologie geprägten modernen Epigenetik.

3.2 Entwicklungsbiologische Problemstellungen im 20. Jahrhundert: Waddingtons Epigenetik und sein ‚Epigenetic-Landscape'-Modell

2007 bestimmen Aaron Goldberg, David Allis und Emily Bernstein als zentrales Problem epigenetischer Forschung die Frage: „What mechanisms enable epigenetic stability in a defined cellular lineage while allowing epigenetic flexibility during cellular differentiation and development?" (Goldberg et al., 2007: 637) Aus historischer Sicht ist die Frage nach gleichzeitiger genetischer Stabilität und epigenetischer Flexibilität in Zelldifferenzierung und Entwicklung nicht neu. Es handelt sich im Kern um eine Problemstellung, die der Wissenschaftshistoriker Richard Burian mit Bezug auf den Biologen Frank Rattray Lillie als „Lillies Paradox" bezeichnet hat (vgl. Burian, 2005: 184 ff.). Lillie, ein Zeitgenosse von Thomas Hunt Morgan, wies bereits Ende der 1920er Jahre darauf hin, dass der Fokus der damals neuen Wissenschaft Genetik auf Gene als stabile Einheiten zwangsläufig in ein Dilemma führen müsse: Wie kann die phänotypische Variation erklärt werden, wenn man die Identität der Gene in jeder Zelle voraussetzt? 1927 beschrieb Lillie dieses Problem wie folgt:

> The present postulate of genetics is that the genes are always the same in a given individual, in whatever place, at whatever time, within the life history of the individual. [...] Those who desire to make genetics the basis of physiology of development will have to explain how an unchanging complex can direct the course of an ordered developmental stream. (Lillie, 1927: 367)

Die sich in der ersten Hälfte des 20. Jahrhunderts an diesem ‚Paradox' abarbeitende Diskussion im Spannungsfeld zwischen Vererbungsforschung und Embryologie ist in der Wissenschaftsgeschichte mehrfach aufgearbeitet worden (vgl. Sapp, 1987; Harwood, 1993; Burian, 2005): Die nicht mendelische Vererbungsforschung der 1920er Jahre, die Untersuchungen zum Einfluss zytoplasmatischer Faktoren in Vererbungs- und Entwicklungsprozessen und nicht zuletzt die sich prominent sowohl im deutschsprachigen Raum als auch in Großbritannien seit den 1930er Jahren etablierende „Entwicklungsgenetik" verdeutlichen, dass die Separation von Genetik einerseits und Embryologie- bzw. Zellbiologie andererseits (bzw. damit verbunden: genetischen versus epigenetischen Perspektiven) nicht so eindeutig war, wie es in manchen historischen Darstellungen vom Siegeszug einer reduktionistischen Genforschung erscheinen mag. Auch Waddingtons Epigenetik muss in diesem historischen Kontext gesehen werden. Waddington, der in den 1930er Jahren sowohl in dem Labor des Embryologen Hans Spemann als auch in der Gruppe des Genetikers Thomas Hunt Morgan gearbeitet hatte (vgl. Gilbert, 2012), führte um 1940 herum den Begriff des „Epigenotype" ein, um damit ein Netzwerk von Entwicklungsprozessen zu bezeichnen, die den Genotyp mit einem spezifischen Phänotyp verbinden und die mit externen Umwelteinflüssen interagieren konnten (Waddington, 1942; Gilbert, 2012).

Um die Stabilität und Robustheit von embryonalen Entwicklungsschicksalen sowie deren Steuerung durch ein Netzwerk von Genen darzustellen, verwendete Waddington später das Bild der epigenetischen Landschaft („epigenetic landscape"). Als künstlerische Darstellung einer geologischen Szenerie mit Tälern und Plateaus findet sich die Idee einer epigenetischen Landschaft bereits seit 1940 in Waddingtons Werk, aber erst in den 1950er Jahren benutzte er schematisierte Darstellungen.[2] Im Bild seiner epigentischen Landschaft (vgl. Abb. 3.1 (a)) repräsentiert die Kugel, die die Landschaft mit mehreren Tälern hinunterrollt, eine Zelle des sich entwickelnden Organismus. An der Spitze des Terrains befindet sich diese Zelle noch im pluripotenten Zustand, während sie am Fuß eines der Täler im ausdifferenzierten Zustand (z. B. als Muskelzelle) vorliegt. Die Entwicklungspfade der epigenetischen Landschaft sind in Waddingtons Modell gepuffert oder kanalisiert. Dadurch wirken sich externe und/oder interne Störungen (z. B. Umwelteinflüsse und/oder genetische Variation) bis zu einem gewissen Grad nicht auf die topographische Struktur der Landschaft und damit auf die Wahrscheinlichkeit aus, dass herabrollende Kugeln ein Tal verlassen bzw. Zellen ihr Entwicklungsschicksal ändern. Stark kanalisierte Täler sind tief, weswegen Kugeln in solchen Tälern nur schwer über Bergrücken in benachbarte Zelltypen-Täler wechseln können. Kanalisierung bewirkt also, dass ein (zellulärer) Phänotyp sich auch dann stabil entwickeln kann, wenn Erbgut oder Umwelt bis zu einem gewissen Schwellenwert variieren. Das dieser Stabilisierung zugrunde liegende kausale Verhältnis zwischen Entwicklungspfaden und Genen versuchte Waddington ebenfalls visuell zu fassen (vgl. Abb. 3.1 (b)): In einem komplexen Netzwerk von Interaktionen zwischen Gruppen von Genen prägen Gene nicht einzeln, sondern nur gemeinsam die Topographie der Landschaft. Eine einzelne Veränderung, z. B. die Mutation eines Gens, kann somit im Prozess zellulärer Ausdifferenzierung abgepuffert werden. Waddington verstand dieses Modell komplexer Gennetzwerke und ihrer kausalen Rolle in der Embryogenese als direkten Gegenentwurf zu dem sich in der Molekularbiologie

---

[2] Für die erste bildliche Darstellung der epigenetischen Landschaft in Waddingtons Arbeiten, gezeichnet von John Piper, vgl. Waddington (1940). Zur historischen Entwicklung und zum Zusammenhang von Ästhetik und Modellbildung der epigenetischen Landschaft bei Waddington und Piper vgl. Parnes (2007).

der 1950er Jahren etablierenden simplifizierenden Ein-Gen-ein-Merkmal-Verständnis von Entwicklung (vgl. Waddington, 1953).[3]

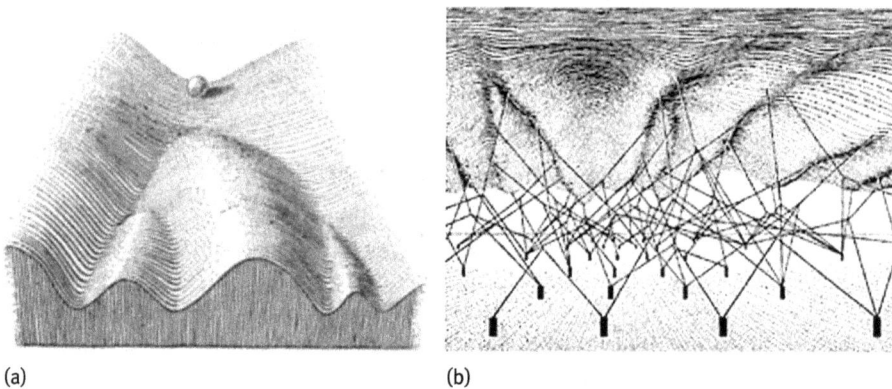

(a) (b)

Abb. 3.1: Darstellungen von Waddingtons epigenetischer Landschaft (a) und vom komplexen Interaktionsnetzwerk unterhalb dieser (b). Original Unterschrift (Bild (b)): „The pegs in the ground represent genes; the strings leading from them the chemical tendencies which the genes produce. The modelling of the epigenetic landscape, which slopes down from above one's head towards the distance, is controlled by the pull of these numerous guy-ropes which are ultimately anchored to the genes" (Waddington, 1957: 36). (Bild (a): Waddington, 1957: 29; (b): Waddington, 1957: 36).

Zum Teil als Reaktion auf konkurrierende, kybernetisch inspirierte molekularbiologische Erklärungsansätze der Genregulation versuchte Waddington seit den späten 1960er Jahren, sein metaphorisch und visuell operierendes Modell der epigenetischen Landschaft zu einem quantifizierbaren Modell weiter zu entwickeln, ohne dabei einer reduktiven, monokausalen Sicht auf die Gene zum Opfer zu fallen. Ziel war „a mathematical more explicit exposition of the concept of an epigenetic landscape" (Waddington, 1974: 37). In seinen Formalisierungs- bzw. Mathematisierungsversuchen kooperierte er mit Topologen wie René Thom und Christopher Zeeman (vgl. Waddington, 1969; 1974; 1977). Dazu wurde die ‚epigenetischen Landschaft' in einen multidimensionalen Zustandsraum überführt, in dem topographische Eigenschaften auf einer Attraktorenoberfläche eindeutig lokalisiert und formal beschrieben werden konnten (vgl. Abb. 3.2).[4]

---

[3] Zu Waddingtons Netzwerk-Denken vgl. Wilkins (2008) und Jablonka & Lamm (2012).
[4] Ein sich entwickelndes System wird in diesem Raum, dessen Achsen die Werte aller relevanten Systemvariablen (z. B. die Konzentrationen aller Genprodukte in einer Zelle zur Zeit t_0-t_n) repräsentieren, durch einen einzelnen Punkt dargestellt. Ein Vektor dieses Punktes repräsentiert dann die Geschwindigkeit und die Richtung (d. h. den Entwicklungspfad), in welche das System sich von diesem Punkt aus entwickelt. Nach hinreichender Zeit kommt das sich entwickelnde System in einem bestimmten Attraktor (z. B. einer Zelle im Zustand völliger Ausdifferenzierung) zur Ruhe.

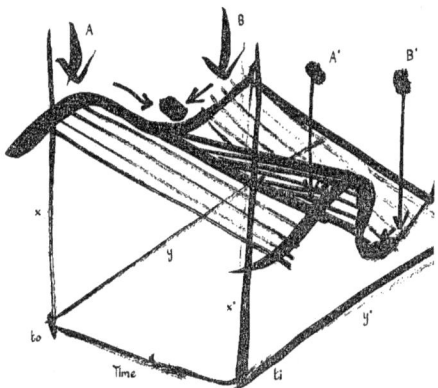

Abb. 3.2: Darstellung von Waddingtons ‚späterer' epigenetischen Landschaft. Verschiedene Entwicklungspfade werden auf einer Epigenetic-Landscape-Attraktorenoberfläche in einem Zustandsraum abgebildet (Waddington, 1977: 112).

In seinem postum veröffentlichtem Werk *Tools for thought* – einer Abhandlung über heuristische Werkzeuge im Umgang mit komplexen Phänomenen – beschreibt Waddington, wie mit Hilfe eines weiteren Modellierungsansatzes, der sogenannten Schluchtenmethode („ravines method") der russischen Mathematiker Israel Gel'fand und Mikhail L'vovich Tsetlin (1966/1971; 1969/1973)[5], in enger Verbindung mit der Attraktorenversion der epigenetischen Landschaft die formale Beschreibung von Stabilitätszuständen dynamischer biologischer Systeme mit dem experimentellen Vorgehen der Entwicklungsbiologie koordiniert werden kann (vgl. Waddington, 1977: 113 f.): Bei erstmaliger Betrachtung eines dynamischen Systems wisse der Wissenschaftler, so Waddington, noch wenig über dessen Entwicklungseigenschaften bzw. über die topographische Form der epigenetischen Landschaft (inklusive deren Täler und Berge). Die Schluchtenmethode stelle für diese Situation zwei explorative Strategien bereit: „local exploration" und „jump in the dark" (beide: Waddington, 1977: 114). Bei der *local-exploration*-Strategie wird die Oberfläche der epigenetischen Landschaft durch leichte Veränderungen des Systems in so viele Richtungen wie möglich verändert und anschließend die Systemreaktion beobachtet.[6] Dann, so Waddington, bewegen wir uns in kleinen Schritten (bzw. Zeitintervallen) das Tal hinunter, in dem wir uns be-

---

[5] Diese unten näher beschriebene Methode soll dabei helfen, eine Funktion mit vielen Variablen zu minimieren. Dafür wird angenommen, dass sich die Variablen als eine lange ‚Schlucht' organisieren lassen, wobei der Wert der Funktion die Höhenangabe der Oberfläche bestimmt und das Minimum der Funktion irgendwo entlang der Schlucht zu finden ist.

[6] Dazu bemerkt Waddington: „We can think of our [manipulative] actions as going out into the landscape for the same distance in every direction from where we stand, thus describing a circle." (Waddington, 1977: 113). Die ‚Antwort' des Systems in verschiedene Richtungen wird unterschiedlich ausfallen (je nachdem, ob wir das System ‚bergauf' oder ‚bergab' zu verändern versuchen).

finden (d. h. die Richtung, in die das System am leichtesten verändert werden kann), und wiederholen den Vorgang erneut.[7] Bei dieser Methode wird der Wissenschaftler durch das visuelle Modell der epigenetischen Landschaft intuitiv geleitet. Während der Verlauf des Tales (und damit die Eigenschaften eines Entwicklungsschicksals des Systems) immer deutlicher greifbar werden, entwickelt sich auch das Modell der epigenetischen Landschaft von seiner ursprünglich metaphorischen in eine quantifizierte Zustandsform weiter.

Die zweite Strategie des *jump in the dark* dient anschließend dazu, andere Täler bzw. Entwicklungspfade zu erkunden. Hierfür wird aus dem ursprünglichen Tal heraus „gesprungen", wodurch ein ganz anderer Aspekt des untersuchten Phänomens verändert wird, der im besten Fall in ein gegenüberliegendes Tal bzw. auf einen alternativen Entwicklungspfad führt. Dort wird dann die Strategie der lokalen Erkundung fortgesetzt, um auch den Verlauf dieses zweiten Tales zu erforschen.

Wie Waddingtons Interpretation der Schluchtenmethode von Gel'fand und Tsetlin zeigt, fungiert das Modell der epigenetischen Landschaft mit seiner bildlichen Darstellung als visuelles Korrektiv, das die methodischen Strategien bei der Erforschung dynamischer Eigenschaften noch unbekannter (komplexer) Phänomene koordiniert. Die Verortung topographischer Eigenschaften in einem Zustandsraum und die formale Beschreibung der Attraktorenoberfläche der epigenetischen Landschaft einerseits sowie die visuell geleitete, experimentelle Erforschung des Phänomens andererseits vollziehen sich gleichzeitig und in enger Wechselbeziehung zueinander. Diese in Waddingtons Spätwerk zum Ausdruck gebrachte methodologische Vision, die Erforschung von Stabilitätszuständen dynamischer biologischer Systeme mit Hilfe des Modells der epigenetischen Landschaft eng an eine mathematische Beschreibung dieser Eigenschaften zu knüpfen, wird in der modernen Stammzellbiologie erneut aufgegriffen und weiterentwickelt.

3.3 Die Renaissance von Waddingtons Epigenetik in der modernen Stammzellbiologie

In der Forschung zur Differenzierung von Stammzellen und insbesondere zur Reprogrammierung ausdifferenzierter Zellen in „induced pluripotent stem cells" (iPS-Zellen) werden seit Kurzem neue Epigenetic-landscape-Modelle entworfen (vgl. u. a. Huang, 2009; Yamanaka, 2009; Bhattacharya et al., 2011; Furusawa & Kaneko, 2012; zu Geschichte und Verwendungsweisen von Epigenetic-landscape-Bildern in verschiedenen Disziplinen vgl. Baedke, 2013).

---

[7] Diese Strategie wird so lange verfolgt, bis ein wachsender Widerstand gegenüber Veränderungen des Systems in alle Richtungen erkennbar wird. Dies deutet darauf hin, dass wir vermutlich am unteren Rand des Tals oder an einem Attraktor angelangt sind.

Die Forschung zur Reprogrammierung geht auf die Klonforschung an Amphibien aus den 1960er und 1970er Jahren zurück (vgl. Gurdon, 2006), wobei „Reprogrammierung" eine damals umstrittene Metapher für die angenommene Reversibilität von Zelldifferenzierungsprozessen darstellte (vgl. Danielli & DiBerardino, 1979). 2006 gelang es der japanischen Forschergruppe um Shinya Yamanaka (Takahashi & Yamanaka, 2006), Hautzellen von Mäusen durch das Einfügen von Transkriptionsfaktoren in einen pluripotenten Zustand zu überführen. Während man bis dahin ohne jegliche Verweise auf Waddingtons Arbeit auskam, setzte in der fachwissenschaftlichen Diskussion zur „Reprogrammierung" interessanterweise etwa zu diesem Zeitpunkt eine deutlich wahrnehmbare Renaissance von epigenetischen Landschaftsmodellen ein. Sie bieten anhand der Bewegungsrichtung der Kugel auf der ‚epigenetic landscape' (bergab, bergauf, über Bergrücken) eine intuitiv verständliche Unterscheidung der zentralen Forschungsfelder der Stammzellbiologie: der Zelldifferenzierung, der Zellreprogrammierung und der Transdifferenzierung, d. h. der Transformation einer Zelle in eine andere Zellenart ohne Rückführung auf ihren pluripotenten Zustand (vgl. Abb. 3.3).

Allerdings dienen diese neuen epigenetischen Landschaften keineswegs nur illustrativen Zwecken. Sie tragen auch zu einer Aktualisierung der damit verbundenen mathematischen Modelle bei.

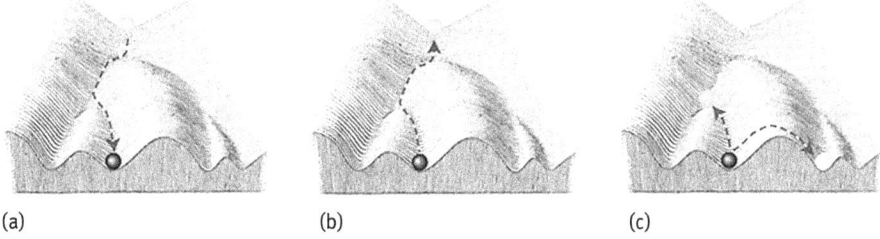

(a)   (b)   (c)

Abb. 3.3: Die Prozesse der Differenzierung (a), der Reprogrammierung (b) sowie der De- und Transdifferenzierung (c) von Zellen auf einer epigenetischen Landschaft. Die Bilder (b–c) zeigen experimentell induzierte Prozesse. In Bild (b) werden iPS-Zellen (grauer Ball) gebildet. In Bild (c) wird eine ausdifferenzierte Zelle dedifferenziert bzw. in eine Progenitorzelle (grauer Ball) verjüngt oder direkt in eine andere voll entwickelte Zelle anderen Typs (weißer Ball) transdifferenziert (Zhou & Melton, 2008: 383; Original leicht geändert; Abdruck mit Genehmigung von Elsevier).

In der Stammzellbiologie dienen Epigenetic-landscape-Ansätze dazu, zu beschreiben, wie Genregulationsnetzwerke (GRNs)[8] in einem Kreislauf biochemischer Wechselwirkungen den Prozess der Zelldifferenzierung regulieren. Um dieses aktuelle Forschungsprogramm und die damit einhergehende Modellentwicklung zu skizzieren,

---

[8] GRNs sind komplexe Netzwerke, die alle Konzentrationen von interagierenden Transkripten beteiligter Gene sowie weitere relevante Proteine und andere Moleküle umfassen.

kann der Titel ‚Quantifying the Waddington landscape and biological paths for development and differentiation' einer Studie von Wang et al. (2011) herangezogen werden. Zur quantitativen Erfassung der dynamischen Eigenschaften dieser Netzwerke werden oft einfache deterministische Modelle entwickelt, die auf Differentialgleichungen basieren. Ein System solcher Differentialgleichungen sollte in der Lage sein, Veränderungen in der Zahl oder Konzentration von jedem Molekül in einem Netzwerk – insbesondere Veränderung im Genexpressionsprofil eines GRN – im zeitlichen Verlauf darzustellen. Diese formal beschriebene Netzwerkdynamik kann als Entwicklungspfad auf der Attraktorenoberfläche einer epigenetischen Landschaft abgebildet werden. Wie bei Waddington wird dabei jeder Zustand des Genregulationsnetzwerks als ein Punkt in einem Zustandsraum erfasst.

Allerdings stellen die aktuell in der Stammzellbiologie kursierenden epigenetischen Landschaften bislang weniger exakte Repräsentationen bekannter Genregulationsnetzwerke als vielmehr programmatische ‚toy models' dar:

> Although biologists not used to the concepts of network dynamics, state space and generalized potentials may mistake the intuitive landscape picture for an overstretched cartoon, it should be stressed that the landscape has a formal basis in the theory of dynamical, non-equilibrium systems [...] *even if the specific details are not known yet*. (Huang et al., 2009: 875; Hvh. J.B. & C.B.)

Bislang fehlt es vor allem an präzisen mechanistischen Beschreibungen der untersuchten Genregulationsnetzwerke. Angesichts dieses begrenzten empirischen Inputs und des limitierten Wissen über die Mechanismen der Zelldifferenzierung steht die Quantifizierung der untersuchten Phänomene also noch aus. In diesem Prozess der Entwicklung präziserer quantitativer Modelle (bislang anhand einiger Grunddaten zu oft einfachen Genregulationsnetzwerken) wird Waddingtons epigenetische Landschaft als leitendes visuelles Korrektiv verwendet:

> To predict the actual, specific epigenetic landscape of the human genome, the detailed knowledge of the actual wiring diagram of the genomic GRN is required. [...] As we continue to gather the pieces of specific information needed to construct the GRN's wiring diagram, we shall hence be guided by the broad vision of systems dynamics and the epigenetic landscape. (Huang et al., 2009: 875)

In diesem Sinne können aktuelle Darstellungen der epigenetischen Landschaft in der Stammzellbiologie als Platzhalter mit heuristischer Funktion für die noch nicht präzise erfassten Phänomene begriffen werden.

Diese Rolle der epigenetischen Landschaft als *Wegweiser* für eine quantitative Erfassung von Phänomenen zellulärer Differenzierung lässt sich am Beispiel der Modellierungsstrategie einer Forschungsgruppe um Sudin Bhattacharya beschreiben. Bhattacharya et al. (2011) gehen von Waddingtons Landschaft aus, um eine quantifizierte topographische Darstellung eines bistabilen (d. h. mit zwei Attraktoren A und B versehenen) Netzwerks mit wechselseitiger Inhibition zwischen zwei Genen (x und y) zu entwickeln (vgl. Abb. 3.4). Bhattacharya et al. (2011) gehen nun wie folgt vor: Sie verwenden stochastische Simulationen, um zu zeigen, dass die topographischen Eigenschaften der errechneten Landschaft mit der Wahrscheinlichkeit des Eintretens bestimmter (durch x und y kontrollierter) Entwicklungsschicksale einer Zelle – das sind die Attraktoren A und B des Netzwerks – korrelieren (vgl. Bhattacharya et al., 2011: 2).

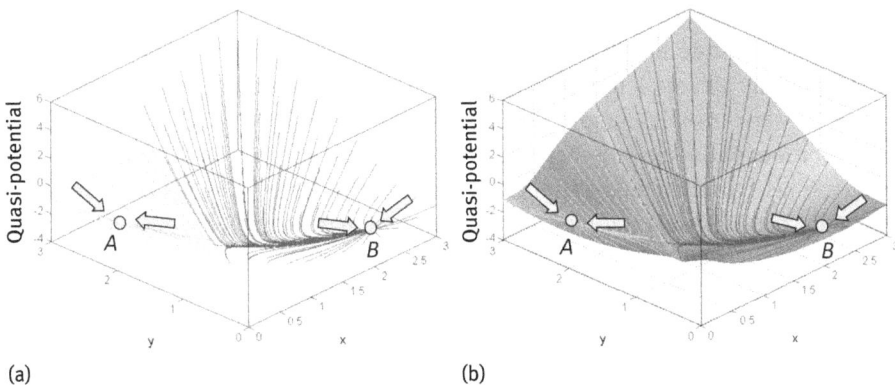

Abb. 3.4: Darstellung der Dynamik eines Zwei-Gen-Netzwerks mittels einer ‚Epigenetic-landscape'-Attraktorenoberfläche (Bhattacharya et al., 2011: 4; Original leicht geändert; Abdruck mit Genehmigung von BioMed Central).

Ähnlich wie bei Waddingtons Interpretation der Schluchtenmethode werden hier topographische Landschaftsmerkmale (eines Netzwerks aus zwei Genen) erkundet und quantifiziert, indem verschiedene Startpunkte für Entwicklungspfade (hier: in einer Simulation) getestet werden. Die Trajektorien repräsentieren dabei unterschiedliche experimentelle Manipulationen des Netzwerkzustandes der beiden Gene. Dieses Abtasten der Landschaftstopographie wird dadurch abgeschlossen, dass man die beobachteten Flugbahnen zur Deckung bringt und somit die quantifizierten Täler der epigenetischen Landschaft erhält (in Abb. 3.4: die beiden Täler [grau und schwarz], welche zu den Attraktoren A und B führen).

Diese eng an die visuelle Metapher der epigenetischen Landschaft gebundenen Modellierungsbemühungen sollen Stammzellbiologen auf lange Sicht dabei helfen, die Effizienz von Reprogrammierungsexperimenten vorherzusagen und neue Pfade der Reprogrammierung zu erschließen (vgl. u. a. Bhattacharya et al., 2011: 8; Enver et al., 2009: 390). Mit anderen Worten: Auf Grundlage der visuellen Erfassung topographischer Eigenschaften und räumlicher Unterschiede zwischen (induzierten) Entwicklungspfaden und Hügeln in einer epigenetischen Landschaft sollen methodische Richtlinien für Reprogrammierungsexperimente intuitiv abgeleitet werden.

Neben dieser heuristischen Funktion der epigenetischen Landschaft diente diese schon bei Waddington dazu, transdisziplinäre Forschung anzuregen, indem sie eine einheitliche Darstellungsform und Methodologie bereitstellte (vgl. Gilbert, 1991). Sie sollte einen Disziplinen übergreifenden Austausch von Daten aus der Embryologie (abgebildet auf der Oberseite der Landschaft) und der Genetik (abgebildet auf der Unterseite) ermöglichen und so eine Kommunikation über disziplinäre Grenzen hinweg begünstigen. Auf ähnliche Weise wird die epigenetische Landschaft heutzutage im Austausch zwischen Stammzellforschung und Systembiologie verwandt. Der Datenaustausch wurde hier bisher dadurch erschwert, dass Stammzellbiologen eine experimentelle Methodik und Systembiologen eine mathematische Modellierung besagter Entwicklungsphänomene favorisieren. Wie Melinda Fagan (2012) gezeigt hat, fungieren Modelle epigenetischer Landschaften als Forschungs- und Diskussionsrahmen, die helfen sollen, gemeinsame Hintergrundannahmen, wie beispielsweise die Annahme der Existenz undifferenzierter Startpunkte mit dem Potenzial, sich entlang mehrerer Bahnen zu entwickeln, sichtbar zu machen. Auch ermöglichen sie, die Messung und formale Beschreibung von molekularen Zuständen in der Systembiologie (z. B. durch die Erfassung der Expressionsmustern von Genregulationsnetzwerken) mit der Messung von Entwicklungspotenzialen (z. B. Totipotenz oder Unipotenz) in Stammzellexperimenten in Beziehung zu setzen.

Mit Blick auf diese aktuellen Entwicklungen in der Stammzellbiologie wird deutlich, dass Waddingtons Vermächtnis an die moderne Epigenetik umfassender ist als von einigen vermutet[9]: So kommt es in epigenetischen Studien in der Stammzellbiologie, im Gegensatz zu solchen, welche sich auf epigenetische Vererbung konzentrieren, nicht zu einer eigenständigen und neuartigen Verwendungsweise des ursprünglichen, im Kontext der Zelldifferenzierung eingeführten Begriffs der ‚Epigenetik'. Waddingtons Epigenetik ist vielmehr der begriffliche sowie – und dies muss betont werden – der methodologische Ausgangspunkt eines einflussreichen Zweigs der modernen Epigenetik. Dieser Zweig zeigt nicht nur besonderes Interesse an den eigenen disziplinären Wurzeln, sondern bemüht sich aktiv, traditionelle methodische Ansätze aufzugreifen und diese bei gleichzeitiger Aufrechterhaltung der historischen Kontinuität des eigenen Forschungsfeldes weiterzuentwickeln.

3.4 Konflikte und Pluralismus im Feld der Epigenetik

In aktuellen Diskussionen um das mögliche Innovationspotential der Epigenetik für die moderne Biologie wird „die Epigenetik" oft als eine neue, sich vom Reduktionismus der Molekulargenetik abwendende Disziplin dargestellt, deren zentrales Forschungsinteresse die intergenerationelle Vererbung nicht genetischer (d. h. nicht

---

9 Vgl. Jablonka & Lamb (2002); vgl. auch van Speybroeck (2002). Zur Aktualität von Waddingtons dynamischer Netzwerkperspektive vgl. Jablonka & Lamm (2012).

die DNA-Sequenz betreffender) Faktoren ist. In einem Text zur Rolle epigenetischer Forschung in der Medizin von 2009 liest man beispielsweise:

> Epigenetics, as the term suggests, can be seen as a major turn away from molecular biology's Central Dogma, recognizing that there are *epigenetic inheritance systems* through which non-sequence-dependent DNA variations can be transmitted in cell, tissue, and organismal lineages. Thus, current epigenetics not only offers new insights into gene regulation and heredity, but it also profoundly challenges the way we think about evolution, genetics and development. (Barros & Offenbacher, 2009: 401; Hvh. J.B. & C.B.)

Neo-darwinistische Erklärungsprogramme werden, so das verbreitete Bild, durch die Epigenetik herausgefordert. So sind zunehmend Stimmen zu vernehmen, die eine Erweiterung des neo-darwinistischen Paradigmas hin zu einer „Extended Synthesis" oder sogar „post-Darwinian Synthesis" fordern (vgl. u. a. Jablonka & Lamb, 2005; Cabej, 2008; Pigliucci, 2009; Pigliucci & Müller, 2010). Aufgrund der besonderen doppelten Natur nicht genetischer Faktoren, zugleich als Entwicklungssysteme (d. h. als ‚Weichensteller' in der Zelldifferenzierung) und als Vererbungssysteme zu fungieren, wird die *transgenerationelle* epigenetische Vererbung oft in die Nähe neo-lamarckistischer ‚weicher Vererbung' bzw. der Vererbung erworbener Eigenschaften gerückt (vgl. u. a. Jablonka & Lamb, 1995; 2005; 2008; Richards, 2006; Sano, 2010; Gissis & Jablonka, 2011). Kritiker weisen hingegen darauf hin, dass nicht genetischer Informationstransfer zwischen Organismen nicht evolutionstheoretisch relevant sein könne, da die vererbten epigenetischen Eigenschaften zu variabel und über zu wenige Generationen hinweg stabil seien, um durch die natürliche Selektion ausgewählt werden zu können (vgl. Hall, 1998; Walsh, 1996; Pál & Hurst, 2004).[10]

Jedoch weist die moderne Epigenetik eine weitaus größere innerdisziplinäre Heterogenität auf, wie der schematische Vergleich der Positionen des Krebs- und Stammzellepigenetikers Sui Huang (2009; 2012a; 2012b) mit den Thesen der für die Erweiterung der neo-darwinistischen synthetischen Evolutionstheorie eintretenden Eva Jablonka verdeutlicht (vgl. Jablonka & Lamb, 1995; 2005; 2008; Jablonka & Raz, 2009) (vgl. Tabelle 3.1).

Dabei ist interessant, dass ‚Huangs Epigenetik' eine deutliche Abgrenzung von Jablonkas Epigenetikbegriff und von den „molecular epigenetics" (Huang, 2012a: S1) – also von deren Fokus auf (vererbbare) Chromatin-Modifizierungen als ‚primum movens' der Genregulation – anstrebt (vgl. u. a. Huang, 2012b: 73, 76; Huang, 2012a: 153, S1). Diese andere Begriffsfassung sucht ihre Legitimation in der Aufrechterhaltung einer disziplinären Homogenität mittels historischer Kontinuität – also in dem direkten Anschluss an Waddingtons Epigenetik: „They [i.e., molecular biologists as well as Ja-

---

[10] Zu einer wissenschaftstheoretischen Analyse epigenetischer Erklärungsstrategien bei der Erforschung transgenerationeller nicht genetischer Vererbung vgl. Baedke (2012).

blonka] employ ‚epigenetics' to describe a distinct and narrow set of phenomena [i.e., chromatin modifications] that is only loosely related to the original meaning intended by Waddington." (Huang, 2012a: S1; vgl auch Huang, 2012b: 73)

Tabelle 3.1: Jablonkas vs. Huangs Epigenetik

	Eva Jablonka	Sui Huang
Forschungsschwerpunkt	Nicht genetische Faktoren	Netzwerke von Genen
Interesse an transgenerationeller Vererbung	+	0
Evolutionstheoretisches Interesse	+	+
Neo-Lamarckismus	+	0
Forderung einer ‚Extended Synthesis'	+	+
* in Form einer Stärkung der Entwicklungsbiologie	+	0
* in Form einer methodologischen Erneuerung	–	+
Mathematische Modellbildung	–	+
Netzwerk- bzw. Systemdenken	0	+

Anmerkung: + = ‚von zentraler Bedeutung für das jeweilige Forschungsfeld'; 0 = ‚findet Berücksichtigung im Forschungsfeld'; – = ‚von keiner Bedeutung für das Forschungsfeld'.

Daran anschließend kritisiert Huang die lose, weil lediglich metaphorische Verwendung des Modells der epigenetischen Landschaft: „[S]ince the term ‚epigenetic' is used in molecular biology to describe covalent modifications – which does not do justice to Waddington's original ideas [...] – his landscape is continuously being (mis)interpreted in a loosely metaphoric manner" (Huang, 2009: 554).

Einer neo-lamarckistischen Epigenetik mit Fokus auf *nicht* genetische *Vererbungsmechanismen* im Sinne Jablonkas wirft er vor, weder die richtigen Phänomene (ganze Genregulationsnetzwerke, statt nur einen Teil davon, nämlich nicht genetische Marker) zu untersuchen, noch eine formalisierende Methodologie und eine systemische Netzwerkperspektive auf die untersuchten Phänomene zu vertreten. Insbesondere von der scheinbar monokausalen Erklärungsweise, in der Form, dass die Methylierung von Gen x die phänotypische Veränderung y verursache, müsse man sich Huang zufolge distanzieren.[11] Epigenetische Komplexität dürfe dem gegenüber nur mit einem sicheren, formalen Rüstzeug erforscht und erklärt werden. Huang grenzt sich mit dieser in erster Linie methodologisch begründeten Kritik sowohl gegen einen simplifizierenden Neo-Darwinismus als auch gegen eine solchermaßen vereinfachend vorgehende Epigenetik ab:

---

11 Diese Kritik Huangs muss jedoch dahingehend relativiert werden, dass sich in Jablonkas Arbeiten, wenn auch vereinzelt, systemische multifaktorielle Erklärungsansätze finden lassen (vgl. Jablonka & Lamb, 2005: 121; Jablonka & Lamm, 2012).

> [C]hanges in epigenetic marks, or ‚epimutations', are actually the conceptual cousins of genetic mutations and thus, share with the central dogma the *limitations of linear thinking*: they affect individual gene loci and thus, by invoking them in reasoning about inheritance one implicitly *follows the scheme of a mono-causal mapping from (epi)genotype to phenotype of the central dogma*. Therefore, epimutations cannot come to the rescue of the Neo-Darwinian framework in view of the non-linear genotype-phenotype relationship. (Huang, 2012a: S2; Hvh. J.B. & C.B.)

Statt lediglich eine monokausale Beziehung zwischen Genotyp (oder Epigenotyp) und Phänotyp zu propagieren, soll, ganz in der Tradition Waddingtons, ein komplexeres Bild der kausalen Verbindung zwischen Genotyp und Phänotyp gezeichnet werden, welches indirekte und nicht vorhersehbare Konsequenzen der phänotypischen Makroebene als Folge von Veränderungen einzelner Komponenten der zugrunde liegenden Netzwerke in den Blick nimmt.

Huangs Forschungsprogramm fragt auch nach der evolutionsbiologischen Bedeutung von in Gennetzwerken produzierter nicht genetischer Variation oberhalb der DNA (z. B. auf regulierender enzymatischer Ebene). Der Schwerpunkt dieses Programms liegt dabei aber keineswegs auf dem Phänomen der *eigenständigen Vererbung* dieser epigenetischen Variation (vgl. Huang, 2012a: 156). Durch emergente nicht genetische Eigenschaften der Interaktion von Genen in Netzwerken in der Individualentwicklung könne, so Huangs These, dem Lauf der Evolution eine bestimmte Richtung der phänotypischen Entwicklung vorgegeben werden. Diese Richtung kann, sofern dieser Prozess zu einem adaptiven Merkmal führt, anschließend durch genetische Variation im Genom langfristig fixiert werden. Epigenetische Information ist dabei für Huang immer als Produkt systemischer Interaktion in Genregulationsnetzwerken zu verstehen:

> But what ‚*epigenetic' apparatus* can universally provide information encoding and storage without altering the DNA sequence? The answer is: *the GRN* ([...] or briefly, ‚gene network') – the network established by the fact that genes influences [sic!] the expression of other genes via a web of molecular regulatory interactions encoded in the genome. (Huang, 2012a: 150 f.; Hvh. J.B. & C.B.)

Dieser besondere Fokus auf die Rolle von Gennetzwerken in Entwicklung und Evolution soll, laut Huang, im Zentrum einer neuen ‚Erweiterten Synthese' stehen; einer ‚Extended Synthesis', die sich interessanterweise der Kritik orthodoxer Evolutionstheoretiker an nicht genetischer (epigenetischer) Vererbung anschließt. Diese Kritik behauptet, dass die transgenerationelle Übertragung von nicht genetischen Markern nicht stabil genug sei, um selegiert zu werden und Einfluss auf Populationsdynamiken auszuüben (vgl. u. a. Huang, 2012a: S2; Huang, 2012b: 73).

In überraschender Ähnlichkeit zu Dawkins' Vorstellung von Genen als Replikatoren (Dawkins, 1976; 1978) werden Genregulationsnetzwerke zudem über ihre *Kontinuität*, *Stabilität* und *Invarianz* definiert: „[T]he network structure has been wired by evolution and hard-coded into the genomic sequence. It is intrinsic to and, in the absence of mutations, invariant for a given genome (organism). Thus, each cell in metazoa has the same GRN." (Huang, 2012a: 154) Die Netzwerkstruktur verändert sich, so Huang, (in der Regel) lediglich in phylogenetischen, nicht aber in ontogenetischen Zeitschritten. Diese strikte Trennung zwischen zwei unterschiedlichen Zeitachsen – einer ontogenetischen und einer phylogenetischen – steht im deutlichen Widerspruch zu dem Versuch Jablonkas & Lambs, Ontogenese und Phylogenese zusammenzudenken (vgl. u. a. Jablonka & Lamb, 2005: 102).

Auch wenn Huangs Ansatz zugesteht, dass Gene allein durch ihre Interaktion miteinander – also ohne Mutationen – emergente nicht genetische Variation (insbesondere eine Veränderung des Expressionslevels von Genen) hervorrufen können, die selegiert werden kann, argumentiert er nicht explizit für die evolutionstheoretische Relevanz der *eigenständigen* transgenerationellen Vererbung solcher Variation. Damit verdeutlicht die an Waddingtons Studien anknüpfende moderne System- und Zellbiologie ihre grundlegende Skepsis gegenüber der evolutionstheoretischen Relevanz einer eigenständigen transgenerationellen lamarckistischen Vererbung von nicht genetischen Faktoren.[12]

Diese begrifflichen wie methodologischen Differenzen in der gegenwärtigen Epigenetik zeigen, dass das Forschungsfeld derzeit äußerst heterogen ist. Das allgemein propagierte Bild der Epigenetik, die sich als innovative junge Wissenschaft mit einem Faible für lamarckistische Vererbungsmechanismen gegen einen neodarwinistischen Konservativismus und Genzentrismus auflehnt, trifft keineswegs uneingeschränkt zu. Stammzellepigenetiker favorisieren oft genzentrierte Erklärungsmuster – ein explanatorischer Fokus, welcher in deutlichem Widerspruch zu eingängigen Slogans wie „Today's Molecular Epigenetics: Turning away from Gene-centrism" (van Speybroek, 2002: 78) steht. Allerdings tun sie dies zum Teil auf der Grundlage systemischer Konzepte von Genregulationsnetzwerken. Dabei distanzieren sie sich gerade von einem monokausalen, nicht systemischen Verständnis der Beziehung zwischen Genotyp und Phänotyp. Ihre Kritik und die Forderung nach einer stärkeren Formalisierung dynamischer biologischer Systeme in einer neuen ‚Extended Synthesis' ist nicht nur – sozusagen nach außen – gegen den neodarwinistischen Mainstream, sondern ebenso – nach innen – gegen eine molekularbiologisch ‚reduzierende' Epigenetik gerichtet. Es ist eine Kritik, welche ihre Legitimität aus der Aufrechterhaltung begriffshistorischer wie methodologischer Kontinuitäten zieht. Um zu einem differenzierteren Verständnis nicht nur des Begriffs der Epigenetik, sondern auch des Innovationspotentials epigenetischer Forschung für die moderne Biologie vorzudringen,

---

[12] Unabhängig von dieser Kritik an der Möglichkeit *transgenerationeller* Vererbung erworbener Eigenschaften mittels epigenetischer Mechanismen erkennt Huang aber z. B. an, dass umweltinduzierte *innerorganismische* (interzelluläre) epigenetische Vererbung – also der folgende Fall: „an externally induced phenotype is inherited to several subsequent cell generations" (Huang, 2012b: 72) – durchaus eine gewisse lamarckistische Komponente besitzt. Er spricht in diesem besonderen Kontext von „weak Lamarckism" (Huang, 2012b: 72).

gilt es daher, die Vielfalt und Diversität verschiedener epigenetischer Forschungsansätze – auch in wissenschaftshistorischer Hinsicht – in Augenschein zu nehmen.

Literatur

Baedke, J. (2012). Causal explanation beyond the gene: Manipulation and causality in epigenetics. Theoria 27(2): 153–174.
Baedke, J. (2013). The epigenetic landscape in the course of time: Conrad Hal Waddington's methodological impact on the life sciences. Studies in History and Philosophy of Biological and Biomedical Sciences 44(4): 756–773.
Barros, S.P. & Offenbacher, S. (2009). Epigenetics: Connecting environment and genotype to phenotype and disease. Journal of Dental Research 88(5): 400–408.
Bhattacharya, S., Zhang, Q. & Andersen, M.E. (2011). A deterministic map of Waddington's epigenetic landscape for cell fate specification. BMC Systems Biology 5(85): 1–11.
Boniolo, G. & Testa, G. (2012). The identity of living beings, epigenetics, and the modesty of philosophy. Erkenntnis 76(2): 279–298.
Burian, R. (2005). The epistemology of development, evolution, and genetics: Selected Essays (New York, NY: Cambridge University Press).
Cabej, N.R. (2008). Epigenetic principles of evolution (Albanet: Dumont).
Danielli, J.F. & DiBerardino, M.A. (1979). Overview. In: Nuclear transplantation, J.F. Danielli & M.A. DiBerardino, Hg. (New York, NY: Academic Press), S. 1–9.
Dawkins, R. (1976). The selfish gene (Oxford: Oxford University Press).
Dawkins, R. (1978). Replicator selection and the extended phenotype. Zeitschrift für Tierpsychologie 47(1): 61–76.
Eccleston, A., DeWitt, N., Gunter, C., Marte, B. & Nath, D. (2007). Epigenetics. Nature 447(7143): 395.
Enver, T., Pera, M., Peterson, C. & Andrews, W. (2009). Stem cell states, fates, and the rules of attraction. Cell Stem Cell 4(5): 387–397.
Fagan, M. (2012). Waddington redux: Models and explanation in stem cell and systems biology. Biology and Philosophy 27(2): 179–213.
Furusawa, C. & Kaneko, K. (2012). A dynamical-systems view of stem cell biology. Science 338(6104): 215–217.
Gel'fand, I.M. & Tsetlin, M.L. (1966/1971). Mathematical modeling of mechanisms of the central nervous system. In: Models of the structural-functional organization of certain biological systems, I.M. Gel'fand, V.S. Gurfinkel & S.V. Fomin, Hg. (Cambridge, MA: MIT Press), S. 1–22.
Gel'fand, I.M. & Tsetlin, M.L. (1969/1973). Mathematical simulation of the principles of the functioning of the central nervous system. In: Automaton theory and modeling of biological systems, M.L. Tsetlin, Hg. (New York, NY: Academic Press), S. 131–153.
Gilbert, S.F. (1991). Epigenetic landscaping: Waddington's use of cell fate bifurcation diagrams. Biology and Philosophy 6(2): 135–154.
Gilbert, S.F. (2012). Commentary: ‚The Epigenotype' by C.H. Waddington. International Journal of Epidemiology 41(1): 20–23.
Gissis, S. & Jablonka, E., Hg. (2011). Transformations of Lamarckism: From subtle fluids to molecular biology (Cambridge, MA: MIT Press).
Goldberg, A., Allis, C.D. & Bernstein, E. (2007). Epigenetics: A landscape takes shape. Cell 128(4): 635–638.

Griesemer, J. (2011). The relative significance of epigenetic inheritance in evolution: Some philosophical considerations. In: Transformations of Lamarckism: From subtle fluids to molecular biology, S. Gissis & E. Jablonka, Hg. (Cambridge, MA: MIT Press), S. 331–344.

Gurdon, J. (2006). From nuclear transfer to nuclear reprogramming. The reversal of cell differentiation. Annual Review of Cell and Developmental Biology 22: 1–22.

Haig, D. (2004). The (dual) origin of epigenetics. Cold Spring Harbor Symposia on Quantitative Biology 69: 67–70.

Haig, D. (2012). Commentary: The epidemiology of epigenetics. International Journal of Epidemiology 41(1): 13–16.

Hall, B.K. (1998). Epigenetics: Regulation not replication. Journal of Evolutionary Biology 11(2): 201–205.

Harwood, J. (1993). Styles of scientific thought. The German genetics community 1900–1933 (Chicago, IL: University of Chicago Press).

Holliday, R. (1994). Epigenetics: An overview. Developmental Genetics 15(6): 453–457.

Holliday, R. (2002). Epigenetics comes of age in the twentyfirst century. Journal of Genetics 81(1): 1–4.

Holliday, R. (2006). Epigenetics: A historical overview. Epigenetics: Official Journal of the DNA Methylation Society 1(2): 76–80.

Huang, S. (2009). Reprogramming cell fates: Reconciling rarity with robustness. BioEssays 31(5): 546–560.

Huang, S. (2012a). The molecular and mathematical basis of Waddington's epigenetic landscape: A framework for post-Darwinian biology? BioEssays 34(2): 149–157.

Huang, S. (2012b). Tumor progression: Chance and necessity in Darwinian and Lamarckian somatic (mutationless) evolution. Progress in Biophysics and Molecular Biology 110(1): 69–86.

Huang, S., Ernberg, I. & Kauffman, S. (2009). Cancer attractors: A systems view of tumors from a gene network dynamics and developmental perspective. Seminars in Cell & Developmental Biology 20(7): 869–876.

Jablonka, E. & Lamb, M.J. (1995). Epigenetic inheritance and evolution: The Lamarckian dimension (Oxford: Oxford University Press).

Jablonka, E. & Lamb, M.J. (2002). The changing concept of epigenetics. Annals of the New York Academy of Sciences 981: 82–96.

Jablonka, E. & Lamb, M.J. (2005). Evolution in four dimensions: Genetic, epigenetic, behavioral, and symbolic variation in the history of life (Cambridge, MA: MIT Press).

Jablonka, E. & Lamb, M.J. (2008). Soft inheritance: Challenging the modern synthesis. Genetics and Molecular Biology 31(2): 389–395.

Jablonka, E. & Lamm, E. (2012). Commentary: The epigenotype – a dynamic network view of development. International Journal of Epidemiology 41(1): 16–20.

Jablonka, E. & Raz, G. (2009). Transgenerational epigenetic inheritance: Prevalence, mechanisms, and implications for the study of heredity and evolution. The Quarterly Review of Biology 84(2): 131–176.

Lillie, F.R. (1927). The gene and the ontogenetic process. Science 66(1712): 361–368.

Morange, M. (2002). The relations between genetics and epigenetics. A historical point of view. Annals of the New York Academy of Sciences 981: 50–59.

Pál, C. & Hurst, L.D. (2004). Epigenetic inheritance and evolutionary adaptation. In: Organelles, genomes and eukaryote phylogeny: An evolutionary synthesis in the age of genomics. The Systematics Association special volume series 68, R.P. Hirt & D.S. Horner, Hg. (Boca Raton, FL: CRC Press), S. 353–370.

Parnes, O. (2007). Die Topographie der Vererbung. Epigenetische Landschaften bei Waddington und Piper. Trajekte: Zeitschrift des Zentrums für Literatur- und Kulturforschung Berlin 7: 26–31.

Pigliucci, M. (2009). An extended synthesis for evolutionary biology. Annals of the New York Academy of Sciences 1168: 218–228.
Pigliucci, M. & Müller, G.B., Hg. (2010). Evolution: The extended synthesis (Cambridge, MA: MIT Press).
Ptashne, M. (2007). On the use of the word ‚Epigenetic'. Current Biology 17(7): R233–R236.
Richards, E.J. (2006). Inherited epigenetic variation – revisiting soft inheritance. Nature Reviews: Genetics 7(5): 395–401.
Sano, H. (2010). Inheritance of acquired traits in plants. Plant Signaling & Behavior 5(4): 346–348.
Sapp, J. (1987). Beyond the gene. Cytoplasmic inheritance and the struggle for authority in genetics (New York, NY: Oxford University Press).
Takahashi, K. & Yamanaka, S. (2006). Induction of pluripotent stem cells from mouse embryonic and adult fibroblast cultures by defined factors. Cell 126(4): 663–676.
Tollefsbol, T.O. (2011). Epigenetics: The new science of genetics. In: Handbook of epigenetics. T.O. Tollefsbol, Hg. (Amsterdam: Academic Press), S. 1–6.
van Speybroeck, L. (2002). From epigenesis to epigenetics. Annals of the New York Academy of Sciences 981: 61–81.
Waddington, C.H. (1940). Organisers & genes (Cambridge, MA: Cambridge University Press).
Waddington, C.H. (1942). The epigenotype. Endeavour 1: 18–20.
Waddington, C.H. (1953). How do cells differentiate? Scientific American 189(3): 108–116.
Waddington, C.H. (1957). The strategy of the genes: A discussion of some aspects of theoretical biology (London: Allen & Unwin).
Waddington, C.H. (1969). Biological organization and physical systems. In: Biology and the physical sciences, S. Devons, Hg. (New York, NY: Columbia University Press), S. 172–185.
Waddington, C.H. (1974). A catastrophe theory of evolution. Annals of the New York Academy of Sciences 231: 32–41.
Waddington, C.H. (1977). Tools for thought: How to understand and apply the latest scientific techniques of problem solving (London: Cape).
Walsh, J.B. (1996). The emperor's new genes. Evolution 50(5): 2115–2118.
Wang, J., Zhang, K., Xu, L. & Wang, E. (2011). Quantifying the Waddington landscape and biological paths for development and differentiation. Proceedings of the National Academy of Sciences 108(20): 8257–8262.
Wilkins, A.S. (2008). Waddington's unfinished critique of neo-Darwinian genetics: Then and now. Biological Theory 3(3): 224–232.
Wu, C.T. & Morris, J.R. (2001). Genes, genetics, and epigenetics: A correspondence. Science 293(5532): 1103–1105.
Yamanaka, S. (2009). Elite and stochastic models for induced pluripotent stem cell generation. Nature 460(7251): 49–52.
Zhou, Q. & Melton, D.A. (2008). Extreme makeover: Converting one cell into another. Cell Stem Cell 3(4): 382–388.

Heiner Niemann
4 Somatisches Klonen und Epigenetik bei Nutztieren

Das Wort Klon stammt aus dem Griechischen „klonos" und bedeutet Ast oder Zweig. Heute wird unter einem Klon eine Gruppe genetisch identischer Nachkommen verstanden, die asexuell von einem Elternorganismus abstammt, d. h. ohne die Neukombination des Erbguts, die bei der Befruchtung einer weiblichen Keimzelle durch ein Spermium stattfindet. Beim Säuger beinhaltet das Klonen im Wesentlichen den somatischen Kerntransfer, bei dem das genetische Material einer unbefruchteten weiblichen Keimzelle, also Eizelle oder Oozyte, durch das diploide genetische Material einer somatischen Zelle aus fetalem oder adultem Gewebe ersetzt wird. Die daraus entstehenden geklonten Nachkommen haben ein weitgehend identisches Erbgut, können sich aber in einer Vielzahl von Eigenschaften unterscheiden, da die beiden Zellplasmen unterschiedliche maternale Proteine, RNAs und Mitochondrien aufweisen sowie epigenetische Effekte und Einflüsse der fetalen und/oder neonatalen Umwelt einwirken.

Die technischen Aspekte des Kerntransfers sind bereits in den frühen 1980er Jahren entwickelt worden, wobei überwiegend frühembryonale Spenderzellen verwendet wurden. Man ging davon aus, dass der Erfolg des Kerntransfers davon abhängig sei, dass sich die Spenderzelle in der Entwicklung und Differenzierung möglichst nah an einem frühen Embryonalstatus befinden müsse, also nur Eizellen wenige Tage nach der Befruchtung in Frage kamen. Diese Annahme basierte auf früheren Befunden bei Fröschen, wo Klonen mit embryonalen Zellen mit der Produktion normaler Nachkommen vereinbar war, während das Klonen mit adulten Zellen nicht zu lebensfähigen Nachkommen führte. Mit der Geburt des Schafes „Dolly" im Jahre 1996 (Wilmut et al., 1997), dem ersten geklonten Säugetier, das aus einer differenzierten Euterepithelzelle generiert wurde, ist demnach ein langjähriges Dogma der Biologie gefallen, was besagte, dass eine differenzierte Körperzelle nicht in einen pluri- oder totipotenten Zustand zurückprogrammiert werden kann.

4.1 Technik des somatischen Klonens

Säugereizellen bzw. frühe Embryonen haben einen Durchmesser von ca. 100–160 Mikrometer (µm). Deshalb sind für das Klonen geeignete mikroskopische Einrichtungen und besonders feine Werkzeuge aus Glaspipetten erforderlich. Der Kerntransfer beinhaltet die Entkernung, die Enukleation der Empfängerzelle, die Vorbereitung und den Transfer der Spenderzelle, die Fusion und die Aktivierung sowie die nachfolgende Kultivierung der rekonstruierten Embryonen bis zu Entwicklungsstadien, die auf Empfängertiere übertragen werden können.

Die Enukleation wird durch Heraussaugen eines kleinen Anteils des Zytoplasmas mit den darin enthaltenen mütterlichen Chromosomen erreicht. Im zweiten Schritt wird eine einzelne Spenderzelle, d. h. eine ganze Zelle: Kern mit Zytoplasma, unter die Schutzhülle der Eizelle, die Zona pellucida, in möglichst engen Kontakt mit der Membran der Eizelle gesetzt. Alternativ kann ein isolierter Zellkern in eine entkernte Oozyte injiziert werden; diese Technik findet vor allem bei der Maus Anwendung. Anschließend werden beide Anteile durch kurze elektrische Impulse miteinander fusioniert und aktiviert. Die Aktivierung versetzt den rekonstruierten Embryo in die Lage, die Embryonalentwicklung zu beginnen und bis zur Geburt des Jungtiers zu durchlaufen. Sie ist mit umfangreichen metabolischen Veränderungen des Zytoplasmas und der Umgruppierung wichtiger Zellorganellen in der Eizelle verbunden. Bei der normalen Befruchtung wird die Eizelle durch das eindringende Spermium aktiviert. Dies wird beim Klonen künstlich durch elektrische Impulse oder bestimmte Chemikalien, die den Calciumhaushalt im Zytoplasma beeinflussen, ausgelöst. Anschließend werden die auf diese Weise erstellten Embryonen für 1 bis 7 Tage im Brutschrank kultiviert, bevor sie für einen späteren Transfer tiefgefroren oder direkt in Empfängertiere übertragen werden können. Eine detaillierte Beschreibung des methodischen Vorgehens beim somatischen Klonen ist bei Niemann et al. (2011) zu finden.

4.2 Effizienz des somatischen Klonens

Bis heute sind eine Vielzahl fetaler und adulter Gewebe, u. a. Hautzellen (= Fibroblasten), Kumuluszellen, Granulosazellen, Lungenzellen, Leberzellen, Euterepithelzellen, Muskelzellen, Eileiterzellen, Gebärmutterzellen, neuronale Zellen, Immunzellen, Blutzellen, erfolgreich, d. h. mit der Folge der Geburt lebensfähiger Nachkommen, für das somatische Klonen verwandt worden (Niemann et al., 2011). Man geht heute davon aus, dass im Prinzip alle somatischen Zellen durch den Klonprozess zurückprogrammiert werden können; allerdings können Unterschiede in der Effizienz bestehen. Bei mehr als einem Dutzend Säugerspezies sind bisher lebensfähige geklonte Nachkommen geboren worden (Rind, Schaf, Ziege, Schwein, Maultier, Pferd, Katze, Maus, Kaninchen, Ratte, Frettchen, Büffel, Kamel, Hund, Wolf). Zu den meisten dieser Tierarten existieren einzelne Berichte, wobei die durchschnittlichen Erfolgsraten mit 1–3% lebensfähigen Nachkommen noch niedrig sind. Lediglich bei Rind und Schwein, mit Abstrichen bei Schaf und Ziege, liegt bereits ein umfangreicheres Datenmaterial vor. Bei diesen Spezies sind die Erfolgsraten in den letzten Jahren bereits erheblich verbessert worden, so dass beim Rind Trächtigkeitsraten von 30 bis 40% und beim Schwein von 60 bis 80%, bezogen auf die Anzahl der Empfängertiere, erzielt werden können (Petersen et al., 2008). Diese Werte liegen aber immer noch unter den Trächtigkeitsraten nach konventioneller Besamung, im Wesentlichen bedingt durch eine erhöhte embryonale und fetale Mortalität. Bei einer Beurteilung dieser Zahlen ist zu berücksichtigen, dass beim Säuger auch nach normaler Befruchtung ein relativ hoher

Anteil an embryonaler Mortalität von bis zu 50% der befruchteten Eizellen beobachtet wird. Nach Klonen kann ferner die postnatale Entwicklung bei einem gewissen Anteil der Nachkommen beeinträchtigt sein (Panarace et al., 2007). Dies wird in einem relativ breiten Spektrum von Symptomen sichtbar, angefangen von einer verlängerten Trächtigkeitsdauer, übergroßen Nachkommen (Large-Offspring-Syndrom) und fehlerhafter Plazenta-Ausbildung sowie verschiedenen Krankheitsbildern bei den Klonnachkommen. Die fehlerhafte Ausbildung der Plazenta wird nach heutigem Kenntnisstand als eine Hauptursache für die Entwicklungsstörungen angesehen.

Eine kritische Durchsicht der verfügbaren Literatur ergibt jedoch, dass die meisten Klone nach der Geburt gesund sind und sich normal entwickeln (Lanza et al., 2001; Cibelli et al., 2002). Wenn Rinderklone etwa sechs Monate alt sind, unterscheiden sie sich in keinem der bisher geprüften Parameter von altersgleichen Kontrolltieren. Geprüft wurden beispielsweise biochemische Blut- und Urininhaltsstoffe, Immun- und Körperstatus, Wachstumsverlauf und Fortpflanzung. Auch für die Fleisch- und Milchzusammensetzung haben umfangreiche Studien keine Unterschiede zwischen geklonten Rindern und altersgleichen Kontrollen ergeben; alle Parameter lagen innerhalb des normalen Spektrums (Miller, 2007; Yang et al., 2007). Ähnliche Befunde wurden auch für geklonte Schweine berichtet.

4.3 Genom-Reprogrammierung durch DNA-Methylierung während der Embryonalentwicklung

Unter Epigenetik werden alle Vorgänge an der „Verpackung" der DNA zusammengefasst, wie Methylierungen spezifischer DNA-Abschnitte oder biochemische Veränderungen an den Histonproteinen (Smith & Meissner, 2013). Während der frühen Embryonalentwicklung beim Säuger wird die DNA kurz nach der Bildung frisch befruchteter Oozyten, sogenannter Zygoten, durch massive Veränderungen im DNA-Methylierungsmuster reprogrammiert. Die paternale DNA wird unmittelbar nach der Fertilisierung aktiv demethyliert, während die maternale DNA etwas später durch passive Mechanismen demethyliert wird (Dean et al., 2003). Diese Mechanismen scheinen hoch konserviert zu sein und sind bei einer Reihe von Spezies gefunden worden, wie Maus, Rind, Schwein, Ratte, Kaninchen und Mensch (Lepikhov et al., 2008). Zu speziesspezifischen Zeitpunkten in der Entwicklung beginnt dann die Remethylierung der embryonalen DNA; ihr Beginn fällt meist zusammen mit dem Beginn der embryonalen genomischen Aktivität (Maus: 2-Zellstadium, Schwein: 4-Zellstadium, Rind: 8–16-Zellstadium, Mensch: 8–16-Zellstadium). Diese komplexen Mechanismen stellen sicher, dass entscheidende Schritte in der frühen Embryonalentwicklung, wie der Beginn der ersten Zellteilung, die Kompaktierung der embryonalen Zellen bei der Morulabildung, die Blastozystenentwicklung mit der Ausbildung der beiden Zellkompartimente Innere Zellmasse (ICM) und Trophoblast sowie Expansion und Schlüpfen der Blastozyste, durch ein präzise reguliertes Genexpressionsmuster ungestört ablaufen können. Auch bei der Erstellung geklonter Embryonen spielen epigenetische Vorgänge, insbesondere die Erstellung korrekter Imprintingmuster, physiologischer DNA-Methylierungsmuster und Histonmodifikationen, eine entscheidende Rolle.

4.4 Imprinting

Das Imprinting stellt eine besondere Funktion der DNA-Methylierung dar. Charakteristisch für das Imprinting ist, dass die zwei Allele eines bestimmten Gens unterschiedlich exprimiert werden. Üblicherweise wird durch das Imprinting entweder das maternale oder das paternale Allel während der Entwicklung durch Anfügen einer Methylgruppe an das Cytosin in CpG-Dinukleotiden abgeschaltet. Die Expression geschieht dann nur von dem einen nicht methylierten Allel. Die DNA-Methylierung vollzieht sich insbesondere an den Imprinting Control Regions (ICRs) und wird im Wesentlichen durch die de-novo-Methyltransferase DNMT-3a sichergestellt. Typisch für die dem Imprinting unterliegenden Gene ist, dass sie in sogenannten Clustern gefunden werden und dass die ICRs eine regionale Kontrolle der Genexpression ausüben (Reik & Walter, 2001). Bei der Maus sind bisher etwa 50, beim Menschen etwa 80 Gene, die dem Imprinting unterliegen, identifiziert worden (Dean et al., 2003; Constancia et al., 2004); beim Rind sind bisher etwa 10 solcher Gene gefunden worden. Das Imprinting ist ein epigenetischer Mechanismus, der Anforderungen, Zuteilung und Nutzung der Ressourcen für den sich entwickelnden Fetus regelt, und deshalb in der fetalen und neonatalen Entwicklung beim Säuger aktiv ist. In den meisten Fällen erhöhen Gene, die vom paternal vererbten Allel exprimiert werden, die Menge an Ressourcen, die die Mutter zur Versorgung des Fetus bereitstellt, während maternal exprimierte Gene diesen Transfer reduzieren, um das Überleben der Mutter sicherzustellen (Constancia et al., 2004). Die Imprintmarkierungen (Imprintmarks) werden während der Entwicklung der Keimzellen zu reifen Gameten, d. h. Spermien und Oozyten gesetzt. Sie werden in der Keimbahn so angelegt, dass die reifen Gameten das Geschlecht der jeweiligen Keimbahn widerspiegeln, bedingt durch die Abfolge von Löschen und Wiedereinsetzen der jeweiligen DNA-Methylierungsmarkierungen (Reik & Walter, 2001).

4.5 Histonmodifikationen

Die Histone sind die Hauptproteinkomponenten des Chromatins; die vier Kernhistone H2A, H2B, H3 und H4 bilden das Nukleosom. Posttranslationale Modifikationen der Histone spielen eine entscheidende Rolle bei der Fähigkeit des Genoms, biologische Informationen zu speichern, freizusetzen und weiterzuvererben (Fischle et al., 2003). Zahlreiche Histon- und Chromatin-assoziierte regulatorische Veränderungen sind bekannt, so etwa die Histonacetylierung, -phosphorylierung, -carboxylierung und die

Methylierung. Histonmethyltransferasen (HMTs) katalysieren die Methylierung an spezifischen Positionen des Nukleosoms in Säugerzellen. Die Deacetylierung der Histonproteine wird durch Isoformen der Histondeacetylase (HDAC) durchgeführt. Die Histonacetyltransferasen (HATs) sind an verschiedenen biologischen Prozessen wie transkriptioneller Aktivierung, Genabschaltung, der DNA-Reparatur und dem Zellzyklus beteiligt und spielen deshalb in Wachstum und Entwicklung eine entscheidende Rolle (Carozza et al., 2003).

4.6 Somatisches Klonen und epigenetische Reprogrammierung

Der dem erfolgreichen somatischen Klonen zugrunde liegende Mechanismus ist im Wesentlichen epigenetischer Natur. Die Aktivität von Genen wird ganz wesentlich von ihrem Verpackungszustand, dem Chromatinzustand beeinflusst. Die Reprogrammierung der somatischen Zelle beinhaltet die Löschung des genetischen Programms der differenzierten Zelle, in der etwa 8.000 der insgesamt ca. 22.000 Gene aktiv sind, sowie den korrekten Beginn des embryonalspezifischen Programms mit etwa 12.000 aktiven Genen (Niemann et al., 2008). Diese komplette Umkehr in der Genaktivität wird durch epigenetische Mechanismen erreicht, die die Methylierungsmuster spezifischer Gene und die Histonproteine durch Carboxylierungen, Acetylierungen und/oder andere biochemische Modifikationen verändern. Die Basenabfolge der DNA bleibt dabei unverändert. Im Labor des Autors sind in den letzten Jahren Untersuchungen zur Aufklärung der dem Klonen zugrunde liegenden epigenetischen Mechanismen durchgeführt worden. Die wesentlichen Ergebnisse von zwei exemplarischen Studien werden im Folgenden kurz dargestellt.

4.6.1 DNA-Methylierung in geklonten bovinen Embryonen

Bei der ersten Studie wurden die Veränderungen der DNA-Methylierung bei Rinderembryonen untersucht, die im Zusammenhang mit der Anwendung assistierter Reproduktionstechniken, insbesondere dem somatischen Kerntransfer, auftraten (Niemann et al., 2010). Für diese Studie wurden 25 entwicklungsrelevante Gene, lokalisiert auf 15 verschiedenen Chromosomen, ausgewählt, die einen tieferen Einblick in die molekulare Regulation der frühen Embryonalentwicklung geben (Übersicht 1). Insgesamt haben wir dazu eine Gruppe von 41 Amplikons, die 1079 CpG-Stellen beinhalteten, mit Hilfe der Bisulfit-Sequenzierung auf Änderungen im DNA-Methylierungsmuster untersucht. Die Methylierungsanalyse wurde an DNA aus Pools von jeweils 80 Blastozysten durchgeführt, die entweder *in vivo* gewonnen, d. h. aus den Uterushörnern superovulierter Spenderkühe ausgespült, oder durch *In-vitro*-Produktion erstellt (*In-vitro*-Reifung, -Fertilisation, -Kultur) oder durch somatischen Kerntransfer mit weiblichen und männlichen Fibroblasten erzeugt worden waren. Die einzelnen Gene waren dabei in unterschiedlicher Anzahl (10–40) an CpG-Stellen repräsentiert. Die embryonalen DNA-Methylierungsmuster wurden mit denen der somatischen Komponenten, der Blutzellen und denen der männlichen und weiblichen Fibroblasten, aus denen die Embryonen geklont wurden, verglichen.

Nach dem Kerntransfer wurde eine massive epigenetische Reprogrammierung gefunden, die als erheblich reduzierte Methylierung in den Embryonen erkennbar war (Abb. 4.1).

Es wurde ferner herausgefunden, dass nicht alle Gene und Amplikone gleich empfindlich auf den Klonvorgang reagierten. Bei einer Reihe von Amplikonen blieb das Methylierungsmuster nach dem somatischen Kerntransfer unverändert. Durch eine weitergehende Analyse von 28 besonders informativen Amplikonen (sog. Hotspot Loci), die 523 individuelle CpG-Stellen repräsentieren, wurden Amplikone mit Methylierungsmustern identifiziert, die charakteristisch für eine bestimmte Kategorie an Embryonen waren. Diese könnten deshalb metastabile Epialleleele repräsentieren. Bei einer Gruppe von Amplikonen wurde festgestellt, dass der Hauptunterschied in der DNA-Methylierung zwischen den differenzierten somatischen Zellen und der embryonalen DNA bestand. Diese Gruppe umfasste Amplikone der Gene IGF2R, ARGEF2, GLU8, NANOG, OCT4 und PEG3 und Telomerase. Eine zweite Gruppe beinhaltete Amplikone mit gleichen DNA-Methylierungsmustern bei *in vitro* produzierten und geklonten Blastozysten, die aber von allen anderen Proben unterschieden waren. Diese Gruppe beinhaltete Amplikone der Gene DNMT-3b, DMAP, NNAT, PEG11 und SUV39H1. Weiterhin wurde eine Gruppe von Amplikonen gefunden, die typisch für *in vitro* produzierte Embryonen waren (DMAP1, LIF, PEG11 und SUV39H1). Die letzte Gruppe an Methylierungsprofilen war spezifisch für geklonte Embryonen und beinhaltete Amplikone der Gene ARGEF, DNMT3B, GLU8, LIFR, NANOG, PEG11 und SUV39H1.

Eine Analyse der mRNA-Expression mit Hilfe quantitativer RealTime PCR für 8 ausgewählte Gene aus den gleichen Embryonen, deren DNA für die Methylierungsanalyse herangezogen worden war, ergab keine direkte Korrelation mit dem jeweiligen DNA-Methylierungsmuster, was wahrscheinlich darauf zurückzuführen ist, dass die untersuchten CpGs/Amplikone sich nicht in regulatorischen Genbereichen befanden (Niemann et al., 2010). Mit dieser Studie wurde erstmals die weitgehende Demethylierung der DNA differenzierter somatischer Zellen nach somatischem Klonen nachgewiesen. Darüber hinaus wurden durch die Ergebnisse dieser Studie erstmals spezifische CpGs/Amplikone identifiziert, die zur Beurteilung der Blastozystenqualität herangezogen werden können und Aussagen zum Reprogrammierungszustand nach somatischem Klonen machen können. Sie können ferner zur Lokalisierung epigenetischer Kontrollregionen innerhalb von individuellen Genen und zum Studium von Zelldifferenzierung und Pluripotenz dienen.

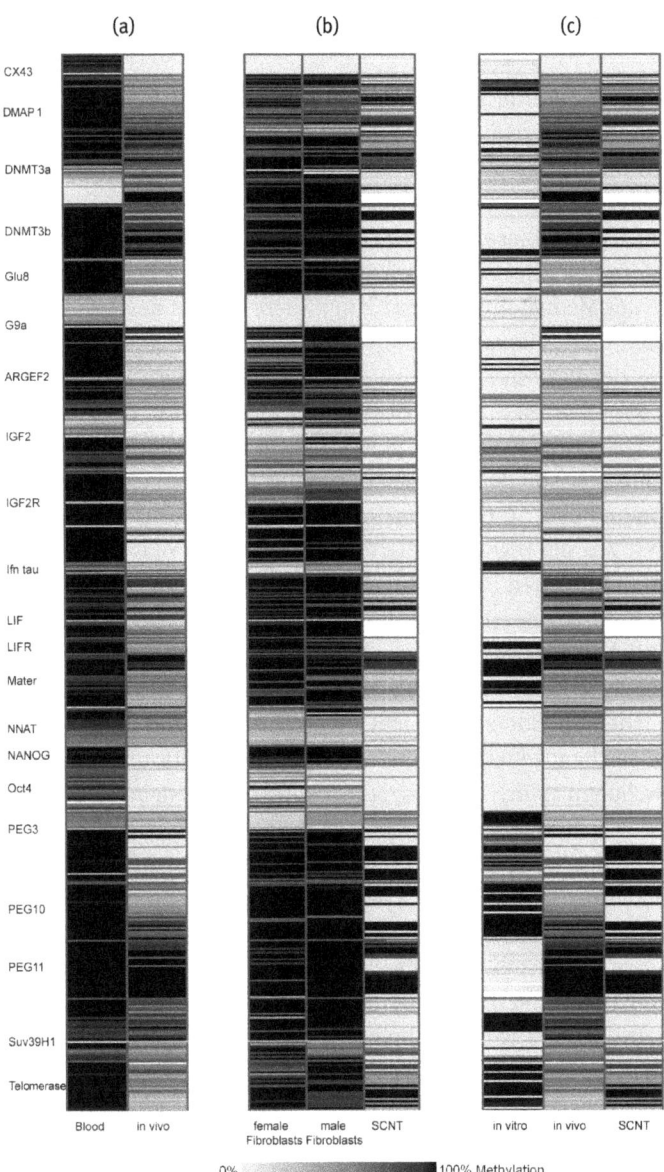

Abb. 4.1: Unterschiede im Methylierungsgrad von 21 entwicklungsrelevanten Genen bei Rinderembryonen. Die DNA wurde aus Blutzellen, primären Fibroblasten oder bovinen Embryonen, die *in vivo*, *in vitro* oder über somatischen Kerntransfer (Klonen) erstellt wurden, gewonnen. Die einzelnen Gene sind durch die im Original roten Linien separiert und jede Reihe repräsentiert den Methylierungsstatus eines einzelnen CpGs. Der Methylierungsgrad der DNA ist durch im Original unterschiedliche Farbgebung angezeigt gelb: 0%, grün: 50% und blau: 100% Methylierung). Die differenzierten somatischen Zellen sind insgesamt in den analysierten Genen deutlich stärker methyliert (dunkel) als die embryonalen Proben (hell).

4.6.2 Reprogrammierung im DMR des IGF2-Gens in bovinen Blastozysten

Das IGF2-Gen (Insulin-like growth factor 2) codiert für einen Wachstumsfaktor, der für eine reguläre embryonale und fetale Entwicklung von essentieller Bedeutung ist. Schon in einer früheren Studie hatten wir im letzten Exon des IGF2 Gens einen differenziell methylierten Bereich (Differentially Methylated Region, DMR) identifizieren können (Gebert et al., 2006). Dieser DMR war im paternalen Allel methyliert und wurde folglich vom maternalen Allel exprimiert. Mit Hilfe der Bisulfit-Sequenzierung haben wir eine Analyse des Methylierungsmusters in diesem DMR in bovinen Blastozysten aus verschiedenen Produktionssystemen vorgenommen (Gebert et al., 2009). Die Analyse ergab, dass der DMR in Zygoten zu 30% methyliert war. Der Methylierungsgrad ging bis auf 5% im 4-Zell-Stadium zurück und stieg bis zum Blastozystenstadium wieder auf 10% an, wobei zwischen *in vivo* und *in vitro* produzierten Blastozysten keine Unterschiede bestanden. In dieser Studie wurde darüber hinaus das Geschlecht der Embryonen durch Y-Chromosom-spezifische PCR ermittelt. Bei *in vivo* produzierten Embryonen war die DNA-Methylierung in weiblichen Blastozysten signifikant niedriger als in männlichen Blastozysten; dieser Geschlechtsdimorphismus blieb auch in geklonten Embryonen erhalten (Abb. 4.2).

Bei geklonten weiblichen Blastozysten war dieser DMR zu 12% methyliert, bei männlichen Embryonen zu 30%. Im Gegensatz dazu war der Methylierungsgrad bei weiblichen und männlichen Spenderzellen nicht unterschiedlich und lag bei 80%. Weitere Kontrollen, wie parthenogenetische und androgenetische Blastozysten, zeigten einen niedrigen bzw. hohen Methylierungsgrad, entsprechend dem Vorliegen ausschließlich maternaler bzw. paternaler DNA (Gebert et al., 2009).

Diese Ergebnisse zeigen, dass an diesem kritischen und sensitiven DMR die epigenetische Reprogrammierung in geschlechtsspezifischer Weise auch nach somatischem Klonen stattfand, was für einen intakten Reprogrammierungsmechanismus spricht. Die Ergebnisse zeigen ferner, dass die Methylierungsmuster von der Herkunft der Embryonen abhängig sind und damit die Methylierung ein wichtiges diagnostisches Hilfsmittel zur Ermittlung der Embryonenqualität vor dem Transfer sein kann.

Abb. 4.2: Der DMR (Differentially Methylated Region) im bovinen IGF2-Gen zeigt ein geschlechtsspezifisches Methylierungsmuster für weibliche und männliche Blastozysten. Die DNA-Methylierung ist in weiblichen Embryonen deutlich geringer als in den männlichen. Das geschlechtsspezifische Muster wurde in den geklonten Embryonen korrekt reproduziert, was für einen intakten Reprogrammierungsvorgang spricht. Die primären Daten aus der Bisulfitsequenzierung sind als kleine Kreise gezeigt. Offene Kreise repräsentieren unmethylierte CpGs, schwarze Kreise stellen methylierte CpGs dar. Die horizontalen Reihen stehen jeweils für einen Klon; die Anzahl der Klone mit dem gleichen Methylierungsmuster ist am rechten Ende der Reihe angegeben. Die gleichen Daten sind unten in graphischer Form nach statistischer Berechnung angegeben worden.

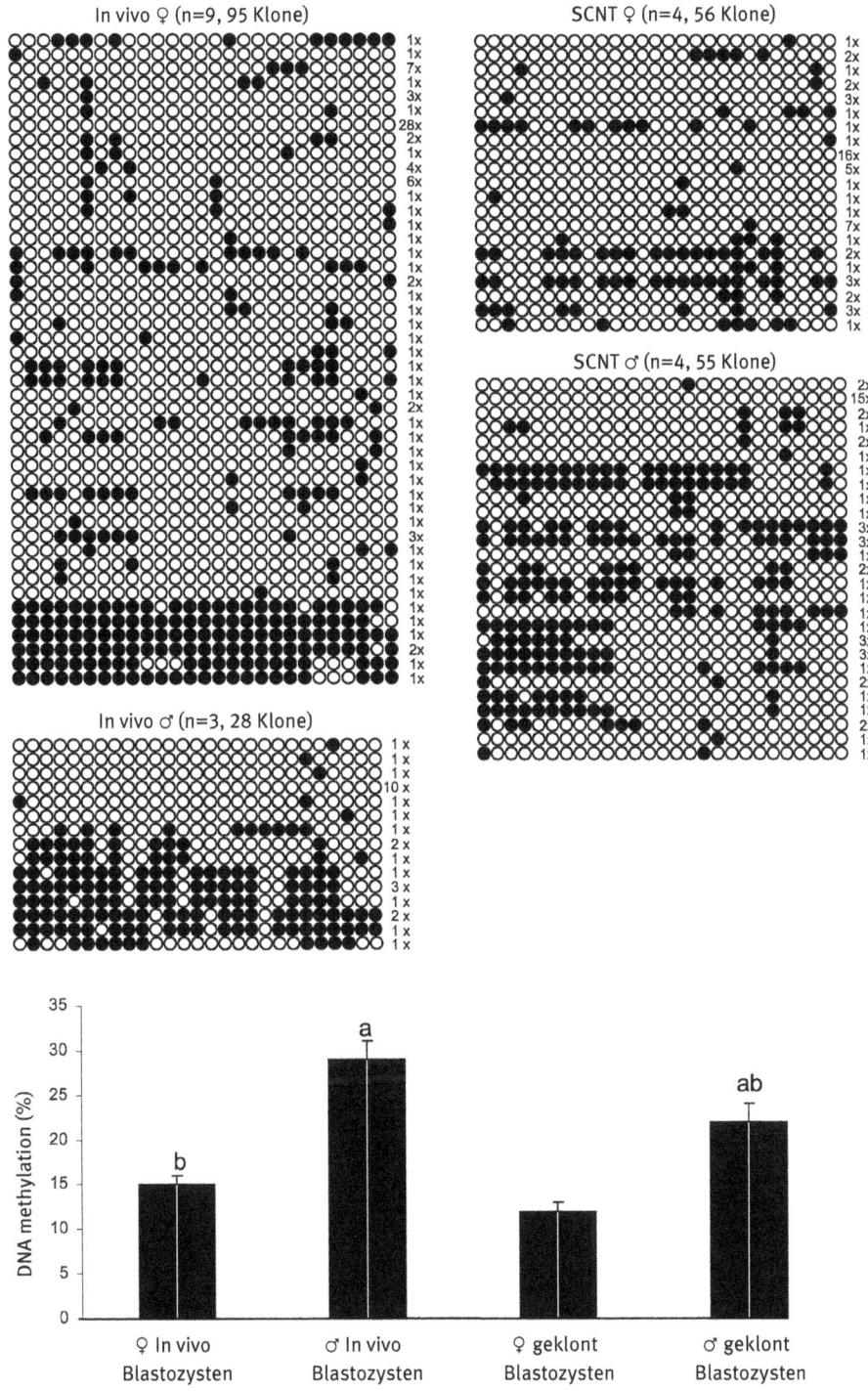

4.7 Anwendungsperspektiven für das somatische Klonen

Die Fortschritte der Tierzucht in den letzten fünf bis sechs Jahrzehnten sind wesentlich auf die Einführung biotechnologischer Verfahren, wie künstlicher Besamung oder Embryotransfers, zurückzuführen. Das somatische Klonen ist das jüngste biotechnologische Verfahren, für das sich die Einführung in die tierzüchterische Praxis abzeichnet. Die Erfolgsraten, d. h. der Anteil geborener Nachkommen aus dem Klonprozess, sind aber noch niedriger als bei konventionell produzierten Tieren. Die weltweit intensive Forschung hat jedoch zu deutlichen Verbesserungen geführt, so dass das Klonen heute bereits bei Rind und Schwein für spezifische Fragestellungen in Forschung und Anwendung eingesetzt werden kann.

Das Klonen beinhaltet ein überaus großes Anwendungspotential, sowohl für die Grundlagenforschung, als therapeutisches Klonen in der Biomedizin, als auch als reproduktives Klonen in der praktischen Tierzucht, zum Beispiel von wertvollen Zuchttieren wie besonders guten Bullen, bei denen man durch den Klon sicherstellen will, dass ihr genetisches Potential auch im Falle einer Erkrankung oder eines frühzeitigen Ausscheidens aus der Zucht noch genutzt werden kann. Das Klontier nimmt dann die Position des Spendertieres in der Zuchtpyramide ein. Auch für die Erhaltung genetisch seltener Rassen kann das Klonen eingesetzt werden. Zudem sind einige bekannte Wallache, die als Sportpferde sehr erfolgreich waren, geklont worden.

Durch das somatische Klonen kann ferner die Erzeugung transgener Tiere erheblich verbessert werden. Sowohl die Effizienz als auch die Präzision des Gentransfers kann dabei gesteigert werden. Die Spenderzellen können durch etablierte Verfahren mit einem neuen Gen versehen und dann im Kerntransfer eingesetzt werden. Vorteile gegenüber herkömmlichen Gentransferverfahren sind die Möglichkeiten der Prüfung des Einbaus und der Aktivität des neuen Gens in den Spenderzellen einerseits und der Selektion der am besten geeigneten Zellen andererseits. Es können sowohl neue Gene hinzugefügt als auch vorhandene Gene ausgeschaltet (sog. Knockout) werden. Insbesondere die Produktion von transgenen Schweinen für die Xenotransplantation (Bereitstellung porkiner Organe für die Transplantation in Patienten mit terminalem Organversagen) oder von transgenen Tieren für humane Krankheitsmodelle sowie für die Produktion von rekombinanten pharmazeutischen Proteinen in der Milchdrüse, das sog. Gene-Pharming, hat durch das erfolgreiche Klonen große Fortschritte erfahren. Prominente Beispiele für die erfolgreiche Verwendung des somatischen Klonens in der Grundlagenforschung betreffen Studien zur Telomerenlänge und deren Regulation und Arbeiten zu epigenetischen Mechanismen in der embryonalen und fetalen Entwicklung sowie zu spezifischen Fragen der Alterung, Pluripotenz und Tumorbildung.

Bei den Aufsichtsbehörden in den USA (FDA = Food and Drug Administration), Europa (EFSA = European Food Safety Agency) und Japan besteht weitgehende Einigkeit, dass Nahrungsmittel von geklonten Tieren sicher sind und keine naturwissenschaftlich begründeten Hinweise vorliegen, diesen Befund in Frage zu stellen. Diese

Auffassung ist inzwischen für Rind, Schwein und Ziege durch eine Veröffentlichung der FDA in den USA (Rudenko et al., 2007) und durch die EFSA (2008; 2009) für Rind und Schwein dokumentiert worden (Suk et al., 2007). Offene Fragen bestehen noch in Bezug auf Generationsintervall und Langlebigkeit, weil Antworten darauf auf Grund der Kürze der bisherigen Untersuchungsdauer bei geklonten landwirtschaftlichen Nutztieren noch nicht ermittelt werden konnten. Allerdings gibt es vorläufige Daten, die zeigen, dass keine negativen Einflüsse zu erwarten sind.

4.8 Schlussfolgerungen und Ausblick

Die Identifizierung der Faktoren im Ooplasma, die für die epigenetische Reprogrammierung verantwortlich sind, würde die Kenntnisse über die zugrunde liegenden Mechanismen wesentlich erweitern und nachfolgend die Effizenz des Klonens verbessern können. Die Generierung von sogenannten iPS-Zellen (induced pluripotent stem cells) aus somatischen Zellen, durch Überexpression von nur vier Transkriptionsfaktoren, war dabei ein wesentlicher Schritt hin zur Identifizierung der verantwortlichen Reprogrammierungsfaktoren und wäre ohne „Dolly" nicht möglich gewesen (Takahashi & Yamanaka, 2006). Die Aufklärung der DNA-Methylierungsprofile im gesamten Genom würde wesentlich zum Verständnis der molekularen Regulation in der embryonalen, fetalen und postnatalen Phase beitragen und könnte die dem Klonen zugrunde liegenden epigenetischen Phänomene aufdecken. In den letzten Jahren hat es bereits große methodische Fortschritte in der Analyse der DNA-Methylierung gegeben (Baker, 2010). Nachdem mit Verfahren wie der Bisulfit-Sequenzierung viele Jahre nur einzelne Gene auf ihre DNA-Methylierung untersucht werden konnten, stehen heute Verfahren zur genomweiten Analyse der DNA-Methylierung zur Verfügung; damit kann das gesamte Epigenom dargestellt werden (Laird, 2010). Ferner haben verschiedene Grundlagenarbeiten nachgewiesen, dass neben den bekannten Regulationsmechanismen wie den DNMT-Enzymen, weitere regulative Mechanismen von Seiten der small-RNAs (smRNAs, Proteine mit Domänen, die an methylierte DNA binden können) sowie DNA-Glykolasen an der Ausbildung und Aufrechterhaltung des Epigenoms beteiligt sind. In dieser Hinsicht bestehen große Ähnlichkeiten zwischen Säugerorganismen und Pflanzen (Law & Jacobsen, 2010).

Im Zusammenhang mit dem immer größer werdenden Kenntnisstand über das Nutztiergenom bietet das Klonen unter Verwendung von Stammzellen große Chancen für die Entwicklung einer diversifizierten und zielgenauen Tierproduktion. Denkbar ist die Aufteilung in eine *landwirtschaftliche Tierzucht* mit einer spezifizierten Milchproduktion, entweder in Bezug auf die Menge und/oder für spezifische Inhaltsstoffe (Proteine, Milchzucker, Fett, Vitamine), eine Fleischproduktion mit einer diversifizierten Produktpalette, Nischenproduktion für spezifische, diätetisch wertvolle Produkte oder die Produktion von Tieren für die Landschaftspflege. Daneben zeichnet sich die Entwicklung einer *biomedizinischen Tierzucht* ab, in der Tiere für die Produktion von

Arzneimitteln (Pharming) erzeugt und transgene Schweine für die Organspende (Xenotransplantation) gezüchtet werden. Auch die Entwicklung von transgenen Tieren als Krankheitsmodell für den Menschen bietet vielversprechende Perspektiven, wie jüngste Befunde aus transgenen Schweinen mit einem Modell für die zystische Fibrose zeigen. Weitere Diversifizierungen der Tierzucht könnten die *ökologische Tierhaltung* und die *Sport- und Liebhaberzucht* betreffen.

Literatur

Baker, M. (2010). Epigenome: mapping in motion. Nature Methods 7: 181–186.
Carozza, M.J., Utley, R.T., Workman, J.L., Cote, J. (2003). The diverse functions of histone acetyltransferase complexes. Trends in Genetics 19(6): 321–329.
Cibelli, J.B., Campbell, K.H., Seidel, G.E., West, M.D. & Lanza, R.P. (2002). The health profile of cloned animals. Nature Biotechnology 20(1): 13–14.
Constancia, M., Kelsey, G., Reik, W. (2004). Resourceful imprinting. Nature 432(7013): 53–57.
Dean, W., Santos, F., Reik, W. (2003). Epigenetic reprogramming in early mammalian development and following somatic nuclear transfer. Seminars in Cell and Developmental Biology 14(1): 93–100.
EFSA (= European Food Safety Agency) (2008). Scientific opinion of the Scientific Committee on a request from the European Commission on food safety, animal health and welfare and environmental impact of animals derived from cloning by Somatic Cell Nucleus Transfer (SCNT) and their offspring and products obtained from those animals. The EFSA Journal 767: 1–49. Online: http://www.efsa.europa.eu/en/efsajournal/doc/767.pdf
EFSA (= European Food Safety Agency) (2009). Further advice on the implications of animal cloning. The EFSA Journal 319: 10–15. Online: http://www.efsa.europa.eu/en/efsajournal/doc/319r.pdf
Fischle, W., Wang, Y. & Allis, C.D. (2003). Binary switches and modification cassettes in histone biology and beyond. Nature 425(6957): 475–479.
Gebert, C., Wrenzycki, C., Herrmann, D. et al. (2006). The bovine *IGF2* gene is differentially methylated in oocyte and sperm DNA. Genomics 88(2): 222–229.
Gebert, C., Wrenzycki, C., Herrmann, D. et al. (2009). DNA methylation in the *IGF2* intragenic DMR is re-established in a sex-specific manner in bovine blastocysts after somatic cloning. Genomics 94(1): 63–69.
Laird, P.W. (2010). Principles and challenges of genome wide DNA methylation analysis. Nature Reviews Genetics 11(3): 191–203.
Lanza, R.P., Cibelli, J.B., Faber, D. et al. (2001). Cloned cattle can be healthy and normal. Science 294(5548): 1893–1894.
Law, J.A., Jacobsen, S.E. (2010). Establishing, maintaining and modifying DNA methylation patterns in plants and animals. Nature Reviews Genetics, 11(3): 204–220.
Lepikhov, K., Zakhartchenko, V., Hao, R. et al. (2008). Evidence for conserved DNA and histone H3 methylation reprogramming in mouse, bovine and rabbit zygotes. Epigenetics & Chromatin 1: 8.
Miller, H.I. (2007). Food from cloned animal is part of our brave old world. Trends in Biotechnology 25(5): 201–203.
Niemann, H., Carnwath, J.W., Herrmann, D. et al. (2010). DNA methylation patterns reflect epigenetic reprogramming in bovine embryos. Cellular Reprogramming 12(1): 33–42.
Niemann, H., Kues, W.A., Lucas-Hahn, A. & Carnwath, J.W. (2011). Somatic cloning and epigenetic reprogramming in mammals. In: Principles of regenerative medicine, A. Atala, R. Lanza, J.A. Thomson & R. Nerem, Hg. (Amsterdam: Elsevier), S. 129–158.

Niemann, H., Tian, X.C., King, W.A. & Lee, R.S.F. (2008). Epigenetic reprogramming in embryonic and foetal development upon somatic cell nuclear transfer cloning. Reproduction 135(2): 151–163.

Panarace, M., Agüero, J.I., Garrote, M. et al. (2007). How healthy are clones and their progeny: 5 years of field experience. Theriogenology 67(1): 142–151.

Petersen, B., Lucas-Hahn, A., Oropeza, M. et al. (2008). Development and validation of a highly efficient protocol of porcine somatic cloning using preovulatory embryo transfer in peripubertal gilts. Cloning Stem Cells 10(3): 355–362.

Reik, W. & Walter, J. (2001). Genomic imprinting: parental influence on the genome. Nature Reviews Genetics 2(1): 21–32.

Rudenko, L., Matheson, J.C. & Sundlof, S.F. (2007). Animal cloning and the FDA – the risk assessment paradigm under public scrutiny. Nature Biotechnology 25(1): 39–43.

Smith, Z.D. & Meissner, A. (2013). DNA methylation: roles in mammalian development. Nature Reviews Genetics 14(3): 204–220.

Suk, J., Bruce, A., Gertz, R. et al. (2007). Dolly for dinner? Assessing commercial and regulatory trends in cloned livestock. Nature Biotechnology 25(1): 47–53.

Takahashi, K. & Yamanaka, S. (2006). Induction of pluripotent stem cells from mouse embryonic and adult fibroblast cultures by defined factors. Cell 126(4): 663–676.

Wilmut, I., Schnieke, A.E., McWhir, J., Kind, A.J. & Campbell, K.H. (1997). Viable offspring derived from fetal and adult mammalian cells. Nature 385(6619): 810–813.

Yang, X., Tian, X.C., Kubota, C. et al. (2007). Risk assessment of meat and milk from cloned animals. Nature Biotechnology 25(1): 77–83.

Isabelle Mansuy
5 Epigenetische Steuerung komplexer Hirnfunktionen und deren Pathologien

5.1 Verschiedene epigenetische Mechanismen

Wie epigenetische Prozesse nachhaltig komplexe Hirnfunktionen beeinflussen, zählt zu den zentralen Fragen der gegenwärtigen Biopsychologie. Von besonderem Interesse sind Mechanismen, durch die (schädliche) Umweltfaktoren, wie etwa traumatischer Stress in frühen Lebensphasen, die Entwicklung von Hirnfunktionen beeinflussen können und die es ermöglichen, etwaige Veränderungen an nachfolgende Generationen weiterzugeben. Wir erforschen unterschiedliche Mechanismen, die solchen Genom-Umwelt-Wechselwirkungen sehr wahrscheinlich zugrunde liegen: Diese epigenetischen Mechanismen modifizieren das Erbmaterial auf der Ebene der Keimbahn durch direkte chemische Veränderungen bestimmter DNA-Sequenzen (DNA-Methylierung), durch die „Verpackung" der DNA, die eng um Histonproteine gewickelt ist (Histonmodifikationen), oder durch die Veränderung von kurzen RNA-Sequenzen, den Mikro-RNA, die weitreichend Netzwerke von Genen modulieren können. Die zentrale Frage ist, wie Umwelteinflüsse das Verhalten über diese Mechanismen beeinflussen und wie diese Verhaltensänderungen über die Keimbahn übertragen werden.

In der Steuerung komplexer Hirnfunktionen oder anderer komplexer Körperfunktionen spielt bekanntlich der Genotyp, in dem die genetische Sequenz festgelegt ist, eine wichtige Rolle. Doch dieser erhält seine funktionelle Relevanz nur im Kontext und Austausch mit dem Epigenotyp der jeweiligen Zelle. Die verschiedenen Körperzellen haben weitgehend den gleichen Genotyp, jedoch nicht den gleichen Epigenotyp. Der Epigenotyp umfasst ein Ensemble molekularer Markierungen, die an die Gene angelagert sind und deren Aktivität steuern. Diese Markierungen sind komplex und vielfältig. Die Gene können direkt markiert sein, etwa durch DNA-Methylierung. Sie können aber auch indirekt markiert sein, über die mit der DNA assoziierten Histone und Protamine, an die sich verschiedene biochemische Molekülgruppen anlagern können. Insgesamt bilden diese Markierungen einen komplexen Code: das Epigenom. Von ihm hängt ab, ob ein Gen exprimiert wird. Der Genotyp wird daher vom Epigenotyp kontrolliert.

Die genetische Sequenz, der Genotyp, ist während der Entwicklung eines Organismus extrem stabil, abgesehen von durch UV-Strahlung oder toxische Stoffe hervorgerufenen oder spontan auftretenden Mutationen. Der Epigenotyp hingegen ist hochdynamisch und kann sich während des ganzen Lebens ändern. Dies lässt sich sehr gut an eineiigen Zwillingen veranschaulichen: In ihrem Genotyp sind eineiige Zwillinge identisch. Der Epigenotyp hingegen stimmt zum Zeitpunkt der Geburt noch weitgehend überein, doch schon während des Heranwachsens zeigen sich deutliche

Unterschiede (vgl. Fraga et al., 2005; Petronis et al., 2003). Zu einem späteren Zeitpunkt ihres Lebens können die Unterschiede zwischen Zwillingen soweit ausgeprägt sein, dass ein Zwilling eine Krankheit entwickelt, während der andere völlig gesund bleibt. Der Epigenotyp spielt eine tragende Rolle bei diesen Entwicklungsdifferenzen. Er reagiert auf Alter, auf Umwelt, aber auch auf den Genotyp selbst, schon weil dessen Aktivität wiederum von einer ganzen Maschinerie aus genetisch kodierten Proteinen und Enzymen abhängt. Ein weiterer wichtiger Mechanismus ist das Imprinting des Genoms durch den elterlichen Epigenotyp. Hierbei werden die Chromosomen unterschiedlich markiert, je nachdem ob sie mütterlicher oder väterlicher Herkunft sind. Solche Markierungen sind für einzelne Gene funktionell relevant, da ihre Expression davon abhängt, ob sie von der Mutter oder dem Vater an den Nachwuchs weitergegeben wurden. Diese verschiedenen Faktoren wirken über die gesamte Lebensspanne hinweg auf das Epigenom und über das Epigenom wiederum auf das Genom und die Genexpression. Gerät nun die Balance zwischen Genom und Epigenom aus irgendwelchen Gründen aus dem Gleichgewicht, kann es zu Erkrankungen kommen.

Dass Umweltfaktoren wie Ernährung, Stress oder das Milieu, in dem eine Person lebt, erheblich auf das Epigenom einwirken, wurde mittlerweile in mehreren Studien gezeigt.[1] Aus biopsychologischer Perspektive sind besonders Studien interessant, die zeigen, dass die Umgebung, die etwa durch die Mutter geschaffen wird, das weitere Schicksal des Nachwuchses beeinflussen kann. Besonders die von der Mutter aufgewandte Fürsorge und die so erzeugte affektive und soziale Einbettung des Nachwuchses in das jeweilige Milieu sowie Sicherheit und Geborgenheit in frühen Lebensphasen sind hier von wesentlicher Bedeutung. Wenn die frühe Umwelt durch traumatisierende Ereignisse gestört wird, kann die Entwicklung des Individuums bis ins Erwachsenenalter hinein schwer beeinträchtigt werden. Das gilt für verschiedene Spezies und auch für den Menschen. Werden die Lebensbedingungen von Menschen in ihren ersten Lebensjahren massiv bedroht, z. B. durch traumatischen Stress, Gewalt, Missbrauch oder emotionale Vernachlässigung, kann dies zu einer ganzen Reihe von Verhaltensstörungen führen. Es kann schon bei Kleinkindern zu Depressionen kommen, die bis ins Erwachsenenalter hinein weiterwirken. Doch auch Krankheiten, nach deren genetischen Ursachen man jahrzehntelang erfolglos gesucht hat, wie die Borderline-Persönlichkeitsstörung, Angststörungen oder die Anfälligkeit für Suchtstörungen, können ursächlich auf schwere und chronische Traumaerfahrungen während früher Lebensphasen zurückgeführt werden. Man spricht heute kaum mehr von einem Gen für Depression oder Schizophrenie. Wichtiger als genetische Faktoren sind nach neueren Befunden vermutlich epigenetische Mechanismen – eine Einsicht, die in der klinischen Forschung allerdings erst seit Kurzem anerkannt wird (vgl. z. B. Peedicayil, 2004; Nigg, 2012; Gebicke-Haerter, 2012; Sabunciyan et al., 2012).

---

[1] Vgl. z. B. Kati et al., 2002; Heijmans et al., 2008; Tobi et al., 2009; Weaver et al., 2004; Fish et al., 2004. Zur Ernährung vgl. auch den Beitrag von Guy Vergères und Doreen Gille in diesem Band.

5.2 Die Epigenetik von Stress

Um untersuchen zu können, inwiefern schädliche Einflüsse wie Stress oder Traumata während früher Lebensphasen zu auffälligen Verhaltensänderungen führen, inwiefern diese vererbbar sind und welche molekularen Mechanismen ihnen zugrunde liegen, haben wir ein Tiermodell entwickelt. Das Tiermodell ermöglicht uns, sowohl Folgen von traumatischem Stress in frühen Lebensphasen auf Verhaltensebene darzustellen als auch die molekularbiologischen Mechanismen zu analysieren, die der transgenerationellen Weitergabe des symptomatischen Verhaltens zugrunde liegen. Dies schließt molekularbiologische und epigenetische Analysen von Hirngewebe ein, die am Menschen nicht durchgeführt werden können.

Unsere Experimente führten wir an einem isogenen, d. h. genetisch identischen Mausstamm durch (C57BL/6J). So konnte genetische Varianz von vornherein ausgeschlossen werden. Traumatischen Stress erzeugten wir durch wiederholte Trennung der Muttertiere von ihren Würfen über mehrere Tage hinweg für jeweils drei Stunden (*maternal separation*). Bei Mäusen und Ratten ist der Entzug von Kontakt mit der Mutter eine sehr effektive Methode, um Verhaltensänderungen beim Nachwuchs zu erzeugen. Die Trennung geschah zudem jedes Mal zu einer anderen Zeit. Trennt man die Mütter von ihrem Wurf immer zur gleichen Zeit, lernen sie sehr schnell, die Trennung abzuwarten und kurz zuvor oder danach mit besonderer Fürsorge zu kompensieren. Nur indem man die Trennung unvorhersagbar macht, hindert man die Mütter daran. Um menschliche Familienbedingungen bestmöglich zu simulieren, setzten wir zusätzlich zu der Trennung auch die Mütter selbst unter Stress (*unpredictable maternal stress*). Hierzu mussten die Tiere wiederum zu variierenden Zeitpunkten während der dreistündigen Trennung zwei stressinduzierende Verhaltenstests absolvieren: zum einen den Immobilisierungs-Stress-Test, bei dem das Tier eine halbe Stunde in einem engen Röhrchen eingesperrt ist, ohne sich bewegen zu können, zum anderen den Forced-Swim-Test, bei dem das Tier für eine bestimmte Zeit in einem mit kaltem Wasser gefüllten Behälter mit glatter Wand schwimmen muss und keine Möglichkeit hat, aus dem Wasser herauszukommen. Die aus diesen Tests zusammengesetzte Experimentalanordnung haben wir MSUS (unpredictable *m*aternal *s*eparation + *u*npredictable maternal *s*tress) abgekürzt. Die Tiere wurden den Tests vom ersten Tag nach der Geburt bis zwei Wochen nach der Geburt ausgesetzt, was etwa zwei Dritteln der frühen Lebensphase von Mäusen entspricht. Übertragen auf den Menschen, entspräche dies der Zeit ab der Geburt bis zum 15. Lebensjahr.

Um nun die Auswirkungen auf nachfolgende Generationen zu messen, stressten wir die erste Generation in der beschriebenen Weise. Die periodisch von ihren Müttern getrennten Mäusejungen ließen wir heranwachsen und kreuzten sie mit normalen, zuvor nicht gestressten Mäusen. Der Nachwuchs wurde keinem weiteren Stress ausgesetzt. Um jeweils eine Übertragung während der Schwangerschaft im Mutterleib ausschließen zu können, wurde nur aus dem Nachwuchs der männlichen Mäuse die zweite und dritte Generation bis zum Erwachsenenstadium gezüchtet. Die Nachkommen wurden nie mit den ursprünglich gestressten Vätern in Kontakt gebracht, um eine Übertragung durch Verhaltensaustausch mit dem Vatertier zu vermeiden. So konnten wir sicherstellen, dass die Folgen des einmaligen frühkindlichen Stresses ausschließlich über die Keimbahn (die Spermien) an die nachfolgende Generation weitergegeben wurden.

Bei Menschen sind frühkindliche Stresserfahrungen und Traumata oft mit depressivem Verhalten beim Erwachsenen verbunden (vgl. Young & Korszun, 2010; Heim et al., 2008; Laugharne et al., 2010). Daher interessierte uns, ob dieser Zusammenhang auch bei Mäusen zu beobachten sei. Für den Nachweis von Verzweiflungsreaktionen als einer mit depressivem Verhalten vergleichbaren Symptomatik bei Mäusen ist der Forced-Swim-Test gut etabliert. Der Test wird standardmäßig dafür verwandt, die Wirksamkeit von Antidepressiva nachzuweisen. Ebenso wie bei der Stressanordnung bleiben die Mäuse bei der Verhaltensmessung eine bestimmte Zeit im Wasser, wobei wir aufzeichnen, wie viel Zeit die Tiere bewegungslos auf der Wasseroberfläche treiben. Im Gegensatz zu aktivem Schwimmen und Fluchtbemühungen ist dies eine Verhaltensweise, die als Resignation und als eine passive Bewältigungsstrategie interpretiert wird, ähnlich gewissen Verhaltensweisen, die depressive Patienten an den Tag legen. Anfangs wechseln sich Phasen der Fluchtbemühungen und Phasen des Sichtreibenlassens ab. Die Länge der jeweiligen Phasen sowie die Zeitspanne, bis die Mäuse ganz aufgeben, dem Wasser zu entkommen, werden gemessen. Eine „depressive" Maus gibt im Vergleich zu einer „nicht depressiven" Maus bei diesem Test die Fluchtbemühungen nach deutlich kürzerer Zeit auf.

In unseren Versuchen verhielten sich die gestressten Mäuse in diesem Sinne depressiv. Sie trieben nicht nur länger bewegungslos im Wasser, sondern begannen damit auch früher als die Mäuse aus der ungestressten Kontrollgruppe. Auch der Nachwuchs der gestressten Männchen sowie der weibliche Nachwuchs der zweiten und der männliche Nachwuchs der dritten Generation verhielten sich depressiv. Es ergab sich insgesamt ein sehr spezifisches, keineswegs geradliniges Profil der Verhaltensübertragung: Die Symptome alternierten bezüglich Generation und Geschlecht (vgl. Franklin & Mansuy, 2010). Ähnliche Übertragungsmuster wurden auch am Menschen beobachtet (vgl. Kim et al., 2009; Pembrey et al., 2006; Yehuda, 2011). Wie die Übertragung letztlich zustande kommt, ist zurzeit noch nicht erklärt. Möglicherweise spielen aber geschlechtsspezifisches Imprinting oder epigenetische Veränderungen auf den Geschlechtschromosomen eine Rolle. Ein Hinweis hierfür ist etwa der Umstand, dass manche Männchen, obwohl sie selbst kein depressives Verhalten zeigten, trotzdem ein solches an ihre Nachkommen weitergaben. Wir konnten also im Tiermodell nachweisen, dass ein durch frühkindlichen Stress induziertes depressives Verhaltensmuster über die Keimbahn an die Folgegenerationen übertragen wird. Allerdings liegt der Übertragung sehr wahrscheinlich ein komplexes Wechselspiel verschiedener Mechanismen zugrunde.

Eine andere Form der menschlichen Reaktion auf Traumata ist Impulsivität. Der Mensch verliert die Fähigkeit, das eigene Verhalten zu kontrollieren und kann unter

Stressbedingungen nicht mehr angemessen reagieren. Um diese Form der fehlenden Impulskontrolle bei Mäusen nachzustellen, nutzten wir einen offenen Erkundungstest. Das Tier wird hierzu 24 Stunden in einen neuen Käfig verbracht, um es an diesen zu gewöhnen. Dann wird eine kleine Tür im Käfig geöffnet und das Tier kann diese neue, aber möglicherweise gefährliche Öffnung und den dahinterliegenden unbekannten Käfigteil erkunden. Ein normales Tier würde ein sehr vorsichtiges Verhalten zeigen, erst einen Schritt hinein gehen und gleich wieder zurückweichen. Erst nach einiger Zeit würde sich das Tier in die Öffnung hinein wagen, um den dahinterliegenden Raum zu erkunden. Der Test ist ausgezeichnet geeignet, um Impulskontrolle zu quantifizieren.

Bei den gestressten Mäusen zeigte sich, dass diese ihr Verhalten nur wenig kontrollieren können. Sobald die Tür geöffnet wurde, begannen sie ohne große zeitliche Verzögerung, den neuen Raum zu erkunden. Ähnlich dem depressiven Verhalten wurde auch das impulsive Verhalten transgenerationell weitergegeben (vgl. Franklin & Mansuy, 2010). Auch zeigten die Testergebnisse erneut, dass die Weitergabe geschlechtlich alterniert: von den männlichen Tieren der ersten über die weiblichen Tiere der zweiten zu den männlichen Tieren der dritten Generation. Wir haben dieses Experiment auch mit der weiblichen Linie durchgeführt, mit dem Befund, dass das Verhalten hier bis in die zweite Generation weitergeben wurde.

Auch soziale Angststörungen und sozialer Rückzug werden beim Menschen mit frühkindlichen Traumata in Verbindung gebracht (vgl. Bruch & Heimberg, 1994, Bandelow et al., 2004). Vergleichbare Verhaltensweisen bei Mäusen können mittels eines Tests zur sozialen Interaktion untersucht werden. Hierbei wird ein Tier mit einem unbekannten gleichaltrigen Tier zusammengebracht. Normalerweise beginnen sich die Tiere gegenseitig zu erkunden. Unsere Tests ergaben, dass die Nachkommen der frühkindlich gestressten Mäuse – nicht allerdings die gestressten Mäuse selbst – im Vergleich zu normalen Mäusen weniger Zeit aufwandten, um mit einem gleichaltrigen Tier in Kontakt zu kommen. Ihr Sozialverhalten war eingeschränkt. Ein solches Verhalten erinnert sehr an die Symptomatik einer Depression oder Borderline-Persönlichkeitsstörung. Auch hiervon betroffene Menschen sind oft in ihrer sozialen Interaktion gehemmt. Der Test erlaubt auch, die Fähigkeit zur sozialen Kognition zu messen. Normalerweise beschnüffeln sich Mäuse bei der ersten Begegnung ausgiebig, während bei weiteren Begegnungen die dafür aufgewandte Zeit stetig abnimmt, da sich das Tier an Informationen aus der ersten Begegnung erinnert. Sinkt die Zeit, die bei weiteren Treffen für das gegenseitige Erkunden aufgebracht wird, ist die Fähigkeit zur Verarbeitung und Speicherung von Informationen aus sozialen Beziehungen vorhanden, sinkt sie nicht, ist sie gestört. Wie sich zeigte, war sowohl bei den gestressten Mäusen als auch bei deren Nachkommen die Fähigkeit zur sozialen Kognition eingeschränkt: Die Männchen initiierten keine Kontaktaufnahme, und bei den Weibchen waren die soziale Informationsverarbeitung und das soziale Gedächtnis beeinträchtigt (vgl. Franklin et al., 2011).

5.3 Molekulare Auswirkungen von Stress

Unsere Testergebnisse erlauben den Schluss, dass es Verhaltensformen gibt, die transgenerationell übertragen werden. Doch liegen diesen auch molekulare Veränderungen im Gehirn der Tiere zugrunde? Wenn dem so ist, werden diese Änderungen ebenfalls übertragen? Um diese Frage zu beantworten, haben wir gezielt bestimmte Gene aus den Stresssignalwegen untersucht. Bei der Stressreaktion wird durch das Corticotropin-releasing Hormon (CRH) Corticotropin freigesetzt. Abbildung 5.1 zeigt in sehr schematischer Form die zwei bei Stress parallel aktivierten Signalwege. In Neuronen kann Corticotropin von zwei verschiedenen Proteinen gebunden werden. Das Protein CRH-Rezeptor-1 ist für die Auslösung der unmittelbaren Stressreaktion (Fight-or-flight response) des Individuums im Gehirn relevant. Das Protein CRH-Rezeptor-2, das neben CRH auch auf das bei länger anhaltendem Stress ausgeschüttete Urocortin reagiert, ist vor allem an der Langzeitreaktion auf Stress und an Stress-Coping beteiligt. Wir haben zunächst die Konzentrationsverteilung der beiden Proteine im Gehirn genauer untersucht, um herauszufinden, welche die für die Stressreaktionen relevantesten Hirnareale sind. Hierzu haben wir bei den gestressten Mäusen und deren Nachkommen Messungen des Protein-Levels an verschiedenen Hirnschnitten vom Riechkolben (Bulbus olfactorius) bis zum Cerebellum durchgeführt. Wir konzentrierten uns zuerst auf Zentren der Emotionssteuerung, erweiterten die Untersuchungen aber auch auf andere Gebiete. Die Befunde ergaben, dass die Tiere, die selbst dem Stress ausgesetzt waren, signifikant niedrigere Werte in der Expression des CRH-Rezeptors-2 aufwiesen, also des Proteins, das am Stress-Coping beteiligt ist. Während der CRH-Rezeptor-1 weitgehend unverändert blieb, verringerte sich die Expression des CRH-Rezeptors-2 selektiv in einigen Kernen des lateralen Hypothalamus und insbesondere im Nucleus paraventricularis. Die Neuronen in diesen Hirnarealen sind mit den emotionalen Steuerungszentren in der Amygdala und im präfrontalen Kortex verbunden. Bemerkenswert ist, dass die von uns beobachtete Verringerung der CRH-Rezeptor-2-Expression sich auch im lateralen Hypothalamus der Nachkommen zeigte. Bei der Untersuchung der Expression weiterer Gene zeigte sich zudem, dass auch mehrere Gene, die die synaptische Transmission und die Hirnplastizität regulieren, verändert waren.

Nachdem wir die Übertragung des Stressverhaltens geprüft und die stressbedingten Änderungen auf molekularer Ebene nachgewiesen hatten, ermittelten wir in einem dritten Schritt, wie diese Übertragung stattfindet: Wie können die Auswirkungen von traumatischen Stresserfahrungen über mehrere Generationen hinweg übertragen werden? Das einzige biologische Bindeglied zwischen den Mäusegenerationen in unserer Studie waren die Keimzellen, die Spermien der Männchen. Demnach müssten frühe Stresserfahrungen zu Änderungen in den Keimzellen führen, um die beobachteten Verhaltensdifferenzen im ungestressten Nachwuchs hervorzubringen. Auf der Ebene der Keimzellen gibt es allerdings nicht allzu viele Möglichkeiten für solche stabilen Änderungen. Insbesondere in Spermienzellen ist das Chromatin sehr kompakt gebaut, weil der Kopf des Spermiums sehr klein ist. Dennoch finden sich auch

5 Epigenetische Steuerung komplexer Hirnfunktionen und deren Pathologien

in Keimzellen einige wichtige epigenetische Mechanismen, die zur Vererbung von erworbenen Verhaltensweisen beitragen könnten (vgl. Bohacek et al., 2013). Erstens besteht die Möglichkeit, dass durch DNA-Methylierung epigenetische Markierungen hinterlassen werden. Zweitens könnten die mit der DNA assoziierten Proteine modifiziert werden. Anders als in Körperzellen sind in Spermien ungefähr 85% der Proteine, um die herum die DNA gelagert ist, nicht Histone, sondern Protamine. Sie ermöglichen es, dass das Chromatin in sehr kompakter Form aufgewickelt wird. Allerdings können an den verbleibenden Histonen epigenetische Markierungen erhalten bleiben (vgl. Schagdarsurengin et al., 2012). Ob auch Protamine epigenetisch verändert werden können, ist zurzeit noch weitgehend unbekannt. Drittens könnte zudem die Übertragung der Stresserfahrung durch Mikro-RNA erfolgen. Im Spermienkopf befinden sich außerdem kurze RNA-Stränge von ca. 20 bis 30 Basenpaaren (vgl. Jenkins & Carrell, 2012), wobei bislang nicht geklärt ist, was ihre Funktion ist.

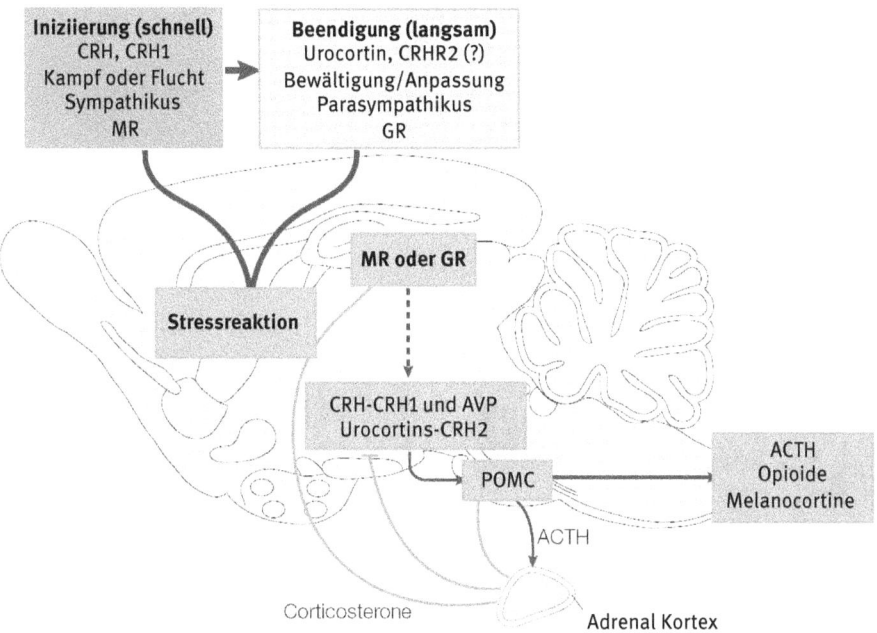

Abb. 5.1: Die wichtigsten Stresssignalpfade im Maushirn. CRH, corticotropin-releasing hormone, CRH1, CRH receptor 1, CRH2, CRH receptor 2, MR, minerolocorticocoid receptor, GR. Reproduced from De Kloet et al. 2005

Wie Studien an Mäusen gezeigt haben, kann die Methylierung innerhalb der Keimzellen bereits in sehr frühen Lebensphasen erfolgen und unterschiedliche Markierungen im Chromatin des sich entwickelnden Spermiums hinterlassen. Mit Bisulfitsequenzierung untersuchten wir die DNA-Methylierung im Promotorbereich derjenigen Gene, deren Expressionsrate sich unseren Befunden nach bei den gestressten Mäusen geändert hatte und bei denen diese Änderung auch bei den nicht gestressten Nachkommen bis in die zweite Folgegeneration nachweisbar war. Abbildung 5.2 zeigt das Gen MeCP2, dessen Expression in den Nachkommen von gestressten Mäusen gehemmt wurde (Franklin et al., 2010) und das eine zentrale Rolle in der epigenetischen Regulation der Genexprimierung spielt. Im Vergleich zur ungestressten Kontrollgruppe war die DNA im Spermium der gestressten Mäuse hier stärker methyliert. Dieser Befund ergab sich auch bei der Untersuchung des Gens in Zellen aus dem Gehirn der Nachkommen der gestressten Männchen. Es scheint also, als blieben diese Modifikationen im Spermium durch die Meiose hindurch erhalten und würden auch transgenerationell übertragen. Unsere Befunde deuten darauf hin, dass die DNA-Methylierung von Genen durch frühen Stress modifiziert werden kann. Sie zeigen zudem, dass diese Modifikationen der Methylierung sehr beständig sind. Sie bleiben innerhalb der Keimzellen erhalten und sind auch noch im Gehirn der Individuen, die aus diesen Keimzellen hervorgegangen sind, nachweisbar.

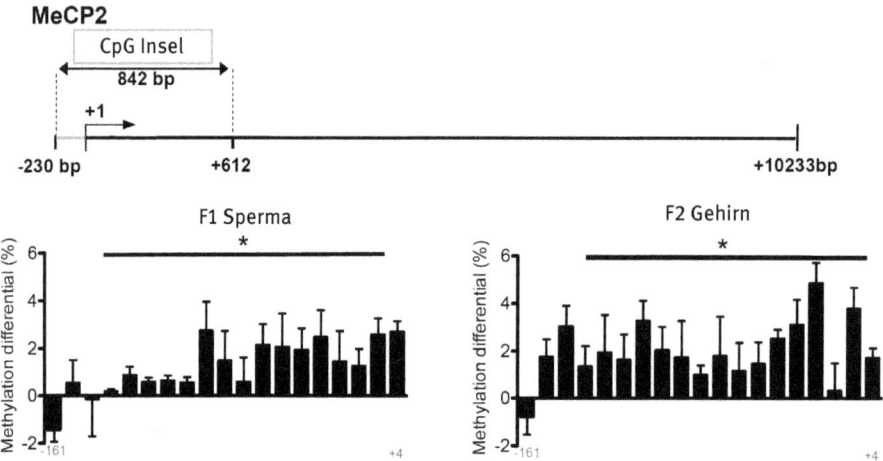

Abb. 5.2: Oben: MeCP2 Gen mit der CpG-Insel rund um den Transkriptionsstartpunkt (+1). Unten: Das DNA-Methylierungsprofil in einem Teilabschnitt der CpG-Insel (hellgraue Linie im oberen Diagramm) zeigt verstärkte Methylierung in Spermien der F1-Generation und im Gehirn der F2-Nachkommen.

In einem weiteren Schritt untersuchten wir, ob diese die Genexpression hemmende Methylierung die gesamte DNA betraf. Während zum Beispiel auch das oben erwähnte CRH-Rezeptor-2-Gen Veränderungen in den Methylierung aufwies, waren wiederum andere Gene, z. B. der Serotonin-Rezeptor $5HT_{1A}$, nicht betroffen. Insgesamt waren einige Gene weniger methyliert, andere waren stärker methyliert, und wieder andere unterschieden sich gar nicht von der Kontrollgruppe. Es handelt sich also um einen spezifischen Mechanismus, bei dem gezielt Änderungen an bestimmten Genen auftreten. Warum einige Gene mehr, andere weniger methyliert werden, ist bislang ungeklärt. Möglicherweise hängt dies von der jeweiligen Position des Gens im Chromatin ab, oder auch davon, auf welchem Chromosom das Gen sich befindet.

5.4 Epigenetik bei psychiatrischen Pathologien

Eine immer wiederkehrende Frage ist diejenige nach der Reversibilität epigenetischer Mechanismen. Diese haben wir auch an unseren Mäusen untersucht. Für die Depressionssymptomatik konnten wir Reversibilität in zweierlei Hinsicht beobachten (siehe Abb. 5.3): In einem ersten Schritt gaben wir den gestressten Mäusen Antidepressiva. Hierdurch verschwand die Verhaltensdifferenz zur Kontrollgruppe im Forced-Swim-Test. In einem nächsten Schritt untersuchten wir, ob das durch Umweltbedingungen erzeugte depressive Verhalten durch eine Änderung der Umwelt positiv beeinflussbar ist. Wir testeten dies mit einer Versuchsanordnung, in der die Mäuse in einer stimulierenden Umgebung gehalten werden, in größeren und komplexeren Käfigen, mit mehr Artgenossen als normal und mit häufig wechselnden Spielzeugen. Wie frühere Studien gezeigt haben, beeinflusst eine stimulierende Umwelt epigenetische Regulationsprozesse im Gehirn (vgl. Fischer et al., 2007). Wir prüften daher, ob eine positiv angereicherte Umwelt die Folgen der negativen Erfahrungen des frühkindlichen Stresses umkehren kann. Dazu nahmen wir ausgewachsene Mäuse aus der zweiten Folgegeneration und hielten sie für einige Wochen unter stimulierenden Umweltbedingungen: Statt eines Standardkäfigs bezogen sie ein reichhaltig ausgestattetes Domizil mit Spielzeug, mehreren Artgenossen und mehr Platz als normal. Die Depressionssymptomatik ging tatsächlich zurück. Dieses Ergebnis ist besonders bemerkenswert, weil es sich um bereits ausgewachsene Mäuse handelte, was darauf hinweist, dass selbst frühkindlich induzierte Verhaltensveränderungen möglicherweise auch noch später im Leben durch gezielte Interventionen reversiert werden können.

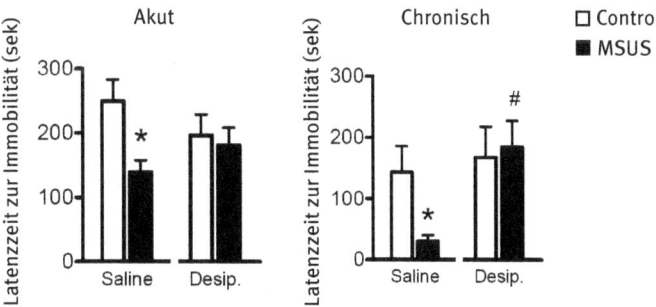

Abb. 5.3: Der depressionsähnliche Phänotyp im „Forced-Swim-Test" kann durch akute oder chronische Administration des Antidepressivums Desipramine reversiert werden.

Insgesamt zeigen unsere Versuche, dass der unvorhersehbare Entzug mütterlicher Pflege bei Mäusen eine Reihe von Verhaltensänderungen hervorruft, darunter depressives und impulsives Verhalten, ein eingeschränktes Sozialverhalten und eine beeinträchtigte soziale Kognition, die über die Keimbahn an die Nachkommen bis zur dritten Generation weitergegeben, also vererbt werden können. Die Verhaltensänderungen korrelierten mit einem epigenetischen Marker: Die DNA-Methylierung in den Spermien und in den neuronalen Zellen im Gehirn war an relevanten Genen verändert, was deren Expression funktionell beeinflusste. Einige der Verhaltensänderungen konnten durch eine stimulierende Umwelt oder die Verabreichung von Antidepressiva kompensiert werden. Unsere Ergebnisse geben somit Hinweise darauf, dass eine frühkindliche Traumatisierung dramatische, langfristige Folgen für die psychosoziale Entwicklung haben kann und dass diese über epigenetische Modifikationen an nachfolgende Generationen übertragen werden können. Sie zeigen aber auch, dass die Folgen durch gezielte Intervention potenziell reversibel sind. Wie die beobachteten epigenetischen Veränderungen genau induziert werden und ob weitere epigenetische Mechanismen ebenso involviert sind, bedarf weiterer Aufklärung.

Aus dem Englischen übersetzt von Jörg Thomas Richter

Literatur

Bandelow, B., Charimo, T.A., Wedekind, D., Broocks, A., Hajak, G. & Ruther, E. (2004). Early traumatic life events, parental rearing styles, family history of mental disorders, and birth risk factors in patients with social anxiety disorder. European Archives of Psychiatry and Clinical Neuroscience 254(6): 397–405.

Bohacek, J., Gapp, K., Saab, B.J. & Mansuy, I.M. (2013). Transgenerational epigenetic effects on brain functions. Biological Psychiatry 73(4): 313–320.

Bruch, M.A. & Heimberg, R.G. (1994). Differences in perceptions of parental and personal characteristics between generalized and nongeneralized social phobics. Journal of Anxiety Disorders 8(2): 155–168.

Fischer, A., Sananbenesi, F., Wang, X., Dobbin, M. & Tsai, L.H. (2007), Recovery of learning and memory is associated with chromatin remodelling. Nature, 447(7141): 178–182.

Fish, E.W., Shahrokh, D., Bagot, R. et al. (2004). Epigenetic programming of stress responses through variations in maternal care. Annals of the New York Academy of Sciences 1036: 167–180.

Fraga, M.F., Ballestar, E., Paz, M.F. et al. (2005). Epigenetic differences arise during the lifetime of monozygotic twins. Proceedings of the National Academy of Sciences of the United States of America 102(30): 10604–10609.

Franklin, T.B., Linder, N., Russig, H., Thony, B. & Mansuy, I.M. (2011). Influence of early stress on social abilities and serotonergic functions across generations in mice. PloS One 6(7): e21842, online first (doi:10.1371/journal.pone.0021842).

Franklin, T.B. & Mansuy, I.M. (2010). Epigenetic inheritance in mammals: evidence for the impact of adverse environmental effects. Neurobiology of Disease 39(1): 61–65.

Gebicke-Haerter, P.J. (2012). Epigenetics of schizophrenia. Pharmacopsychiatry 45 (1): 42–48.

Heijmans, B.T., Tobi, E.W., Stein, A.D. et al. (2008). Persistent epigenetic differences associated with prenatal exposure to famine in humans. Proceedings of the National Academy of Sciences of the United States of America 105(44): 17046–17049.

Heim, C., Newport, D.J., Mletzko, T., Miller, A.H. & Nemeroff, C.B. (2008). The link between childhood trauma and depression: insights from HPA axis studies in humans. Psychoneuroendocrinology 33(6): 693–710.

Jenkins, T.G. & Carrell, D.T. (2012). The sperm epigenome and potential implications for the developing embryo. Reproduction 143(6): 727–34.

Kaati, G., Bygren, L.O. & Edvinsson, S. (2002). Cardiovascular and diabetes mortality determined by nutrition during parents' and grandparents' slow growth period. European Journal of Human Genetics 10(11): 682–688.

Kim, K., Capaldi, D.M., Pears, K.C., Kerr, D.C. & Owen, L.D. (2009). Intergenerational transmission of internalising and externalising behaviours across three generations: gender-specific pathways. Criminal Behaviour and Mental Health 19(2): 125–141.

Laugharne, J., Lillee, A. & Janca, A. (2010). Role of psychological trauma in the cause and treatment of anxiety and depressive disorders. Current Opinion in Psychiatry 23(1): 25–29.

Nigg, J.T. (2012). Future directions in ADHD etiology research. Journal of Clinical Child and Adolescent Psychology 41(4): 524–533.

Peedicayil, J. (2004). The relevance of epigenomics to psychiatry. American Journal of Psychiatry 161(8): 1502–1503.

Pembrey, M.E., Bygren, L.O., Kaati, G. et al. (2006). Sex-specific, male-line transgenerational responses in humans. European Journal of Human Genetics 14(2): 159–166.

Petronis, A., Gottesman, I.I., Kan, P. et al. (2003). Monozygotic twins exhibit numerous epigenetic differences: clues to twin discordance? Schizophrenia Bulletin 29(1): 169–178.

Sabunciyan, S., Aryee, M.J., Irizarry, R.A. et al. (2012). Genome-wide DNA methylation scan in major depressive disorder. PloS One 7(4): e34451, online first (doi: 10.1371/journal.pone.0034451).

Schagdarsurengin, U., Paradowska, A. & Steger, K. (2012). Analysing the sperm epigenome: roles in early embryogenesis and assisted reproduction. Nature Reviews: Urology 9(11): 609–619.

Tobi, E.W., Lumey, L.H., Talens, R.P. et al. (2009). DNA methylation differences after exposure to prenatal famine are common and timing-and sex-specific. Human Molecular Genetics 18(21): 4046–4053.

Weaver, I.C., Cervoni, N., Champagne, F.A. et al. (2004). Epigenetic programming by maternal behavior. Nature Neuroscience 7(8): 847–854.

Yehuda, R. (2011). Are different biological mechanisms involved in the transmission of maternal versus paternal stress-induced vulnerability to offspring? Biological Psychiatry 70(5): 402–403.

Young, E. & Korszun, A. (2010). Sex, trauma, stress hormones and depression. Molecular Psychiatry 15(1): 23–28.

Marianne Leuzinger-Bohleber und Tamara Fischmann
6 Transgenerationelle Weitergabe von Trauma und Depression: Psychoanalytische und epigenetische Überlegungen[1]

Die transgenerationelle Weitergabe von Depression und Trauma gehört zu den klinisch eindrücklichsten Befunden psychoanalytischer Forschung. In der großen, z. Zt. laufenden LAC-Depressionsstudie gaben über 80% der 418 chronisch depressiven Patienten im Child-Trauma-Questionnaire an, dass sie in ihrer Kindheit schwere multiple Traumatisierungen erlebt hatten, die schließlich im Leiden an einer oft über Jahre dauernden depressiven Erkrankung mündeten (vgl. Negele & Leuzinger-Bohleber, 2013). Viele von ihnen sind davon überzeugt, dass ihre Familien genetisch belastet sind und es daher unverantwortlich sei, das unermessliche Leid einer depressiven Erkrankung der nächsten Generation aufzubürden. Sie verzichten – mehr oder weniger bewusst – auf die Realisierung ihres Kinderwunsches. Vor diesem Hintergrund sind neuere Ergebnisse der epigenetischen Forschung relevant. Sie belegen empirisch, dass, wie die Psychoanalyse immer schon postulierte, Depressionen erst durch zusätzliche traumatische, frühe Beziehungserfahrungen zum Tragen kommen. Die Konvergenz zwischen epigenetischer und psychoanalytischer Forschung sowie einigen weiteren ausgewählten Erkenntnissen aus der interdisziplinären Traumaforschung sollen in diesem Beitrag diskutiert werden. Wir gehen zuerst kurz auf das Verständnis von Trauma in der heutigen Psychoanalyse sowie auf die Verbindung von Trauma und Depression ein (6.1). Anschließend verbinden wir die psychoanalytisch-klinischen Erfahrungen und Konzeptualisierungen mit einigen Erkenntnissen aus Forschungen aus angrenzenden Gebieten, vor allem aus dem Bereich der Epigenetik (6.2) und den Neurowissenschaften (6.3). Mit einem ausführlichen Fallbeispiel werden unsere Überlegungen illustriert (6.4).

6.1 Zur psychoanalytischen Traumaforschung

Viele klinisch-psychoanalytische Studien haben gezeigt, dass in der traumatischen Erfahrung der natürliche Reizschutz des Betroffenen durch eine plötzliche, nicht vorausgesehene extreme Erfahrung durchbrochen wird, meist verbunden mit Lebensbedrohung und Todesangst. Das Ich ist einem Gefühl extremer Ohnmacht und Unfähigkeit, die Situation zu kontrollieren oder zu bewältigen, ausgesetzt und wird mit Panik und extremen physiologischen Reaktionen überflutet. Diese Überflutung des Ichs führt zu einem psychischen und physiologischen Schockzustand. Die trauma-

---
[1] Der folgende Text basiert auf einigen früheren Arbeiten, vor allem Leuzinger-Bohleber, 2013.

tische Erfahrung zerstört zudem den empathischen Schutzschild, den das verinnerlichte Primärobjekt (d. h. die erste wichtige Beziehungsperson) bildet, und destruiert das Vertrauen auf die kontinuierliche Präsenz guter Objekte und die Erwartbarkeit menschlicher Empathie. Im Trauma verstummt das innere gute Objekt als empathischer Vermittler zwischen Selbst und Umwelt (Cohen, 1985; Hoppe, 1962). Psychoanalytiker wissen aus Behandlungen mit schwer traumatisierten Menschen, dass diese nach solchen Erfahrungen nicht mehr in ihr Leben zurückgefunden haben: Sie sind psychisch „nie ganz da", haben den Boden unter den Füßen dauerhaft verloren, fühlen sich unverbunden mit anderen, nie mehr wirklich als aktives Zentrum ihres eigenen Lebens (vgl. dazu u. a. Bohleber, 2010b).

Psychoanalytiker gewinnen ihre Erkenntnisse zur Psychodynamik und der Genese von Traumatisierungen aus der intensiven Arbeit mit einzelnen Patienten, von denen sie wegen psychischer oder psychosomatischer Probleme aufgesucht werden. Die Einsichten in die unbewussten Determinanten seelischen Leidens erweisen sich oft nicht nur als „heilend" bezüglich der seelischen und körperlichen Symptome, sondern darüber hinaus auch als sinnstiftend. Beispielsweise können bisher unerkannte Auswirkungen erlittener Traumatisierungen durch die Analyse als unbewusste, „embodied" Erinnerungen an die eigene, unverwechselbare Lebensgeschichte erkannt und psychisch integriert werden (vgl. Falldarstellung unter 6.4, Leuzinger-Bohleber et al., 2013). Diese „narrative", „sinnstiftende", psychotherapeutische Dimension im Umgang mit traumatisierten Patienten kann durch keine anderen wissenschaftlichen Befunde ersetzt werden. Dennoch zeigen sich faszinierende Parallelen zwischen den psychoanalytisch-klinischen Beobachtungen und Befunden neuerer neurowissenschaftlicher und epigenetischer Forschungen zum Trauma (vgl. dazu u. a. Leuzinger-Bohleber et al., 2013).

Die wissenschaftliche Auseinandersetzung mit den Folgen traumatisierender Erfahrungen lässt sich bis in die Mitte des 19. Jahrhunderts zurückverfolgen (Sachsse et al., 1997; Bohleber, 2010a; 2010b; Mertens & Waldvogel, 2008; vgl. auch Lux, in diesem Band). Die Diskussion im 19. Jahrhundert interpretierte einerseits die Folgen von Eisenbahn- und Arbeitsunfällen als „Railway Spine" oder als „Traumatische Neurose". Andererseits vertraten etwa Pierre Janet und der frühe Sigmund Freud in der Auseinandersetzung mit dem Krankheitsbild der Hysterie die Position, diese sei die Folge unerkannter traumatischer Erfahrungen von sexuellem Kindesmissbrauch. 1895 entwickelte Freud im „Entwurf einer Psychologie" (1895/1987) ein erstes theoretisches Verständnis des Traumas: Er arbeitete mit einem neuronalen Modell, dessen Haupttendenz darin besteht, alle Erregungsquanten (d. h. psychische Energie zur Aufrechterhaltung früherer Verdrängungen) abzuführen oder zu binden. Dem Ich, als einer speziellen Organisation, kommt unter anderem die Aufgabe zu, den Reizschutz gegen die Außenwelt zu garantieren und dadurch das direkte Eindringen der exogenen Energiequanten zu verhindern. Im Falle übergroßer Energiequanten wird der Reizschutz durchbrochen, und es kommt zum Trauma. Bekanntlich gab Freud (1896/1952) die in diesem Modell enthaltene Verführungstheorie auf. Doch blieb die im Rahmen des neuronalen Modells entwickelte ökonomische Konzeption des Traumas für seine weiteren, nun rein psychologischen Theorien bestimmend. Er betonte die entscheidende Rolle kindlicher Phantasien, die ins Unbewussten absinken, aber weiterhin das Denken, Fühlen und Handeln bestimmen, für die Entstehung von Neurosen.

Der Erste Weltkrieg motivierte Freud erneut zur Auseinandersetzung mit dem Trauma, beziehungsweise mit Patienten, die, wie er es ausdrückte, an einer „Kriegsneurose" litten. Seine Konzepte wurden versuchsweise zur Behandlung traumatisierter britischer und amerikanischer Soldaten eingesetzt. Nach dem Zweiten Weltkrieg erzwangen vor allem die Schrecken des Holocaust erneut die professionelle Beschäftigung mit dem Trauma: Viele Überlebende des Holocaust wurden im Rahmen von Wiedergutmachungsansprüchen von Psychoanalytikern untersucht und vermittelten in erschütternder Weise Eindrücke von den extremen, nachhaltigen psychischen und psychosozialen Zerstörungen durch die Shoah (vgl. u. a. Niederland, 1980; Krystal, 1968). Die psychoanalytische Behandlung der Überlebenden und, in den nächsten Jahrzehnten, ihrer Kinder vermittelte die erschütternde Einsicht, dass traumatische Erfahrung dieses Ausmaßes auch in das Leben der nächsten Generation eindringen und sie bewusst und unbewusst determinieren.[2]

Die Überlebenden zeigten, dass solche Extremtraumatisierungen psychisch nicht zu verarbeiten sind, sondern zu lebenslangen Schädigungen führen. Zu den Symptomen gehören Albträume, Flashbacks, Einsamkeit und Depression, Dissoziations- und Derealisierungserlebnisse, Störungen im Zeit- und Identitätsgefühl, diffuse Panik, Angst- und Aggressionsattacken, emotionale Abkapselungen, ein Zusammenbrechen eines Urvertrauens in das schützende, gute Objekt und basale Sinnstrukturen des Lebens sowie psychosomatische Störungen wie Schlafstörungen, nicht lokalisierbare Schmerzzustände etc. Bezogen auf Opferfamilien des Holocaust hat Faimberg (1987) beschrieben, wie die Grenzen der Generationen durch die nicht zu verarbeitenden Traumatisierungen aufgeweicht werden. Sie spricht von einem „telescoping of the generations". Cournut (1988) diskutiert ein „entlehntes Schuldgefühl", das oft

---

[2] Inzwischen haben viele Schriftsteller davon in ihren Romanen berichtet, unter ihnen Imre Kertész, Philip Roth, Lizzi Doron, Lily Brett, Channah Trzebiner und viele andere. Auch Psychoanalytiker versuchten in ihren Arbeiten eine Annäherung an die Erfahrungen des Holocaust (vgl. u. a. Abrams, 1999; Cohen et al., 2001; Chaitin & Bar-On, 2002; Dahmer, 1990; Dasberg et al., 2001; Eitinger, 1990; Faye, 2001; Kellermann, 1999; 2001; Kogan, 2002; Niederland, 1980; Segal, 1988; Sugar, 1999; Weiss & Weiss, 1999; Grünberg & Markert, 2012; Oliner, 2000). Was die Opfer der Shoah erlebten, übersteigt unser aller Vorstellungskraft. Das Unfassbare des Traumas wird in psychoanalytisch-wissenschaftlichen Begriffen wie Extremtraumatisierung (vgl. z. B. Krystal, 1968) oder sequentielle (Keilson, 1979) oder kumulative Traumatisierung (Khan, 1963) nur in einer groben Annäherung beschrieben. Hans Keilson (1979) charakterisierte Auschwitz auch als einen Ort, „wo unsere Sprache nicht hinreicht". Die traumatische Erfahrung zerstört den Schutzschild der Bedeutungsstrukturen im Menschen, schreibt sich dem Körper ein und nimmt direkten Einfluss auf die organische Basis psychischer Funktionen. Der psychische Raum und die Symbolisierungsfähigkeit werden vernichtet (Laub et al., 1995; Kogan, 2002; Bohleber, 2010a; Oliner, 2000; Venzlaff, 1958).

unbewusst das gesamte Lebensgefühl von Menschen nach einem nicht betrauerten, traumatischen Verlust bestimmt. Laub, Peskin und Auerhahn (1995) sprechen von einem „schwarzen Loch": Die extreme Traumatisierung wirkt unerkannt als verschlingendes Energiezentrum, das das psychische Erleben nicht nur der ersten, sondern auch der zweiten und dritten Generation von Holocaustüberlebenden determiniert. Abraham und Torok (1979; 2001) beschrieben ähnliche Phänomene mit dem Begriff der *inclusion*, der Einschließung oder der Krypta. Der traumatische Verlust wird nicht betrauert, sondern in eine innere Gruft verbannt und entfaltet von dort aus konstant und unerkannt seine Wirkung.

Es dauerte aus begreiflichen Gründen fast 60 Jahre, bis sich Psychoanalytiker in Deutschland auch den Auswirkungen von schweren Traumatisierungen bei Tätern und Mitläufern in der deutschen Bevölkerung zuwandten. Ungebrochen ist hier die Sorge, dass die Unvorstellbarkeit und historische Unvergleichbarkeit der Shoah relativiert werden könnte. In der Deutschen Psychoanalytischen Vereinigung (DPV) war es vor allem die in den 1990er Jahren durchgeführte repräsentative Wirksamkeitsstudie zu Psychoanalysen und psychoanalytischen Langzeittherapien, die die Diskussion um dieses Thema entfachte. Ein völlig unerwartetes Ergebnis der Studie war, dass 62% der über 400 untersuchten Patientinnen und Patienten, die in den 1980er Jahren bei DPV-Analytikern in Langzeitbehandlungen waren, schwere Traumatisierungen als Kleinkinder erlebt hatten, meist im Zusammenhang mit dem Zweiten Weltkrieg (siehe dazu u. a. Leuzinger-Bohleber, 2003; 2006; aber auch Radebold, 2000; Radebold et al., 2006). Die Mehrheit litt unter chronischen Depressionen. Daher wird heute verstärkt diskutiert, ob manche der Mechanismen der transgenerationellen Weitergabe von Traumatisierungen, die in Opferfamilien festgestellt wurden, auch in Täterfamilien zu finden sind. Eine lange Psychoanalyse bei der Tochter eines hohen SS-Offiziers zeigte z. B. die unbewusste Wiederholung von pathologischen, durch traumatische Erfahrungen determinierten Objektbeziehungen und wies auf unbewusste Identifikationen und Introjektionen im (korrupten) Über-Ich- und Ich-Ideal sowie auf nicht integrierte, überstimulierte (sadistische) Triebimpulse hin (Leuzinger-Bohleber, 1998). Zudem spielt der bei der „Bewältigung" traumatischer Erfahrungen ubiquitäre Mechanismus, passiv Erlittenes in aktiv Zugefügtes umzuwandeln, auch bei der transgenerationellen Weitergabe von Traumatisierungen in Täter- oder Mitläuferfamilien eine entscheidende Rolle (vgl. Schlesinger-Kipp, 2012).

Auch unabhängig von Man-Made-Disasters wird in der psychoanalytischen Fachliteratur der Zusammenhang von Traumatisierungen und Depression vermehrt diskutiert. Es wurde beispielsweise lange kaum erkannt, dass Patienten, die als Kinder an schweren organischen Krankheiten (wie z. B. Polio) litten, oft in bestimmten Situationen plötzlich in dissoziative Zustände verfallen, da sie unbewusst an die früheren Traumatisierungen erinnert werden (vgl. dazu u. a. Bohleber & Drews, 2001; Bokanowski, 2005; Hartke, 2005; Leuzinger-Bohleber, 2008; 2013). Solche Zustände zu erkennen und biographisch zuzuordnen erweist sich für den therapeutischen Prozess dieser Patienten als unverzichtbar. Daher haben wir in einigen Arbeiten dafür plädiert, dass die Annäherung an solche „historisch-biographischen Wahrheiten" (d. h. die Rekonstruktion erlittener Traumatisierungen) für die psychische Gesundung dieser Patienten ebenso notwendig ist wie das Wiedererleben und Durcharbeiten der Traumatisierungen in der Übertragungsbeziehung zum Analytiker (vgl. Fallbeispiel unter 6.4, zudem u. a. Gullestad, 2008; Bohleber, 2010a; Leuzinger-Bohleber & Pfeifer, 2002; Leuzinger-Bohleber, 2008; 2013).[3]

6.2 Ergebnisse zu Trauma und Depression aus der Epigenetik

Studien aus verschiedenen Nachbardisziplinen diskutieren den Zusammenhang zwischen Trauma und Depression und Möglichkeiten der transgenerationellen Weitergabe von familiären Belastungen (Übersicht u. a. in Böker & Seifritz, 2012; Schore, 2012). Auch erste epigenetische Studien scheinen zu belegen, dass eine genetische Vulnerabilität nur dann zu einer depressiven Erkrankung führt, wenn das Baby oder Kleinkind gleichzeitig eine frühe Traumatisierung erlebt. So zeigten Caspi et al. (2003) in einer vielbeachteten Studie, dass frühe Separationstraumata das kurze *5-HTTLPR*-Allel triggern, das die relevanten Neurotransmitter reguliert, und dadurch eine depressive Erkrankung evozieren. Falls kein frühes Trauma dazu kommt, entwickeln sich die Individuen mit einer nachgewiesenen genetischen Vulnerabilität unauffällig und erkranken nicht an Depressionen. Zwar konnte der Befund in einer jüngeren Metaanalyse nicht repliziert werden, so dass noch fraglich ist, ob der spezifische Serotonin-Transporter-Genotyp und negative (traumatische) Lebensereignisse depressive Erkrankungen beim Menschen wirklich voraussagen (Risch et al., 2009; Rutter, 2009). Steven Suomi (2010) konnte jedoch den Zusammenhang zumindest für Rhesusaffen auf neuromolekularer Ebene bestätigen (vgl. auch Jedema et al., 2010; Spinelli et al., 2010; Medina, 2010). Für Psychoanalytiker interessant ist sein Nachweis, dass die Expression des *5-HTTLPR*-Allels gestoppt werden konnte, falls die Äffchen nach einigen Tagen wieder zu einem fürsorglichen Muttertier zurückgegeben wurden: Analog den klassischen Hospitalisationsstudien von René Spitz (1946) konnten die psychotoxischen Wirkungen der Traumatisierungen abgemildert werden, wenn die Trennung nicht allzu lange dauerte und ein einfühlsames Ersatzobjekt existierte. Robertson und Robertson (Robertson, 1952; 1969) replizierten seine Befunde in ihren eindrücklichen Studien zum Einfluss früher Separationstraumata auf die psychische Entwicklung von Kleinkindern in den 1970er Jahren.

Epigenetische Modelle können Erklärungen für Auswirkungen familiärer Vulnerabilität für bestimmte Traumatisierungen und intergenerationelle Einflüsse liefern, die Verhalten mit berücksichtigen. Das Beispiel der glucocorticoidalen Genmethylierung zeigt, wie Umwelteinflüsse die Funktion von Genen in Richtung (z. B. Methylie-

---

[3] Es übersteigt den Rahmen dieses Beitrags, auf die vielen aktuellen Kontroversen zum Thema Trauma bzw. seiner psychoanalytischen und neurobiologischen Erfahrung einzugehen.

rung, Demethylierung) und Spezifität (z. B. Methylierung, Acethylierung) verändern und damit die individuelle Reaktion auf ein später eintretendes traumatisches Erlebnis beeinflussen (Meaney & Szyf, 2005).

Epigenetische Prozesse scheinen daher eine Brücke zwischen Anlage und Umwelt zu bilden, indem sie durch Prägung am Promotor (= Platzieren bzw. Entfernen von Methylgruppen an den Basenpaaren) Gene „an-" und „ausschalten". So konnten z. B. Studien mit eineiigen Zwillingen zeigen, dass das Risiko, eine PTBS zu entwickeln, zwar eng mit einer zugrundeliegenden genetischen Vulnerabilität verknüpft ist, doch mehr als 30% der Varianz von PTBS-Symptomen durch eine erbliche Komponente erklärt werden kann (vgl. Skelton et al., 2012: 629), die vornehmlich in *epigenetischen* Markern der Genexpressionsmuster nachweisbar ist. Nach unserem Verständnis bilden epigenetische Veränderungen eine durch eine ökologische Störung hervorgerufene Veränderung der Funktion, nicht aber der Struktur eines Gens. Sie sind langandauernd und stabil und können in manchen Fällen auch intergenerationell übertragen werden (Meaney & Szyf, 2005; vgl. auch Mansuy, in diesem Band).

Epigenetisch betrachtet kann eine traumatische Erfahrung eine Veränderung im Methylierungsmuster bewirken, in dem relevante Gene „an-" bzw. „ausgeschaltet" werden. Diese Veränderungen im Methylierungsmuster sind zwar reversibel, werden aber dennoch an die nächste Generation übertragen. Die Umkehrbarkeit dieser Veränderung, d. h. das Abmildern oder eventuell sogar das „Löschen" der Wirkungen von traumatischen Erfahrungen, hängt daher nicht vorwiegend von genetischen Determinanten, sondern von sozialen und psychologischen Faktoren ab, eine Einsicht, die sowohl für Psychotherapie als auch für Frühprävention entscheidend ist.

Allerdings müssen beim Versuch, eine transgenerationelle Weitergabe von Trauma abzumildern oder zu unterbrechen, immer auch unbewusste, emotionale, umweltspezifische sowie körperlich-neurophysiologische Prozesse berücksichtigt werden. Erst deren Zusammenspiel bestimmt, in welchem Maße und zu welchem Ausgang diese Prozesse führen werden – sie sind nicht unabhängig voneinander.

Die Ergebnisse von klinischen und extraklinischen Studien der Psychoanalyse entsprechen daher en detail den eben erwähnten Befunden aus epigenetischen Untersuchungen. Goldberg (2009) kommt in einer Übersichtsstudie zu der Schlussfolgerung:

> These interactions between gene and environment, between behavior and genotype are important in the way they provide explanations of how the many different features that make-up the „*depressive diathesis*" arise. However, they have a much wider significance. They provide a possible pathway by which *changing inter-personal and cultural factors across the generations* can be cause as well as effect of genotype, and through which changes in human culture might possibly be operating as an accelerator of evolutionary processes.
> In summary, we see that adverse environmental conditions are especially harmful to some particular genotypes, leaving the remainder of the population relatively resilient. (244 f.)

6.3 Neurowissenschaftliche Studien zu Trauma und Stress

Der Neurowissenschaftler und Psychoanalytiker Bradley Peterson hat mit seiner Arbeitsgruppe fMRT-Studien über drei Generationen hinweg an Patienten (n = 131, im Alter von 6 bis 54 Jahren) mit einer schweren Depression durchgeführt. Sie stellten eine in diesen Familien statistisch signifikante Reduktion des kortikalen Durchmessers der rechten Hemisphäre fest (2013) fest. Die Reduktion beeinträchtigte die emotionale Erregbarkeit, die Aufmerksamkeit und das Gedächtnis hinsichtlich sozialer Stimuli, was wiederum das Risiko erhöhte, eine depressive Erkrankung zu entwickeln (Peterson et al., 2009). Die Gruppe traf zwar keine Aussagen zu vermehrten Traumatisierungen in diesen Familien, doch liegen inzwischen eine Vielzahl von Studien vor, die den Einfluss von Stress z. B. bei einer PTBS auf das Gehirn von Menschen mit einer Depression nachgewiesen haben (vgl. u. a. Reinhold & Markowitsch, 2010: 22 ff.; Böker, 2013). Viele Autoren ziehen daraus auch behandlungstechnische Folgerungen. So schreiben u. a. Bosch & Wetter (2012),

> dass Patienten mit Kindheitstraumata (früher Verlust der Eltern, Gewalterfahrungen, sexueller Missbrauch, Vernachlässigung) deutlich stärker von Psychotherapie profitieren als Patienten ohne Traumata. Alleinige Psychotherapie war bei diesen Patienten nicht nur wirksamer als eine medikamentöse Monotherapie, auch die Kombination beider Verfahren [Psychotherapie/medikamentöse Behandlung – M.L.-B./T.F.] führte nur zu geringfügig besseren Ergebnissen [...]. Der Wissenszuwachs der letzten Jahrzehnte hat komplexe Zusammenhänge zwischen Hormonen, Genen und Umwelteinflüssen auf die menschliche Psyche offenbart und gleichzeitig die Grundlage für individualisierte, therapeutische Interventionen eröffnet. (376; vgl. auch Kendler et al., 2006; Hill, 2009: 202 ff.)

Weitere neurowissenschaftliche Befunde illustrieren, dass eine Wechselbeziehung zwischen dem autonomen Nervensystem, der zerebralen und der extra-zerebralen Regulierung des Hormonsystems besteht, die sich wiederum auf spezifische Hirnareale wie die limbischen Strukturen (Amygdala und Hippocampus), den orbito-frontalen Kortex und den Hypothalamus mit der Hypothalamus-Hypophysen-Nebennierenrinden-Achse (HPA-Achse) auswirken. Allein die hier genannten Hirnstrukturen verweisen darauf, dass ein Zusammenhang von Trauma einerseits und Gedächtnis und Emotionen andererseits besteht (vgl. Tutté, 2004).

Umstritten ist die zweifache Kategorisierung von Gedächtnis, die Kognitionswissenschaftler vorgenommen haben, und damit verbunden die Frage nach Erinnerungen an frühe traumatische Erfahrungen. Häufig wird hierbei auf die folgende Grafik von Milner, Squire & Kandel (1998) Bezug genommen.

Nach dieser Taxonomie kann sich das deklarative, explizite Gedächtnis nur bewusst bilden, aber auch nur bewusst abgerufen werden. Im Gegensatz dazu werden die unterschiedlichen Formen der prozeduralen, impliziten Gedächtnisse zwar bewusst gebildet, aber nur unbewusst abgerufen (z. B. lernt man „bewusst" ein Auto zu lenken, doch generalisieren sich die Lernprozesse bald, so dass die Abläufe beim Autofahren unbewusst werden).

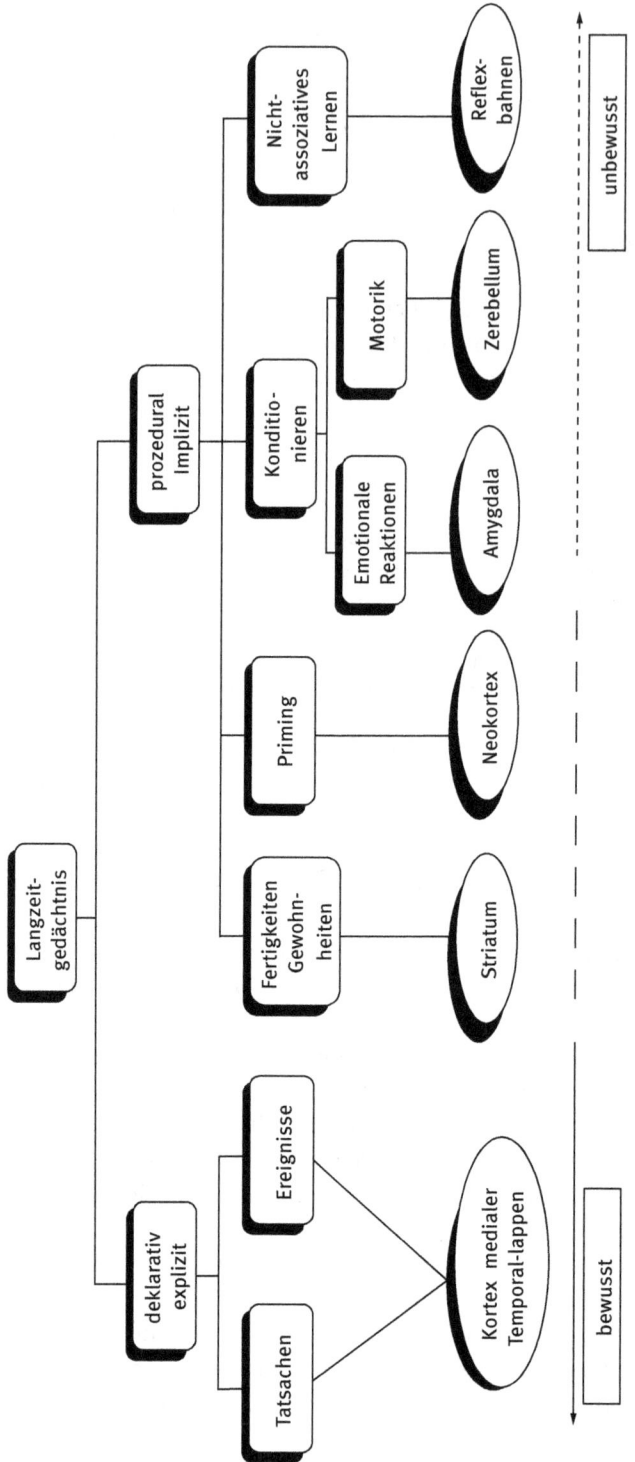

Abb. 6.1: Taxonomie der Gedächtnissysteme (angelehnt an Milner, Squire & Kandel, 1998)

Wie Fonagy und Target (1997) betonen, nimmt das implizite Gedächtnis eine Schlüsselrolle im Vermitteln von posttraumatischen Symptomen ein. Relativ primitive Strukturen des Nervensystems, wie die Amygdala und der Hippocampus, sind vermutlich an der Vermittlung der Erinnerung dieser Erfahrungen beteiligt. Traumatische Erinnerungen würden nach dieser Auffassung über das sensorische System in Form von synästhetischen Empfindungen, Gerüchen, Geschmäckern oder visuellen Bildern dekontextualisiert und können nicht bewusst werden, falls sie nicht mit neuen Bedeutungen versehen werden. Hier ist aus psychoanalytischer Sicht darauf hinzuweisen, dass das Trauma unbewusst weiterwirkt und unerkannt aktuelles Denken, Fühlen und Handeln determiniert.

Eine weitere Kontroverse betrifft Erinnerungen an sehr frühe traumatische Erfahrungen. Nach Olds und Cooper (1997) ist der menschliche Hippocampus bis zum Alter von zwei Jahren unreif im Gegensatz zur Amygdala, die zu dieser Zeit schon vollständig entwickelt ist. Demnach würden sehr frühe Kindheitsängste im „emotionalen Gedächtnis" der ‚unreifen' Amygdalaschaltkreise aufbewahrt werden und dem (erwachsenen) Bewusstsein verbal-narrativ kaum zugänglich sein. Dieser These widersprechen Studien von Rovee-Collier (1997; 1999) und Rovee-Collier & Cuevas (2009), wonach Kleinkinder von zwei Monaten bereits ein deklarativ-explizites Gedächtnis bilden können. So gebe es keine Phase der Entwicklung, in der ausschließlich prozedural-implizites Gedächtnis entstehe. Die Gedächtnisbildung sei ein vielfältiger, komplexer und variabler Prozess, der Gefühle, Motive (eigene und fremde), Ängste und Konflikte einschließe und schon sehr früh im Leben stattfinde. Eine analoge Auffassung vertreten Gaensbauer und Jordan (2009), die mit eindrücklichen klinischen Beispielen belegen, dass sich schon Kinder im ersten und dritten Lebensjahr an extrem traumatische Ereignisse in ihrem ersten Lebensjahr (z. B. an die Erschießung des Vaters) erinnern. Schließlich kann mit Hilfe des Konzepts der „embodied memories" in neuer Weise die Freudsche These gestützt werden, dass sich frühe und früheste Erinnerungen „im Körper niederschlagen" (vgl. dazu u. a. Leuzinger-Bohleber et al., 2013).

Im Kontext unserer Argumentation genügt die Feststellung, dass sich Beziehungserfahrungen und besonders frühe traumatische Erlebnisse im Gedächtnis erhalten und daher, wie die oben zitierten Thesen der epigenetischen Forschung nahelegen, eine genetische Vulnerabilität für Depressionen „triggern" können. Gerade früheste traumatische Erfahrungen können späteres Denken, Fühlen und Handeln determinieren und schließlich, wie bei vielen Analysandinnen und Analysanden auch der aktuellen LAC-Depressionsstudie[4], in eine chronische Depression mün-

---

[4] LAC ist die Abkürzung für: Ergebnisse von psychoanalytischen verglichen mit kognitiv-behavioralen LAngzeitbehandlungen Chronisch Depressiver. Die LAC-Studie ist eine große multizentrische Therapiewirksamkeitsstudie, in der bisher über 400 chronisch depressive Patienten rekrutiert und mit einem breiten Spektrum qualitativer und quantitativer Messinstrumente untersucht werden (vgl. www.sigmund-freud-institut.de).

den. Demgegenüber verweisen die erwähnten epigenetischen Befunde darauf, dass Individuen, die aus genetisch vorbelasteten Familien stammen und eine genetische Anlage zur Depression mitbringen, bei geeigneten präventiven Maßnahmen nicht an einer Depression erkranken müssen. Nur frühe traumatische Beziehungserfahrungen werden die Depression zum Ausbruch bringen. Aus dieser Forschung ergeben sich ermutigende Perspektiven für die psychotherapeutische Behandlung von Depressionen. Wie das abschließende Fallbeispiel zeigt, können auch im späteren Lebensalter Depression und Trauma einer therapeutischen Bearbeitung zugänglich gemacht werden, z. B. in psychoanalytischen Langzeitbehandlungen. Dadurch kann nicht nur das jahrelange Leiden der Betroffenen gelindert, sondern im besten Falle auch die ungebrochene Weitergabe der Traumatisierung an die nächste Generation unterbrochen werden.

6.4 „... Die psychische Nabelschnur zwischen den Generationen durchschneiden ..."

6.4.1 Aus der Psychoanalyse eines Kriegskindes[5]

Frau W. berichtet am Telefon, dass ihr Hausarzt ihr geraten habe, sich psychotherapeutische Hilfe zu suchen. Sie sei krank, leide unter einem Burn-out-Syndrom mit schweren Depressionen: „Ich kann nicht mehr – seit Wochen kann ich nicht mehr schlafen und kaum noch essen, bin unfähig zu arbeiten – und kann die Jugendlichen, die ich als Sozialarbeiterin betreue, kaum mehr ertragen. Immer wieder breche ich auch vor ihnen in Tränen aus ...".

Zum Erstinterviewtermin erscheint eine völlig erschöpfte Frau – sie wirkt wie sechzig, obschon sie soeben fünfzig geworden ist, grau in grau gekleidet, so dass ihr schöner Körper kaum zu erkennen ist – eine Frau, die das Elend der Welt auf ihren Schultern trägt.

Frau W. ist eine alleinerziehende Mutter von zwei Töchtern, einem leiblichen Kind, Marion, und einem schwerstbehinderten adoptierten Mädchen, Anna, beide in der Adoleszenz. Zudem wohnt ihre fast achtzigjährige Mutter in ihrem Haus und wird von ihr versorgt. Einer der aktuellen Konflikte dreht sich um die täglichen Zusammenstöße zwischen Marion, der Vierzehnjährigen, und ihrer Großmutter, die ihr immer noch vorschreiben wolle, welche Kleider sie anzuziehen habe, wann sie die Hausaufgaben mache, mit welchen Freundinnen sie gefälligst verkehre und wann sie samstags zu Hause sein soll. Frau W. stehe meist hilflos dazwischen – sie versuche zu vermitteln, mache der Tochter Vorhaltungen, sie solle „lieb zu der alten Frau sein". Doch wird schon im Erstinterview deutlich, dass Frau W. gleichzeitig eine Ahnung

---

[5] Das Fallbeispiel ist aus Diskretionsgründen aktiv verschlüsselt. In anderer Form wurde es veröffentlicht in Leuzinger-Bohleber, 2012.

davon hat, wie wichtig das Aufbegehren der Tochter gegen die dominierende, ja sogar tyrannische, depressive Großmutter für die Entwicklung von Marion (und auch für sie selbst) sein könnte.

In der Psychoanalyse stellt sich später heraus, dass der Wunsch, endlich selbst stabile innere Grenzen zwischen sich und der Mutter, bzw. sich und der Tochter, aufzurichten, eines der wichtigsten unbewussten Motive war, psychotherapeutische Hilfe zu suchen. Sie durfte sich aber diese Hilfe nur „gönnen", nachdem ihr bisheriges Funktionieren an ihrer Arbeitsstelle und im Privaten zusammengebrochen war und sie vom Arzt und ihrem Arbeitgeber als „krank" eingestuft wurde. Zuvor hatte sich Frau W. kaum mit sich und ihrer eigenen Lebensgeschichte beschäftigt: Sie litt unter einer ausgeprägten Amnesie bezüglich ihrer ersten Lebensjahre. Die fünfjährige Psychoanalyse ergab schließlich folgendes Bild, das in diesem Rahmen nur fragmentarisch skizziert werden kann: Sie wurde 1942 als zweites Kind in einer deutschen Großstadt geboren. Kurz nach ihrer Geburt erhielt die Mutter die Vermisstenmeldung ihres Mannes an der russischen Front. Sie reagierte mit einem psychischen Zusammenbruch und konnte den Säugling nicht mehr versorgen. Sie übergab die Kinder ihrer Schwiegermutter, einer überzeugten Nationalsozialistin, die Frau W. in hohem Alter stolz erzählte, dass sie die Kinder konsequent und streng erzogen habe. Noch immer war sie überzeugt, dass die damaligen Erziehungsvorstellungen richtig waren, wie sie etwa im Buch *Die deutsche Mutter und ihr erstes Kind* (1939) von Johanna Haarer dokumentiert sind. So hätte sie ihre Enkelin zwei Nächte in den Keller gestellt, damit sie das Schreien nicht hörte: Danach hätte sie durchgeschlafen! Überhaupt sei die kleine Adelheid ein auffallend braves Kind gewesen, schon mit einem Jahr sauber und trocken, folgsam und pflegeleicht, so dass ihre psychisch immer noch labile Mutter sie Ende 1944 wieder zu sich nehmen konnte.

Die Mutter schlug sich und die beiden Kinder als Heimarbeiterin durch und erzählte immer wieder von den harten Zeiten damals und wie sehr sie unter der nationalsozialistischen väterlichen Familie gelitten habe. Allerdings bewunderte sie gleichzeitig die Familie, vor allem weil der Onkel des Vaters damals als bekannter bildender Künstler galt und die Familie – in nationalsozialistischen Kreisen – sehr angesehen war. Sie selbst war Vollwaise. Sie hatte beide Eltern während des Ersten Weltkrieges verloren und war 1917, als Fünfjährige, von einer Schwester ihrer Mutter mehr oder weniger widerwillig aufgenommen worden. So früh sie konnte, mit 14 Jahren, hatte sie sich eine Lehrstelle gesucht und sich „selbst durchgeschlagen …". Der Vater von Adelheid war ihre erste große Liebe, ein Lehrer, den sie im lokalen Turnverein kennengelernt hatte. Er wurde gleich zu Beginn des Krieges eingezogen. Lange rechnete die Familie damit, dass er gefallen sei – bis er 1953 unerwartet aus russischer Gefangenschaft zurückkehrte, psychisch und physisch gebrochen. Er versuchte zwar, den Kontakt zu Frau und Kindern wiederzufinden, hielt aber, wie er Frau W. kurz vor seinem Tod in seinem 52. Lebensjahr erzählte, das Zusammenleben mit der harten, verbitterten Frau nach zwei Jahren nicht mehr aus und verließ „trotz heftiger Schuldgefühle" die Familie. Frau W. sah ihn selten, doch idealisierte sie ihn umso mehr. „Er war warmherzig, künstlerisch begabt und einfühlsam ...". Sie pflegte ihn mit seiner neuen Freundin liebevoll bis zu seinem Tod an den Spätfolgen der schweren Unterernährung und Folter während seiner Gefangenschaft.[6]

Die Verbitterung und Härte ihrer Mutter beschäftigte Frau W. intensiv während der Psychoanalyse. Lange schützte sie sie vor der kritischen Wahrnehmung, wie sehr sie unter ihrer Kälte und der Einfühlungsstörung gelitten hatte und in welchem Ausmaße ihr Leben durch den von ihr erfahrenen chronischen psychischen Missbrauch als Selbstobjekt geprägt war. Die karge und traumatische Kindheit der Mutter, die Kriegsjahre und eine Vergewaltigung der Mutter durch russische Soldaten 1945 dienten ihr als Erklärungen und schienen Teil der psychischen Nabelschnur zu sein, die sie unbewusst mit dem tragischen Schicksal der Mutter verband. Im 3. Behandlungsjahr waren anhand von Träumen Erinnerungen aufgetaucht, wie sie als Dreijährige beobachten musste, wie die Mutter von drei russischen Soldaten vergewaltigt wurde. Ihre Mutter bestätigte auf Nachfrage ihre Erinnerungen: „Seither war ich nicht mehr dieselbe – ich verachtete mich und meinen Körper .... Ich konnte auch keine Sexualität mehr ertragen, vielleicht ein Grund, warum unsere Ehe scheiterte ...". Jedenfalls willigte die Mutter nie in die Scheidung ein. Der Kontakt mit der väterlichen Familie bildete nach wie vor praktisch die einzige Verbindung zur Außenwelt.

Adelheid wurde zur Mustertochter, während ihr älterer Bruder zu verstummen schien, ein schlechter Schüler war und mit 18 Jahren nach Kanada auswanderte. Adelheid hingegen wurde zum „Augapfel" der Mutter, versuchte sie durch gute Schulleistungen und künstlerische Tätigkeiten zu erfreuen. Sie schlief bis zum 16. Lebensjahr im Ehebett mit der Mutter zusammen, verbrachte Ferien und Freizeit fast ausschließlich mit ihr, außer den Wochenenden, an denen sie – als Delegierte der Mutter – zum Vater und seiner neuen Freundin flüchtete. Als Fünfzehnjährige wurde sie von ihrem Onkel in seinem Atelier, in dem sie Kunstunterricht bekam, vergewaltigt. Sie setzte sich nicht zur Wehr. Erst in der Psychoanalyse wurde ihr bewusst, wie schlimm dieser sexuelle Übergriff für sie damals gewesen war. Sie fühlte sich mitschuldig, weil „ich damals so liebesbedürftig und nicht fähig war, adäquate Grenzen zu ziehen ...". Sie entwickelte in dieser Zeit eine Reihe psychosomatischer Symptome, Migräne, Schlafstörungen und eine Bulimie, erhielt aber keine professionelle Hilfe. Trotz ihrer Symptome machte sie ein gutes Abitur und begann ihr Studium an ihrem Wohnort, um immer noch bei der Mutter wohnen zu können.

Die Studentenbewegung ermöglichte ihr eine minimale (äußere) Ablösung von der Mutter: Sie zog in eine Frauen-WG und unterhielt unzählige sexuelle Beziehungen zu Männern. Erst in der Psychoanalyse verstand sie, dass sie unbewusst Phantasien über die Vergewaltigung der Mutter wiederholte und sich in unerkannter Weise „beweisen" musste, dass ihr kein besseres Schicksal als der Mutter zustand. So unterzog

---

6 Wie sich herausstellte, stand ihr Zusammenbruch in ihrem 50. Lebensjahr, der sie schließlich zur Psychoanalyse motivierte, auch mit der unbewussten Überzeugung in Zusammenhang, dass sie ihr 52. Lebensjahr – wie ihr Vater – nicht überleben werde.

sie sich sieben Abtreibungen innerhalb von zehn Jahren. „Ich fand dies nicht schlimm. Wir dachten damals alle: Unser Körper gehört doch uns – eine Abtreibung ist weniger fremdbestimmt als die Pille zu nehmen ...". Beruflich suchte sie sich als Sozialarbeiterin extrem belastende Berufsfelder: Betreuung von drogensüchtigen Jugendlichen, von straffälligen adoleszenten Frauen, von unheilbar Krebskranken und nun seit über 10 Jahren Jugendarbeit in einem der sozialen Brennpunkte einer Großstadt.

Wie die Behandlung deutlich machte, stellte die Flucht in einen 12-Stunden-Tag, Wochenenddienste etc. unter anderem einen Versuch dar, ansatzweise ein eigenes Leben zu leben, in einer eigenen Wohnung, getrennt von der Mutter. Immer wieder verliebte sie sich, schaffte es aber nie, sich längerfristig eine Liebesbeziehung zu gönnen, obschon sie sich sehr nach einer eigenen Familie sehnte.

In ihrem 35. Lebensjahr adoptierte sie als Alleinerziehende ein schwerstbehindertes Mädchen, Anna, das sie in einer Wohnung im Nachbarhaus ihrer Mutter aufzog. Während sie arbeitete, übernahm die Mutter die Betreuung. In ihrem 38. Lebensjahr wurde sie nach einer kurzen Affäre nochmals schwanger. Wie selbstverständlich dachte sie wiederum an eine Abtreibung. Doch als Anna an einem Asthmaanfall fast starb und sie dadurch damit konfrontierte, wie labil ihre Kompromissbildung bezüglich des Zusammenlebens mit ihrer Mutter war, entschloss sie sich, das Kind auszutragen. Die gesunde Tochter Marion und die Betreuung von Anna wurden zum gemeinsamen Lebensinhalt von Frau W. und ihrer Mutter. Gemeinsam kauften sie ein Haus und verbrachten die nächsten 14 Jahre in einem relativ stabilen Gleichgewicht – bis die Adoleszenz von Marion die erwähnte schwere Krise bei Frau W. auslöste.

6.4.2 Entwicklungspsychologische Anmerkungen zum Verschwimmen der Generationsgrenzen bei traumatisierten, depressiven Kriegskindern

Aufgrund der Einsichten aus der intensiven Psychoanalyse mit Frau W. schien es uns nicht zufällig, dass der adoleszente Identitätsfindungsprozess von Marion einen Anlass für den psychischen Zusammenbruch von Frau W. bildete. Die beginnende adoleszente Loslösung von Marion stellte die bisherigen komplexen Kompromissbildungen im Zusammenleben der drei Generationen im Hause von Frau W. existenziell in Frage. Frau W. hatte unbewusst ihre Tochter Marion ihrer Mutter als Selbstobjekt überlassen, um wenigstens ansatzweise ein eigenes (Berufs)leben führen zu können. Sie versuchte, ihre Mutter mit ihrer gesunden Tochter für viele der erlittenen Traumatisierungen zu entschädigen, sie sollte „ihr die Sonne in ihr düsteres Leben" bringen, wieder Sinn für ihr Dasein stiften – „ihre depressiven Löcher stopfen ..." (alles unbewusste Aufträge, die sie selbst während ihrer eigenen Kindheit zu erfüllen versucht hatte). Angesichts des unendlichen Leidens, der Verbitterung der Mutter und der rigide abgewehrten chronischen Depression („Härte", „Kälte", „Egozentrizität", moralische Rigidität, extreme soziale Isolation etc.) schien ihr jede Form der offenen Selbstbehauptung und aggressiven Auseinandersetzung mit der Mutter als unmöglich und verboten. Sie durfte sich nicht als eigenes, von der Mutter unabhängiges Wesen definieren, sondern erlebte sich als „Verlängerung der Mutter", ihr Selbstobjekt, durch eine psychische Nabelschnur auf Leben und Tod mit ihr verbunden. Marion, die Enkelin, war ebenfalls ein vorbildliches, pflegeleichtes Klein- und Grundschulkind gewesen (das übrigens kaum gegen die Belastungen und die Überforderungen durch das Zusammenleben mit der schwerbehinderten Schwester protestierte). Als sie durch den pubertären Entwicklungsschub „aufmüpfig" wurde und im Alltag begann, sich der selbstverständlichen Kontrolle durch die Großmutter zu entziehen, brach das mühsam erzielte labile familiäre Gleichgewicht zusammen. Es wurde deutlich, dass Frau W. kaum über einen eigenen Kern einer Identität, eines von der Mutter unabhängigen Selbst verfügte: *„... Eigentlich weiß ich immer noch nicht, wer ich wirklich bin ... erwachsene Frau, Mutter – oder immer noch Teil meiner Mutter ... Bis heute kann ich es nicht ertragen, ihr zu widersprechen, sie zu enttäuschen oder ihr weh zu tun ..."* sagte sie nach einem halben Jahr Psychoanalyse. Allerdings zeigten Träume, in denen sie ihre Mutter unter grässlichen Umständen sterben ließ, wie sehr sie unbewusst mit Todeswünschen gegenüber der Mutter absorbiert war. Unbewusst bedeutete eine Loslösung von der Mutter für Frau M., diese umzubringen oder – als Umkehrung –, wie dies im psychischen Zusammenbruch von Frau W. drohte, einen Ausweg im Selbstmord zu suchen.

So manifestierten sich schon in der Anfangskrise die schwere Selbst- und Identitätsstörung von Frau W., ihre manische Abwehr einer chronifizierten Depression sowie ihre ausgeprägte Schwäche im Bereich der narzisstischen Selbstwertregulation. Die Psychoanalyse enthüllte die frühen und frühesten Wurzeln dieser pathologischen Verschmelzung mit dem traumatisierten, selbst schwer depressiven mütterlichen Primärobjekt. Erst in der Übertragung zur Analytikerin versuchte Frau W. eine vorsichtige Annäherung an das Reich negativer Emotionen, entdeckte eigenen Ärger, Wut und Hass und brauchte während langer Zeit die immer wiederkehrende konkrete Erfahrung, dass die Analytikerin ihre Attacken und „bösen Gedanken" überlebte. Es war eindrücklich zu beobachten, wie dieser Prozess zu einer Stärkung der narzisstischen Selbstwertregulation führte – und schließlich zu einer Stabilisierung der inneren Grenzen zwischen Selbst und Objekt, Phantasie und Realität, psychischen Prozessen und äußeren Realitäten. Diese innere Entwicklung bildete die Voraussetzung, dass sie Marion mehr und mehr in ihrem adoleszenten Selbst- und Identitätsfindungsprozess unterstützen konnte: Die Nabelschnur zwischen den Generationen wurde endlich durchtrennt!

Der analytische Prozess erinnerte oft an eine „schmerzliche Nachentwicklung" in einer haltenden, professionell verstehenden und emotional einfühlsamen Beziehung. Dabei erwiesen sich die Einsichten in die eben zusammengefassten lebensgeschichtlichen „historischen" Wahrheiten als entscheidend für den analytischen Prozess, denn viele der im Hier und Jetzt auftauchenden Schwierigkeiten konnten nur aufgrund von Rekonstruktionen der biographischen Besonderheiten verstanden und anschließend in der therapeutischen Beziehung durchgearbeitet werden.

Die kurze Zusammenfassung der Lebensgeschichte von Frau W. sollte an dieser Stelle wenigstens eine Ahnung von dem sukzessiven Verstehensprozess des komplexen transgenerationellen Zusammenhangs von Trauma und Depression vermitteln. U. a. bedingt durch die schwere Depression der Mutter, konnte weder die Individuations-Separationsphase im zweiten Lebensjahr noch die ödipale Phase einigermaßen adäquat durchlaufen werden, ganz zu schweigen vom adoleszenten Selbst- und Identitätsfindungsprozess. Daher bildeten sich in der Adoleszenz gravierende psychosomatische Symptome aus, ein Indikator für das mindestens partielle Misslingen der adoleszenten Entwicklung. Allerdings beeindruckte die Analytikerin in dieser Behandlung gleichzeitig sehr, mit welcher Kreativität Frau W. – trotz aller erlittenen und chronifizierten Traumatisierungen – immer wieder Kompromissmöglichkeiten entdeckte und für eine mindestens partielle psychische und psychosoziale Weiterentwicklung nutzte. Immerhin hatte sie z. B. eine Ausbildung erfolgreich abgeschlossen, eine jahrzehntelange Berufstätigkeit ausgeübt und Schwangerschaft und Geburt ohne massive psychosomatische Beschwerden durchlaufen sowie, zu ihrem großen Stolz, im Gegensatz zu ihrer Mutter, ihre Tochter lange gestillt! Die psychischen Quellen dieser Vitalität und Kreativität konnten wir auch in dieser langen Psychoanalyse nur erahnen.

Es ist anzunehmen, dass in dieser von Depressionen über vier Generationen hinweg belasteten Familie eine genetische Vulnerabilität vorliegt. Dennoch war es möglich, dass Frau W. durch eine lange und intensive Psychoanalyse aus dem „Schatten des Saturns" heraustreten und eine neue Lebensqualität finden konnte. Erstmals erlebte sie eine sexuell befriedigende und zärtliche Beziehung zu einem Mann, mit dem sie in ihrer Freizeit sich „viel Schönes und Aufregendes" gönnte (Frau W.). Wie viele der ehemaligen Patienten der erwähnten DPV-Ergebnisstudie drückte auch Frau W. in einem Katamnesegespräch aus, dass es für sie zu den wichtigsten Ergebnissen der Psychoanalyse gehörte, dass sie die „depressive Nabelschnur" zwischen sich und ihrer schwer traumatisierten Mutter, aber vor allem auch zwischen ihr und ihrer Tochter, endlich durchschneiden und Marion ihr eigenes Leben gönnen konnte.

6.5 Zusammenfassung

Lange vor der Entschlüsselung des menschlichen Genoms postulierte die Psychoanalyse, dass der seelische Zustand von Erwachsenen und ihre psychischen Symptome durch ein komplexes Zusammenwirken von genetischen und Umweltfaktoren zustande kommen. Besonders determinierend sind dabei die frühesten Beziehungserfahrungen, da der menschliche Säugling – als psychophysiologische Frühgeburt – in den ersten Lebensjahren besonders vulnerabel und daher besonders prägbar durch positive und negative Umwelteinflüsse ist. Vor allem frühe Traumatisierungen durch ein Versagen der spiegelnden, affektregulierenden und kontainenden (haltenden) Funktionen des Primärobjekts wurden immer schon als unbewusste Quellen seelischen Leidens begriffen. Diese Einsichten in die menschliche Entwicklung und ihre Störungen wurden durch die intensive Arbeit mit Patienten in psychoanalytischen Behandlungen gewonnen. Dabei versuchten Psychoanalytiker von Beginn an ihre klinischen Befunde durch extraklinische Beobachtungen zu ergänzen (vgl. u. a. die Studien zum Hospitalismus von René Spitz in den 1940er Jahren, die Entwicklung der Bindungstheorie von John Bowlby, 1975, etc.). Durch die Entwicklung neuer Techniken (wie z. B. das Filmen von Mutter-Kind-Interaktionen) hat sich die empirische Säuglingsforschung seit den 1990er Jahren rasant weiterentwickelt. Ihre Ergebnisse sind in die psychoanalytischen Theorien zur Frühentwicklung eingeflossen.

Eine vergleichbare interdisziplinäre Chance zur weiteren Differenzierung der psychoanalytischen Entwicklungstheorie bietet sich – ebenfalls aufgrund der Entwicklung neuer Forschungsinstrumente – im Bereich der Neurowissenschaften und der Epigenetik. Besonders die Konvergenz von klinisch-psychoanalytischen Ergebnissen aus dem Bereich der Frühprävention und der Psychotherapie mit den Ergebnissen epigenetischer Forschungen zu Depression und Trauma ist faszinierend und eröffnet neue Möglichkeiten für den interdisziplinären Dialog. Epigenetische Forschungsergebnisse können die psychoanalytische Erfahrung auf neue Weise stützen. Sie bieten eine molekularbiologische Erklärung für das in der psychoanalytischen Theorie schon lange vorhandene Wissen, dass die genetische Ausstattung keineswegs zum Schicksal werden muss. Frühprävention und Psychotherapie können helfen, dass auch Menschen, die aus mutmaßlich genetisch vorbelasteten Familien stammen, nicht zwangsläufig an einer Depression erkranken müssen. So berichteten uns in der erwähnten DPV-Katamnesestudie viele ehemalige Analysandinnen und Analysanden, ähnlich wie Frau W:

> Das Wichtigste für mich war, dass ich dank der Psychoanalyse die psychische Nabelschnur zwischen den Generationen in unserer Familie durchschneiden konnte, die in allen von uns bisher so viel Schweres, Dunkles und Unerträgliches verbreitet hatte. ....

Literatur

Abraham, N., Torok, M. (1979). Kryptonymie. Das Verbarium des Wolfsmanns (Frankfurt a. M.: Ullstein).
Abraham, N., Torok, M. (2001). Die Topik der Realität: Bemerkungen zu einer Metapsychologie des Geheimnisses. Psyche 55: 539–544.
Bohleber, W. (2010a). Destructiveness, intersubjectivity, and trauma. The identity crises of modern psychoanalysis (London: Karnac).
Bohleber, W. (2010b). Was Psychoanalyse heute leistet. Identität und Intersubjektivität, Trauma und Therapie, Gewalt und Gesellschaft (Stuttgart: Klett).
Bohleber, W. & Drews, S., Hg. (2001). Die Gegenwart der Psychoanalyse – die Psychoanalyse der Gegenwart (Stuttgart: Klett-Cotta).
Bokanowski, T. (2005). Trauma: neue Entwicklungen in der Psychoanalyse (Stuttgart-Bad Cannstatt: Frommann-Holzboog).

Böker, H. (2013). Emotion und Kognition. Die Zürcher Depressionsstudie. In: Chronische Depression. Verstehen – Behandeln – Erforschen, M. Leuzinger-Bohleber, U. Bahrke & A. Negele, Hg. (Göttingen: Vandenhoeck & Ruprecht), S. 245–268.
Böker, H. & Seifritz, E., Hg. (2012). Psychotherapie und Neurowissenschaften (Bern: Huber).
Bosch, O.G. & Wetter, T.C. (2012). Stress und Depression. In: Psychotherapie und Neurowissenschaften, H. Böker & E. Seifritz, Hg. (Bern: Huber), S. 352–387.
Bowlby, J. (1975). Bindung. Eine Analyse der Mutter-Kind-Beziehung (München: Kindler). Originalausgabe: Attachment and loss, Bd. 1: Attachment (New York: Basic Books, 1969).
Caspi, A., Sugden, K., Moffitt, T. et al. (2003). Influence of life stress on depression: moderation by a polymorphism in the 5-HTT gene. Science 301(5631): 386.
Chaitin, J. & Bar-On, D. (2002). Emotional memories of family relationships during the Holocaust. Journal of Loss and Trauma 7(4): 299–326.
Cohen, J. (1985). Trauma and repression. Psychoanalytic Inquiry 5(1): 163–189.
Cohen, M., Brom, D. & Dasberg, H. (2001). Child survivors of the Holocaust: symptoms and coping after fifty years. The Israel Journal of Psychiatry and Related Sciences 38(1): 3–12.
Cournut, J. (1988). Ein Rest, der verbindet. Das unbewusste Schuldgefühl, das entlehnte betreffend. Jahrbuch der Psychoanalyse 22: 67–98.
Dahmer, H. (1990). Derealisierung und Wiederholung. Psyche 44: 133–144.
Dasberg, H., Bartura, J. & Amit, Y. (2001). Narrative group therapy with aging child survivors of the Holocaust. The Israel Journal of Psychiatry and Related Sciences 38(1): 27–35.
Eitinger, L. (1990). KZ-Haft und psychische Traumatisierung. Psyche 44: 118–133.
Faimberg, H. (1987). Die Ineinanderrückung (Telescoping) der Generationen. Zur Genealogie gewisser Identifizierungen. Jahrbuch der Psychoanalyse 20: 114–142.
Faye, E. (2001). Missing the „real" trace of trauma. American Imago 58: 525–544.
Fonagy, P. & Target, M. (1997). Perspective on the recovered memories debate. In: Recovered memories of abuse – true or false? J. Sandler & P. Fonagy, Hg. (London: Karnac Books), S. 183–216.
Freud, S. (1896/1952). Zur Ätiologie der Hysterie. In: ders. Gesammelte Werke, A. Freud et al., Hg., Bd. 1 (London: Imago Publishing), S. 423–459.
Freud, S. (1895/1987). Entwurf einer Psychologie. In: ders. Gesammelte Werke, A. Freud et al., Hg., Nachtragsbd. (Frankfurt a. M.: Fischer), S. 375–486.
Gaensbauer, T.J. & Jordan, L. (2009). Psychoanalytic perspectives on early trauma: Interviews with thirty analysts who treated an adult victim of a circumscribed trauma in early childhood. Journal of the American Psychoanalytical Association 57: 947–977.
Goldberg, D. (2009). The interplay between biological and psychological factors in determining vulnerability to mental disorders. Psychoanalytic Psychotherapy 23(3): 236–247.
Grünberg, K. & Markert, F. (2012). A psychoanalytic grave walk – Scenic memory of the Shoah. On the transgenerational transmission of extreme trauma in Germany. The American Journal of Psychoanalysis 72(3): 207–222.
Gullestad, S. (2008). Die Dynamik der Dissoziation am Beispiel der Multiplen Persönlichkeitsstörung. In: Psychoanalyse – Neurobiologie – Trauma. M. Leuzinger-Bohleber, G. Roth & A. Buchheim, Hg. (Stuttgart: Schattauer), S. 55–66.
Haarer, J. (1939). Die deutsche Mutter und ihr erstes Kind (Berlin: Lehmann).
Hartke, R. (2005). The basic traumatic situation in the analytic relationship. International Journal of Psychoanalysis 86: 267–290.
Hill, J. (2009). Developmental perspectives on adult depression. Psychoanalytic Psychotherapy 23(3): 200–212.
Hoppe, K.D. (1962). Verfolgung, Aggression und Depression. Psyche 16: 521–537.

Jedema, H.P., Gianaros, P.J., Greer, P.J. et al. (2010). Morphological differences associated with a serotonin transporter polymorphism (5-HTTLPR) in rhesus macaques. Molecular Psychiatry 15(5): 446–446.

Keilson, H. (1979). Sequentielle Traumatisierung bei Kindern (Stuttgart: Enke).

Kellermann, N.P. (1999). Diagnosis of Holocaust survivors and their children. The Israel Journal of Psychiatry and Related Sciences 36(1): 55–64.

Kellermann, N.P. (2001). Transmission of Holocaust trauma – An integrative view. Psychiatry: Interpersonal & Biological Processes 64(3): 256–267.

Kendler, K.S.K., Gatz, M.M., Gardner, C.O.C. & Pedersen, N.L.N. (2006). A Swedish national twin study of lifetime major depression. The American Journal of Psychiatry 163(1): 109–114.

Khan, M.M. (1963). The concept of cumulative trauma. The Psychoanalytic Study of the Child (18): 286–306.

Kogan, I. (2002). „Enactment" in the lives and treatment of Holocaust survivors' offspring. Psychoanalytic Quarterly 71(2): 251–272.

Krystal, H. (1968). Massive psychic trauma (New York: International University Press).

Laub, D., Peskin, H. & Auerhahn, N.C. (1995). Der zweite Holocaust: Das Leben ist bedrohlich. Psyche 49(1): 18–40.

Leuzinger-Bohleber, M. (1998). Pathogenes Leiden an der Schuld der Väter – eine Fallskizze. In: Psychoanalyse im Spannungsfeld zwischen Klinik und Kulturtheorie, M. Leuzinger-Bohleber, H. Lahme-Gronostaj, T. Meyer-Stoll & M. Michel, Hg. (Kassel: Institut für Psychoanalyse), S. 79–99.

Leuzinger-Bohleber, M. (2003). Die langen Schatten von Krieg und Verfolgung. Kriegskinder in Psychoanalysen. Beobachtungen und Berichte aus der DPV-Katamnesestudie. Psyche 57: 982–1016.

Leuzinger-Bohleber, M. (2006). Kriegskindheiten, ihre lebenslangen Folgen – dargestellt an einigen Beispielen aus der DPV-Katamnesestudie. In: Kindheiten im Zweiten Weltkrieg. Kriegserfahrungen und deren Folgen aus psychohistorischer Perspektive, H. Radebold, Hg. (München: Juventa), S. 61–82.

Leuzinger-Bohleber, M. (2008). Biographical truths and their clinical consequences: Understanding ‚embodied memories' in a third psychoanalysis with a traumatized patient recovered from serve poliomyelitis. International Journal of Psychoanalysis 89: 1165–1187.

Leuzinger-Bohleber, M. (2013). Chronische Depression und Trauma. Konzeptuelle Überlegungen zu ersten klinischen Ergebnissen der LAC-Depressionsstudie. In: Chronische Depression. Verstehen – Behandeln – Erforschen, M. Leuzinger-Bohleber, U. Bahrke & A. Negele, Hg. (Göttingen: Vandenhoeck & Ruprecht), S. 56–82.

Leuzinger-Bohleber, M. & Pfeifer, R. (2002). Remembering a depressive primary object: memory in the dialogue between psychoanalysis and cognitive science. The International Journal of Psychoanalysis 83(Teil 1): 3–33.

Leuzinger-Bohleber, M. & Emde, R. (2013). Early parenting research and prevention of disorder. Psychoanalytic Research at Interdisciplinary Frontiers (London: Karnac Books).

Leuzinger-Bohleber, M., Emde, R. & Pfeifer, R. (2013). Embodiment. Innovatives Konzept für Entwicklungsforschung und Psychoanalyse (Göttingen: Vandenhoeck & Ruprecht).

Meaney, M.J.M. & Szyf, M.M. (2005). Maternal care as a model for experience-dependent chromatin plasticity? Trends in Neurosciences 28(9): 456–463.

Mertens, W. & Waldvogel, B., Hg. (2008). Handbuch psychoanalytischer Grundbegriffe (3. Aufl.) (Stuttgart: Kohlhammer).

Milner, B.B., Squire, L.R.L. & Kandel, E.R.E. (1998). Cognitive neuroscience and the study of memory. Neuron 20(3): 445–468.

Negele, A., Bahrke, U., Kaufhold, J. et al. (2013). Trauma und Depression in der LAC Depressions-Studie. Unveröff. Vortrag, gehalten auf der Joseph Sandler Psychoanalytic Research Conference: Finding the body in the mind. Researchers and clinicians in dialogue, Frankfurt a. M., 1.–3. März 2013.

Niederland, W.G. (1980). Folgen der Verfolgung (Frankfurt a. M.: Suhrkamp).

Olds, D. & Cooper, A.M. (1997). Dialogue with other sciences: opportunities for mutual gain. The International Journal of Psychoanalysis 78(Teil 2): 219–225.

Oliner, M. (2000). The unsolved puzzle of trauma. Psychoanalytic Quarterly 69(1), 41–61.

Peterson, B. (2013). Finding the mind in the body: Investigating children-at-risk. Unveröff. Vortrag, gehalten auf der Joseph Sandler Psychoanalytic Research Conference: Finding the body in the mind. Researchers and clinicians in dialogue, Frankfurt a. M., 1.–3. März 2013.

Peterson, B.S., Warner, V., Bansal, R. et al. (2009). Cortical thinning in persons at increased familial risk for major depression. Proceedings of the National Academy of Sciences of the United States of America 106(15): 6273–6278.

Radebold, H. (2000). Abwesende Väter. Folgen der Kriegskindheit in Psychoanalysen (Göttingen: Vandenhoeck & Ruprecht).

Radebold, H., Heuft, G. & Fooken, I. (Hg.) (2006). Kindheiten im Zweiten Weltkrieg. Kriegserfahrungen und deren Folgen aus psychohistorischer Perspektive (Weinheim: Juventa).

Reinhold, N. & Markowitsch, H.J. (2010). Stress und Trauma als Auslöser für Gedächtnisstörungen: Das mnestische Blockadesyndrom. In: Psychoanalyse – Neurobiologie – Trauma. M. Leuzinger-Bohleber, G. Roth & A. Buchheim, Hg. (Stuttgart: Schattauer), S. 118–131.

Risch, N. et al. (2009). Interaction between the serotonin transporter gene (5-HTTLPR), stressful life events, and risk of depression: a meta-analysis. Journal of the American Medical Association 301(23): 2462–2471.

Robertson, J. (1952): A two-year-old goes to hospital. A scientific film: www.robertsonfilms.info

Robertson, J. (1969): John [Nine days in a residential nursery]. A scientific film: www.robertsonfilms.info

Rovee-Collier, C.C. (1997). Dissociations in infant memory: rethinking the development of implicit and explicit memory. Psychological Review 104(3): 467–498.

Rovee-Collier, C.C. (1999). The development of infant memory. Current Directions in Psychological Science 8(3): 80–85.

Rovee-Collier, C.C. & Cuevas, K.K. (2009). Multiple memory systems are unnecessary to account for infant memory development: an ecological model. Developmental Psychology 45(1): 160–174.

Rutter, M. (2009). Gene-environment interactions. Biologically valid pathway or artifact? Archives of General Psychiatry 66: 1287–1289.

Sachsse, U., Venzlaff, U. & Dulz, B. (1997). 100 Jahre Traumaätiologie. Persönlichkeitsstörungen 1: 4–14.

Schlesinger-Kipp, G. (2012). Kindheit im Krieg und Nationalsozialismus (Gießen: Psychosozial-Verlag).

Schore, A.N. (2012). The science of the art of psychotherapy (New York: Norton).

Segal, H. (1988). Silence is the real crime. In: Psychoanalysis and the nuclear threat, H.B. Levine, D. Jacobs & L. J. Rubin, Hg. (Hillsdale, NJ: The Analytic Press), S. 35–59.

Skelton, K.K., Ressler, K.J.K., Norrholm, S.D.S., Jovanovic, T.T. & Bradley-Davino, B.B. (2012). PTSD and gene variants: new pathways and new thinking. Neuropharmacology 62(2): 628–637.

Spinelli, S., Chefer, S., Carson, R. et al. (2010). Effects of early-life stress on serotonin1A receptors in juvenile Rhesus monkeys measured by positron emission tomography. Biological Psychiatry 67: 1146–1153.

Spitz, R. (1946). Anaclitic depression. Psychoanalytic Study of the Child 2: 313–341.

Sugar, M., Hg. (1999). Trauma and adolescence (Madison, CT: International Universities Press).

Suomi, S. (2010). Trauma and epigenetics. Unveröffentl. Vortrag, gehalten auf der 11. Joseph Sandler Research Conference: Persisting shadows of early and later trauma, Frankfurt a. M., 7. Februar 2010.

Tutté, J. (2004). The concept of psychical trauma: A bridge in interdisciplinary space. International Journal of Psychoanalysis 85(4): 897–921.

Venzlaff, U. (1958). Die psychoreaktiven Störungen nach entschädigungspflichtigen Ereignissen (Berlin: Springer).

Weiss, M. & Weiss, S. (1999). Second generation to Holocaust survivors: enhanced differentiation of trauma transmission. American Journal of Psychotherapy 54(3): 372–385.

Vanessa Lux
7 Ererbtes Trauma

Kann ein Trauma ererbt sein? Die wissenschaftliche Bearbeitung dieser Frage setzte bis vor kurzem voraus, dass das Trauma, um das es geht, ein psychisches Trauma ist, und dass mit ‚Vererbung' eine psychodynamische oder kulturelle Übertragung gemeint ist. Der dabei zugrunde gelegte psychische Traumabegriff ist um 1900 in Abgrenzung zum physischen Trauma entstanden. Die Herausbildung des psychischen Traumabegriffs ist zugleich ein Schauplatz für die Trennung biologischer und kultureller Vererbungskonzepte. Denn dieser Abgrenzungsprozess verlief historisch parallel zur Zurückweisung der Vererbung erworbener Eigenschaften und der Beschränkung der biologischen Vererbung auf die molekulare Weitergabe über die Keimbahn im Anschluss an August Weismann.

Weismanns Keimplasmatheorie bedeutete einen paradigmatischen Einschnitt für die biologische Vererbungsforschung und bildet bis heute einen der Grundpfeiler der modernen Genetik und Entwicklungsbiologie. In der gegenwärtigen epigenetischen Forschung wird nun intensiv nach Mechanismen gesucht, die die transgenerationelle Übertragung von Traumafolgen auch molekularbiologisch erklären. Erste Hinweise auf eine solche molekulare Übertragung haben die Vererbung erworbener Eigenschaften und präweismannsche Vererbungstheorien wieder in die Diskussion gebracht. Dies hat nicht nur Folgen für die Vorstellung von biologischer Vererbung, sondern stellt auch wesentliche Charakteristika des psychischen Traumas in Frage.

7.1 Wunden werden nicht vererbt

Das Wort Trauma stammt aus dem Griechischen und bezeichnet eine physische Wunde. Verletzungen durch spitze und stumpfe Gegenstände oder Schnittwunden, aber auch Blessuren jeder Art, darunter blaue Flecken und Zerrungen werden bis heute in der Unfallchirurgie (Traumatologie) als Traumata bezeichnet. Die Frage nach der Erblichkeit solcher durch äußere Einwirkungen beigebrachten Wunden führt direkt in die Geschichte der biologischen Vererbungstheorien: zur Diskussion um die Vererbung erworbener Eigenschaften in der zweiten Hälfte des 19. Jahrhunderts. Einer der zentralen, bis heute noch vielzitierten Diskussionsbeiträge dieser Zeit, der sich gegen die Vererbung erworbener Eigenschaften wandte, ist August Weismanns Vortrag „Ueber die Hypothese einer Vererbung von Verletzungen". In diesem stellte Weismann die Ergebnisse einer kleinen Versuchsreihe vor, mit der er die Lamarcksche Evolutionstheorie empirisch widerlegen wollte: Weismann schnitt weißen Mäusen die Schwänze ab und kreuzte sie über mehrere Generationen miteinander, um die Vererbung der beigebrachten Wunde, der verstümmelten Schwänze, in einer der nächsten Mäusegenerationen zu provozieren, was nicht gelang (vgl. Weismann, 1889).

Weismanns Versuch widerlegt Lamarcks Theorie nicht in ihrem Kern. Nach Lamarck beschränkt sich der Erwerb neuer Fähigkeiten und deren Vererbung auf *funktionelle Anpassungen* bereits bestehender Organe durch deren spezifischen Gebrauch sowie deren Verschwinden bei ausbleibendem Gebrauch (vgl. Lamarck, 1809: 240). Rein zufällige und zudem unnütze Veränderungen wie die von Weismann vorgenommenen Schwanzverstümmelungen schließt dies nicht ein. Steven J. Gould zufolge konnte der Versuch nur als Widerlegung gelten, weil Weismann bereits von der Keimplasmatheorie ausging (vgl. Gould, 2002: 201). Nach dieser werden Eigenschaften eines mehrzelligen Organismus nur über die Weitergabe von Keimplasma vererbt. Um vererbt zu werden, müssten erworbene Eigenschaften also auf die Keimzellen zurückwirken. Diese Rückwirkung aber müsste nach Weismanns Theorie auch zufällige, funktionslose Änderungen betreffen, wollte man nicht davon ausgehen, dass ein bewusster Akteur zwischen funktionellen und nicht funktionellen Änderungen auswähle.

Dennoch wird das Experiment nach wie vor in Biologiebüchern gegen die Lamarcksche Evolutionstheorie ins Feld geführt.[1] So wird die in unserem kulturellen Gedächtnis eingeschriebene Verbindung zwischen der Nichtvererbbarkeit von beigebrachten Wunden und der Ablehnung der Vererbung erworbener Eigenschaften aktiv jeder neuen Generation vermittelt. Insoweit nun das Trauma als eine solche beigebrachte Wunde verstanden wird, ist dessen Vererbung ausgeschlossen. Oder aber der Bereich der biologischen Vererbung muss verlassen werden – in Richtung Psychologie und Kultur. Im Unterschied zur Biologie ist hier durchaus etabliert, dass ein Trauma unter bestimmten Umständen von einer Person auf eine andere übertragen und in diesem Sinne vererbt und ererbt werden kann. Dieses übertragbare Trauma ist allerdings kein physisches, sondern ein *psychisches* Trauma.

7.2 Psychosoziale und kulturelle Übertragung von Traumata

Das psychische Trauma und der davon ausgelöste Symptomkomplex, wie Flashbacks, Schlafstörungen, Alpträume, Erinnerungslücken, unkontrollierter Redefluss, depressive Verstimmung und Somatisierungen in Form von Schmerzen oder Lähmungen, ist im Vergleich zu anderen psychischen Störungen erst sehr spät in die psychiatrischen Krankheitsklassifikationen aufgenommen worden: Die posttraumatische Belastungsstörung (PTBS) wird erst seit der 1980 erschienenen dritten Fassung des *Diagnostic and statistical manual of mental disorders* (DSM) der American Psychiatric Association als eigenständige diagnostische Kategorie geführt. Erst seitdem werden eine distinkte Ätiologie und Symptomatik sowie ein spezifischer Verlauf angenommen. Bis dahin war umstritten, ob es sich hier um einen eigenständigen Symptomkomplex handelt. Eine weitere Besonderheit der Traumaklassifikation ist, dass das auslösende trauma-

---

[1] So z. B. im Lehrbuch für allgemeine Biologie für Mediziner und Naturwissenschaftler von Koecke et al., 2000: 35.

tische Erlebnis explizit in die Diagnosekategorie eingeschrieben worden ist. Die PTBS ist nicht nur aufgrund ihrer psychischen Symptome, sondern auch aufgrund ihrer psychischen Verursachung die psychische Störung *par excellence*.

In der Literatur werden drei Arten der Traumaübertragung diskutiert: 1. die Weitergabe des Traumas in Familien, 2. die Weitergabe zwischen Opfer und Helfer und 3. die Weitergabe durch eine Traumakultur. Zur *Weitergabe des Traumas innerhalb von Familien* wird seit den 1970er Jahren systematisch geforscht, nachdem sich klinische Fallberichte über Kinder von Holocaust-Überlebenden häuften, die traumaspezifische Symptomatiken zeigten, ohne selbst einem traumatischen Ereignis ausgesetzt gewesen zu sein (vgl. Kellermann, 2001: 37). Für die innerfamiliäre Weitergabe werden hierbei verschiedene psychosoziale Übertragungswege angenommen (vgl. Kellermann, 2000): Das Trauma könne etwa durch die Erzählungen der Eltern von ihren schrecklichen Erlebnissen oder durch die Tabuisierung und damit Dämonisierung des Erlebten übertragen werden. Besonders in der frühen Kindheit könnten das wiederholte Hören solcher Erzählungen wie auch das Schweigen vom Erlebten sowie die Traumasymptome der Eltern traumatisierend wirken. Ebenfalls in der frühen Kindheit könnten Störungen der Eltern-Kind-Beziehung wie emotionale Distanz oder überprotektives Verhalten der Eltern, Störungen der durch die Eltern vermittelten Rollenbilder oder der Kommunikation im Familiensystem eine Vulnerabilität für traumaspezifische Symptome übertragen. Übertragen werde dabei weniger das Trauma selbst als ein spezifisches Reaktionsmuster auf krisenauslösende Lebensereignisse (vgl. Kellermann, 2001: 43). Ähnliche Formen der Traumaübertragung von Eltern auf ihre Kinder wurden auch in Familien von Überlebenden des Genozids in Ruanda und in bosnischen Flüchtlingsfamilien (vgl. Roth, 2011) sowie in der deutschen Kriegskindergeneration (vgl. Bohleber, 2008; Radebold, 2008) beschrieben.

Ab Anfang der 1980er Jahre dokumentiert der Psychologe und Familientherapeut Charles Figley die Weitergabe von Traumata zwischen Unterstützern und Opfern (vgl. Figley, 1983; 1985). Diese von ihm später als „compassion fatigue" (Figley, 1995: 2) bezeichnete *sekundäre Traumatisierung* sei Folge eines wiederholten Hörensagens von schrecklichen Erlebnissen in Verbindung mit der Ohnmacht, das Leiden der Betroffenen mildern zu können. Das Phänomen wurde zunächst bei den Opfern nahestehenden Familienangehörigen, später aber auch bei Therapeuten oder Katastrophenhelfern beobachtet.

Im Anschluss an die Tabu/Schuld-Konstellationen in Deutschland nach dem Holocaust, aber auch in Südafrika nach dem Apartheid-Regime oder in Argentinien, Chile oder Uruguay nach den jeweiligen Militärdiktaturen, ist im Zusammenhang mit Versuchen einer Aufarbeitung der Verbrechen eine *kulturelle Übertragung von Traumata* beschrieben worden. Die individuell-biografischen und kollektiven traumatischen Erfahrungen sowie die mit ihnen verbundenen Tabu/Schuld-Konstellationen werden in kulturellen Ausdrucksformen, von der Literatur über die bildende Kunst bis hin zu Alltagspraktiken be- und verarbeitet. Jenseits solcher Formen der Repräsentation von Traumatisierung ist zudem unter dem Stichwort *kulturelles Trauma* auch die Frage nach einer spezifischen Qualität kollektiver Traumatisierung einer ganzen Gesellschaft in Folge von massenhafter Gewalt und Massenmord, Krieg und Terroranschlägen diskutiert worden. Solche kulturellen Traumakonzepte vertreten beispielsweise Jeffrey C. Alexander oder Cathy Caruth. Alexander weist dem Trauma eine gemeinschaftsstiftende, identifikatorische und geschichtspolitische Funktion im Kontext von Nationalgeschichtsschreibung zu (vgl. Alexander, 2004). Caruth betont unter Bezug auf Freud und Lacan dagegen eine Traumakonzeption, in der der Umstand, überlebt zu haben, zum Ausgangspunkt einer ethisch-moralischen Standortgewinnung für die eigene, aber auch für kommende Generationen wird, wobei ihr das Trauma auch als Bild der notwendigerweise brüchigen und unvollständigen Geschichte dient (vgl. Caruth, 2007).

Psychische Wunden können demnach über interpersonale und soziale Interaktion und über Kultur weitergeben werden. Die transgenerationelle Übertragung des psychischen Traumas ist nicht an die biologische Vererbung gebunden. Damit nimmt das Trauma allerdings auch unter den psychischen Störungen eine Sonderstellung ein. Denn der psychische Traumabegriff ist nicht nur in Abgrenzung von einer physischen Ursache des Traumas, sondern auch in Abgrenzung von einer ererbten Prädisposition für eine psychische Störung entstanden.

7.3 Vererbung psychischer Störungen vor Weismann

Die Vorstellung, dass psychische Störungen vererbt werden, entwickelte sich Mitte des 19. Jahrhunderts mit der Durchsetzung der sogenannten Somatiker gegenüber den Psychikern. Während die Psychiker den Wahn und das Irresein als Störungen der Seele oder der Moral verstanden und diese durch Erziehung und Arbeitstherapie zu behandeln suchten, interpretierten die Somatiker psychische Störungen als physiologische oder funktionelle Erkrankungen des zuständigen Organs: des Gehirns. Auch nahmen sie an, dass die in Biologie und Medizin für die physiologische Reproduktion anderer Organe und ihrer Erkrankungen beschriebenen Mechanismen ebenso für psychische Störungen galten. Im Anschluss hieran wurden die damaligen Theorien zur „natürlichen Vererbung" auf das Gehirn und die psychischen Funktionen übertragen.

Für die Vorstellung von der Vererbung psychischer Störungen ist Prosper Lucas' zweibändiges Werk *Traité philosophique et physiologique de l'hérédité naturelle dans les états de santé et de maladie du système nerveux* (Bd. 1, 1847; Bd. 2, 1850) einschlägig. An Lucas schließt nur kurze Zeit später auch August Morel mit seiner Degenerationsthese an (vgl. Morel, 1857), die die weitere Diskussion um die Vererbung psychischer Fähigkeiten stark prägt. Lucas beschrieb verschiedene Vererbungswege beim Menschen und wandte diese auf das Nervensystem und dessen Erkrankungen, darunter auch die psychischen Störungen, an. Er unterschied zwischen direkter (von den Eltern zu den Kindern, *l'hérédité directe*), sich kreuzender (quer von einem Geschlecht auf das andere, etwa vom Vater auf die Tochter, *l'hérédité croisée*), indirekter (etwa von Onkel und Tante auf Nichten und Neffen, *l'hérédité indirecte*), sowie nach einer oder mehr Generationen wiederkehrender (*l'hérédité en retour*) Vererbung. Dadurch schuf er einen Interpretationsrahmen, in dem eine ererbte Prädisposition auch dann angenommen werden konnte, wenn die Eltern, wie häufig im Falle psychischer Störungen, phänotypisch unbelastet waren (vgl. Lucas, 1850: 763). Zugleich eröffnete er den Weg zu einer ausführlichen Familienanamnese, wie sie Jean-Martin Charcot als diagnostische Methode verwendete. Als Übertragungsweg der natürlichen Vererbung (*l'hérédité de nature*) bestimmt Lucas die Weitergabe über die Keimzellen (vgl. Lucas, 1847: 6). Diese sind noch nicht, wie später bei Weismann, von den Erfahrungen der Körperzellen getrennt.

Für die europäische Anstaltspsychiatrie Mitte des 19. Jahrhunderts kann zudem das *Manual of psychological medicine* von John Charles Bucknill und Daniel Hack Tuke, erstmals erschienen 1858, als Referenzwerk zur Vererbung psychischer Erkrankungen gelten (vgl. Beveridge, 1998: 52). In der dritten, erweiterten Auflage von 1874 sind verschiedene Vererbungsweisen psychischer Störungen ergänzt. Mit dem Problem einer häufig fehlenden direkten Vererbung von den Eltern konfrontiert, bestimmte Tuke, der das einschlägige Kapitel verfasste, den Zeitpunkt der Zeugung oder auch die Schwangerschaft als Momente der Übertragung/Vererbung psychischer Störungen, und insbesondere von Psychosen.

> It is obvious that, on the one hand, the mental and physical condition of either parent at the moment of conception must exercise an important influence upon the future being, quoad his insanity [...].
> When the ovum is impregnated it is subjected to the influence of the mother's diseases or predisposition to disease. It is also liable to receive unfavorable impressions from transient conditions of the mother from mental shocks of any kind (Bucknill & Tuke, 1874: 58).

Umgekehrt müsse sich die psychische Störung eines Elternteils, wenn sie erst nach der Geburt des Kindes auftritt, nicht übertragen (ebd.: 61). Jedoch wurde eine Übertragbarkeit durch die Muttermilch, etwa durch eine an einer psychischen Störung leidende Amme, angenommen (ebd.: 59).

Tukes Übertragungsszenarien Zeugung, Schwangerschaft und Stillzeit zeigen, dass die Weitergabe einer psychischen Störung an die nächste Generation 1874 noch nicht eindeutig als Vererbung über die Keimbahn gedacht wird. Doch schon fünfzehn Jahre später wird die Weitergabe durch das Keimplasma als einzige Möglichkeit der biologischen Vererbung auch der psychischen Störungen betrachtet. Parallel zu diesem Paradigmenwechsel innerhalb der Vererbungslehre wird eine biologische Prädisposition für das psychische Trauma zurückgewiesen. Es wird damit zum Inbegriff einer *erworbenen* und *psychischen* Verletzung.

7.4 Die Entstehung des psychischen Traumabegriffs

Historische Rekonstruktionen zum Begriff des psychischen Traumas beginnen häufig mit der Debatte um den „Railway Spine". Mit diesem wurden ab Mitte des 19. Jahrhunderts nervöse Symptome ähnlich der posttraumatischen Belastungsstörung in Folge von Zugunfällen bei Passagieren und Lokführern bezeichnet. Berichte von psychischen Problemen wie Albträumen, Flashbacks, plötzlichen Lähmungen und nervösen Schockzuständen in Folge von Kriegserlebnissen, Kutschunfällen, Stürzen vom Pferd oder schweren Arbeitsunfällen sind schon früher in der medizinischen Literatur und in anderen schriftlichen Zeugnissen zu finden.[2] Doch erst mit der Industrialisierung und der Schaffung einer Arbeitsunfallversicherung wurde das psychische Trauma Gegenstand systematischer neurologischer, psychiatrischer und später psychologischer Studien (vgl. Trimble, 1981; Beveridge, 1997). Veranlasst wurde diese Verwissenschaftlichung durch die Unfallversicherungen der Eisenbahngesellschaften. Es wurden Kriterien benötigt, um zu überprüfen, ob Lokführer, denen nach Zugunfällen nachweisbare Läsionen fehlten, tatsächlich an einem Trauma litten oder lediglich simulierten.

Eines der ersten Referenzwerke zum Railway Spine war John Eric Erichsens 1867 veröffentlichtes Buch *On railway and other injuries of the nervous system*. Als primäre Ursache für die Symptome nimmt Erichsen Drehungen und Quetschungen an, die das Rückenmark durch die Erschütterungen während des Unfalls erleide (Erichsen, 1867: 27). Diese führten zu verrenkten Nerven, funktionellen Störungen und in der Folge zu Verlust oder Modifikation der Innervation (ebd.). Ein verzögertes Einsetzen der Symptome, wie es typisch für das Trauma ist, wird von ihm durch eine langsam zunehmende Nervenentzündung infolge der Erschütterung erklärt (vgl. ebd.). In einem zweiten Buch, *On concussion of the spine, nervous shock and other obscure injuries to the nervous system* (1875, zweite Auflage 1882), führt Erichsen den Erschütterungseffekt schließlich auf molekulare Veränderungen in der physiologischen Struktur des Rückenmarks zurück: „The primary effects of these concussions or commotions of the spinal cord are probably due to molecular changes in its structure" (Erichsen, 1875/1882: 8). Wie eng die physiologische Interpretation nervöser Zustände und psychischer Symptome mit der damaligen Diskussion über die Vererbung erworbener Eigenschaften verflochten war, zeigt ein Verweis Erichsens auf Arbeiten von Charles Édouard Brown-Séquard in den einleitenden Bemerkungen zu seinem zweiten Buch. Brown-Séquard hatte 1859 (veröffentlicht 1860) von einem Fall der Vererbung von zufällig erzeugter Epilepsie bei Meerschweinchen berichtet (Brown-Séquard, 1860: 297). Erichsen interpretierte diesen Bericht als Indiz für die Erblichkeit der von ihm diskutierten Verletzungen des Nervensystems (vgl. Erichsen, 1875/1882: 2).

---

[2] Viel zitiert wird die 1766 von einem Dr. Maty dokumentierte Fallstudie des Comte de Lordat, der solche Symptome nach einem Kutschunfall entwickelte (vgl. z. B. Trimble, 1981: 5 f.).

Für sein Festhalten an nicht sichtbaren molekularen oder entzündungsbedingten Veränderungen des Rückenmarks als Ursache für den Railway Spine wird Erichsen schließlich von Herbert Page kritisiert (vgl. Page, 1883). Page zufolge müsse zwischen Rückenschmerzen und nervösem Schock sorgfältig differenziert werden. Letzterer könne allein durch Angst („by fright and by fright alone"; Page, 1883: 147) ausgelöst werden. Page vertritt damit einen psycho-physiologischen Traumabegriff ähnlich der späteren Stresstheorie des Traumas und ebnet den Weg hin zur Vorstellung eines mentalen Schocks, einer emotionalen Erschütterung oder Wunde der Psyche. In seinem späteren Buch *Railway injuries, with special reference to those of the back and nervous system* (1891) spricht Page explizit von der „Angstneurose" („fright neurosis"; Page, 1891: 95 u. ö.).

Bereits 1878 verwendet Albert Eulenburg in seinem *Lehrbuch der Nervenkrankheiten* die Bezeichnung „psychisches Trauma" für einen psychischen Schock und vergleicht dessen Wirkung mit der des traumatischen Schocks nach einer Wunde (Eulenburg, 1878: 569 f.). Breite Anerkennung erhielt die Annahme einer durch das Trauma ausgelösten psychischen Störung aber erst durch die Arbeiten Jean-Martin Charcots und dessen Hypnose-Studien an Hysterie-Patienten. Charcot gilt als Mitbegründer der modernen Neurologie und zugleich als Wegbereiter der Psychiatrie und Psychologie. Er leitete das Hôpital Salpêtrière in Paris, wo er Fallstudien aus seiner Forschung in seinen Vorlesungen präsentierte. Viele angehende Neurologen und Psychiater besuchten Charcots Vorlesungen, darunter die im Weiteren erwähnten Adolf Strümpell, Hermann Oppenheim, Sigmund Freud und Ludwig Bruns.

Maßgeblich für die Entwicklung des psychischen Traumabegriffs ist Charcots Demonstration seiner Hypnosetechnik, mit deren Hilfe er Lähmungen suggerieren und wieder aufheben konnte. In seinen Fallbeschreibungen zur Hysterie beim Mann interpretierte Charcot das physische Trauma, etwa eine Glasschnittwunde oder Prellung, als möglichen Auslöser für eine solche suggestive Lähmung im Zustand der Hysterie. Charcot verwendet hierfür die Bezeichnung „dynamisch[e], hysterisch[e] Läsion" (Charcot, 1886: 264). Sie entstehe dadurch, dass der Schock einen hypnoseähnlichen Zustand produziere und die Person sich die Lähmung aus Angst vor einer Verletzung selbst suggeriere. Wie er in einer Vorlesung von 1888 ausführt, sah er auch die unter dem Phänomen des „Railway Spine" bekannt gewordenen Fälle als traumatische Hysterie an (vgl. Vorlesung vom 4. Dezember 1888; Charcot, 1889: 131). Allerdings ist bei Charcot mit Trauma noch ausschließlich ein *physisches* Trauma gemeint. Für das psychische Trauma verwendet Charcot wie Page die Bezeichnung „nervöse[r] Schoc[k]" (Charcot, 1886: 289).

Da Charcot die durch traumatische Einwirkung ausgelösten psychischen Symptome als Hysterie identifiziert, nimmt er auch die gleiche Ätiologie an. Dies gilt ebenfalls für die Frage der Erblichkeit. So geht Charcot bei der Hysterie von einer erblichen, familiären Prädisposition aus. Die „erbliche neuropathische Anlage" nehme „in der Aetiologie der Hysterie" sogar „den ersten Rang" ein (ebd.: 80). Das Trauma sei dagegen nur der Auslöser für die Hysterie, der „agent provocateur" (vgl. Freud,

1896/1952: 426), nicht aber deren Ursache. Für die Vererbungstheorie bezieht sich Charcot direkt auf Prosper Lucas und dessen Ausdifferenzierung möglicher Vererbungsweisen, und hier insbesondere auf die „*hérédité de transformation*" (Charcot, 1886: 80). Demnach werde keine spezielle Disposition für eine bestimmte psychische Erkrankung vererbt, sondern lediglich eine allgemeine Disposition zu Nervenleiden. Charcot nutzte daher die Familienanamnese zur Differentialdiagnose zwischen hysterischen und physiologisch verursachten Lähmungen.

Von Charcot zum genuin psychischen Traumabegriff führen zwei divergente Theorielinien, die bis heute nicht vollständig versöhnt sind: Eine *erste Linie*, vertreten durch Adolf Strümpell und Hermann Oppenheim, denen zufolge das psychische Trauma eine funktionell-physiologisch verursachte, eigenständige Störung ist, und eine *zweite Linie*, vertreten durch Josef Breuer und vor allem Sigmund Freud, die einen psychodynamischen Ursprung des Traumas betonen. Gemäß der ersten Linie beschreiben Strümpell und Oppenheim in Abgrenzung zu Charcot die durch eine emotionale Erschütterung ausgelösten psychischen Symptome als eine eigenständige Störungsgruppe mit spezifischem Symptomkomplex (vgl. Strümpell, 1888; Oppenheim, 1889). Dieser entspricht in vielen Punkten bereits der heutigen Klassifikation der PTBS. Strümpell, Facharzt für Innere Medizin und Professor an der Universität Erlangen, bezeichnet die Störungsgruppe als „traumatische Neurosen", wobei er zwischen „örtliche[n] traumatische[n] Neurosen" – etwa Charcots Lähmungen infolge von Prellungen und Schnittwunden – und „allgemeine[n] traumatische[n] Neurosen" – etwa der umfassende Schockzustand nach einem Eisenbahnunfall – unterscheidet. Auch begrenzt er die Bezeichnung auf ausschließlich durch einen psychischen Schock hervorgerufene Symptome ohne physiologische Läsion:

> Traumatische Lähmungen durch irgendwie entstandene Quetschungen oder Zerreissungen eines Nerven, ferner Rückenmarks- und Gehirnläsionen durch Wirbelbrüche, Wirbelluxationen, Schädelbrüche, durch traumatische Blutungen, durch secundär eingetretene Entzündungen u. s. w. – alle diese zwar ebenfalls häufigen und wichtigen Zustände gehören *nicht* zu den traumatischen Neurosen. (Strümpell, 1888: 3 – Hvh. im Orig.)

Anders als Charcot benutzt Strümpell, vermutlich in Anlehnung an Eulenburg, die Bezeichnung „psychisches Trauma" für den nervösen „Schreck" (Strümpell, 1888: 14). Es könne bereits aus der Sorge über die sozialen und finanziellen Folgen eines Unfalls resultieren (ebd.). Letztlich gibt Strümpell den zentralen Stellenwert der physiologischen Ursachen (Mikroläsionen, molekulare Veränderungen, Entzündung) für die Entstehung des Symptomkomplexes der traumatischen Neurose jedoch nicht ganz auf, etwa wenn er resümiert: „[E]s ist jedoch sehr wahrscheinlich, dass man auch den dauernden Folgen der materiellen Erschütterung, welche freilich nicht grobanatomischer Natur sind, Rechnung tragen muss" (Strümpell, 1888: 28).

Der Berliner Neurologe und Psychiater Oppenheim interpretiert die mikrostrukturellen und funktionellen Blockaden der Nervenleitungen infolge einer traumatischen Erschütterung als zentralnervöse, funktionelle Gedächtnisstörung:

> Man könnte sich vorstellen, dass hierbei im peripherischen Nervenapparat selbst eine directe moleculare Umlagerung hervorgerufen wird, welche der Leitung der motorischen Impulse und sensiblen Eindrücke einen Widerstand entgegensetzt. Wahrscheinlicher ist es aber, dass diese peripherische Erschütterung sich sogleich auf die entsprechenden Nervencentren fortpflanzt und diese lähmt. Das Wesen dieser Lähmung besteht allem Anschein nach in dem Verlust der Erinnerungsbilder, der Bewegungsvorstellungen. (Oppenheim, 1889: 125)

Diese Gedächtnisstörung fasst er in Anlehnung an Charcot als affektiv und ideogen verursacht (Oppenheim, 1889: 124). Anders als Charcot lehnt er die Notwendigkeit der Beteiligung einer familiären, erblichen Prädisposition an der Herausbildung der traumatischen Neurosen ab. Eine solche Anlage oder eine andere Form der Schwächung des Nervenkostüms erhöhe lediglich die Wahrscheinlichkeit einer traumatischen Neurose, sei aber keine Voraussetzung für ihr Entstehen. Er habe Fälle von traumatischen Neurosen bei Männern beobachten können, die „vollkommen gesund, arbeitsfähig und in neuropathischer Beziehung unbelastet waren" (Oppenheim, 1889: 128 f.).

Ludwig Bruns fasst 1901 die sich in der Linie Strümpell-Oppenheim herausbildende Auffassung von der traumatischen Neurose als psychisch verursachter funktionell-physiologischer Störung und eigenständiger psychiatrischer Diagnose in seinem Buch *Die traumatischen Neurosen/Unfallsneurosen* resümierend zusammen. Zwar findet sich bei Bruns immer noch die in dieser Entwicklungslinie des psychischen Traumabegriffs ungelöste Spannung zwischen physiologischer und psychischer Verursachung (vgl. z. B. Bruns, 1901: 17 ff.). Jedoch liegt das Primat eindeutig auf der psychischen Verursachung. Zu den organischen Ursachen der Unfallneurosen konstatiert Bruns: „streng genommen gehören sie [...] nicht hierher", und das Wissen um sie dürfe „nicht die mühsam errungene Erkenntnis erschüttern, dass die weitaus meisten Unfallsnervenkrankheiten echte Neurosen ohne jede anatomische Grundlage sind, und dass für ihre Entstehung wie auch für die gleichen Neurosen ohne Trauma, nicht physikalische, sondern psychische, nicht materielle, sondern seelische Erschütterungen die Hauptrolle spielen" (Bruns, 1901: 19). Vererbung bzw. erbliche Prädisposition finden hier gar keine Erwähnung mehr.

Die parallel zu dieser ersten verlaufende *zweite Linie* der Entstehung des Traumabegriffs ist geprägt von den Arbeiten Breuers und Freuds. Statt Charcots Subsumierung des psychischen Traumas unter die Hysterie mit der Bestimmung eines eigenständigen Symptomkomplexes und spezifischer Ätiologie zu beantworten, wie dies Strümpell und Oppenheim taten, gingen Breuer und Freud in ihren *Studien über Hysterie* (entstanden 1893–1895) den umgekehrten Weg. Für sie ist jede Hysterie eine traumatische Hysterie:

> Solche Beobachtungen scheinen uns die pathogene Analogie der gewöhnlichen Hysterie mit der traumatischen Neurose nachzuweisen und eine Ausdehnung des Begriffes der ‚traumatischen Hysterie' zu rechtfertigen. Bei der traumatischen Neurose ist ja nicht die geringfügige körperliche Verletzung die wirksame Krankheitsursache, sondern der Schreckaffekt, das psychische

Trauma. In analoger Weise ergeben sich aus unseren Nachforschungen für viele, wenn nicht für die meisten hysterischen Symptome Anlässe, die man als psychische Traumen bezeichnen muß." (Breuer & Freud, 1895/1952: 84)

Die Entstehung der hysterischen Symptome sei dynamisch-energetisch verursacht. Das psychische Trauma oder die Erinnerung an das psychische Trauma wirke wie ein Fremdkörper im psychischen Energiehaushalt. Die durch das Trauma ausgelöste Erregung könne nicht abreagiert werden, entweder weil die Integration des Erlebten ins Bewusstsein nicht ertragen werde – Verlust einer geliebten Person – oder weil die sozialen Verhältnisse dies nicht zuließen: Scham und Hemmung (vgl. Breuer & Freud, 1895/1952: 89). Die dadurch entstehende Spaltung des Bewusstseins erzeuge den hypnoseähnlichen Zustand der „psychisch akquirierten Hysterie" (vgl. Breuer & Freud, 1895/1952: 92). Diese stellten sie der prädisponierten Hysterie Charcots gegenüber. Im Gegensatz zu Breuer, der weiter annahm, dass einige Menschen aufgrund ihrer natürlichen Prädisposition besonders zur Bewusstseinsspaltung und zur Ausbildung hysterischer Symptome neigten, bestimmte Freud die Affektabspaltung als allgemein menschliche Fähigkeit und jede Hysterie als akquiriert (vgl. Freud, 1894/1952: 57–74). Ursache für die körperlichen Symptome der Hysterie, darunter Lähmungen und Schmerzen, sei der Prozess der Konversion: die Einlagerung psychischer Erregung bzw. Energie in die Physiologie (vgl. Freud, 1894/1952: 65). In *Zur Ätiologie der Hysterie* (1896) formuliert Freud schließlich, dass das psychische Trauma infolge von Erlebnissen „vorzeitiger sexueller Erfahrung, die der frühesten Jugend angehören", die Hysterie verursache (Freud, 1896/1952: 439). Dies gelte auch für durch Eisenbahnunfälle ausgelöste hysterische Störungen (vgl. Freud, 1896/1952: 428) und für die Neurosen (vgl. Freud 1898/1952: 491–516). Freud ersetzte damit die natürliche Prädisposition, die bei Charcot die primäre Ursache jeder Art psychischer Störung darstellte, durch das in der frühen Kindheit erworbene Trauma: „Man gewänne so eine Aussicht, als frühzeitig erworben aufzuklären, was man bisher einer durch die Heredität doch nicht verständlichen Prädisposition zur Last legen muss" (Freud, 1896/1952: 438).

Zudem bestimmte Freud die *soziale Übertragung* als Vererbungsweise dieser erworbenen Disposition zur Hysterie. Demnach gehe die ursprüngliche traumatisierende Handlung zwar von Seiten eines Erwachsenen aus, das Trauma werde aber unter den Kindern, etwa „zwischen Geschwistern und Vettern", weitergegeben (Freud, 1896/1952: 445). Die familiäre Häufung der Neurose sei demnach kein Beleg für eine erbliche Disposition. Vielmehr handele es sich um eine „Pseudohereditität", und in Wirklichkeit habe „eine Übertragung, eine Infektion in der Kindheit stattgefunden" (ebd.). Zwei Jahre später modifizierte Freud diesen Gedanken dahingehend, dass das sexuelle Trauma, das die primäre Ursache für die spätere psychische Störung darstelle, nicht aus einem real erlebten sexuellen Missbrauch in der frühen Kindheit resultieren müsse, sondern letztlich auch auf eine sexuelle Phantasie des Kindes zurückgehen könne, die verdrängt würde (vgl. Brief an Wilhelm Fließ vom 27. September 1898; Freud, 1986: 360). In den Folgejahren richtete sich seine Forschungsarbeit auf für diese Annahme wesentliche Themen wie das Unbewusste, die Wirkungsweise des Gedächtnisses und die psychische Funktion von Träumen. Damit wendete sich Freud von dem Versuch einer allein neurophysiologischen Begründung psychischer Störungen ab und psychodynamischen Aspekten, dem Wechselspiel zwischen Unbewusstem und Bewusstsein und schließlich zwischen Es, Ich und Über-Ich zu.

Beide Linien der Herausbildung des psychischen Traumabegriffs stehen sich bis heute unversöhnt gegenüber: Die Annahme, dass das psychische Trauma eine funktionell-physiologische Ursache habe (Linie Strümpell-Oppenheim) liegt heute der in der klinisch-psychologischen und psychiatrischen Forschung vorherrschenden Stresstheorie des Traumas zugrunde, während das psychoanalytische Verständnis des Traumas als biographisch erworbene, psychodynamische Ursache psychischer Störungen (Linie Breuer/Freud-Freud) den Interpretationsrahmen sowohl für die interpersonale Übertragung von Traumata als auch für kulturelle Trauma-Konzepte bietet (vgl. auch Leuzinger-Bohleber & Fischmann, in diesem Band). In beiden Fällen wird das Trauma als genuin psychisch verursacht und in Abgrenzung zu einer biologischen Prädisposition und deren Vererbung gefasst; eine Übertragung findet psychosozial oder kulturell statt.[3] Der psychische Traumabegriff gründet gerade in der eindeutigen Trennung biologischer Vererbung und kultureller Übertragung im Anschluss an Weismanns Keimplasmatheorie und die Zurückweisung der Vererbung erworbener Eigenschaften.

Der gegenwärtige Versuch, epigenetische Folgen von Traumatisierung zu identifizieren und ihre transgenerationelle Übertragung nachzuweisen, stellt die eindeutige Trennung des psychischen Traumabegriffs von der biologischen Vererbung wieder in Frage – wenn auch unter molekularbiologischen Vorzeichen.

7.5 Epigenetik und Trauma: Molekulare Veränderungen im Gehirn und die Vererbung erworbener Eigenschaften

Die Suche nach epigenetischen Folgen von Traumatisierung und den Mechanismen ihrer transgenerationellen Übertragung knüpft an drei Beobachtungen aus der klinischen Forschung zum Trauma an: 1. Psychische Traumata werden durch lebensbedrohende Erfahrungen ausgelöst, doch nicht alle Menschen entwickeln nach einer traumatisierenden Erfahrung langfristig eine PTBS. 2. Eine einmal entwickelte PTBS kann relativ kurzfristig wieder vergehen oder aber relativ stabil über einen langen Zeitraum andauern und mit einer fundamentalen Veränderung der sensorischen und

---

3 Freud selbst vollzieht diese Trennung zwischen biologischer Vererbung und kultureller Übertragung allerdings nicht so eindeutig, wie insbesondere an seinen Ausführungen zur Vererbung psychischer Dispositionen früherer Generationen und dem Verhältnis von Phylogenese und Ontogenese im von ihm nie fertiggestellten und erstmals 1985 postum veröffentlichten Manuskript „Übersicht der Übertragungsneurosen" deutlich wird (vgl. Freud, 1915/1987: bes. 640).

emotionalen Erlebnisqualität bei den Betroffenen einhergehen. 3. PTBS tritt in Familien, etwa in Holocaust-Survivor-Familien, gehäuft auf, genetische Faktoren konnten jedoch nicht eindeutig identifiziert werden (vgl. Yehuda & Bierer, 2009; Schmidt et al., 2011). Epigenetische Mechanismen können potenziell durch Umwelteinflüsse modifiziert werden, die Genexpression relativ stabil und langfristig verändern und sind womöglich transgenerationell übertragbar. Aus diesem Grund bieten sie den Traumaforscherinnen Rachel Yehuda und Linda M. Bierer zufolge „a way of understanding effects of an environmental exposure in a manner that integrates both preexisting risk factors and posttraumatic biological adaptations so as to account for the range of individual responses to focal events of similar intensity" (Yehuda & Bierer, 2009: 427). Für sie sind „[e]pigenetic modifications [...] ideally suited to explain PTSD [dt. PTBS – V.L.] phenomenology in that they affirm the centrality of trauma exposure in PTSD and PTSD risk" (ebd.: 432). Auch Ulrike Schmidt, Florian Holsboer und Theo Rein vom Max-Planck-Institut für Psychiatrie in München betonen, dass die Beteiligung epigenetischer Mechanismen an Traumaphänomenen gemäß dem derzeitigen ätiologischen Modell, nachdem eine PTBS entsteht, wenn eine bislang unbekannte biologische Prädisposition mit einem traumatischen Stressor zusammentrifft, wahrscheinlich ist: „This instantly forces the supposition that the epigenome, especially in regard to its capacity to mediate communication between environment and genome, might grossly contribute to PTSD pathogenesis" (Schmidt et al., 2011: 77).

Es liegen bislang nur wenige Studien vor, die mögliche epigenetische Folgen einer Traumatisierung untersucht haben. Den direktesten Versuch stellt wohl eine Untersuchung der Genexpressionsmuster und Kortisolwerte im Blut von Betroffenen der Anschläge auf das World Trade Center am 11. September 2001 dar. Betroffene, die eine PTBS entwickelten, wurden mit solchen ohne PTBS verglichen (vgl. Yehuda et al., 2009): Die auf den Daten von 35 Personen basierende Studie ergab, dass Unterschiede in der Genexpression von 16 Genen zu finden waren, darunter eine statistisch signifikant verringerte Expression des FK506 binding protein 5 (FKBP5) bei Probanden mit PTBS. Für das Protein FKBP5 wird angenommen, dass es mit dem Glucocorticoid-Rezeptor-Protein (GR) interagiert, das unter anderem an der Kortisolregulation im Rahmen der physiologischen Stressreaktion beteiligt ist. Auch wurden erniedrigte Blutkortisolwerte in den Studienteilnehmern mit PTBS gemessen. Die beteiligten Forscher sehen in der vermutlich epigenetisch verursachten Verringerung der FKBP5-Expression eine mögliche biologische Grundlage für die Entwicklung einer PTBS. Als weitere Hinweise auf eine epigenetische Regulation der physiologischen Stressreaktion durch psychisch traumatische Erlebnisse werden Studien interpretiert, die von einem erniedrigten GR-Expressionswert in *Post-mortem*-Gewebe von Selbstmördern mit einem frühkindlichen Trauma im Vergleich zu nicht traumatisierten Selbstmördern berichten (vgl. McGowan et al., 2009) oder ein Zusammenwirken von FKBP5, frühkindlicher Traumatisierung und der Entwicklung einer späteren PTBS statistisch nachweisen (vgl. Binder et al., 2008). Hierauf aufbauend wird für die Ätiologie der PTBS angenommen, dass eine frühkindliche Traumatisierung die physiologische

Stressreaktion dahingehend langfristig beeinflusst, dass die Betroffenen in ihrem späteren Leben auf eine weitere traumatische Erfahrung eher mit der Entwicklung einer PTBS reagieren als andere (vgl. zur psychoanalytischen Reinterpretation dieser Studienergebnisse Leuzinger-Bohleber & Fischmann, in diesem Band). Zugleich wird unter Verweis auf erniedrigte Blutkortisolwerte bei Kindern aus Holocaust-Survivor-Familien, deren Mütter an PTBS litten (vgl. Yehuda & Bierer, 2008), sowie bei Kindern, deren Mütter während der Anschläge aufs World Trade Center mit ihnen schwanger waren und anschließend eine PTBS entwickelten (vgl. Yehuda et al., 2005), ein transgenerationeller Effekt des psychischen Traumas angenommen. Yehuda und Bierer sehen in diesen Ergebnissen den Hinweis auf eine mögliche epigenetische transgenerationelle Übertragung von Traumafolgen in Form eines „developmental programming" des Kortisolstoffwechsels *in utero* (Yehuda & Bierer, 2009: 431). Um die transgenerationelle Übertragung psychischer Traumata anzunehmen, reicht ihnen der Nachweis eines statistischen Effekts in der mütterlichen Linie der F2-Generation. Die Übertragung kann während der Schwangerschaft oder in der frühen Kindheit stattfinden. Mögliche Medien wären das Uterusgewebe, Blut, Speichel und die Muttermilch, aber auch behaviorale, psychosoziale und soziokulturelle Übertragungswege werden nicht ausgeschlossen.

Innerhalb der gegenwärtigen molekularbiologischen Epigenetik wurden Hinweise auf eine behaviorale transgenerationelle Übertragung der Folgen von frühkindlichem Stress im Rattenmodell beobachtet. Die Arbeitsgruppen von Micheal Meaney und Moshe Szyf konnten einen Zusammenhang zwischen mütterlichem Pflegeverhalten und späterem Stressverhalten bei Ratten aufzeigen: Mehr Pflege führte zu höherer Stressresistenz und umgekehrt. Zusätzlich konnten Differenzen in der Histonacetylierung und insbesondere der DNA-Methylierung an für die Regulation der physiologischen Stressreaktion relevanten DNA-Abschnitten bei den unterschiedlich umsorgten Ratten festgestellt werden (vgl. Fish et al., 2004). In einem weiteren Schritt konnten Meaney und Szyf nachweisen, dass die Differenzen im Pflegeverhalten über soziales Lernen an die nächste Generation weitergegeben wurden – und damit indirekt auch die Methylierungsmuster sowie die Stressresistenz oder Stressanfälligkeit. In Adoptionsstudien, bei denen Ratten von wenig pflegenden Muttertieren zu intensiv pflegenden Muttertieren umgesetzt wurden und umgekehrt (Cross-fostering-Design), glichen sich sowohl die DNA-Methylierungsmuster als auch das Stressverhalten und das weitergegebene Pflegeverhalten dem der Adoptivmutter an (vgl. Weaver et al., 2004). Vermutet wird, dass den Ergebnissen eine behavioral verursachte Veränderung der DNA-Methylierung in einer kritischen Entwicklungsphase des Stresssystems zugrunde liegt, durch die die Stressreaktion langfristig beeinflusst wird.

Ob durch Stress ausgelöste epigenetische Veränderungen auch direkt über die Keimbahn weitergegeben werden, ist bislang ungeklärt. Über erste Hinweise auf eine solche Vererbung über die Keimbahn berichtete die Arbeitsgruppe von Isabelle Mansuy an der Universität Zürich. Die von ihnen an Mäusen beobachteten stressinduzierten depressiven und ängstlichen Verhaltensweisen korrelierten mit veränderten

DNA-Methylierungs- und Genexpressionsmustern in Spermien und Hirnzellen. Sowohl die Verhaltensänderung als auch die molekularen epigenetischen Veränderungen waren noch nach drei Generationen in der männlichen Linie beim Vergleich mit einer Kontrollgruppe statistisch signifikant, obwohl die Nachkommen selbst nicht dem Stress ausgesetzt waren und nur mit ungestressten Kontrolltieren gepaart wurden (vgl. Mansuy, in diesem Band).

Diese epigenetische Forschungslinie zum psychischen Trauma und die mit dieser in Verbindung gebrachten Experimentalstudien am Tiermodell konstituieren eine Verschiebung innerhalb des psychischen Traumabegriffs: Wurde das chronifizierte psychische Trauma in Form der PTBS nach dem bisherigen Verständnis ausschließlich durch ein lebensbedrohendes Ereignis ausgelöst und konnte es damit alle Menschen gleichermaßen treffen, wird es nun zu einer kumulierenden Entwicklungsstörung. Es wird zwar nach wie vor durch ein psychisches Schockerlebnis ausgelöst, die Ausbildung des psychischen Symptomkomplexes der PTBS hängt jedoch von einer traumatisierenden Erfahrung in der frühen Kindheit ab (vgl. auch Leuzinger-Bohleber & Fischmann, in diesem Band). Dabei spielt der Zeitpunkt innerhalb der Ontogenese womöglich eine zentrale Rolle (Yehuda & Bierer, 2009: 432). Diese für das psychische Trauma als mit ursächlich angenommene Traumavulnerabilität wird als Folge einer epigenetischen Modifikation der Regulation des Stresssystems in einer kritischen Entwicklungsphase erklärt. Im Falle der frühkindlichen Traumatisierung bzw. des frühkindlichen Stresses wird hierfür zwar durchaus eine psychosoziale Ursache angenommen. Zumindest im Tiermodell wird jedoch auch nach einer physiologischen oder sogar chromosomalen Weitergabe der epigenetischen Modifikation gesucht. Für beide Annahmen steht der endgültige Nachweis allerdings aus.

Im Verweis auf eine psychosozial ausgelöste frühkindliche Prädisposition liegt das Potenzial einer Versöhnung des psychodynamischen mit dem funktionell-physiologischen Traumabegriff. Die epigenetischen Modifikationen könnten dabei als molekulare Einlagerung der psychischen Erfahrung ins neuronale Gedächtnis gefasst werden – ein Bild, das sowohl Oppenheim als auch Freud teilten. Die Epigenetik bietet einen theoretischen Rahmen, in dem die Übersetzung psychischen Erlebens in physiologische Strukturen denkbar ist. Zudem wird die für die Freudsche Traumatheorie wesentliche Bedeutung der ontogenetischen Perspektive betont (vgl. Leuzinger-Bohleber & Fischmann, in diesem Band), und die Hinweise auf eine transgenerationelle Übertragung epigenetischer Modifikationen haben die auch von Freud angenommene Verbindung von Ontogenese und Phylogenese als Forschungsfrage wieder aufgeworfen (vgl. Stotz, in diesem Band). Die Annahme einer möglichen molekularbiologisch-epigenetischen Fundierung und potenziellen transgenerationellen Weitergabe des psychischen Traumas stört jedoch die klare Abgrenzung zwischen psychischem Traumabegriff und biologischer Vererbung.

Zugleich wird durch die gegenwärtige Interpretation der epigenetischen Forschungsergebnisse die Bedeutung der physiologischen Stressreaktion für das Trauma betont und molekularbiologisch unterfüttert. Dies äußert sich bereits in Forderungen nach der zukünftigen Einordnung der PTBS unter die Stress- anstatt die Angststörungen im DSM-V: „An etiology that integrates the presence of epigenetic modifications supports a conception of PTSD as a disordered stress response due, in part, to earlier predisposing influences" (vgl. Yehuda & Bierer, 2009: 432). Die psychodynamische Dimension des Traumas, wie sie für die psychoanalytische Tradition und auch für kulturelle Traumakonzepte wesentlich ist, wird hierdurch auf einen Auslösefaktor reduziert. Die epigenetische Fundierung des psychischen Traumas kann somit statt zu einer Versöhnung psychodynamischer und psychophysiologischer Aspekte tatsächlich zu einer stärkeren Physiologisierung und sogar Molekularisierung des psychischen Traumas führen. Dadurch würde der psychische Traumabegriff in einen engeren, molekularbiologisch-epigenetisch fundierten und einen kulturellen Traumabegriff aufgespalten. In der Folge könnte das psychische Trauma wieder in eine physiologische oder molekulare Störung umgedeutet und aus der Suche nach epigenetischen Modifikationen eine Suche nach Mikroläsionen werden. Dies würde ermöglichen, die Trennung zwischen biologischer Vererbung und kultureller Übertragung, die durch eine epigenetische Fundierung des psychischen Traumas potenziell in Frage gestellt ist, weiter aufrechtzuerhalten. Das mit der Verwischung dieser Trennlinie einhergehende Unbehagen kann so wieder eingehegt werden. In dieser Offenheit für beide Konzeptionen liegt gerade die Faszination der Epigenetik für die Traumaforschung.

Literatur

Alexander, J.C. (Hg.) (2004). Cultural trauma and collective identity (Berkeley, CA: University of California Press).
Beveridge, A. (1997). On the origins of post-traumatic stress disorder. In: Psychological trauma: A developmental approach, D. Black, M. Newman, J. Harris-Hendriks & G. Mezey, Hg. (London: Gaskell), S. 3–9.
Beveridge, A. (1998). The odd couple: the partnership of J.C. Bucknill and D.H. Tuke. Psychiatric Bulletin 22(1): 52–56.
Binder, E.B., Bradley, R.G., Liu, W. et al. (2008). Association of FKBP5 polymorphisms and childhood abuse with risk of posttraumatic stress disorder symptoms in adults. Journal of the American Medical Association 299(11): 1291–1305.
Bohleber, W. (2008). Wege und Inhalte transgenerationaler Weitergabe. Psychoanalytische Perspektiven. In: Transgenerationale Weitergabe kriegsbelasteter Kindheiten: Interdisziplinäre Studien zur Nachhaltigkeit historischer Erfahrungen über vier Generationen, H. Radebold, W. Bohleber & J. Zinnecker, Hg. (Weinheim: Juventa), S. 107–118.
Breuer, J. & Freud, S. (1895/1952). Studien über Hysterie. In: S. Freud. Werke, A. Freud et al., Hg., Bd. 1 (London: Imago Publishing), S. 75–312.
Brown-Séquard, C.É. (1860). Hereditary transmission of an epileptiform affection accidentally produced (submitted 1859). Proceedings of the Royal Society of London 10: 297–298.
Bruns, L. (1901). Die traumatischen Neurosen/Unfallsneurosen (Wien: A. Hölder).
Bucknill, J.C. & Tuke, D.H. (1874). Manual of psychological medicine, 3., erw. Auflage (London: J. & A. Churchill).

Caruth, C. (2007). Unclaimed experience: Trauma, narrative, and history (Baltimore, MD: Johns Hopkins University Press).

Charcot, J.-M. (1886). Neue Vorlesungen über die Krankheiten des Nervensystems, insbesondere über Hysterie, autorisierte deutsche Ausgabe, S. Freud, Übers. (Leipzig: Toeplitz & Deuticke).

Charcot, J.-M. (1889). Leçons du mardi à la Salpêtrière, Policlinique 1887–1889, Notes de Cours de Mm. Blin, Charcot et Henri Colin (Paris: Aux bureau du progrès medical).

Erichsen, J.E. (1867). On railway and other injuries of the nervous system (Philadelphia, PA: Henry C. Lea).

Erichsen, J.E. (1875/1882). On concussion of the spine, nervous shock and other obscure injuries to the nervous system, 2., erw. Auflage (New York: William Wood & Company).

Eulenburg, A. (1878). Lehrbuch der Nervenkrankheiten, 2., umgearb. u. erw. Aufl., Bd. 2 (Berlin: A. Hirschwald).

Figley, C.R. (1983). Catastrophes: An overview of family reactions. In: Stress and the family: Bd. 2: Coping with catastrophe, C.R. Figley & H.I. McCubbin, Hg. (New York: Brunner & Mazel), S. 3–20.

Figley, C.R. (1985). The family as victim: Mental health implications. Psychiatry: The State of the Art 6: 283–291.

Figley, C.R. (1995). Compassion fatigue as secondary traumatic stress disorder: An overview. In: Compassion fatigue, C.R. Figley, Hg. (London: Brunner-Routledge), S. 1–20.

Fish, E.W., Shahrokh, D., Bagot, R. et al. (2004). Epigenetic programming of stress responses through variations in maternal care. Annals of the New York Academy of Sciences 1036: 167–180.

Franklin, T.B. & Mansuy, I.M. (2010). Epigenetic inheritance in mammals: evidence for the impact of adverse environmental effects. Neurobiology of disease 39(1): 61–65.

Freud, S. (1894/1952). Die Abwehr-Neuropsychosen. In: ders. Gesammelte Werke, A. Freud et al., Hg., Bd. 1 (London: Imago Publishing), S. 57–74.

Freud, S. (1896/1952). Zur Ätiologie der Hysterie. In: ders. Gesammelte Werke, A. Freud et al., Hg., Bd. 1 (London: Imago Publishing), S. 423–459.

Freud, S. (1898/1952). Die Sexualität in der Ätiologie der Neurosen. In: ders. Gesammelte Werke, A. Freud et al., Hg., Bd. 1 (London: Imago Publishing), S. 489–516.

Freud, S. (1915/1987). Übersicht der Übertragungsneurosen. In: ders. Gesammelte Werke, A. Freud et al., Hg., Nachtragsbd. (Frankfurt a. M.: Fischer), S. 634–651.

Freud, S. (1986). Briefe an Wilhelm Fließ: 1887–1904, J.M. Masson, Hg. (Frankfurt a. M.: Fischer).

Gould, S.J. (2002). The structure of evolutionary theory (Cambridge, MA: Belknap Press of Harvard Univ. Press).

Kellermann, N.P.F. (2000). Transmission of Holocaust trauma, online first unter: http://www1.yadvashem.org/yv/en/education/languages/dutch/pdf/kellermann.pdf (letzter Zugriff am 7.9.2011).

Kellermann, N.P.F. (2001): Psychopathology in children of Holocaust survivors: A review of the research literature. Israel Journal of Psychiatry & Related Sciences 38(1): 36–46.

Koecke, H.-U., Emschermann, P. & Härle, E. (2000). Biologie: Lehrbuch der allgemeinen Biologie für Mediziner und Naturwissenschaftler, 4. Aufl. (Stuttgart: Schattauer Verlag).

Lamarck, J.B. (1809). Philosophie zoologique, Bd. 1 (Paris: Dentu).

Lucas, P. (1847). Traité philosophique et physiologique de l'hérédité naturelle dans les états de santé et de maladie du système nerveux, Bd. 1 (Paris: J.B. Baillière).

Lucas, P. (1850). Traité philosophique et physiologique de l'hérédité naturelle dans les états de santé et de maladie du système nerveux, Bd. 2 (Paris: J.B. Baillière).

McGowan, P.O., Sasaki, A., D'Alessio, A.C. et al. (2009). Epigenetic regulation of the glucocorticoid receptor in human brain associates with childhood abuse. Nature Neuroscience 12(3): 342–348.

Morel, B.A. (1857). Traité des dégénérescences physiques, intellectuelles et morales de l'espèce humaine (Paris: J.B. Baillière).

Oppenheim, H. (1889). Die traumatischen Neurosen (Berlin: August Hirschwald).

Page, H. (1883). Injuries of the spine and spinal cord without apparent mechanical lesion, and nervous shock, in their surgical and medico-legal aspects (London: J. & A. Churchill).

Radebold, H. (2008). Kriegsbedingte Kindheiten und Jugendzeit, Teil 1: Zeitgeschichtliche Erfahrungen, Folgen und transgenerationale Auswirkungen. In: Transgenerationale Weitergabe kriegsbelasteter Kindheiten. Interdisziplinäre Studien zur Nachhaltigkeit historischer Erfahrungen über vier Generationen, H. Radebold, W. Bohleber & J. Zinnecker, Hg. (Weinheim: Juventa), S. 45–55.

Roth, M. (2011). Generationsübergreifende Folgen von Posttraumatischer Belastungsstörung (Dissertation, Universität Konstanz), online first unter: http://nbn-resolving.de/urn:nbn:de:bsz:352-142578 (letzter Zugriff am 3.9.2011).

Schmidt, U., Holsboer, F. & Rein, T. (2011). Epigenetic aspects of posttraumatic stress disorder. Disease Markers 30(2–3): 77–87.

Strümpell, A. (1888). Ueber die traumatischen Neurosen. Berliner Klinik 3: 1–29.

Trimble, M.R. (1981). Post-traumatic neurosis (Chichester, UK: Wiley).

Weaver, I.C., Cervoni, N., Champagne, F.A. et al. (2004). Epigenetic programming by maternal behavior. Nature Neuroscience 7(8): 847–854.

Weismann, A. (1889). The supposed transmission of mutulations: A lecture delivered at the Meeting of the Association of German Naturalists at Cologne, September 1888. In: A. Weismann (1891). Essays upon heredity, Bd. 1 (Oxford: Clarendon Press), S. 419–448.

Yehuda, R. & Bierer, L.M. (2008). Transgenerational transmission of cortisol and PTSD risk. Progress in Brain Research 167: 121–135.

Yehuda, R. & Bierer, L.M. (2009). The relevance of epigenetics to PTSD: Implications for the DSM-V. Journal of Traumatic Stress 22(5): 427–434.

Yehuda, R., Bierer, L.M., Sarapas, C., Makotkine, I., Andrew, R. & Seckl, J.R. (2009). Cortisol metabolic predictors of response to psychotherapy for symptoms of PTSD in survivors of the World Trade Center attacks on September 11, 2001. Psychoneuroendocrinology 34(9): 1304–1313.

Yehuda, R., Golier, J.A., Harvey, P.D. et al. (2005). Relationship between cortisol and age-related memory impairments in Holocaust survivors with PTSD. Psychoneuroendocrinology 30(7): 678–687.

Johannes Türk
8 Zur Begriffsgeschichte von Immunität[1]

Welche Relevanz hat die Geschichte eines Begriffs für die Konstellation heutiger biowissenschaftlicher Forschung? Wie wenige andere Begriffe durchquert „Immunität" unterschiedliche historische Epochen und stellt scheinbar disparate Sachverhalte in eine kulturhistorische Filiationslinie. Seine Geschichte reichert medizinisches Wissen um den Körper mit einem Wissen um dessen Interaktionen mit seiner Außenwelt an. Und sie verhilft nebenbei, einem solchen Wissen ein hohes kulturelles Geltungspotential zuzusprechen, das allein aus der medizinischen Geschichte der Immunität nur schwer abgeleitet werden kann. Denn zunächst ist Immunität ein juridischer Begriff, der später in das mittelalterliche Kirchenrecht übertragen wird, bevor er überhaupt in der Immunologie heimisch wird – während er gleichzeitig als Indemnität von Diplomaten und Regierungsangehörigen im internationalen Recht noch eine Rolle beibehält. Von der Beschreibung einer Ausnahme von Leistungen und Abgaben wird er zu einer Bezeichnung körperlicher Resistenz. Damit steht Immunität an der Stelle, an der sich eine rechtliche und eine biologische Dimension des Lebens zumindest historisch aufeinander beziehen. Mit dem Begriff werden auch Strukturen aus dem Recht in die Biowissenschaft übertragen, so dass die Form, in der das Leben in der Moderne konzipiert wird, die Form einer rechtlichen Ausnahme beerbt. Im Zusammenhang der Institutionen, die Émile Benveniste zufolge das Leben indoeuropäischer Gesellschaften geformt haben, spielt der Begriff Immunität auch deshalb eine wesentliche Rolle, weil seine Geschichte mit dem Vokabular verbunden ist, das in vielen Sprachen die Grundlage zur Beschreibung von Gemeinschaft bildet. Wie *communitas* leitet sich auch *immunitas* von *munus*, dem Wort für Verpflichtung, öffentliches Amt und Abgabe her, auf das es durch eine Negation bezogen bleibt. Der Bezug einer Ausnahme zu einer Norm ist die entscheidende Leistung des Begriffs, der die heterogenen – juridischen, medizinischen, politischen – Bereiche seines Vorkommens aufeinander bezieht.

8.1 Römisches Recht

Die Konzeption von Immunität als einer Normausnahme ist juridischer Provenienz. Schon im antiken Griechenland gibt es einen Begriff, mit dem die Befreiung von Leistungen bezeichnet wird, die Wohlhabende der Gemeinschaft gegenüber erbringen müssen – *ateleia*. Das öffentliche Leben und die Infrastruktur eines Stadtstaates wer-

---

[1] Teile dieses Beitrags stützen sich auf Rechercheergebnisse zur Wissensgeschichte des Begriffes Immunität, die ich in meinem Buch *Die Immunität der Literatur* in etwas anderer Gesamtperspektive in den Abschnitten zum Römischen Recht und zur frühen Immunologie dargestellt habe (Türk, 2011).

den nicht durch allgemeine Steuern, sondern vielmehr durch die Verteilung von Ämtern und Lasten unter den wohlhabenden Bürgern ermöglicht. Diese Verpflichtungen bilden daher die Möglichkeitsbedingung des Lebens in Gemeinschaft. Die Finanzierung öffentlicher Aufgaben – beispielsweise des Festungsbaus, des Straßenbaus und der Ausrichtung von Spielen – und das Übernehmen eines Amtes sind aber auch eine Bürde, von der Einzelne oder Gruppen unter bestimmten Umständen ausgenommen werden können. *Immunitas* ist die lateinische Übersetzung des griechischen Wortes *ateleia* und bezeichnet einen analogen Sachverhalt: Einzelne oder Gruppen können von den Aufgaben, Ämtern und Steuern ausgenommen werden, die das Gemeinschaftsleben aufrechterhalten. Daher gilt es der gängigen Historiographie zufolge als Synonym für verwandte Bezeichnungen wie *libertas*, *excusatio* und *vacatio* (Karlowa, 1885: 611). *Immunitas* ist von *munus* durch das Negationspartikel *in-* und die Hinzufügung des eine Abstraktion anzeigenden Suffixes *-tas* abgeleitet. Im archaischen Latein ist Benveniste zufolge *immunitas* ein Synonym für „ingratus", da die *munera* vor allem die Verpflichtung eines Magistrates bezeichnet, als Gegenleistung für sein Amt, Spiele auszurichten (Benveniste, 1969: 96). Was später eine Verteilung von Lasten unter vermögenden Bürgern wird, ist zunächst durch den Tausch von Amt gegen Verpflichtung geregelt.

Die *munera* werden oft in *munera patrimonii* und *munera personae*, Vermögenslasten und persönliche Leistungen, eingeteilt. Immunität kann von unterschiedlichen Leistungen befreien. Später ist es möglich, auch etwa von der Grundsteuer (*tributum soli*), der Kopfsteuer (*tributum capitum*) oder den Frondiensten (*munera sordida*) befreit zu werden. Obwohl die Subjekte der Befreiung von den *munera* historisch variieren – nicht zuletzt, weil sie individuell vergeben wird – lassen sich typische Kollektive und Individuen als Empfänger des Privilegs ausmachen[2]: So sind beispielsweise Personen unter 25 und über 70 Jahren von der Übernahme von Ämtern freigestellt, Gesandte einer Stadt nach Rom werden für die Dauer ihrer Abwesenheit von ihrer Heimatstadt von Pflichten entbunden, und Krankheiten und Behinderungen gelten ebenso als Befreiungsgrund, wie Veteranen von einigen oder allen Lasten befreit sind. Unterhalb einer bestimmten Einkommensschwelle wird niemand zu Vermögensabgaben verpflichtet. Hinzu kommt, dass bestimmte Berufsgruppen zeitweise von Abgaben befreit sind – dies ist etwa der Fall bei den Schiffern, die Getreide nach Rom bringen, und bei den Ärzten, die in Rom praktizieren. Auch die Kleriker werden unter Konstantin dem Großen im 4. Jahrhundert von Abgaben befreit.

Das Kriterium für die Vergabe von Immunitäten scheint einmal zu sein, dass die persönlichen Voraussetzung zur Übernahme von Pflichten fehlen – sei der Grund Minderjährigkeit, Krankheit, ein nicht hinreichendes Vermögen oder etwa die Abwesenheit aus der Heimatstadt. Andererseits ist die Erbringung einer für die Gemeinschaft wichtigen militärischen oder ökonomischen Aufgabe in vielen Fällen Voraussetzung

---

[2] Meine Darstellung folgt in Teilen dem Eintrag "Immunitas": Ziegler, 1914.

einer Befreiung. Und schließlich ist Immunität auch eine Auszeichnung. Dennoch bezieht sich der Begriff nicht in erster Linie auf Einzelne oder auf Klassen von Individuen, sondern auf Gemeinden, die von der Übernahme von Lasten ausgenommen sind. So genießen etwa die italischen Bundesstädte Roms, die sogenannten *civitates foederatae et liberae*, weitgehende Immunität und sind Rom gegenüber einzig zur Entsendung von Kontingenten verpflichtet (Ziegler, 1914: 1135). Immunitäten sind Teil einer Strategie, durch die Städte an Rom und das römische Staatsbürgerrecht durch die Befreiung von den mit ihm verbundenen Pflichten gebunden werden.

Innerhalb des Netzwerks der Städte kommt es dem Kaiser zu, Gesetze zu geben (obwohl diese gelegentlich mit lokalen Gesetzgebungen konkurrieren). Seit dem 4. Jahrhundert erlässt der Kaiser allgemein gültige Gesetze, auch wenn diese nur in einer Korrespondenz zwischen Stadtverwaltungen, lokalen Amtsinhabern und dem Kaiser festgehalten werden (vgl. Millar, 1983). Zugleich entwickelt sich eine Klientelpolitik, denn der Kaiser verteilt Gefälligkeiten, Ausnahmen und Immunitäten. Die häufige Vergabe dieser Ausnahmen führt im vierten Jahrhundert zu einer von zeitgenössischen Autoren thematisierten Krise, in der römische Städte nicht mehr genügend verfügbare – daher: nicht immune – Männer haben, die reich genug sind, Pflichten auf sich zu nehmen. Insbesondere imperiale Laufbahnen und die mit ihnen seit dem 2. Jahrhundert verbundenen formalen Status – *egregiatus*, *perfectissimatus*, *clarissimatus* –, zu denen lebenslange Immunitäten gehören, tragen Fergus Millar zufolge zum Niedergang des Römischen Reiches bei. Der Wechsel im Verständnis öffentlicher Ämter vom Modell einer temporären Funktion, die für die Zeit ihrer Dauer Immunität verleiht, zu einem permanenten Status mit lebenslanger Exemption ist ihm zufolge hierfür entscheidend.[3] In dem Maße also, in dem Privilegien größere Segmente der Gemeinschaft von Pflichten für die Dauer ihres Lebens befreien, sind das gesellschaftliche Band und die Rechtsnorm bedroht.[4]

8.2 Mittelalterliches Recht

Schon im frühen Mittelalter entwickelt sich eine weitere Form der Immunität, die sich von den Immunitätsprivilegien des Römischen Reiches vor allem dadurch unterschiedet, dass sie nicht mehr nur eine Befreiung bedeutet, sondern einen positiven Gehalt gewinnt. Obwohl die Immunität der Kleriker im 5. Jahrhundert teilweise wieder aufgehoben wird, entsteht etwa zeitgleich in den Prozessprivilegien der Kirche eine frühe Vorform dessen, was die mittelalterliche Immunität definiert (Willoweit, 1978: 313). Ab dem 7. Jahrhundert sind Urkunden bekannt, die Immunität verleihen.

---

3 Vgl. Millar, 1983: 79, 91. Diese Argumentation wendet sich vor allem gegen die These, Immunitäten seien Teil eines Klassenkonfliktes.
4 Auf der historischen Ebene ist daher die biologische Immunität der einzige Fall, in dem die Universalisierung von Immunität in der Lage ist, eine Gemeinschaft zu formen.

Empfänger dieser Privilegien, die zuerst vom König – später aber an Bistümer und Klöster auch vom Papst – vergeben werden, sind weltliche und geistliche Herren oder deren Gebiete. Das immune Territorium wird zu einer rechtlichen Enklave mit einer Eigengesetzlichkeit, in der sich beispielsweise das Asylrecht ansiedelt, das Agenten des Königs den Zutritt verwehrt. Immunität wird im Mittelalter die Bezeichnung eines „verfassungsrechtlich wie kirchenrechtlich relevante[n] Sonderrechtsstatus geistlicher, daneben auch weltlicher Personen und Güter [...] der sich allg. als Freiheit von fremder Gewalt und Grundlage eigener Herrschaft beschreiben lässt" (Willoweit, 1978: 312). Im Kirchenrecht sind Immunitäten auch ein zentrales Element in der Herausbildung der Kirchenfreiheit. Für die königliche Kirchenpolitik sind Immunitäten eine Möglichkeit, Klöster und Bistümer vor dem Zugriff des Adels zu schützen, indem das kirchliche Territorium eine unmittelbar vom König geschützte Enklave innerhalb von deren Hoheitsgebiet wird.

Unter den Frankenkönigen bestimmt die Entwicklung der Immunitäten die Transformation des mittelalterlichen Staates mit, wie Heinrich Mitteis (1953) gezeigt hat. Im Zuge dieser Entwicklung verändert die Immunität ihren Charakter: Immunität bedeutet nun nicht mehr nur eine Befreiung, sondern auch die Einrichtung einer eigenen Gerichtsbarkeit (Mitteis, 1953: 51). Marc Bloch zufolge liegt die Ursache der Entwicklung der mittelalterlichen Immunitäten unter den Merowingern und dann vor allem unter den Karolingern darin, dass sie ein Instrument bereitstellen, die Proliferation von Herrschaft und damit von Rechtsherren in einen rechtlichen Rahmen zu stellen und dadurch zu kontrollieren: Seiner kanonischen Darstellung der Feudalgesellschaft zufolge vervielfältigen sich im frühen Mittelalter die Herren, die jetzt nicht mehr nur über Leibeigene rechtliche Autorität haben und Recht sprechen, sondern auch über Freie – seien es befreite Leibeigene oder Pächter. In dieser unübersichtlichen Lage werden, so Bloch, Konflikte zwischen unterschiedlichen Rechtinstanzen, insbesondere zwischen Feudalherren und der regionalen Gerichtsbarkeit der Krone und dem Königsgericht, so häufig, dass außerrechtliche Übereinkünfte zur oftmals besseren Alternative werden (Bloch, 1968: 368 ff.). Immunitäten, die den Zugriff des Gesetzes auf bestimmte Territorien beschränken, führen zur Herausbildung von Enklaven mit eigener Gerichtsbarkeit, indem für unregulierte Konflikte ein eigener rechtlicher Rahmen entwickelt wird. In diesem Sinn stellt Immunität ein zentrales Element des mittelalterlichen Rechtssystems dar. Wie Barbara Rosenwein in der bedeutendsten Monographie jüngeren Datums gezeigt hat, ist Immunität im Mittelalter ein „portmanteau term" (Rosenwein, 1999: 3), der vielfältige Bedeutungsfacetten hat und unterschiedlich interpretiert worden ist. Ob man den Begriff jedoch als fiskalpolitisches Element, als Teil der königlichen Kirchenpolitik oder als Kompromissformel zur Vermittlung zwischen Adel und Königtum auffasst, er vermittelt zentrale Konflikte, indem er Norm und Ausnahme aufeinander bezieht.

8.3 Diplomatische Immunität

Diplomatische Immunität ist ein Teil des Rechts, der erst spät mit dem Begriff Immunität bezeichnet wird. Vermutlich, indem die gesetzliche Freistellung von *munera*, die Abgesandten der Gemeinden im römischen Recht zukommt, *per analogiam* zur Beschreibung eines lange bestehenden Sachverhaltes verwendet wird. Durch dieses Recht, das eine der Bedingungen internationaler Beziehungen darstellt, können heterogene Rechtsräume füreinander zugänglich werden, ohne dass der Austausch zwischen ihnen unberechenbar würde. Dadurch stellt Immunität die Rahmenbedingungen für die Möglichkeit der Repräsentation von Staaten durch Einzelne auch im Konfliktfall bereit.

Um ihre Aufgabe erledigen zu können, werden Diplomaten dieser europäischen Rechtstradition zufolge von privat- und strafrechtlicher Verfolgung für die Zeitdauer ihrer Mission ausgenommen. Gesandte gelten je nach theoretischem Standpunkt als extraterritorialer Teil des Nationalstaats, in dessen Dienst sie stehen, oder als seine Repräsentanten. In ihnen steht die Unverletzbarkeit des nationalstaatlichen Körpers zur Debatte, der die Voraussetzung für funktionierende internationale Beziehungen ist.[5] Zugleich sind sie ein Punkt, an dem die Definition des souveränen Territoriums sich von dessen Lokalisierung in einem konkreten geographischen Gebiet löst. Die diversen Formen diplomatischer Immunität stellen nicht nur die Möglichkeitsbedingung, sondern auch den historischen Ursprung des internationalen Rechts dar: „For many jurists, this inviolability was the beginning of international law, since only then were states able to establish relations with others with some surety" (Frey & Frey, 1999: 5).

Im antiken Griechenland fungiert der Priester zugleich als Gesandter, und aus der Heiligkeit des Priesters leitet sich die Tatsache ab, dass Herolde (*kerykes*) unverletzbar sind. Rom stellt Griechenland gegenüber einen Wendepunkt des Immunitätsrechts dar, da mit seiner Entwicklung zum *imperium mundi* das Immunitätsrecht zunehmend missachtet wird und die Großmacht nicht mehr bereit ist, fremde Staaten als gleichwertige Partner anzuerkennen (Frey & Frey, 1999: 5). Durch die Idealisierung des römischen Rechts in der Renaissance kommt Frey und Frey zufolge den diplomatischen Immunitätsrechten in der frühen Neuzeit nur eine beschränkte Bedeutung zu, obwohl zu dieser Zeit die ersten permanenten Botschaften eingerichtet werden. Hugo Grotius und Samuel von Pufendorf definieren im 17. Jahrhundert nicht nur als erste ein internationales Rechtssystem, sondern auch die Rolle des Diplomaten in ihm. In der frühen Neuzeit sind Theorien der persönlichen Repräsentation gottgewollter Souveränität, Extraterritorialität und funktionale Notwendigkeit die drei Begründungsstrategien für die Immunitätsprivilegien. Ihnen zugrunde liegt eine Theorie des Naturrechtes, und Immunität wird als Konsequenz der Doktrin der Autonomie

---
5 Vgl. Frey & Frey, 1999: 3. Meine Darstellung stützt sich auf dieses Standardwerk.

des nationalen Willens der sich etablierenden Nationalstaaten verstanden. Zwischenstaatliches Recht wird ausgehend von seinem Substrat, den „living organisms" (Frey & Frey, 1999: 9), gedacht. Der Begriff der Immunität bezieht sich daher hier zunächst auf den *Staats*organismus, bevor er eine Eigenschaft des biologischen Organismus bezeichnet. Im 19. Jahrhundert sieht die Rechtstheorie schließlich in Präzedenzfällen das Entscheidende, und das Verhältnis zwischen Naturrecht und Gewohnheitsrecht verkehrt sich. Seit dem 19. Jahrhundert kommt es – nachdem die Revolution zunächst gegen Immunitätsrechte angegangen war – zu einer Funktionalisierung des Immunitätsrechts (Frey & Frey, 1999: 336 ff.). Es werden nur diejenigen Privilegien beibehalten, die für die Ausführung seiner Mission für unabdingbar gelten. Straffreiheit für verbale und physische Gewalt wird nur noch für die Dauer der Mission zuerkannt – ein Zeichen dafür, dass aus dem Repräsentanten einer heiligen Macht der Abgeordnete eines säkularen Gemeinwesens geworden ist.

8.4 Katachrese: Sprachgeschichte und Immunologie

Der Name der jungen Wissenschaft „Immunologie", die Ende des 19. Jahrhunderts als eigenständige Wissenschaft ihr Profil gewinnt, greift somit einen Begriff auf, dessen Geschichte in die Antike zurückführt. Antoinette Stettler zufolge ist der Arzt Dionysius Secundus Colle der erste, der während der Pestepidemien des 14. Jahrhunderts seine Rettung von der Krankheit mit dem Begriff „immunis" bezeichnet: „Equibus Dei gratia ego immunis evasi" (Stettler, 1972: 261 f.). Bereits zuvor hat der Dichter Lucan durch das Rechtsprivileg *immunitas* die Resistenz des Libyschen Stammes der Psyller gegen Schlangengift zum Ausdruck gebracht.[6] Und schließlich wird auch die Pockenimpfung bei ihrem Import nach Europa Anfang des 18. Jahrhunderts im Rückgriff auf den Rechtsbegriff beschrieben.[7] Der Weg, auf dem das Rechtsprivileg *immunitas* Eingang in diejenige Sprache findet, die das Phänomen körperlicher Resistenz erfasst, ist zunächst also ein metaphorischer.

Die Faktoren, die zur Entstehung immunologischen Wissens beitragen – sie reichen von der Bakteriologie und ihrer Technik der Isolierung von Erregern über neue Experimentalordnungen bis zu effektiven Impfmethoden seit Jenner etc. – sind an dieser Stelle nicht ausführlich zu beschreiben (vgl. beispielsweise Silverstein, 1995). Unter ihnen spielt das Wissen um die Wortgeschichte und um antike Autoren eine wesentliche Rolle: Die Sprachgeschichte öffnet einen Raum, in dem empirische Beobachtungen Kohärenz gewinnen können. So gibt etwa A.-T. Chrestien in der ersten Monographie über Immunität 1852 einen Abriss der Etymologie des Wortes: „Les mots

---

[6] Raschle, 2001: 148: „inmunes mixtis serpentibus essent". Erwähnt wird diese Übertragung in vielen Schriften zur Geschichte der Immunologie, beispielsweise in Silverstein, 1989: 3.
[7] Timoni, 1714: 80: „[...] hinc videmus aliquis quamvis suprarecensitis symptomatibus immunes, immenso tamen, ut ila dicam, putredivis suffocatos: [...]."

immunité morbide sont évidemment empruntés au langage des Anciens, qui avaient admis, dans leur CODE et DIGESTE, les *franchises*, *libertés*, *privilèges*, *exemptions* et *immunités*, et, dans le DROIT ECCLESIASTIQUE, l'*immunité*, le *droit d'asile* dans les églises [...]" (Chrestien, 1852: 115). Diese „details étymologiques" bezieht der Autor explizit aus Band XVIII der von d'Alembert und Diderot herausgegebenen *Encyclopédie ou Dictionnaire raisonnée des sciences, des arts et des métiers*. Das *Wissenszitat* dient dem Zweck, zu zeigen, „par l'ancienneté du mot, que l'idée aussi est ancienne" (Chrestien, 1852: 115).

Die Dimension historischer Tiefe, die der *Idee der Immunität* – übersetzt als „exemption" – hier durch ihre Etymologie zugeschrieben wird, dient nicht der Beglaubigung neuen Wissens durch die Autorität einer Etymologie. Vielmehr erfüllt der Begriff bei genauerer Betrachtung in den Texten der frühen Immunologie eine heuristische Rolle. Er erlaubt es, über etwas zu sprechen, das der Beobachtung zunächst nur indirekt zugänglich ist: die erstaunliche Tatsache, dass inmitten einer Epidemie einzelne Individuen von der Krankheit unberührt oder ausgenommen bleiben. Dies ist das Szenario, dessen Beobachtung einen Begriff braucht, der eine Ausnahme zu sehen und zu befragen erlaubt, die ansonsten stumm bliebe. Denn was Chrestien schon registriert, ist die eigentümliche Tatsache, dass die körperliche Widerstandskraft den Sinnen nicht zugänglich ist.[8] Vielmehr zeigt sie sich zunächst nur im Vergleich zu anderen Fällen, in denen eine Empfänglichkeit („susceptibilité morbide") für ein Pathogen vorliegt. William Dubreuilh, der 1886 die zweite Monographie über „morbide Immunität" schreibt, erfasst die Schwierigkeit präzise, wenn er schreibt, „faits d'ordre négatif" (Dubreuilh, 1886: 6) wie die Immunität – also das Ausbleiben einer Infektion im Vergleich zu einem Erkrankten oder zu einer vorhergehenden Erkrankung derselben Person – seien schwer festzustellen.

Das Wissenszitat in den Texten der frühen Immunologie lässt sich daher als *Katachrese* verstehen: der Wissenstransfer setzt einen „bildlichen Ausdruck für eine fehlende Bezeichnung" (Wahrig, 1997: 717). Zugleich gilt die Katachrese aber auch als rhetorischer Missbrauch, der einen Bildbruch impliziert. Als Immunität wird die Ausnahme von einer Infektion wahrgenommen, die nur über komplizierte Beobachtungs- und Schlussverfahren zugänglich ist. Nach ihrer Etablierung als wissenschaftliche Tatsache, die auf den Namen „Immunität" hört, wird diese schließlich durch Experimentalanordnungen empirisch zugänglich und etabliert eine Positivität. Die Katachrese wird zu einer stummen Metapher, in deren nicht mehr als solchem wahrnehmbaren Licht eine neue Empirie erscheint. Über die heuristische Dimension hinaus prägt so die Rechtsgeschichte von Immunität auch die Struktur der biologischen Widerstandskraft. Von Chrestien wird sie als eine Kraft verstanden, die dem menschlichen Körper von dem höchsten Souverän verliehen wird, um in dem lebenslangen Kampf gegen die zerstörerische Kräfte, die den Menschen umgeben, zu bestehen: „Il

---

8 Chrestien, 1852: 12: „Cette aptitude n'est pas appréciable aux sens."

n'y aura pas en lui un principe particulier émanant de la Divinité, présidant aux diverses forces en vertu desquelles se meut l'enveloppe temporaire de son âme [...]" (Chrestien, 1852: 5).

In dem somit erschlossenen phänomenalen Raum erscheint körperliche Immunität im 19. Jahrhundert als Eigenschaft, die an der Schnittstelle zwischen Vererbung und Umwelteinflüssen angesiedelt ist. Davon zeugt die bereits von Chrestien getroffene Unterscheidung zwischen angeborener und erworbener Immunität (vgl. Chrestien, 1852: 212). Immunität wird als vitale Eigenschaft verstanden, die von der individuellen Konstitution, der Ernährung, dem Alter und der Krankheitsgeschichte abhängt. Epigenetische Fragestellungen im engeren Sinn kommen jedoch erst in den eng verflochtenen Phänomenbereichen der immunologischen Spezifität, des immunologischen Gedächtnisses und der Immungenetik zur Entfaltung. Die Frage der Spezifität der Immunreaktion taucht erstmals im Zuge der Entwicklung von Impfseren auf und spielt bis in die 1950er Jahre in humoralen, später dann chemischen Ansätzen in der Immunologie eine größere Rolle als in der biologischen Forschung, die stärker auf die Erforschung angeborener und natürlicher Immunität konzentriert ist (eine gute Zusammenfassung dieser Entwicklung gibt Silverstein, 1989: 87–159). Der Biologe Élie Metchnikoff beispielsweise, für den die Mikro- und Makrophagen den Kern der körpereigenen „natürlichen Abwehr" ausmachen, sieht in der Spezifität einen Sensibilisierungsprozess der Phagozyten. Andere Ansätze stützen sich auf den von Behring und Kitasato geprägten Begriff „Antikörper" und verstehen Immunität als humorale Antwort auf ein Toxin. Seit den 1930er Jahren ist bekannt, dass Antikörper aus Proteinen bestehen. Beobachtungen wie diejenige Karl Landsteiners, dass auch gegen künstliche Stoffe eine spezifische Immunreaktion erfolgt, deuten Spezifität als eine Art „Lernprozess", durch den eine stereochemische Entsprechung von Antigen und Antikörper induziert wird. Die bekannteste unter den sogenannten *instruction theories* ist diejenige Linus Paulings, die Spezifität als eine Faltung der chemischen Struktur durch einen Kontakt erklärt. In den 1940er Jahren werden erst die Plasmazellen, dann genauer die Lymphozyten, als antikörperproduzierende Zellen entdeckt, womit sich erneut eine biologische Dimension aufdrängt. Nach den ersten Ansätzen zu integrativen Erklärungen von Burnet und Fenner Ende der 1940er Jahre entwickelt Nils Jerne seine *natural selection theory*. Jerne nimmt an, dass Immunglobuline diversifiziert werden und dass das zufällige Binden durch ein Antigen zu ihrer Reproduktion führt. Anstatt zu lernen, regt demnach das Globulin nach einer zufälligen Begegnung eine Reproduktion an, die das Repertoire verschiebt und zukünftige Reaktionen modifiziert. Macfarlaine Burnet integriert Konselektion in dieses Modell (Ganesh & Neuberger, 2011: 1124 f.).

Da die Kodierung des Repertoires spezifischer Antikörper das menschliche Genom quantitativ überfordern würde, versucht die immunologische Forschung seit den 1950er Jahren, sie durch Theorien wie beispielsweise die der somatischen Hypermutation, der Rekombination oder der Generierung von Ungenauigkeiten in der Translation von Information von DNA zu RNA zu erklären (vgl. dazu Silverstein, 1989: 147 ff.).

Diese sind insofern epigenetisch, als es um systemisch relevante Prozesse geht, die auf einer Ebene „oberhalb" einer Veränderung der Nukleotidsequenz stattfinden. In den letzten beiden Jahrzehnten sind immer mehr die molekularen Mechanismen ins Zentrum des Interesses gerückt, die der Entstehung der Diversität von Antikörpern zugrunde liegen. Mit dem Akronym GOD (generation of diversity) wird ein Gebiet umrissen, in dem beispielsweise die Desamination, das Ablösen einer Aminogruppe von einem Molekül, als zentraler Vorgang bei der Entstehung von erworbener wie angeborener Immunität erkannt wird (vgl. Ganesh & Neuberger, 2011: 1126). Der Gegenstand der Immunologie gewinnt zunehmend die Konturen eines paradigmatisch epigenetisches Phänomens: „The immune response stands as the first epigenetic phenomenon for which a chemical structural interpretation can be given" (Lederberg, 1988: 180). Darüber hinaus hat sich in der Nachfolge von Nils Jernes epochemachendem Aufsatz „Towards a network theory of the immune system" (Jerne, 1974) ein komplexes systemisches Verständnis von Immunmechanismen entwickelt. Es beruht auf einer Kaskade von selbstbezüglichen Prozessen, die ein dynamisches Gleichgewicht aufrechterhalten. Diese auf Regulativen zweiter Ordnung beruhende Theorie trägt der Tatsache Rechnung, dass das Immunsystem gegen *körpereigene* Komponenten reagiert (vgl. auch Lemke, in diesem Band).

In seinen unterschiedlichen historischen und semantischen Konkretisierungen bleibt dem Begriff von Immunität trotzdem eines gemeinsam: Er bildet einen entscheidenden Teil von Institutionen und Wissensbereichen, durch die in indoeuropäischen Gesellschaften verhandelt wird, was – als Norm und Ausnahme – das Leben mit anderen prägt. Die Katachresen in der Geschichte der Immunität bilden die Bedingungen der Möglichkeit für die Einwanderung epigenetischen Wissens in die Genetik. Sie halten Freiräume offen für ein legitimes biowissenschaftliches Sprechen, das die Genetik selbst übersteigt, sobald sie körpereigene Erbinformation im Austausch mit Einflüssen aus der Körperumwelt untersucht und jetzt mit Hilfe epigenetischer Forschung auch auf molekularer Ebene zu erfassen versucht.

Literatur

Benveniste, É. (1969). Le vocabulaire des institutions indo-européennes, Band 1: Économie, parenté, société (Paris: Gallimard).
Bloch, M. (1968). Feudal society (Chicago, IL: University of Chicago Press).
Chrestien, A.-T. (1852). De l'immunité et de la susceptibilité morbides, au point de vue de la clinique médicale (Montpellier: Ricard frères).
Dubreuilh, W. (1886). Des immunités morbides (Paris: Steinheil).
Frey, L.S. & Frey, M.L. (1999). The history of diplomatic immunity (Columbus, OH: Ohio State University Press).
Ganesh, K. & Neuberger, M. (2011). The relationship between hypothesis and experiment in unveiling the mechanisms of antibody gene diversification. The FASEB Journal 25(4): 1123–1132.
Jerne, N.K. (1974). Towards a network theory of the immune system. Annales d'Immunologie (Paris) 125C(1–2): 373–389.

Karlowa, O. (1885). Römische Rechtsgeschichte (Leipzig: Veit und Co).
Lederberg, J. (1988). Ontogeny of the clonal selection theory of antibody formation. Reflections on Darwin and Ehrlich. Annals of the New York Academy of Sciences 546: 175–182.
Millar, F. (1977). The emperor in the Roman world (31 BC–AD 337) (London: Duckworth).
Millar, F. (1983). Empire and city, Augustus to Julian: Obligations, excuses and status. The Journal of Roman Studies 73: 76–96.
Mitteis, H. (1953). Der Staat des hohen Mittelalters (Weimar: Heinrich Böhlaus Nachfolger).
Raschle, C.R. (2001). Pestes Harenae. Die Schlangenepisode in Lucans Pharsilea (IX 587–949). Einleitung, Text, Übersetzung, Kommentar, Studien zur klassischen Philologie 130 (Frankfurt a. M.: Peter Lang).
Rosenwein, B. (1999). Negotiating space. Power, restraint, and privileges of immunity in early medieval Europe (Ithaca, NY: Cornell University Press).
Silverstein, A. (1989). A history of immunology (London: Academic Press).
Silverstein, A. (1995). The historical origins of modern immunology, in: Immunology. The making of a modern science, R.B. Gallagher, Hg. (London: Academic Press), S. 5–22.
Stettler, A. (1972). Die Vorstellungen von Ansteckung und Abwehr. Zur Geschichte der Immunitätslehre bis zur Zeit von Louis Pasteur. Gesnerus 29: 255–272.
Timoni, E. & Woodward, J. (1714). An account, Or history, of the procuring the small pox by incision, or inoculation; as it has for some time been practiced at Constantinople. Philosophical Transactions 29(339): 72–91.
Türk, J. (2011). Die Immunität der Literatur (Frankfurt a. M.: Fischer).
Wahrig, G. (1997). Katachrese. In: Deutsches Wörterbuch, R. Wahrig-Burfeind, Hg. (Gütersloh: Bertelsmann), S. 717.
Willoweit, D. (1978). Immmunität. In: Handwörterbuch der deutschen Rechtsgeschichte (Berlin: Erich Schmidt), S. 312–330.
Ziegler, K. (1914). Immunitas. In: Paulys Realencyclopedie der classischen Altertumswissenschaft, Halbbd. 17, W. Kroll, Hg. (Stuttgart: Metzler), S. 1134–1135.

Hilmar Lemke

9 Mechanismen der transgenerationellen Übertragung von Immunität: Relation und Relevanz für die gegenwärtige molekularbiologische Epigenetik

9.1 Spezifikation des *Selbst* als grundlegende Funktion des Immunsystems

Im Gegensatz zu Pflanzen haben Tiere zwei Systeme zur Erkennung der Umwelt entwickelt, das Nerven- und das Immunsystem. Auf das Nervensystem wird hier nicht weiter eingegangen – sehr verkürzt könnte man sagen, dass es *Geist* produziert. Das Immunsystem bietet dagegen zwei Formen von Schutz, einmal gegen innere Veränderungen – also gegen die Entartung von Zellen und damit gegen die Entstehung von Tumoren – und zum anderen Schutz gegen Mikroorganismen aus der Umwelt. Dass wir in dieser Welt überleben können, haben wir unserem Immunsystem zu verdanken. Dieser antimikrobielle Schutz hinwiederum wird durch zwei Teile des Immunsystems ermöglicht, das angeborene und das erworbene Immunsystem. Wie der Name besagt, ist das angeborene (engl. *innate*) Immunsystem genetisch festgelegt, während das erworbene (engl. *adaptive*) Immunsystem eben die Fähigkeit zur Anpassung an die jeweilige Umwelt verleiht. Es wird durch die Lymphozyten gebildet, welche Fremdstoffe (*Antigene*) erkennen und uns, wenn es sich um pathogene Mikroben handelt, gegen diese schützen. B-Lymphozyten oder B-Zellen (von engl. *bone-marrow*) bilden Antikörper, welche die Oberfläche eines Antigens erkennen. Die im Thymus geprägten T-Zellen erkennen dagegen das Innere solcher Moleküle, nämlich kleine Fragmente von Proteinantigenen, die durch intrazellulären Abbau in verschiedenen antigenpräsentierenden Zellen entstehen. Diese Fähigkeit besitzen auch die B-Zellen.

Schon frühe Untersuchungen im 20. Jahrhundert haben gezeigt, dass das Immunsystem auf jedes beliebige Antigen, selbst wenn es in der Natur nachweislich nicht vorkommt, reagiert und entsprechende spezifische Antikörper bildet. Es muss also eine Unterscheidung zwischen eigenen Bestandteilen, dem *Selbst*, und der Gesamtheit der Fremdmoleküle, dem *Nichtselbst*, erfolgen. Wie ist das möglich? Ist es denkbar, dass die DNA Informationen für eine ungeheuer große Zahl antigenerkennender Moleküle enthält, welche eine ebenso große Menge von natürlichen und künstlichen Antigenen erkennen?

Im Prinzip sind beide Fragen schon zu Beginn der 1950er Jahre beantwortet worden, als Peter Medawar (Nobelpreis 1960) und dessen Mitarbeiter zeigen konnten, dass das Immunsystem im frühen Leben das *Selbst*, für welches es seine Aufgaben erfüllen muss, kennenlernen muss (Billingham et al., 1953). Dabei erwirbt es Toleranz für sein *Selbst*, behält aber die Reaktionsfähigkeit gegen das *Nichtselbst*. Zur Erklärung dieses Sachverhaltes nahm man an, dass diese *Selbst/Nichtselbst*-Unterscheidung im frühen Leben durch Elimination aller Zellen mit Antigenrezeptoren gegen das *Selbst* erfolge. Spätere Untersuchungen zeigten jedoch, dass das Immunsystem zwar *Selbst*reaktive Zellen enthält, diese aber funktionell inaktiviert sind.

9.2 Bedeutung der Umwelt für die Leistungsfähigkeit des Immunsystems

Immunität ist also keine Eigenschaft, die sich direkt aus der genetischen Komposition des Organismus ableiten lässt. Vielmehr muss sie im Wechselspiel der Aktivierung durch externe Antigene und der Reaktion des adaptiven Immunsystems erworben, lebenslang aufrechterhalten und angepasst (‚gelernt') werden. Schon dieser Prozess beginnt für das Neugeborene nicht bei einem Zustand ‚Null', denn bei Säugetieren, Vögeln und sogar Fischen werden Antikörper vom Muttertier auf die Nachkommen übertragen (Lemke & Lange, 1999). Mit dieser doppelten, durch das Ineinandergreifen genetischer und nicht genetischer Übertragungsformen gekennzeichneten Vererbung stellt das Immunsystem ein zentrales Paradigma für die heutigen Debatten um epigenetische Mechanismen dar.

Eine wichtige Frage ist hier, welche Anteile die Genetik (‚Angeborenes') und welche die Umwelt (‚Erworbenes') an der Konstitution des Immunsystems eines neugeborenen Organismus haben. Allerdings lässt sich diese Unterscheidung nur sehr mühsam empirisch feststellen. Aus frühen experimentellen Untersuchungen mit Versuchstieren folgte zunächst das Problem, dass die an verschiedenen Forschungsinstituten erzielten Ergebnisse nur schlecht miteinander vergleichbar, also nicht reproduzierbar waren. Nur ist Reproduzierbarkeit eine *conditio sine qua non* aller naturwissenschaftlichen Forschung. Als die unterschiedlichen Befunde dann auf eine unterschiedliche mikrobielle Besiedlung der Versuchstiere mit Bakterien und Viren zurückgeführt werden konnten, wurden Tiere gezüchtet, deren bakterielle Flora klar definiert war oder die gar keine solche Flora besaßen. Als solche keimfreien Versuchstiere schließlich zur Verfügung standen, musste man aber feststellen, dass selbst deren Nahrung immunologisch relevant ist, da sie Antigene enthält, die entsprechende Immunantworten auslösen. Mit dem nächsten Schritt gelang es dann, Tiere mit einer antigenfreien Nahrung zu halten. Ein Vergleich dieser verschieden mikrobiell besiedelten Versuchstiere ergab, dass die Widerstandsfähigkeit bzw. Krankheitsanfälligkeit mit der bakteriellen Besiedlung zusammenhängt: Je sauberer die Tiere gehalten wurden, desto anfälliger waren sie für Infektionskrankheiten. Das bedeutet, dass das Immunsystem auch seine Reaktionsfähigkeit gegen *Nichtselbst* lernen muss: Es muss trainiert werden. Als allgemeinen Indikator für die Auseinandersetzung mit Mikroben kann man die Menge von IgG-Antikörpern im Blut verwenden. Diese werden nur bei Immunantworten gebildet, an denen T-Lymphozyten beteiligt sind, welche den B-Lymphozyten bei der

Antikörperbildung assistieren. Daher weisen antigenfrei gehaltene Tiere im Vergleich zu konventionell gehaltenen extrem geringe Mengen an IgG-Antikörpern im Serum auf (Lemke et al., 2004). Aus diesen Ergebnissen folgt, dass die volle Leistungsfähigkeit des Immunsystems nicht in der DNA direkt festgelegt ist, sondern sich erst durch die Auseinandersetzung mit der fremden Umwelt entwickeln muss.

9.3 Antikörperstruktur

Zur Erklärung der transgenerationellen Übertragung von Immunität ist es notwendig, zuvor einige wenige Merkmale von Antikörpern genauer zu betrachten. Die Immunantwort gegen Proteine verlangt die Mitwirkung von T-Zellen, weshalb Proteine als thymusabhängige oder TD (*thymus-dependent*) Antigene bezeichnet werden. Nach einer Infektion bzw. Impfung werden zuerst Antikörper der *Klasse IgM* gebildet, die einen fünffachen Ring (Pentamer) eines Y-förmigen einzelnen IgMs (Monomer) bilden. Anschließend kommt es unter dem Einfluss von T-Zellen zu einem Klassenwechsel, hauptsächlich zur *Klasse IgG*. Die prototypische Struktur eines IgG-Moleküls ist in Abb. 9.1 gezeigt.

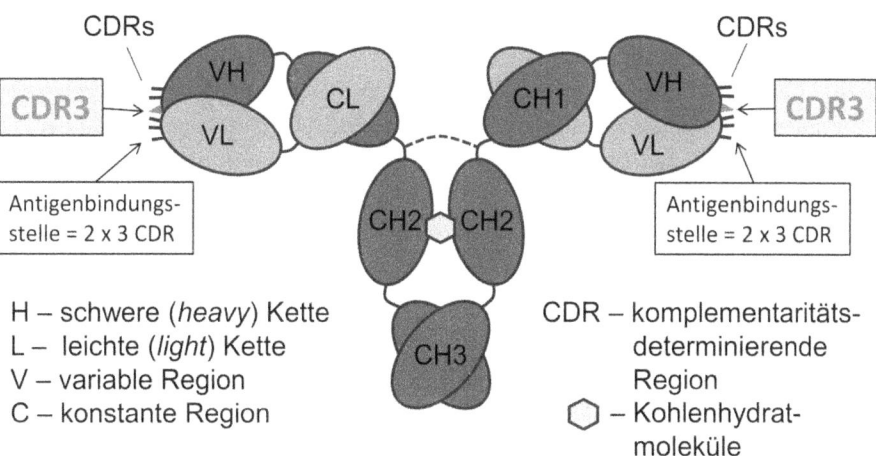

Abb. 9.1: Struktur von Antikörpern. Antikörper sind als symmetrisches Y-förmiges Molekül aufgebaut und bestehen aus jeweils zwei schweren (H) und zwei leichten (L) Aminosäureketten. Die Ketten sind in Regionen von etwa 110 Aminosäuren untergliedert und enthalten je eine variable Region (VH und VL) und ein oder mehrere konstante Regionen (CL und CH1-CH3). Die VH-und VL-Regionen enthalten je drei hypervariable oder Komplementarität bestimmende (*complementarity-determining region* – CDR) Regionen, welche zusammen eine Antigenbindungsstelle (Paratop) bilden. Die CDR3 der H-Kette ist hervorgehoben, da sie anders als die ersten beiden CDRs beider Ketten gebildet wird und für die Regulation von Immunantworten von besonderer Bedeutung ist. Im gesamten Molekül können an verschiedenen Stellen Kohlenhydratmoleküle angeheftet sein.

Dieses ist ebenfalls Y-förmig und symmetrisch aus zwei Ketten aufgebaut, die beide in Unterstrukturen, d. h. *Regionen* gegliedert sind. Die variable Region einer H-Kette assoziiert mit der variablen Region einer L-Kette, und zusammen bilden sie eine Antigenbindungsstelle, die aus drei besonderen, hypervariablen Regionen der H- und drei hypervariablen der L-Kette besteht. Die hypervariablen Regionen stellen die molekulare Komplementarität zum Antigen her und werden deshalb auch als CDRs (*complementarity-determining region*) bezeichnet.

9.4 Doppelfunktion von Antiköpern: Effektor und Induktor

Die während der Immunantwort neu synthetisierten Antikörper binden an das Antigen, wodurch in Verbindung mit anderen Zellen des angeborenen Immunsystems und Serumbestandteilen Folgereaktionen ausgelöst werden, die zur Elimination des Antigens führen. Antikörper vermitteln auf diesem Wege also Schutz, d. h. *Immunität*. Bei der ersten Auseinandersetzung (engl. *priming*) mit einem Antigen werden außerdem *Gedächtniszellen* gebildet, wodurch die nächsten Antworten gegen dasselbe Antigen stärker ausfallen und die dann gebildeten Antikörper außerdem von besserer Qualität sind, da sie eine höhere Bindungsstärke (*Affinität*) für das Antigen *erworben* haben. Dieser Vorgang wird als *Immunreifung* bezeichnet und ist ein wesentliches Ziel von Mehrfachimpfungen gegen Krankheitserreger. Neben ihrer Immunität induzierenden, auf das Antigen bezogenen *Effektorfunktion* haben Antikörper aber noch eine weitere, gänzlich andere Bedeutung. Sie induzieren selbst Reaktionen im Immunsystem, die sich *nicht* auf das Antigen beziehen. Antikörper besitzen so auch eine *Induktorfunktion*, die für die weiteren Betrachtungen von entscheidender Bedeutung ist.

Zum Verständnis dieser zweiten Funktion von Antikörpern ist es notwendig, die Gene zu betrachten, welche einen Antikörper codieren. Während die konstanten Regionen der Antikörperklassen (IgM, IgG u. a.) jeweils durch einzelne Gene codiert werden, werden die variablen Regionen durch zwei bzw. drei Gene bestimmt. Die VL-Region wird durch ein V-Gen, welches etwa die ersten 100 Aminosäuren festlegt, und durch ein kleines J-Gensegment für etwa 10 Aminosäuren codiert. Die Bezeichnung leitet sich von engl. *joining* ab, da es die Verbindung zum konstanten Gen herstellt. Die VH-Region wird ebenfalls durch ein VH- und ein JH-Gen codiert; zusätzlich ist zwischen beide noch ein sehr kleines Mini-Gen eingeschaltet, welches die Diversität von Antikörpern sehr stark erhöht und deshalb D-Gensegment genannt wird (Abb. 9.2).

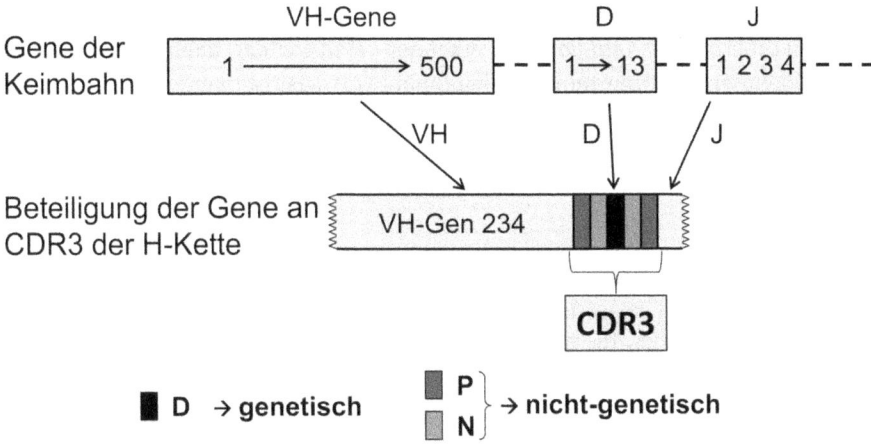

Abb. 9.2: Genetische Grundlage der CDR3 der H-Kette von Antiköpern. Die variable Region der H-Kette von Antikörpern wird durch VH-Gene und D- und J-Gensegmente codiert. Während CDR1 und CDR2 durch das VH-Gen bestimmt werden, entsteht die CDR3 auf komplizierte Art und Weise aus allen drei genetischen Einheiten. Dabei kann die durch das D-Gensegment codierte D-Region bis zur Unkenntlichkeit enzymatisch verkürzt werden. Gleichzeitig können ebenfalls durch Enzymwirkung N-Nukleotide nach dem Zufallsprinzip eingefügt werden oder P-Nukleotide, die eigentlich zum zweiten Strang der DNA gehören, die Codierung der Aminosäure mitbestimmen.

Bei der Zusammenlagerung dieser drei genetischen Elemente während der Reifung der B-Zelle im Knochenmark werden deren Enden enzymatisch stark verändert. Das D-Gensegment kann durch spaltende Enzyme bis zur Unkenntlichkeit verkürzt werden, während gleichzeitig aber auch so genannte N- und P-*Nukleotid*bausteine enzymatisch eingeführt werden, die nicht mit dem codierenden Strang der beteiligten Gene in der DNA der B-Zelle korrelieren. Dadurch entspricht die Aminosäuresequenz der CDR3 der H-Kette nur extrem selten den VH-, D- und JH-Segmenten der DNA der B-Zelle. Daraus ergeben sich zwei Folgerungen:
- Die dritte hypervariable Region der H-Kette eines Antikörpers ist *der* spezifische oder *idiotypische* (griechisch *idios* = selbst) Marker des Moleküls und damit der B-Zelle, welche diesen Antikörper produziert. Zur Bezeichnung dieses Charakteristikums eines Antikörpers wird er deshalb als *Idiotyp* gekennzeichnet.
- Fast alle CDR3 der H-Kette haben zwar eine genetische Grundlage in den beteiligten D-Gensegmenten, diese werden aber somatisch so weit verändert, dass die entstehenden CDR3 als *Nichtselbst* zu betrachten sind (Lemke et al., 2012). Für die daraus resultierenden funktionellen Konsequenzen ist es wichtig, dass T-Zellen im frühen Leben *keine* Toleranz für solche CDR3-assoziierten idiotypischen Merkmale entwickeln und folglich diese kleinen Fragmente von Protein-Antigenen ebenfalls als fremd, d. h. *Nichtselbst* erkennen.

Die B-Zellen, welche diese *Nichtselbst-* oder *idiotypische Eigenschaft* mit passenden Antikörpern, den *Antiidiotypen*, erkennen, sind für das Immunsystem grundlegend. Wenn ein Antigen nun eine Immunantwort auslöst, werden die Menge der betreffenden antigenreaktiven Antikörper und folglich auch die Menge ihrer CDR3 vermehrt, wodurch eine antiidiotypische Immunantwort induziert wird. Daher konnte Niels Jerne in seiner Rede anlässlich der Verleihung des Nobelpreises 1984 feststellen:

> And finally, it has been shown that the immune system of a single animal, after producing specific antibodies to an antigen, continues to produce antibodies to the idiotopes of the antibodies which it has itself made. The latter anti-idiotpic antibodies likewise display new idiotypic profiles, and the immune system turns out to represent a network of idiotypic interactions (Jerne, 1985: 848 f.).

Die CDR3 der H-Ketten der neu induzierten antiidiotypischen Antikörper enthalten also selbst wieder ein *Nichtselbst* und können daher neue anti-antiidiotypische Immunantworten auslösen. Weitere Schritte in dieser *idiotypischen Kaskade* sind möglich. Für ein einfacheres Verständnis dieser Zusammenhänge werden die zuerst induzierten antigenreaktiven Antikörper als Ab1 bezeichnet und die weiteren jeweils antiidiotypischen Antikörper als Ab2, Ab3, Ab4 usw. Nach Stimulation mit einem Antigen haben die antigenreaktiven Antikörper also eine Induktorfunktion und provozieren weitere Antikörper, die alle antiidiotypisch für die sie induzierenden Antikörper sind. Doch obwohl diese kaskadenartigen Schritte alle in Modellversuchen nachgewiesen worden sind, sollte die Wirklichkeit viel komplexer gedacht werden und nicht in einer einfachen Abfolge von Ab1, Ab2 bis Abn. Jeder Schritt repräsentiert tatsächlich eine heterogene Population von Zellen/Antikörpern, die zwar alle antiidiotypisch gegenüber den vorangehenden Antikörpern sind, deren idiotypische *Nichtselbst*-Merkmale aber unterschiedlich binden können. Außerdem sind alle Reaktionen von idiotypspezifischen T-Zellen abhängig, die damit bestimmen, welche der theoretischen Möglichkeiten überhaupt verwirklicht werden.

Welche theoretischen Möglichkeiten gibt es aber? Jerne arbeitete mit der Vorstellung, dass die Antigenbindungsstelle des Antikörpers (Paratop) komplementär zum erkannten Teilbereich des Antigens ist. Dieser kleine Teil der Oberfläche des makromolekularen Antigens wird antigene Determinante oder Epitop genannt. Unter den Ab2, den antiidiotypischen Antikörpern, sollte es dann solche geben, die komplementär zur Antigenbindungsstelle des Ab1 sind und folglich dem Epitop des Antigens entsprechen (Jerne, 1985). Diese Vorstellung wurde aus Experimenten gewonnen, in denen zwischen Ab1-Spendertier und Ab2-produzierendem Empfängertier eine beliebige genetische Differenz bestand, z. B. nicht ingezüchtete Kaninchen, unterschiedliche Mäusestämme oder Mensch/Maus. Die Experimente zeigten, dass das Reaktionsspektrum von Ab2 aus genetisch identischen Tieren völlig anders ist, indem die CDR3 der H-Kette sich als die entscheidende Stelle für die Spezifität der Ab2 erwies (Lemke & Lange, 2002; Eyerman et al., 1996). Weiterhin ergab sich, dass die CDR3 prinzipiell zwei unterschiedliche Funktionen ausüben kann. Einerseits kann sie für die Bindung an das Antigen entscheidend sein (Xu & Davis, 2000), andererseits aber für dessen Erkennung völlig irrelevant sein (Lange et al., 1996). Wir haben versucht, diese quasi entgegen gesetzten Funktionen durch eine Januskopf-Modellvorstellung zu symbolisieren. Die CDR3 ‚sieht' einerseits als Teil des antigenerkennenden Paratops in die Umwelt und erkennt so das Epitop. Andererseits ‚sieht' sie in das Immunsystem hinein und ist entscheidend für die Erkennung des Idiotops durch antiidiotypische Antikörper. Die CDR3 ist damit Vermittler der Erkennung externer Antigene und der Weiterleitung dieses Signals zu einer inneren Regulation, die durch das *Nichtselbst* der CDR3 notwendig wird.

Darüber hinaus entsteht während der schon oben erwähnten Immunreifung der Antikörper ein neues *Nichtselbst*: Während der ersten und weiteren thymusabhängigen Immunantworten werden Mutationen in die variablen Regionen der Antikörperketten eingefügt. Dieses geschieht mit so großer Häufigkeit, dass man von *somatischer Hypermutation* spricht. Durch diese Mutationen kann einerseits die Affinität der Antikörper für ihr Antigen bis über tausendfach erhöht werden, andererseits die Spezifität für das Antigen ganz verloren gehen. Die Menge der idiotypischen Merkmale von Antikörpern wird durch dieses neu erworbene *Nichtselbst* stark erhöht. Da diese neuen Merkmale von T-Zellen erkannt werden (Bogen & Ruffini, 2009; Eyerman et al., 1996), üben sie einen regulierenden Einfluss auf die Immunantwort der antikörperbildenden B-Zellen aus. Außerdem können solche idiotypischen Wechselwirkungen zwischen B- und T-Zellen auch bei Autoimmunkrankheiten wie der Multiplen Sklerose eine Rolle spielen (Hestvik et al., 2007). Weil es gleichzeitig idiotypische Wechselwirkungen zwischen T-Zellen gibt, erscheint das adaptive Immunsystem als ein vollständiger idiotypischer Regelkreis (Abb. 9.3).

Die idiotypischen Wechselwirkungen zwischen den prinzipiellen Entitäten dieses Kreises werden aber *nicht* aus sich heraus angestoßen. Das Immunsystem entwickelt sich also *nicht* aus sich heraus, es ist *kein Perpetuum mobile*, sondern entwickelt sich ausschließlich durch die stimulierenden Eigenschaften externer Antigene. Dies ist schon an der Korrelation zwischen mikrobieller Besiedelung und dem Serumgehalt an IgG-Antikörpern (s. o.) zu erkennen.

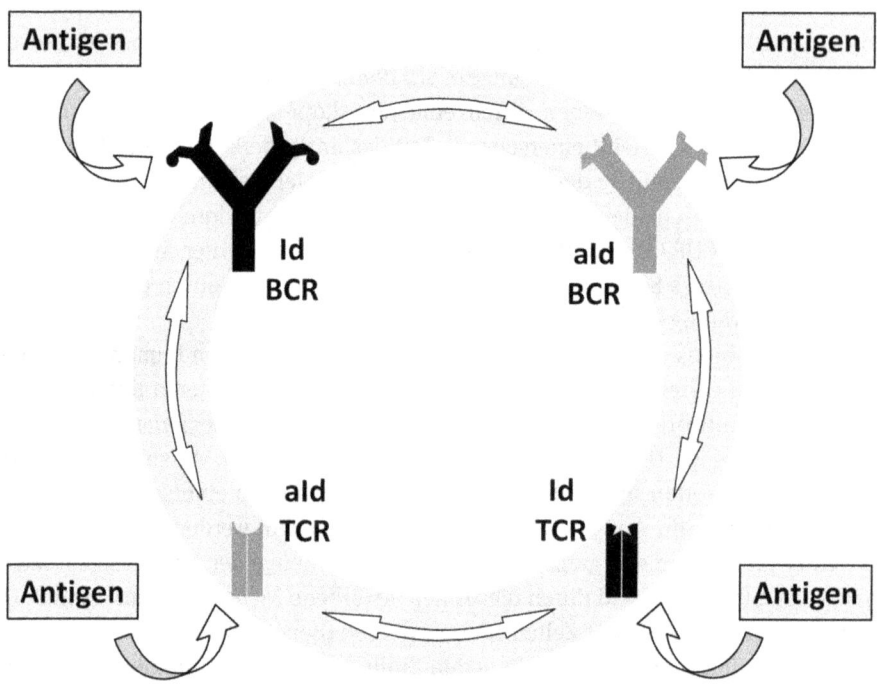

Abb. 9.3: Innere Regulation des adaptiven Immunsystems in einem vollständigen durch Antigenstimulation angetriebenen idiotypischen Regelkreis. Antikörper sind die Produkte der Immunantwort von B-Zellen. In Bezug auf das Antigen üben sie Effektorfunktion aus und bedingen so Immunität. Gleichzeitig können sie intern durch antiidiotypische B-Zellen bzw. deren Antikörper erkannt werden, wodurch antiidiotypische Immunantworten ausgelöst werden. Die idiotypische Erkennung bezieht sich hauptsächlich auf das charakteristische Merkmal von Antikörpern, die CDR3 der H-Kette, oder auf Merkmale, die während der Immunreifung durch somatische Mutationen entstanden sind. Die Induktion antiidiotypischer Antikörper hängt von idiotypspezifischen T-Zellen ab. Weiterhin können Antikörper den Antigenrezeptor der T-Zellen in idiotypische Weise erkennen, und T-Zellen können idiotypische Merkmale von Antikörpern erkennen. Zwischen den beiden letzten Sichtweisen sind die molekularen Vorgänge aber verschieden. Der idiotypische Regelkreis wird durch eine gegenseitig idiotypische Interaktion zwischen T-Zellen vervollständigt. Das adaptive Immunsystem stellt kein *Perpetuum mobile* dar, d. h. diese Wechselwirkungen können nicht aus sich heraus in Gang gesetzt werden, sondern bedürfen der Stimulation durch Antigene aus der Umwelt. Der Antrieb durch externe Antigene kann an allen vier Entitäten dieses Regelkreises ansetzen. Die Doppelpfeile repräsentieren die Erkennung ebenso wie die Aktivierung der beteiligten Zellpopulationen. (Aus: Lemke et. al., 2012; mit Erlaubnis.)

9.5 Bedeutung idiotypischer Wechselwirkungen im Immunsystem

Aus der bisherigen Darstellung ergibt sich die Frage, ob, und wenn ja, welche funktionellen Bedeutungen idiotypische Interaktionen zwischen B- und T-Zellen im Immunsystem haben. Sind diese Wechselwirkungen direkt für die Leistungsfähigkeit des Systems zumindest mit verantwortlich? Welche Rolle spielen sie für die ontogenetische Entwicklung des Immunsystems?

Das Immunsystem bildet also nicht nur Antikörper gegen externe Antigene, sondern kann in der weiteren Folge dieser Auseinandersetzung auch gegen die dabei entstandenen Antikörper reagieren. Diese faszinierende Entdeckung einer zeitlich späteren Bildung von antiidiotypischen Antikörpern interpretierte man dahin, dass deren wesentliche Funktion sei, die durch das Antigen induzierte Immunantwort zu unterdrücken. In der Tat muss ein Überschießen jeder Immunantwort ja verhindert werden, damit sie nicht das gesamte Immunsystem quasi für sich beansprucht. Für den Gesamtorganismus muss die Möglichkeit erhalten bleiben, weiterhin gegen sämtliche anderen Antigene reagieren zu können. Allerdings führte die Vorstellung auch zu dem Paradoxon, dass eine stete Suppression das Gesamtrepertoire an Spezifitäten reduziert, wenn sie es nicht sogar völlig auslöschen sollte, was bekanntlich nicht der Fall war. Die alleinige Suppressionsfunktion stellte also keine befriedigende Erklärung der Funktion antiidiotypischer Antikörper dar.

Der Nachweis, dass der antigenspezifischen Immunantwort eine idiotypische Kaskade von jeweils antiidiotypischen Antikörpern folgt, zeigte aber die Möglichkeit auf, dass man mit antiidiotypischen Antikörpern eine Immunantwort und damit Immunität für ein Antigen bzw. gegen einen mikrobiellen Krankheitserreger induzieren kann, ohne diesen Erreger selbst im Impfstoff zu verwenden. Dies konnte zuerst durch die Arbeiten von Sacks und Mitarbeitern (Sacks et al., 1982; Sacks et al., 1983) und später in vielen anderen Studien gezeigt werden. Daraus ergab sich der Vorteil, dass auf diesem Wege mögliche unspezifisch toxische Effekte des Impfstoffs vermieden werden konnten. Eine weitere wesentliche Funktion antiidiotypischer Antikörper ergibt sich aus der Tatsache, dass die Antigenspezifität der in der idiotypischen Kaskade entstandenen Antikörper nicht bekannt ist. Sie sind zwar alle antiidiotypisch für den vorangehenden Antikörper, aber man weiß nicht, mit welchen Antigenen sie reagieren. Das zeigt aber, dass antigeninduzierte Immunantworten einen generalisierenden Effekt haben, indem sie das idiotypische Umfeld der antigenreaktiven B-Zellen aktivieren und damit Antikörper gegen unbekannte Antigene bzw. Krankheitserreger provozieren und folglich Immunität induzieren können (Lemke & Lange, 2002). Bei der Auseinandersetzung mit externen Antigenen kann die Bildung von antiidiotypischen Antikörpern aber auch negative Effekte haben, da letztere sich gegen eigene Zellbestandteile (Autoantigene) richten können und damit eine Autoimmunerkrankung wie beispielsweise die entzündliche Gefäßerkrankung Wegenersche Granulomatose induzieren (Pendergraft et al., 2004; Shoenfeld, 2004).

Unsere neuesten Forschungen haben eine weitere wichtige Funktion der idiotypischen Wechselwirkung zwischen B- und T-Zellen aufgezeigt. Im Laufe der Immunantwort gegen thymusabhängige Antigene wird das Repertoire der anfänglich aktivierten B-Zellen verändert, es findet also eine klonale Entwicklung statt, wobei jede B-Zelle, die einen bestimmten Antikörper produziert, als Klon bezeichnet wird. Zu Beginn wird ein sehr großes Repertoire an antigenreaktiven B-Zellklonen aktiviert. Im weiteren Verlauf während und nach dem Klassenwechsel von IgM zu IgG sowie bei wiederholten Aktivierungen wird das klonale Repertoire immer weiter eingeschränkt. Man hat versucht, diese Entwicklung auf die Affinität der Antikörper für ihr Antigen zurück zu führen. Nach dieser Vorstellung würden B-Zellen mit einem höher affinen Antikörper das Antigen bevorzugt binden und dadurch besser aktiviert werden als B-Zellklone mit Antikörpern niedrigerer Affinität. Die Immunreifung konnte mit diesem Konzept aber nicht vollständig erklärt werden, da auch während der sekundären oder tertiären Immunantwort immer wieder Antikörper mit teilweise sehr niedriger Affinität gebildet wurden. Neueste Ergebnisse haben gezeigt, dass sich die klonale Selektion offensichtlich auch auf die CDR3 der H-Kette bezieht und nicht nur auf die Affinität der Antikörper. In einer Modellimmunantwort fanden wir vor dem Klassenwechsel ein sehr großes Repertoire an IgM-Antikörpern, die zum Teil deutlich höhere Affinitäten als die nach dem Klassenwechsel beobachteten IgG-Antikörper aufwiesen. Trotzdem wurden diese B-Zellklone nicht über den Klassenwechsel gebracht. Dagegen wurden während des Klassenwechsels und der nachfolgenden Entwicklung B-Zellklone bevorzugt, die kürzere und einheitlichere CDR3 der H-Kette aufwiesen (Lange et al., 2012). Da der Klassenwechsel und die weitere klonale Entwicklung von T-Zellen abhängen, liegt es nahe, CDR3-spezifische T-Zellen für diese Entwicklung verantwortlich zu machen. Da die CDR3 der H-Kette den charakteristischen Marker eines Antikörpers bilden, sind die beteiligten T-Zellen als idiotypspezifisch anzusprechen.

Einen besonderen Fall stellen Autoimmunkrankheiten dar. Diese können durch autoaggressive Autoantiköper und/oder T-Zellen verursacht sein. Die im frühen Leben erworbene Autotoleranz wird unter bestimmten Umständen durchbrochen und damit die Bildung der autoaggressiven Effektoren eingeleitet. Diese Initialzündung erfolgt vielfach durch mikrobielle Infektionen. Der Nachweis einer Autoimmunerkrankung geschieht in der Regel durch die Bestimmung von Autoantikörpern im Serum der Patienten. Allerdings stellt dieser wichtige diagnostische Marker noch keinen Beweis dar, dass Autoantikörper die kausale Ursache der Erkrankung sind. Die Verhältnisse werden weiter kompliziert durch den Befund, dass antiidiotypische Antikörper in der Entstehung und Entwicklung von Autoimmunkrankheiten eine Rolle spielen (Hampe, 2012). Dies soll an zwei Beispielen näher erläutert werden.

Der systemische Lupus erythematodes (SLE) ist eine Autoimmunerkrankung mit klinisch verschiedenen Symptomen wie beispielsweise Fieber, Abgeschlagenheit, Gelenkschmerzen und Empfindlichkeit gegenüber Sonnenlicht. Letzteres verursacht das namengebende Erscheinungsbild einer Gesichtsrötung (Erythem) mit einer beidseitigen Gesichtszeichnung wie bei einem Wolf (lateinisch *lupus*). Beim SLE werden verschiedene Autoantikörper gegen zelluläre Kernantigene (DNA, Histone), Phospholipide und gegen P-Phosphoproteine der Ribosomen (P-Proteine), den Proteinfabriken jeder Zelle, gebildet. Antiidiotypische Antikörper gegen solche Autoantikörper sind aber offensichtlich an der Krankheitsentwicklung beteiligt. Antiidiotypen gegen DNA-reaktive Autoantikörper konnten bei verschiedenen Kontrollgruppen wie den Verwandten von SLE-Patienten, von Menschen die mit solchen Patienten in Kontakt kommen und sogar in unbeteiligten gesunden Normalpersonen nachgewiesen werden (Hampe, 2012). Dagegen sind diese Antiidiotypen bei den meisten Patienten während eines aktiven Krankheitsgeschehens nicht zu finden. Sie werden nach erfolgreicher Behandlung beim Zurückgehen der Krankheitssymptome (Remission) aber vermehrt gebildet, was anzeigt, dass die Menge der im Serum vorhandenen antiidiotypischen Antikörper gegen DNA-reaktive Autoantikörper umgekehrt proportional zur Schwere der Krankheit ist. Bei SLE-Patienten konnten gleiche Ergebnisse für Autoantikörper gegen ribosomale P-Proteine erhoben werden, deren Menge ebenfalls mit dem Schweregrad der Erkrankung korreliert. Auch bei diesen Antikörpern zeigte sich, dass alle gesunden erwachsenen Personen solche Autoantikörper in ihrem Blut hatten, die aber durch antiidiotypische Antikörper maskiert wurden (Pan et al., 1998), die während der aktiven Krankheitsphasen nicht gebildet werden (Pan et al., 2001).

Beim insulinabhängigen Typ-1-Diabetes werden verschiedene Autoantikörper gegen Autoantigene der insulinproduzierenden Langerhansschen Inselzellen der Bauchspeicheldrüse (Pankreas) gebildet. Diagnostisch wichtige Autoantikörper sind gegen Insulin und das Enzym Glutamat-Decarboxylase (GAD) gerichtet. Allerdings werden GAD-reaktive Autoantikörper auch in der Mehrzahl gesunder Personen gebildet. Sie sind bei diesen aber durch antiidiotypische Antikörper maskiert (Oak et al., 2008). Damit liegen gleiche Verhältnisse wie beim SLE (s. o.) vor. Die Krankheit ist durch das Fehlen der antiidiotypischen Antikörper und nicht durch die GAD-spezifischen Autoantikörper charakterisiert (Oak et al., 2008). Somit vermitteln die antiidiotypischen Antikörper Schutz gegen die Krankheit (Hampe, 2012).

Auch gesunde Menschen bilden also Autoantikörper gegen Autoantigene, die aber durch die gleichzeitig gebildeten antiidiotypischen Antikörper maskiert werden, welche Immunität gegen das Ausbrechen von Autoimmunkrankheiten vermitteln. Wieweit kann dieser Befund verallgemeinert werden? Laufen in uns solche verdeckten Immunantworten gegen alle Autoantigene ab oder nur gegen eine Auswahl? In dem Fall wäre zu fragen, für welche Autoantigene dies der Fall ist und wodurch eine mögliche Auswahl bedingt ist. Insgesamt kann jedoch schon an dieser Stelle festgehalten werden, dass das adaptive Immunsystem unter Aussparung der idiotypischen Regulation nicht verstanden werden kann.

9.6 Transgenerationelle Übertragung von Immunität

Immunität wird also nicht allein genetisch codiert: Sie wird mittels externer Antigene und der Reaktion des adaptiven Immunsystems spezifiziert, und sie wird in dieser Interaktion fortwährend reguliert und angepasst. Paul Ehrlich konnte Ende des 19. Jahrhunderts beweisen, dass die maternalen Antikörper dem Jungtier Immunität verleihen (Silverstein, 2000). Maternale Antikörper bieten aber nicht nur passiven Schutz. Sie haben vielfache Wirkungen, die sie entsprechend dem oben dargelegten Konzept als Induktoren ausweisen, wie wir in verschiedenen Übersichtsartikel ausgeführt haben (Lemke et al., 2004; Lemke & Lange, 1999; Lemke & Lange, 2002; Lemke et al., 2012; Lemke et al., 2009). Die wichtigsten dieser induktiven Funktionen maternaler Antikörper sollen hier skizziert werden.

1. Ehrlichs Versuche bewiesen, dass maternale Antikörper passive Immunität in die nächste Generation übertragen können. Erfolgt die Infektion früh nach der Geburt in Anwesenheit genügender Mengen maternaler Antikörper, wird der Erreger mit maternalen IgG beladen. Unter solchen Bedingungen entstehen vermehrt Gedächtniszellen, welche unter Umständen einen lebenslangen Schutz gewährleisten, wie zwei historische Beispiele belegen mögen.

Gelbfieber wird durch ein Virus verursacht, welches anfangs nur in Afrika heimisch war, dann aber mit dem Sklavenhandel nach Amerika kam und dort teils schwerste Epidemien auslöste. Beim Bau des Panamakanals sind allein 100.000 vor allem Fremdarbeiter an Gelbfieber gestorben (Winkle, 1997). Die Einheimischen wurden normalerweise gleich nach Geburt infiziert, und die Infektion verlief unter dem Einfluss maternaler Antikörper fast symptomlos. Dennoch entwickelte sich eine lebenslange Immunität. Eine gleiche Situation bestand für die Kinderlähmung vor 1880. Das Poliomyelitisvirus war quasi ubiquitär verbreitet. Infektionen des Menschen mit dem Virus erfolgten während der ersten sechs Monate unter dem Schutz maternaler IgG-Antikörper. „Die Kinder erkrankten nicht, wenn sie in dieser frühen Lebensphase infiziert wurden, sondern entwickelten einen aktiven Immunschutz" (Modrow et al., 2003). Nach 1880 und am Anfang des 20. Jahrhunderts wurden immer mehr Poliofälle registriert, nach dem Zweiten Weltkrieg kam es zu verheerenden Polioepidemien (Nathanson & Kew, 2010). Die Zunahme der Poliofälle im 20. Jahrhundert ist auf ein Zurückdrängen des Erregers durch verbesserte hygienische Bedingungen, eine dadurch abgesenkte Immunität der Mütter und der verspäteten Infektion der Kinder zurückzuführen. Das Immunsystem muss also eine zeitgerechte Erfahrung der Umwelt machen, wenn es einen ausreichenden Schutz vermitteln soll. Folglich sind es die zusätzlichen Bedingungen, die die Gefährlichkeit eines Erregers ausmachen. Beide Beispiele zeigen außerdem, dass maternale Antikörper nicht nur passiven Schutz bieten, sondern den Verlauf einer Infektion und die Entwicklung von Immunität völlig verändern. Sie besitzen also auch in diesem Sinne eine Induktorfunktion.

2. Wesentliche Mechanismen der Immunantwort sind mit Modellantigenen entdeckt worden. Eine dieser Modellimmunantworten wurde an der Reaktion des Mäu-

sestammes BALB/c gegen das Hapten 2-Phenyloxazolon (PhOx) erforscht. Die Substanz wird auch als Halbantigen bezeichnet. Da die verschiedenen Parameter der Immunantwort gegen PhOx sehr genau bekannt sind, haben wir an ihr die Funktion maternaler Antikörper eingehender untersucht. Würde deren Funktion allein passiv sein, also keine weiteren Reaktionen im Immunsystem der Jungtiere auslösen, wie viele Immunologen heute noch annehmen, müsste die Anti-PhOx-Immunantwort in jungen Mäusen, deren Mütter gegen PhOx immunisiert worden waren, nach dem Verschwinden der PhOx-spezifischen maternalen Antikörper die normalen Merkmale zeigen. Dies war aber nicht der Fall. Allein die Immunisierung der Muttertiere induzierte eine Antikörperbildung gegen PhOx in den Jungtieren, auch wenn diese nicht immunisiert wurden. Nach der Immunisierung war – im Vergleich zu normalen Jungtieren, die von nicht immunisierten Muttertieren abstammten – die Zusammensetzung der Anti-PhOx-Antikörper völlig verändert, und die Immunantwort konnte in Abhängigkeit von der Menge an maternalen Anti-PhOx-Antikörpern sehr stark erhöht sein. Sogar die Immunantwort in der Enkelgeneration wurde verändert. Das bedeutet zweifelsfrei, dass maternale Antikörper als informationtragende Moleküle anzusehen sind, die eine transgenerationelle Induktorfunktion ausüben.

3. Mit der Vorstellung des idiotypischen Netzwerkes wurden verschiedene Experimente konzipiert, um die Möglichkeit zu untersuchen, ob antiidiotypische Antikörper, die gegen antibakterielle oder antivirale Antikörper gerichtet waren, ebenfalls eine schützende Wirkung entfalten würden, wenn sie vom Muttertier auf die Nachkommen übertragen wurden. Diese Untersuchungen wurden erfolgreich an Mäusen durchgeführt, und Antiidiotypen waren in quantitativer Hinsicht sogar wirksamer als Idiotypen, denn sie brachten den gleichen Erfolg bei kleinerer Dosis. Ein solcher transgenerationeller Schutz durch maternale Antiidiotypen konnte beispielsweise gegen die Infektion mit dem Respiratorischen Synzytialvirus (RSV) (Okamoto et al., 1989), welches frühkindliche Erkältungen verursacht, oder gegen die Infektion mit Streptokokken der Gruppe B (Magliani et al., 1998) induziert werden. Diese transgenerationelle Induktion von Immunität durch maternale antiidiotypische Antikörper, die – was nochmals betont werden muss – ja *nicht* mit dem Antigen reagieren, beweist erneut die Richtigkeit des idiotypischen Netzwerkes.

4. Wenn maternale Antikörper also idiotypische Wechselwirkungen induzieren können, ergeben sich eine Reihe von Fragen. Ist ihre Wirkung auf ein bestimmtes Antigen beschränkt, oder können maternale Antikörper einen generalisierenden Effekt im Immunsystem des Neugeborenen hervorrufen? Benötigen die durch maternale Antikörper induzierten Wirkungen die Hilfe antiidiotypischer T-Zellen? Verursachen maternale Antikörper im weitesten Sinne einen Lerneffekt im Neugeborenen? Wiederum Versuche an Mäusen haben gezeigt, dass maternale Antikörper für die Selektion des Repertoires der T-Zellen von entscheidender Bedeutung sind und dass dieser Einfluss bis ins Erwachsenenalter anhält (Martinez et al., 1985). Allerdings ist die durch Antikörper induzierte Selektion des T-Zellrepertoires bei der Maus nur in den ersten drei Lebenswochen möglich (Martinez et al., 1985). Dieselbe Arbeitsgruppe hat ebenfalls gezeigt, dass

B- und T-Zellen sich wechselseitig beeinflussen und ihre Repertoires damit vom jeweiligen Gegenüber abhängen. Damit gewinnen maternale Antikörper eine ganz besondere Bedeutung, weil sie die ersten Faktoren sind, die das neu entstehende Immunsystem der Nachkommen formen. In Experimenten an Mäusen wurde herausgefunden, dass eine sehr kurze Zeitspanne im frühen Leben von besonderer Bedeutung für die Regulation der im späten Leben gebildete IgE-Antikörper ist, welche für die Entstehung von Allergien vom Typ 1 (z. B. Heuschnupfen und Bienengiftallergie) entscheidend sind. Auch beim Menschen hat man erkannt, dass die Grundlage für die Entstehung von Allergien früh im Leben gelegt wird. Wir haben aus diesen Ergebnissen geschlossen, dass es im frühen Leben eine sensible Phase gibt, in der eine *immunologische Prägung* (engl. *imprinting*) erfolgt, die analog zu der von Konrad Lorenz beschriebenen Verhaltensprägung ist (Lemke & Lange, 1999). Im Gegensatz zum *priming* einer normalen Immunantwort ist die immunologische Prägung also nur während bestimmter sensibler Phasen früh im Leben möglich, kann dann aber unter Umständen lebenslange Wirkung haben. An Ratten und Mäusen konnte gezeigt werden, dass IgG-Antikörper gegen allergieauslösende Substanzen (Allergene) nach Übertragung vom Muttertier in den Nachkommen eine lang anhaltende Suppression Allergie-vermittelnder IgE Antikörper auslösen. Es war bemerkenswert, dass diese Suppression viel länger anhielt, als maternale IgG in den Nachkommen nachzuweisen waren. Das zeigte schon, dass die Wirkung der maternalen IgG nicht durch ihre *Effektor*funktion zu erklären war. Wir haben in weiteren Versuchen dann zeigen können, dass antiidiotypische Antikörper gegen die allergenspezifischen maternalen IgG-Antikörper ebenfalls IgE-supprimierend wirkten (Tanasa et al., 2010), d. h. auch in diesen Versuchen wirken die maternalen IgG als *Induktor*moleküle.

9.7 Das Immunsystem – ein epigenetisches System

Der auf genetische Vererbung zurückzuführende Phänotyp bezieht sich auf Moleküle, die entweder direkt in der DNA codiert sind oder durch DNA-codierte Moleküle (meistens Enzyme) in biochemischen Regelkreisen entstehen. Diese Form der Vererbung wird durch das biochemische Dogma des Informationsflusses von der DNA über die RNA zum Protein voll erklärt. Lebewesen können aber nur überleben, wenn sie nicht nur einem starren Produktionsprogramm folgen, sondern die Fähigkeit zur Anpassung an ihre Umwelt besitzen. Dies gilt besonders für Tiere, die zur Erkennung der Umwelt das Nerven- und das Immunsystem entwickelt haben. Insbesondere für das Immunsystem ergibt sich dadurch die Notwendigkeit, eine molekulare Unterscheidung zwischen *Selbst* und *Nichtselbst* zu treffen. Wie oben gezeigt wurde, beruht diese Unterscheidung auf einem lebenslangen Prozess der Erwerbung, der durch die Auseinandersetzung mit der immunologisch erkennbaren Umwelt stimuliert wird. Ohne diese Auseinandersetzung gibt es kein voll funktionstüchtiges Immunsystem. Zumindest ein wichtiger Parameter, der den Erfolg dieses Lernprozesses anzeigt, ist die Menge und Qualität der IgG-Antikörper, die durch die Mitwirkung der T-Zellen von

B-Zellen nach Aktivierung durch externe Antigene vermehrt gebildet werden. Für diesen Prozess ist die Regulation durch das idiotypische Netzwerk entscheidend. Dieses wird einerseits durch den *Nichtselbst*-Anteil der B- und T-Zell-Antigenrezeptoren und andererseits durch die während der Immunreifung entstandenen somatischen Mutationen (hauptsächlich der IgG-Antikörper) angetrieben. Wie oben gezeigt wurde, sind beide Voraussetzungen *nicht* in der DNA codiert, also fremd und gehören damit zum *Nichtselbst*. Das bedeutet, dass das Immunsystem zwar eine genetische Grundlage hat, ansonsten aber völlig auf die externe Stimulation angewiesen ist und deshalb insgesamt als *epigenetisches System* bezeichnet werden muss.

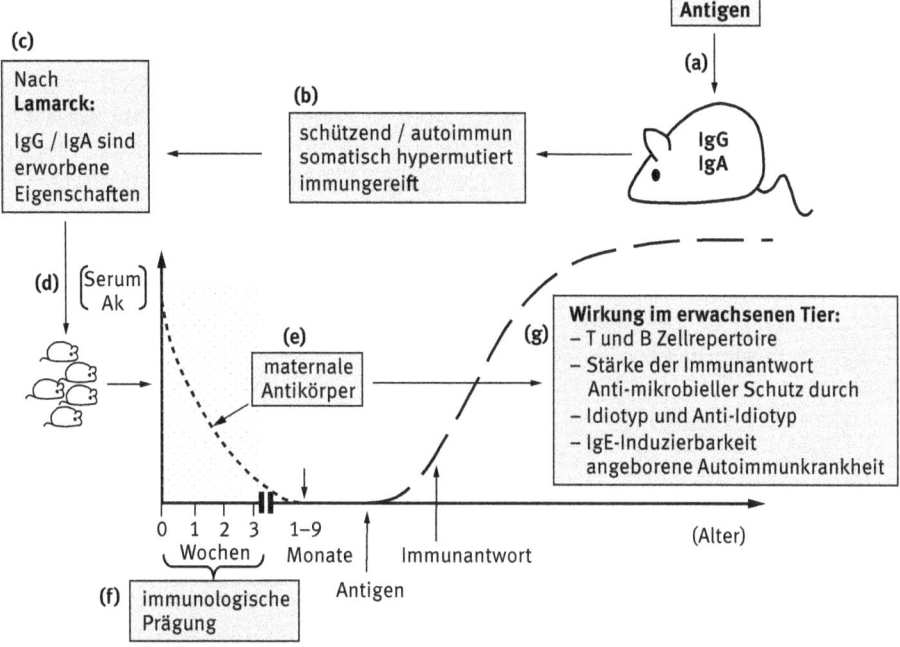

Abb. 9.4: Epigenetische Steuerung des Immunsystems. (a) Zwei wichtige Immunglobulinklassen, die durch externe Antigene induzieren werden, sind die IgG- und IgA-Antikörper (letztere vermitteln einen Schutz der Schleimhäute). (b) Meistens haben sie schützende Funktion, können unter pathologischen Bedingungen aber auch autoaggressiv sein. (c) Da IgG und IgA eine Immunreifung durch somatische Hypermutationen durchlaufen, sind sie in lamarckistischem Sinn erworbene phänotypische Merkmale. (d) Muttertiere übertragen IgG und IgA Antikörper in die Nachkommen, in denen diese maternalen Antikörper (e) in Abhängigkeit von der Menge bis zu einem Alter von neun Monaten nachgewiesen werden können. (f) Während der ersten drei Lebenswochen induzieren maternale Antikörper – seien dies Idiotypen oder Antiidiotypen – eine immunologische Prägung, die für die weitere Entwicklung des Immunsystems bis ins Erwachsenenalter entscheidend ist. (g) Die immunologische Prägung betrifft verschiedene Parameter, und ihre Wirkung ist in den erwachsenen Nachkommen sehr viel länger nachweisbar, als die experimentell durch Antigen induzierten maternalen Antikörper messbar sind. (Nach: Lemke et. al., 2004; mit Erlaubnis.)

Die oben beschriebenen Versuche zum immunologischen Lernen im Erwachsenenleben und zur Übertragung von Immunität von der Mutter auf die nächste Generation sind in Abb. 9.4 skizziert.

Sie haben nicht nur weiterreichende Bedeutung für die Vorstellungen über die Funktionsweise und die Entwicklung des Immunsystems, sondern zwingen dazu, das Verhältnis von Genotyp zu Phänotyp im Allgemeinen zu überdenken. Die vorgestellten Versuche belegen, dass erst das Zusammenwirken von Genotyp und Antigenstimulation durch die Umwelt den Phänotyp des Immunsystems entstehen lässt. Ein weiteres bedeutendes immunologisches Beispiel für dieses Prinzip ist die nach der Geburt einsetzende mikrobielle Besiedlung, die sogar wichtig für die Entwicklung des Gehirns ist (Diamond et al., 2011; Diaz Heijtz et al., 2011). Daneben ist an Forschungen zu denken, welche die Bedeutung der Ernährung für die Entwicklung des Individuums belegen und beispielsweise zeigen, dass die Ernährung während der Schwangerschaft bei Ratten das Risiko der Entstehung von Brustkrebs für mehrere Generation beeinflussen kann (de Assis et al., 2012). Andere bekannte Beispiele sind die schon von Konrad Lorenz beschriebene Verhaltensprägung und das Erlernen der Muttersprache. In allen diesen Fällen bietet das Genom nur die Voraussetzungen, die erst zum Tragen kommen, wenn das richtige Signal zur richtigen Zeit (sensible Phasen) durch die Umwelt gegeben wird. Allein dadurch entsteht das jeweilige phänotypische Merkmal. Immunsystem wie Nervensystem erfordern also ein Umdenken: Beide zeigen, dass Genetik und Epigenetik nur zusammen, wie die beiden Seiten einer Medaille, die Gesamtheit des Phänotyps ergeben.

Literatur

Billingham, R.E., Brent, L. & Medawar, P.B. (1953). Actively acquired tolerance of foreign cells. Nature 172(4379): 603–606.

Bogen, B. & Ruffini, P. (2009). Review: to what extent are T cells tolerant to immunoglobulin variable regions? Scandinavian Journal of Immunology 70(6): 526–530.

de Assis, S., Warri, A., Cruz, M.I. et al. (2012). High-fat or ethinyl-oestradiol intake during pregnancy increases mammary cancer risk in several generations of offspring. Nature Communications 3: 1053.

Diamond, B., Huerta, P.T., Tracey, K. & Volpe, B.T. (2011). It takes guts to grow a brain: Increasing evidence of the important role of the intestinal microflora in neuro- and immune-modulatory functions during development and adulthood. BioEssays: News and Reviews in Molecular, Cellular and Developmental Biology 33(8): 588–591.

Diaz Heijtz, R., Wang, S., Anuar, F. et al. (2011). Normal gut microbiota modulates brain development and behavior. Proceedings of the National Academy of Sciences of the United States of America 108(7): 3047–3052.

Eyerman, M.C., Zhang, X. & Wysocki, L.J. (1996). T cell recognition and tolerance of antibody diversity. The Journal of Immunology 157(3): 1037–1046.

Hampe, C.S. (2012). Protective role of anti-idiotypic antibodies in autoimmunity-lessons for type 1 diabetes. Autoimmunity 45(4): 320–331.

Hestvik, A.L., Vartdal, F., Fredriksen, A.B. et al. (2007). T cells from multiple sclerosis patients recognize multiple epitopes on Self-IgG. Scandinavian Journal of Immunology 66(4): 393–401.

Jerne, N.K. (1985). The generative grammar of the immune system. The Embo Journal 4(4): 847–852.

Lange, H., Hecht, O., Zemlin, M. et al. (2012). Immunoglobulin class switching appears to be regulated by B-cell antigen receptor-specific T-cell action. European Journal of Immunology 42(4): 1016–1029.

Lange, H., Solterbeck, M., Berek, C. & Lemke, H. (1996). Correlation between immune maturation and idiotypic network recognition. European Journal of Immunology 26(9): 2234–2242.

Lemke, H., Coutinho, A. & Lange, H. (2004). Lamarckian inheritance by somatically acquired maternal IgG phenotypes. Trends in Immunology 25(4): 180–186.

Lemke, H. & Lange, H. (1999). Is there a maternally induced immunological imprinting phase à la Konrad Lorenz? Scandinavian Journal of Immunology 50(4): 348–354.

Lemke, H. & Lange, H. (2002). Generalization of single immunological experiences by idiotypically mediated clonal connections. Advances in Immunology 80: 203–241.

Lemke, H., Tanasa, R.I., Trad, A. & Lange, H. (2009). Benefits and burden of the maternally-mediated immunological imprinting. Autoimmunity Reviews 8(5): 394–399.

Lemke, H., Tanasa, R.I., Trad, A. & Lange, H. (2012). Function of maternal idiotypic and anti-idiotypic antibodies as transgenerational messengers. In: Maternal fetal transmission of human viruses and their influence on tumorigenesis, G. Berencsi, Hg. (Dordrecht: Springer), S. 249–279.

Magliani, W., Polonelli, L., Conti, S. et al. (1998). Neonatal mouse immunity against group B streptococcal infection by maternal vaccination with recombinant anti-idiotypes. Nature Medicine 4(6): 705–709.

Martinez, C., Bernabe, R.R., de la Hera, A., Pereira, P., Cazenave, P.A. & Coutinho, A. (1985). Establishment of idiotypic helper T-cell repertoires early in life. Nature 317(6039): 721–723.

Modrow, S., Falke, D. & Truyen, U. (2003). Molekulare Virologie (Heidelberg: Spektrum Akademischer Verlag).

Nathanson, N. & Kew, O.M. (2010). From emergence to eradication: the epidemiology of poliomyelitis deconstructed. American Journal of Epidemiology 172(11): 1213–1229.

Oak, S., Gilliam, L.K., Landin-Olsson, M. et al. (2008). The lack of anti-idiotypic antibodies, not the presence of the corresponding autoantibodies to glutamate decarboxylase, defines type 1 diabetes. Proceedings of the National Academy of Sciences of the United States of America 105(14): 5471–5476.

Okamoto, Y., Tsutsumi, H., Kumar, N.S. & Ogra, P.L. (1989). Effect of breast feeding on the development of anti-idiotype antibody response to F glycoprotein of respiratory syncytial virus in infant mice after post-partum maternal immunization. The Journal of Immunology 142(7): 2507–2512.

Pan, Z.J., Anderson, C.J. & Stafford, H.A. (1998). Anti-idiotypic antibodies prevent the serologic detection of antiribosomal P autoantibodies in healthy adults. Journal of Clinical Investigations 102(1): 215–222.

Pan, Z.J., Anderson, C.J. & Stafford, H.A. (2001). A murine monoclonal anti-idiotype to anti-ribosomal P antibodies: production, characterization, and use in systemic lupus erythematosus. Clinical Immunology 100(3): 289–297.

Pendergraft, W.F., 3rd, Preston, G.A., Shah, R.R. et al. (2004). Autoimmunity is triggered by cPR-3(105–201), a protein complementary to human autoantigen proteinase-3. Nature Medicine 10(1): 72–79.

Sacks, D.L., Esser, K.M. & Sher, A. (1982). Immunization of mice against African trypanosomiasis using anti-idiotypic antibodies. The Journal of Experimental Medicine 155(4): 1108–1119.

Sacks, D.L., Kelsoe, G.H. & Sachs, D.H. (1983). Induction of immune responses with anti-idiotypic antibodies: implications for the induction of protective immunity. Springer Seminars in Immunopathology 6(1): 79–97.

Shoenfeld, Y. (2004). The idiotypic network in autoimmunity: antibodies that bind antibodies that bind antibodies. Nature Medicine 10(1): 17–18.

Silverstein, A.M. (2000). The most elegant immunological experiment of the XIX century. Nature Immunology 1(2): 93–94.

Tanasa, R.I., Trad, A., Lange, H., Grotzinger, J. & Lemke, H. (2010). Allergen IgE-isotype-specific suppression by maternally derived monoclonal anti-IgG-idiotype. Allergy 65(1): 16–23.

Winkle, S. (1997). Kulturgeschichte der Seuchen (Frechen: Komet).

Xu, J.L. & Davis, M.M. (2000). Diversity in the CDR3 region of V(H) is sufficient for most antibody specificities. Immunity 13(1): 37–45.

Christoph Bock

10 Ein integrierter Ansatz zur Beschreibung und Analyse genetisch-epigenetischer Zellzustände[1]

10.1 Genetik und Epigenetik: Komplementäre Mechanismen bilden die Grundlage für den Bauplan des menschlichen Körpers

Der menschliche Körper besteht aus etwa 10^{14} einzelnen Zellen, die mehr als 200 unterschiedlichen Zelltypen zugeordnet werden können (Alberts, 2002). Menschliche Zellen unterscheiden sich hinsichtlich ihrer Größe, Gestalt und molekularen Funktion – von der Eizelle, die mit bloßem Auge zu sehen ist, bis hin zu Spermazellen, die nur wenige Mikrometer groß sind. Sie sind zudem durch markante Unterschiede in ihren Fähigkeiten zu Zellteilung und Regeneration gekennzeichnet. Beispielsweise werden in einem erwachsenen Menschen täglich rund 10^{11} rote Blutkörperchen produziert, und jede dieser Zellen hat eine ungefähre Lebensdauer von 120 Tagen. Im Vergleich dazu besitzt jeder Erwachsene nur etwa 10^{4} hämatopoetische Stammzellen, die sich während eines Menschenlebens nur wenige Male teilen, aber trotzdem in der Lage sind, durch ein hierarchisches System von Zelldifferenzierung und Zellteilung alle anderen Blutzelltypen hervorzubringen. Die Vielfalt unterschiedlicher Zelltypen entwickelt sich dabei durch klonale Vermehrung und Differenzierung aus einem einzigen befruchteten Ei, und es ist anzunehmen, dass während der menschlichen Lebensspanne keine Körperzelle mehr als 50 bis 60 Zellteilungen durchläuft. Die vielfältigen Vermehrungs- und Differenzierungsprozesse der Zellen erfordern komplexe Regulationsmechanismen, denn jede Zelle muss zur richtigen Zeit und am richtigen Ort den richtigen Zelltypus annehmen und ihn anschließend stabil beibehalten.

Die komplexen Abläufe der Humanentwicklung – d. h. der Entstehung des menschlichen Körpers aus einer befruchteten Eizelle – werden zu einem großen Teil vom Genom dirigiert. Das Genom enthält nicht nur den Bauplan der Proteine, aus denen die Infrastruktur des Körpers besteht, sondern es definiert auch die Bedingungen, unter denen die Gene aktiviert werden (MacArthur et al., 2009). Beispielsweise werden bestimmte DNA-Sequenzmotive vorzugsweise von zelltypspezifischen Aktivator- und Repressorproteinen gebunden, so dass eine effektive Regulation der Genaktivität möglich wird. Analog können bestimmte RNA-Moleküle in hochspezifischer Weise durch RNA-Interferenz unterdrückt und abgebaut werden. Diese und viele andere genregulatorische Mechanismen sind in der genomischen DNA-Sequenz codiert und machen sie zum Gegenstand genetischer Vererbung und evolutionärer

---

[1] Mit Dank an Sebastian Nijman und Harald Janovjak für die Diskussion von Konzepten zur Hochdurchsatz-Quantifizierung von Zellzuständen.

Selektion (Chen & Rajewsky, 2007). Einige fundamentale Regulationsmechanismen der Humanentwicklung sind evolutionär hoch konserviert, zum Beispiel die Homeoboxgene, die die Gliederung des Embryos kontrollieren (Pearson et al., 2005) und von der Fruchtfliege bis hin zum Menschen eine ähnliche Funktion wahrnehmen. Insgesamt gesehen stellt die präzise genetische Regulation von Genexpression eine notwendige – aber keine hinreichende – Bedingung für die meisten Abläufe der Humanentwicklung dar.

Die dynamischen Veränderungen, welche von Zellen im Prozess der Humanentwicklung durchlaufen werden, stehen allerdings im Kontrast zu der relativen Stabilität der genomischen DNA-Sequenz. Um diesen Prozess zu steuern und zu stabilisieren, müssen zusätzliche molekulare Mechanismen existieren, die nicht direkt im Genom codiert sind. Es wäre zwar im Prinzip vorstellbar, dass die spezifische Genaktivität diverser Zelltypen durch umfassende Genomeditierung reguliert sein könnte, wie es bei einigen Arten von Wimpertierchen beobachtet wurde. Empirische Studien zur Klonierung und Reprogrammierung bei verschiedenen Tierarten haben aber gezeigt, dass eine Vielzahl von unterschiedlichen Zelltypen den vollständigen genetischen Bauplan des Gesamtorganismus beibehalten (Hochedlinger & Jaenisch, 2006; Yamanaka & Blau, 2010). Anstatt also das Genom dynamisch zu modifizieren, nutzen menschliche Zellen andere molekulare Mechanismen, die Informationen außerhalb der statischen DNA-Sequenz codieren und damit eine zellspezifische Genregulation programmieren (Reik, 2007). Derartige Mechanismen werden im Allgemeinen als *epigenetisch* bezeichnet. Diese Bezeichnung ist relativ vage definiert und wird mit teilweise unterschiedlichen Bedeutungen verwendet. Im Allgemeinen geht man jedoch davon aus, dass *epigenetische* Mechanismen ein gewisses Maß von Vererbbarkeit zwischen Generationen von Zellen oder Organismen aufweisen. Außerdem wird ein Zustand impliziert, der Stabilität und Plastizität verbindet und epigenetische Mechanismen zwischen dem statischen genetischen Code und der Dynamik von Genexpression ansiedelt. Obwohl die genaue Definition von *epigenetisch* einen Gegenstand wiederkehrender und kontroverser Debatten bildet[2], verwenden die meisten Forscher den Begriff in einem relativ weiten Sinn und bezeichnen damit Mechanismen wie DNA-Methylierung oder Histonmodifikationen (Bird, 2007). Wie DNA-Methylierungsmuster zwischen Zellgenerationen vererbt werden, ist mittlerweile gut verstanden: Hier arbeiten semikonservative Replikationsmechanismen, die denen der genetischen Vererbung ähnlich sind (Bird, 2002). Im Gegensatz dazu ist für die meisten Histonmodifikationen noch weitgehend unklar, ob und wie zelltypspezifische Muster vererbt

---

2 Vielleicht die anschaulichste – und bewusst unscharf gehaltene – Definition der Epigenetik formulierte Denise Barlow: „Epigenetics has always been all the weird and wonderful things that can't be explained by genetics" (http://epigenome.eu/en/1,1,0). In diesem Zusammenhang interessant ist auch eine fiktive Korrespondenz über Konzepte und Definitionen von Genen, Genetik und Epigenetik zwischen Wissenschaftlern am Beginn des 20. Jahrhunderts und am Beginn des 21. Jahrhunderts (Wu & Morris, 2001).

werden; möglicherweise findet gar keine Vererbung statt, so dass die Histonmodifikationen auf Grundlage anderer – genetisch oder epigenetisch codierter – Informationen in jeder Zellgeneration neu gesetzt werden (Kouzarides, 2007). Außerdem wird der Begriff *Epigenetik* gelegentlich in einem noch breiteren Sinn verwandt: Einige Forscher fassen darunter auch die Genregulationen durch nicht codierende RNAs, die selten oder gar nicht zwischen Zellen vererbt werden. Diese Erweiterung wird ebenfalls kontrovers diskutiert und überdehnt möglicherweise den Begriff der Epigenetik (Berger et al., 2009; Ptashne, 2007).

10.2 Zellzustände: Ein gemeinsamer Begriff ermöglicht die Integration der genetischen und der epigenetischen Perspektive in der Humanentwicklung

Der Bauplan des menschlichen Körpers wird – wie bereits skizziert – durch genetische und epigenetische Mechanismen codiert. Um ein umfassendes Modell der Humanentwicklung zu erhalten, müssen daher die unterschiedlichen Perspektiven der genetischen und epigenetischen Forschung berücksichtigt und integriert werden.

Die genetische Perspektive verwendet Konzepte wie genregulatorische Netzwerke und zelluläre Signalkaskaden, um die Mechanismen der Humanentwicklung zu erklären (Erwin & Davidson, 2009; Karlebach & Shamir, 2008; MacArthur et al., 2009). Die Entwicklung des menschlichen Körpers aus einer befruchteten Eizelle wird darin als System von Ursache/Wirkung-Beziehungen zwischen Genen und Proteinen modelliert (Abb. 10.1 (a)), von denen bisher nur kleine Teilaspekte empirisch modelliert werden konnten. Amit et al. haben zum Beispiel die Dynamik der Genexpression von Immunzellen gemessen, die externen Stimuli ausgesetzt wurden (Amit et al., 2009). Auf dieser Grundlage wurde dann rechnerisch ein genregulatorisches Netzwerk rekonstruiert, das die Reaktion der Immunzellen auf derartige Einflussfaktoren beschreibt (Abb. 10.1 (b)). In diesem Modell sind Transkriptionsfaktoren und die dazugehörigen Zielgene durch Kanten bzw. Pfeile miteinander verbunden, und jeder dieser Pfeile markiert einen Mechanismus, durch den ein bestimmtes Protein die Expression eines dazugehörigen Zielgenes induziert oder unterdrückt. Daneben sind in Netzwerkmodellen oft auch Signalkaskaden innerhalb von Zellen beschrieben, wobei die Pfeile hier bedeuten, dass bestimmte Proteine (z. B. Kinasen und Phosphatasen) andere Proteine modifizieren und dadurch bestimmte Signale übertragen. Solche Modelle von genregulatorischen Netzwerken beschreiben Verknüpfungen zwischen Genen und/oder Proteinen ähnlich wie in einem Schaltplan für einen elektronischen Schaltkreis, und sie werden häufig auch in ähnlicher Form dargestellt (Gehlenborg et al., 2010). Typischerweise wird das genregulatorische Netzwerk der Zelle dabei als statisch aufgefasst: es ist für unterschiedliche Zelltypen identisch und in der genomischen DNA-Sequenz festgelegt. Im Gegensatz zu diesem statischen Grundgerüst sind die Aktivitätszustände von Genen und Proteinen dynamisch, zelltypspezifisch und

(a) Genregulatorisches Netzwerk (Konzept)

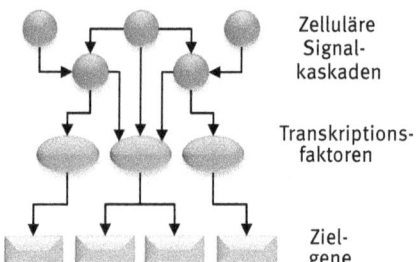

(b) Genregulatorisches Netzwerk (Modell)

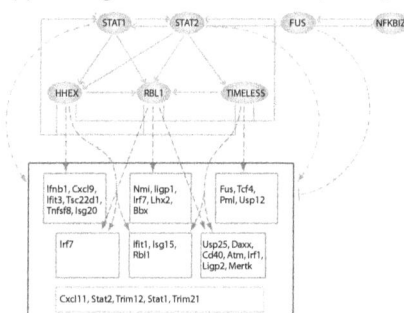

(c) Epigenetische Landschaft (Konzept)

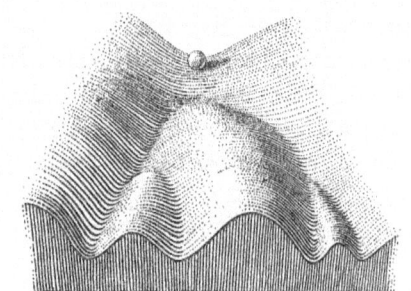

(d) Epigenetische Landschaft (Modell)

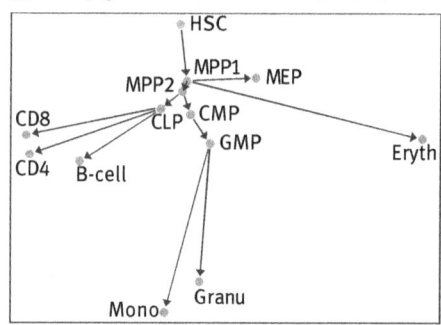

Abb. 10.1: Die genetische und epigenetische Perspektive der Humanentwicklung. (a) Schematische Darstellung eines genregulatorischen Netzwerks, in dem zelluläre Signalkaskaden die Aktivität von Transkriptionsfaktoren steuern, welche wiederum die Aktivität ihrer Zielgene steigern oder unterdrücken. Ein genetischer Zellzustand entspricht hierbei einem definierten Aktivitätszustand dieses Netzwerks. (b) Spezifisches Beispiel für ein genregulatorisches Netzwerk, das die Reaktion von dendritischen Immunzellen auf bestimmte Pathogene beschreibt. Dieses Netzwerk wurde empirisch aus Genexpressionsdaten abgeleitet (Abb. aus Amit et al., 2009). (c) Schematische Darstellung einer epigenetischen Landschaft, die die Möglichkeiten zur Differenzierung einer Stammzelle beschreibt. Die Anzahl der möglichen epigenetischen Zustände wird durch die Täler dargestellt, die eine als eine Kugel dargestellte Stammzelle während ihrer Differenzierung durchlaufen kann (Abb. aus Waddington, 1957). (d) Spezifisches Beispiel einer epigenetischen Landschaft, die empirisch aus Daten der DNA-Methylierung und Genexpression in unterschiedlichen Blutzelltypen abgeleitet wurde (Abb. aus Bock et al., 2012). Die Täler sind durch Pfeile angegeben, und die farblich markierten Punkte zeigen metastabile Einwölbungen in der epigenetischen Landschaft, die unterschiedlichen Zelltypen entsprechen. Die hämatopoetische Stammzelle ist grün markiert, verschiedene Typen von Vorläuferzellen sind in Orange dargestellt, und blaue Kreise entsprechen den voll ausdifferenzierten Zelltypen des Blutes.

reaktiv gegenüber äußeren Einflüssen. Auf diese Art kommt eine dynamische Komponente ins Spiel: Zellen reagieren in einem gegebenen Zustand, der durch die Aktivitätszustände aller Gene und Proteine definiert ist, entsprechend einem statischen genregulatorischen Netzwerk auf externe Stimuli, wobei sie in einen neuen Zellzustand mit neuen Aktivitätszuständen der Gene und Proteine übergehen. Mit Hilfe der Rekonstruktion genregulatorischer Netzwerke kann also im Prinzip der Zellzustand über längere Zeiträume simuliert und vorhergesagt werden, indem der jeweils direkt folgende Zellzustand unter Verwendung des Netzwerkmodells aus dem vorigen Zellzustand berechnet wird. Die Voraussetzung für diese Art der Simulation ist natürlich ein extrem genaues Netzwerkmodell, die vollständige Kenntnis der zellulären Aktivitätszustände zu Beginn der Simulation sowie aller externen Stimuli und die stark vereinfachende Annahme, dass sich menschliche Zellen streng deterministisch verhalten.

Der epigenetische Forschungsansatz hebt sich von der genetischen Perspektive und seinem Fokus auf die Modellierung statischer Netzwerke ab, indem der dynamische Charakter der Zelldifferenzierung besonders betont wird. Die geläufige Darstellung der epigenetischen Perspektive ist das Modell einer epigenetischen Landschaft als eines komplexen Systems von Tälern, die durch eine hügelige Landschaft führen (Abb. 10.1 (c)). Ursprünglich war die epigenetische Landschaft als abstraktes Modell für die Entwicklungsbiologie konzipiert und wurde zuerst zu einer Zeit beschrieben, als die molekularen Mechanismen der Zelldifferenzierung noch weitgehend unbekannt waren (Waddington, 1957). Mittlerweile können jedoch konkrete epigenetische Landschaften empirisch aus geeigneten Datensätzen abgeleitet werden. Zum Beispiel haben Bock et al. die DNA-Methylierung und Genexpression von 13 verschiedenen Zelltypen des Bluts kartiert und auf Grundlage dieses Datensatzes die Hierarchie der Zelldifferenzierung im Blut quantitativ beschreiben können (Abb. 10.1 (d)). Eine charakteristische Eigenschaft von epigenetischen Landschaften ist ihre Gerichtetheit, die im Allgemeinen von der Stammzelle (symbolisiert durch die Quelle eines imaginären Flusses, der in Abb. 10.1 (c) auf den Betrachter zufließt) hin zu dem vollen Spektrum ausdifferenzierter Zelltypen verläuft, die aus einer solchen Stammzelle entstehen können (veranschaulicht durch die Öffnungen der Täler am unteren Rand von Abb. 10.1 (c)). Im Kontext epigenetischer Landschaft wird die Zelldifferenzierung als ein über mehrere Schritte ablaufender Prozess interpretiert, bei dem die einzelne Zelle mehrfach aus einer kleinen Zahl von möglichen Differenzierungsbahnen auswählt. Diese Darstellungsweise hat zur Folge, dass ein spezifischer Punkt in der epigenetischen Landschaft am besten dadurch beschrieben wird, dass seine relative Distanz zu bereits definierten ‚Geländemarken' angegeben wird, etwa der Position etablierter Zelltypen stromaufwärts oder stromabwärts im jeweiligen Flusstal oder in benachbarten Tälern. Die Position einer Blutvorläuferzelle kann beispielsweise beschrieben werden durch ihren Abstand von der Stammzelle (stromaufwärts) und den voll ausdifferenzierten Zellen, die aus ihr entstehen (stromabwärts).

Beide Ansätze – die genetische Perspektive mit ihrem Fokus auf genregulatorischen Netzwerken und das epigenetische Modell von dynamischen Veränderungen zwischen Zelltypen – beschreiben grundlegende und komplementäre Aspekte der Humanentwicklung. Insofern sollte es möglich sein, beide Ansätze sinnvoll miteinander zu kombinieren und damit ein umfassenderes Modell der molekularen Mechanismen in der Humanentwicklung zu etablieren. Der Begriff des *Zellzustands* bietet einen vielversprechenden Schlüssel für eine solche Integration, da er aus beiden Perspektiven ein gängiges und interpretierbares Konzept darstellt. Innerhalb des genetischen Modells kann der Zellzustand als der Expressions- und Aktivierungsgrad aller Gene und Proteine zu einem bestimmten Zeitpunkt definiert werden, gegebenenfalls noch um die Aktivierungsgrade zusätzlicher Moleküle und Mechanismen erweitert (Karlebach & Shamir, 2008). Wie oben bereits beschrieben, postuliert der genetische Ansatz, dass ein hinreichend genaues Modell des genregulatorischen Netzwerks einer Zelle sämtliche zukünftige Reaktionen der Zelle im Voraus festlegt – wenn nicht deterministisch, so doch in Form von Wahrscheinlichkeitsverteilungen. Zwei Zellen, die identische Expressionsmuster aufweisen, können demnach als äquivalent aufgefasst werden und teilen also einen Zellzustand. Unter Annahme eines statischen, genetisch festgelegten genregulatorischen Netzwerks kann damit jeder Zellzustand durch einen großen Vektor von Expressionswerten eindeutig definiert und durch einen Punkt in einem hoch dimensionierten Raum dargestellt werden (Abb. 10.2 (a)).

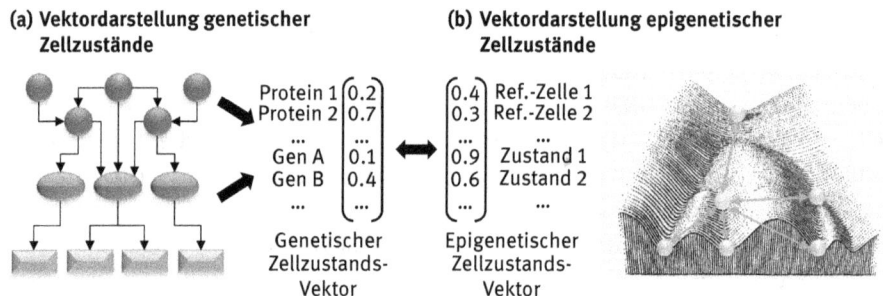

Abb. 10.2: Darstellung genetischer und epigenetischer Zellzustände als numerische Vektoren.
(a) Genetische Zellzustände können eindeutig durch einen potentiell großen, numerischen Vektor dargestellt werden, der Aktivitätszustände sämtlicher Gene, Proteine und anderer biologischer Moleküle in einem genregulatorischen Netzwerk erfasst. (b) Epigenetische Zellzustände sind eindeutig durch ihre Position in der epigenetischen Landschaft bestimmt. Diese Position kann als numerischer Vektor von relativen Distanzen zwischen dem jeweils darzustellenden Zellzustand und einem Set von Referenzzelltypen und deren Zellzuständen beschrieben werden.

Im epigenetischen Modell ist der Zellzustand stattdessen im Hinblick auf die epigenetische Landschaft definiert: Zwei Zellen, die innerhalb der Landschaft eine identische Position einnehmen, befinden sich damit in ein- und demselben Zellzustand. Diese Kolokalisierung in der epigenetischen Landschaft erfordert nicht unbedingt, dass beide Zellen auch identische Aktivierungsgrade all ihrer Gene und Proteine aufweisen. Es wird vielmehr verlangt, dass Zellen denselben relativen Abstand gegenüber allen anderen Zellzuständen in der epigenetischen Landschaft innehaben müssen, um als identisch zu gelten. Auf dieser Basis können auch epigenetische Zellzustände mit einem numerischen Vektor eindeutig definiert werden, wobei der Vektor genau eine Position innerhalb der epigenetischen Landschaft darstellt (Abb. 10.2 (b)). Die epigenetische Landschaft ist nicht durch ein *a priori* definiertes Koordinatensystem festgelegt; stattdessen spannen die etwa 200 grundlegenden Zelltypen des menschlichen Körpers in natürlicher Weise einen Vektorraum auf, der eine empirische Approximation der abstrakten epigenetischen Landschaft darstellt. Damit können alle zusätzlichen Zellzustände – zum Beispiel alle temporären Zustände, die eine Zelle während der Differenzierung durchläuft – als Punkte in einem 200-dimensionalen, durch die ‚kanonischen' Zelltypen definierten Raum dargestellt werden. In besonderen Fällen, wenn ein Zellzustand unter Bezugnahme auf die 200 Referenzzelltypen nicht vollständig beschreibbar ist (etwa im Fall von epigenetischer Deregulation bei Krebs oder bei der *In-vitro*-Kultur menschlicher Zellen), werden je nach Bedarf zusätzliche Referenzzelltypen hinzugefügt und damit die Dimensionalität der epigenetischen Landschaft entsprechend erweitert, so dass alle Zelltypen des untersuchten Modellsystems eindeutig identifiziert werden können.

Um die genetische und epigenetische Perspektive im Hinblick auf die molekulare Beschreibung der menschlichen Entwicklung miteinander zu verbinden, müssen beide Konzepte des Zellzustandes miteinander verglichen und integriert werden. Eine radikale Lösung bestünde darin, zu postulieren, dass beide Konzepte vollständig äquivalent zueinander sind. In diesem Fall wäre es möglich, jedem epigenetischen Zellzustand eindeutig einen genetischen Zellzustand zuzuordnen und umgekehrt. Diese Lösung ist konzeptionell problemlos denkbar, würde aber eine wesentliche Erweiterung beider Modelle erfordern. Das genetische Konzept des Zellzustands müsste auf alle relevanten Typen von epigenetischer Information erweitert werden, etwa auf die DNA-Methylierung und auf diverse Typen von Histonmodifikationen. Mit diesen Erweiterungen stiege allerdings die Dimensionalität des genetischen Zustandsvektors massiv an, und die Rekonstruktion von genregulatorischen Netzwerken aus empirischen Datensätzen würde sich erheblich erschweren. In ähnlicher Weise könnte auch das epigenetische Konzept des Zellzustands auf solche Aspekte erweitert werden, die normalerweise nicht als epigenetisch angesehen werden, wie etwa auf die genetische Regulation des Zellzyklus oder die temporären Reaktionen auf externe Stimuli. Es wäre prinzipiell möglich, all diese Informationen in die epigenetische Landschaft zu integrieren, indem man entsprechende Zellzustände als zusätzliche Dimensionen zu den 200 Referenzzelltypen hinzufügt, durch die die epigenetische Landschaft der Humanentwicklung approximiert werden kann. Aber auch diese Verallgemeinerung hätte den Preis, dass eine empirische Ableitung der epigenetischen Landschaft aus biologischen Daten unverhältnismäßig komplex oder überhaupt nicht mehr durchführbar wäre. Es ist also zu konstatieren, dass eine vollständige Integration aller Aspekte der epigenetischen Perspektive in ein erweitertes genetisches Modell (und umgekehrt) zwar prinzipiell möglich ist, doch nur um den Preis einer substanziellen Komplexitätssteigerung der jeweiligen Modelle.

Um eine praktikable Lösung für die Integration beider Perspektiven zu finden, kann es daher nicht das Ziel sein, die Aussagekraft und Reichweite eines der Modelle soweit auszudehnen, dass eine allumfassende Beschreibung von genetischen und epigenetischen Zellzuständen möglich wird. Stattdessen sollte hingenommen werden, dass beide Perspektiven komplementäre Aspekte eines breiteren Begriffs von Zellzuständen darstellen und diese auch empirisch greifbar machen. So verstanden kann sich eine Zelle eines gegebenen genetischen Zellzustands (definiert durch die Aktivitätszustände aller Gene und Proteine) in verschiedenen epigenetischen Zuständen befinden, je nachdem, welche genregulatorischen Regionen epigenetisch aktiviert oder unterdrückt sind. Umgekehrt führt jede epigenetische Zustandsänderung zu leichten Änderungen im genregulatorischen Netzwerk einer Zelle, was wiederum deren Reaktion auf Signale und Stimuli beeinflusst. Man kann also die epigenetische Perspektive direkt mit der genetischen Perspektive in Einklang bringen, wenn man die Annahme relativiert, dass das genregulatorische Netzwerk notwendigerweise statisch und vollständig durch das Genom festgelegt ist. Es ist vielmehr anzunehmen, dass dieses Netzwerk das gemeinsame Produkt des Genoms und einer Vielzahl von metastabilen Veränderungen in der epigenetischen Landschaft ist, die infolge der Zelldifferenzierung entstehen. Außerdem folgt, dass sich eine Zelle in einem gegebenen epigenetischen Zustand – der durch einen spezifischen Punkt in der epigenetischen Landschaft definiert ist – abhängig von temporären Einflüssen in unterschiedlichen genetischen Zuständen befinden kann, ohne bereits in einen neuen epigenetischen Zellzustand überzugehen. Jedoch werden nicht umkehrbare Änderungen im Aktivitätszustand von Genen und Proteinen im Allgemeinen Auswirkungen auf den genetischen wie auch auf den epigenetischen Zellzustand haben. Die genetische und die epigenetische Perspektive können also auf Grundlage des Konzepts des Zellzustands miteinander verbunden werden, ohne dass eine der beiden Herangehensweisen zu einem allumfassenden Modell der Humanentwicklung erweitert werden muss. Insgesamt lässt sich mithin konstatieren, dass die hier skizzierte und eher lose Verbindung beider Perspektiven als Modell für die meisten empirischen Arbeiten informativer und praktikabler sein wird als ein rein genetisches oder ein rein epigenetisches Modell. Um den konkreten Nutzen von genetischen und epigenetischen Zellzuständen zu illustrieren, soll im Folgenden ein systematisch-empirischer Ansatz für die Analyse der Humanentwicklung aus genetischer und epigenetischer Perspektive skizziert werden.

10.3 Modifizieren – Messen – Modellieren: Ein Paradigma für die Analyse genetischer und epigenetischer Zellzustände

Technologische Fortschritte in der molekularbiologischen und bioinformatischen Forschung ermöglichen die empirische Analyse genetischer und epigenetischer Zellzustände im Kontext der Humanentwicklung. Der hier beschriebene Ansatz kombiniert die Hochdurchsatz-Messung von Biomolekülen mit bioinformatischen

Algorithmen zur Datenanalyse und zur Interpretation der gewonnenen Ergebnisse (Abb. 10.3). Zunächst werden gezielt genetische oder epigenetische Modifikationen in die Zellen eingebracht (z. B. durch exogene Aktivierung bestimmter Gene oder durch die Behandlung der Zellen mit epigenetisch wirksamen Medikamenten), wodurch Veränderungen der Zellzustände induziert werden. Die Reaktion der Zellen auf diese Modifikationen werden dann mittels einer Hochdurchsatz-Messung von DNA, Proteinen, RNA und/oder Chromatin analysiert, und mit Hilfe von bioinformatischen Algorithmen werden die Auswirkungen dieser Modifikationen auf die genetischen und epigenetischen Zellzustände modelliert und prognostiziert. Wesentliche Eigenschaften dieser Methode sind ihr genomweiter Fokus, die genaue quantitative Messung von Modifikationen und ihren Auswirkungen auf genetische und epigenetische

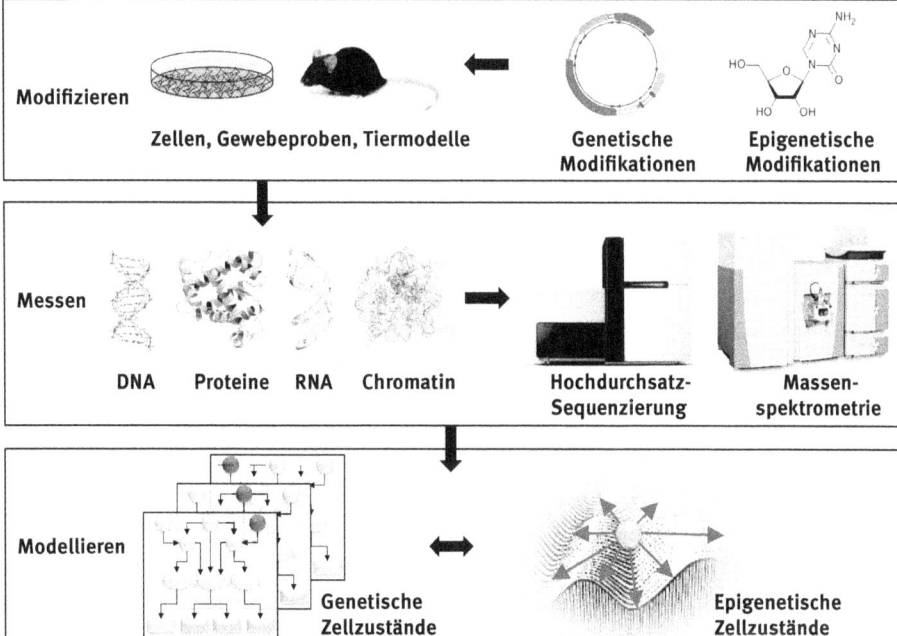

Abb. 10.3: Das Paradigma des „Modifizieren – Messen – Modellieren" zur empirischen Analyse von genetischen und epigenetischen Zellzuständen. Schematische Darstellung des Paradigmas „Modifizieren – Messen – Modellieren" zur umfassenden, quantitativen und prädiktiven Analyse von genetischen und epigenetischen Zellzuständen. Menschliche Zellen werden meist in Petrischalen kultiviert (obwohl im biomedizinischen Bereich durchaus auch *In-vivo*-Studien durchgeführt werden), wo sie verschiedenen genetischen und epigenetischen Modifikationen ausgesetzt werden können. Die Messung der so induzierten Veränderungen im Zellzustand erfolgt mit Methoden wie der Hochdurchsatz-Sequenzierung (für DNA, RNA und Chromatin) sowie der Massenspektrometrie (für Proteine und Chromatin). Auf Basis der so generierten großen Datensätze können dann bioinformatische Modelle erstellt werden, die relevante Teile des genregulatorischen Netzwerks sowie der epigenetischen Landschaft im Kontext der Humanentwicklung quantitativ beschreiben.

Zellzustände sowie der Anspruch, den Effekt der Modifikationen zumindest *ex post* im Computer modellieren und idealerweise auch *ex ante* prognostizieren zu können. Diese globale, quantitative und prognostische Perspektive unterscheidet den hier beschriebenen Ansatz von konventionelleren Methoden wie Assoziationsuntersuchungen oder funktionalen Screenings mit dem Ziel der Identifikation einzelner Regulatorgene, obwohl die verwendeten Technologien oft ähnlich sind. Im Folgenden werden die drei Komponenten des hier skizzierten Paradigma des „Modifizieren – Messen – Modellieren" genauer beschrieben und einige praktische Methoden für die Analyse von genetischen und epigenetischen Zellzuständen vorgestellt.

Modifizieren. Die Molekularbiologie arbeitet schon seit längerem mit Methoden zur genetischen Modifikation von Zellen und analysiert die damit induzierten Phänotypen. Für die Entwicklungsbiologie grundlegend waren umfangreiche Mutagenesestudien mit Modellorganismen wie zum Beispiel der Fruchtfliege und der Maus, womit viele Schlüsselgene der Embryonalentwicklung identifiziert werden konnten (Gondo, 2008). In diesen Untersuchungen wurden Zufallsmutationen in große Tierpopulationen eingeführt und dann die interessanten Phänotypen ausgewählt und genetisch analysiert. Ein ähnliches Verfahren kann auch auf *in vitro* kultivierte humane Zelllinien angewandt werden, zum Beispiel unter Verwendung spezieller haploider Zelllinien (Carette et al., 2009). Diese Zelllinien besitzen nur eine einzige Kopie der meisten Gene, so dass einzelne Gene durch Mutagenese effizient ausgeschaltet werden können. Dies erleichtert die Durchführung und Interpretation von Screening-Experimenten, bei denen zufällig mutagenisierte Zellen einem spezifischen Selektionsdruck (z. B. einem Virus oder einem Medikament) ausgesetzt werden und sich resistente Zellen durchsetzen. Mittels Hochdurchsatz-Sequenzierung können dann Gene identifiziert werden, die in den resistenten Zellen besonders häufig mutiert sind und die daher wahrscheinlich direkt oder indirekt mit dem induzierten Selektionsmechanismus zusammenhängen. Daneben können Gene auch ganz gezielt verändert werden, etwa durch homologe Rekombination oder mit Hilfe von hocheffizienten Verfahren der Genomeditierung, wie sie in den letzten Jahren entwickelt worden sind (Gaj et al., 2013). All diese Methoden sind dazu geeignet, genregulatorische Netzwerke und zelluläre Signalkaskaden zu modifizieren und damit direkt den genetischen Zellzustand zu beeinflussen. Sie können aber auch Änderungen in der Topologie der epigenetischen Landschaft hervorrufen, wenn zum Beispiel epigenetische Regulatorgene modifiziert werden. Jenseits der Modifikation auf DNA-Ebene ermöglicht die häufig verwendete Methode der RNA-Interferenz eine spezifische Veränderung der RNA-Expression einzelner Gene (Hannon, 2002), und epigenetische Mechanismen können ebenfalls direkt und ohne den Umweg über die DNA beeinflusst werden. Einerseits kann eine globale epigenetische Deregulierung durch die chemische Behandlung von Zellen induziert werden, zum Beispiel mit Wirkstoffen, die epigenetische Regulatoren wie DNA-Methyltransferasen und Histondeacetylasen inhibieren (Yoo & Jones, 2006). Andererseits werden Methoden erforscht, mit denen epigenetische Markierungen spezifisch an einzelnen Genen geschrieben oder gelöscht werden können, etwa durch Benutzung eines Regulatorproteins, das mit einem genspezifischen DNA-Bindeprotein verschmolzen und von diesem gesteuert wird (Chaikind et al., 2012; Hathaway et al., 2012; Smith et al., 2008). Darüber hinaus ist es teilweise möglich, den Effekt epigenetischer Störungen direkt im menschlichen Körper zu untersuchen. Das geschieht zum Beispiel in randomisierten, placebokontrollierten klinischen Studien, die den therapeutischen Nutzen epigenetischer Medikamente testen, und im Kontext von epidemiologischen Studien, die die Langzeitwirkung von umweltbedingten epigenetischen Einflussfaktoren beobachten, wie zum Beispiel der Konzentration von Folsäure in der Nahrung (Foley et al., 2009).

Messen. Während das Vorhandensein genetischer und epigenetischer Modifikationen oft schon an phänotypischen Effekten erkennbar ist (z. B. an einem erhöhten oder reduzierten Zellwachstum oder an Veränderungen in der Morphologie), reicht es zum Verständnis der zugrundeliegenden Mechanismen im Allgemeinen nicht aus, die Zellen nur unter dem Mikroskop zu beobachten. Daher wurde eine Vielzahl von Methoden zur Hochdurchsatz-Messung genetischer und epigenetischer Informationen entwickelt, mit deren Hilfe eine tiefere Analyse experimentell induzierter Zellzustände möglich wird (Choudhary & Mann, 2010; Hawkins et al., 2010). So können etwa die Aktivitätszustände aller Gene mit Hilfe der Hochdurchsatz-Sequenzierung von RNA-Molekülen genomweit und kosteneffizient bestimmt werden (Wang et al., 2009). Analog lassen sich die Proteine einer Zelle mittels Massenspektrometrie auf Grundlage der charakteristischen Masse und Ladung ihrer Bestandteile identifizieren und quantifizieren (Gstaiger & Aebersold, 2009). Hochdurchsatz-Verfahren sind auch für die Messung epigenetischer Zellzustände verfügbar. DNA-Methylierung kann genomweit mittels Bisulfit-Sequenzierung gemessen werden, wobei ein chemisches Verfahren methylierungsspezifische Mutationen in die DNA einbringt, die dann durch Hochdurchsatz-Sequenzierung lokalisiert werden (Laird, 2010). In einer ähnlichen Weise können auch Histonmodifikationen kartiert werden, wobei zunächst ein spezifischer Antikörper verwandt wird, um die entsprechend markierten Passagen des Genoms anzureichern, und anschließend mittels Hochdurchsatz-Sequenzierung ein Katalog der angereicherten Regionen erstellt wird (Park, 2009). Diese Messverfahren werden im großen Stil vom International Human Epigenome Consortium (http://ihec-epigenomes.org) eingesetzt, um eine umfassende Charakterisierung der epigenetischen Zellzustände von insgesamt 1000 normalen und krankheitsassoziierten Zelltypen des Menschen zu erreichen. Dieser Katalog bildet eine hervorragende Basis für die Modellierung der epigenetischen Landschaft des Menschen und könnte in Zukunft die Referenzgrundlage bilden, auf deren Basis auch andere Zelltypen in der epigenetischen Landschaft präzise identifiziert werden können.

Modellieren. Das Paradigma „Modifizieren – Messen – Modellieren" zur Analyse genetischer und epigenetischer Zellzustände geht von einem anfänglichen Zellzustand aus, wendet genetische und/oder epigenetische Modifikationen auf die entsprechenden Zellen an und analysiert dann die induzierten Veränderungen des Zellzustands mit Hilfe von Hochdurchsatz-Messverfahren. Die dabei generierten Daten können als Grundlage für die bioinformatische Modellierung von Zellzuständen dienen, wodurch jeweils ein gewisser Teilbereich der epigenetischen Landschaft quantitativ beschrieben wird. Im Vergleich zu den weniger dichten, rein deskriptiven, dafür aber das ganze Spektrum der humanen epigenetischen Landschaft umfassenden Datensätzen (zum Beispiel denen des International Human Epigenome Consortium), erhöht diese Fokussierung auf einen Zellzustand mit seinen induzierten Modifikationen die Wahrscheinlichkeit, dass ein zumindest lokal prädiktives Modell entwickelt werden kann. Außerdem ist jeder neue Zellzustand direkt mit der genetischen oder epigenetischen Modifikation verbunden, die ihn aus dem anfänglichen Zustand erzeugt hat. Damit wird es möglich, direkte kausale Beziehungen zwischen Modifikationen und induzierten Zellzuständen herzustellen, ohne dabei auf die Identifikation statistisch signifikanter, aber potentiell indirekter Korrelationen angewiesen zu sein. Da genetisch definierte Zellzustände durch große Vektoren von Gen- und Protein-Aktivitätszuständen charakterisiert sind, spielt die Datenaufbereitung eine wichtige Rolle. Verbreitete Methoden sind das Herausfiltern von Genen, die nur einen geringen oder inkonsistenten Bezug zu den untersuchten Zellzuständen aufweisen, und die Hauptkomponentenanalyse als Verfahren zur Verringerung von Redundanzen im Datensatz. Nach der Datenaufbereitung kann dann mit der Ableitung des zugrundeliegenden genregulatorischen Netzwerks begonnen werden, wofür man gewöhnlich auf Methoden der Statistik zurückgreift, wie zum Beispiel auf Bayessche Netze oder auf Varianten des Generalisierten Linearen Modells (Karlebach & Shamir, 2008). Trotzdem ist wiederholt festgestellt worden, dass Algorithmen für die *Ab-initio*-Inferenz des genregulatorischen Netzwerks zu schwer interpretierbaren und instabilen Resultaten führen können. Deshalb wird für gewöhnlich die Netzwerkinferenz mit bereits bekannten Daten vorbereitet, z. B. mit Proteininteraktionskarten (Karlebach & Shamir, 2008).

Die Analyse von epigenetischen Zellzuständen folgt ähnlichen Prinzipien. Den Hauptunterschied bildet hierbei der erste Schritt, worin der epigenetische Zellzustand in seinem relativen Abstand zu relevanten Referenz-Zelltypen beschrieben wird und als Vektor codiert. Auf dieser Basis kann die Analyse epigenetischer Zellzustände durchgeführt werden, ohne auf genregulatorische Netzwerke rekurrieren zu müssen. Um, zum Beispiel, den simultanen Effekt zweier Störungen auf epigenetische Zellzustände vorherzusagen, kann man auf die geografische Interpretation der epigenetischen Landschaft zurückgreifen und zumindest in erster Näherung die zu erwartende kombinierte Reaktion als lineare Kombination der empirisch beobachteten Reaktionen auf die beiden separaten Stimuli vorhersagen. Insofern dafür auf ein hinreichend akkurates, lokales Modell der epigenetischen Landschaft zurückgegriffen werden kann, lässt sich dann die Vorhersage nachjustieren, indem ein stabiler Zielzustand auf dem Boden eines Flusstals vorhergesagt wird.

10.4 Resümee

In diesem Beitrag wurden die Unterschiede zwischen der genetischen und der epigenetischen Perspektive auf die Humanentwicklung dargestellt sowie die Möglichkeiten für ein vereinheitlichtes Konzept auf Basis des Begriffs der Zellzustände eruiert. Darauf aufbauend wurde das Paradigma „Modifizieren – Messen – Modellieren" skizziert, wodurch die empirische Analyse genetischer und epigenetischer Zellzustände strukturiert und systematisiert wird. Insgesamt wurde deutlich, dass die genetische und epigenetische Perspektive als komplementäre Konzeptualisierungen von Humanentwicklung zu verstehen sind und keinesfalls im Widerspruch zueinander stehen. Theoretisch wäre es sogar möglich, alle zentralen Aspekte der epigenetischen Perspektive in ein genetisches Modell der Humanentwicklung zu integrieren. Umgekehrt könnte auch das Konzept der epigenetischen Landschaft so erweitert werden, dass es alle wesentlichen Aspekte der genetischen Perspektive einschließt. Allerdings würde dies die Komplexität der vereinheitlichten Modelle unverhältnismäßig erhöhen; und aufgrund der hohen Zahl einzubeziehender Parameter wären sie für die empirische Forschung ungeeignet. Daher ist eine pragmatische Herangehensweise eindeutig zu bevorzugen. Statt einer vollständigen Integration können beide Modelle lose über das Konzept des Zellzustands miteinander verbunden werden, da Zellzustände sowohl in der Genetik wie auch in der Epigenetik sinnvoll interpretierbar sind (nämlich als Aktivitätszustände von Genen und Proteinen in einem genregulatorischen Netzwerk bzw. als spezifische Positionen in der epigenetischen Landschaft). Dabei sind die Zellzustände der einen Perspektive nicht eins zu eins in die Zellzustände der anderen übersetzbar. Stattdessen kann ein epigenetischer Zellzustand mehreren genetischen Zellzuständen zugeordnet sein und umgekehrt. Eine derartige, relativ lose gehaltene Integration der genetischen und epigenetischen Perspektiven ermöglicht es, die molekularen Mechanismen der Humanentwicklung einerseits umfassend zu beschreiben und andererseits empirisch zu handhaben. Als Beleg für die Umsetzbarkeit eines derartigen Konzepts wurde das Paradigma „Modifizieren – Messen – Modellieren" vorgestellt, mit dessen Hilfe sich genetische und epigenetische Zellzustände experimentell und bioinformatisch analysieren und interpretieren lassen. Das Konzept des Zellzustands kann damit als gangbarer Weg dienen, die Stärken sowohl der genetischen als auch der epigenetischen Perspektiven in der Erforschung der Humanentwicklung miteinander zu verbinden und für die empirische Forschung nutzbar zu machen.

Aus dem Englischen übersetzt von Jörg Thomas Richter

Literatur

Alberts, B. (2002). Molecular biology of the cell, 4. Aufl. (New York: Garland Science).
Amit, I., Garber, M., Chevrier, N. et al. (2009). Unbiased reconstruction of a mammalian transcriptional network mediating pathogen responses. Science 326: 257–263.
Berger, S.L., Kouzarides, T., Shiekhattar, R. & Shilatifard, A. (2009). An operational definition of epigenetics. Genes & Development 23: 781–783.
Bird, A. (2002). DNA methylation patterns and epigenetic memory. Genes and Development 16: 6–21.
Bird, A. (2007). Perceptions of epigenetics. Nature 447: 396–398.
Bock, C., Beerman, I., Lien, W.H. et al. (2012). DNA methylation dynamics during in vivo differentiation of blood and skin stem cells. Molecular Cell 47: 633–647.
Carette, J.E., Guimaraes, C.P., Varadarajan, M. et al. (2009). Haploid genetic screens in human cells identify host factors used by pathogens. Science 326: 1231–1235.
Chaikind, B., Kilambi, K.P., Gray, J.J. & Ostermeier, M. (2012). Targeted DNA methylation using an artificially bisected M.HhaI fused to zinc fingers. PLoS One 7, e44852.
Chen, K. & Rajewsky, N. (2007). The evolution of gene regulation by transcription factors and microRNAs. Nature Reviews Genetics 8: 93–103.
Choudhary, C. & Mann, M. (2010). Decoding signalling networks by mass spectrometry-based proteomics. Nature Reviews Molecular Cell Biology 11: 427–439.
Erwin, D.H. & Davidson, E.H. (2009). The evolution of hierarchical gene regulatory networks. Nature Reviews Genetics 10: 141–148.
Foley, D.L., Craig, J.M., Morley, R. et al. (2009). Prospects for epigenetic epidemiology. American Journal of Epidemiology 169: 389–400.
Gaj, T., Gersbach, C.A. & Barbas 3rd, C.F. (2013). ZFN, TALEN, and CRISPR/Cas-based methods for genome engineering. Trends in Biotechnology 31(7): 397–405.
Gehlenborg, N., O'Donoghue, S.I., Baliga, N.S. et al. (2010). Visualization of omics data for systems biology. Nature Methods 7: S56–68.
Gondo, Y. (2008). Trends in large-scale mouse mutagenesis: from genetics to functional genomics. Nature Reviews Genetics 9: 803–810.
Gstaiger, M. & Aebersold, R. (2009). Applying mass spectrometry-based proteomics to genetics, genomics and network biology. Nature Reviews Genetics 10: 617–627.
Hannon, G.J. (2002). RNA interference. Nature 418: 244–251.
Hathaway, N.A., Bell, O., Hodges, C. et al. (2012). Dynamics and memory of heterochromatin in living cells. Cell 149: 1447–1460.
Hawkins, R.D., Hon, G.C. & Ren, B. (2010). Next-generation genomics: an integrative approach. Nature Reviews Genetics 11: 476–486.
Hochedlinger, K. & Jaenisch, R. (2006). Nuclear reprogramming and pluripotency. Nature 441: 1061–1067.
Karlebach, G. & Shamir, R. (2008). Modelling and analysis of gene regulatory networks. Nature Reviews Molecular Cell Biology 9: 770–780.
Kouzarides, T. (2007). Chromatin modifications and their function. Cell 128: 693–705.
Laird, P.W. (2010). Principles and challenges of genome-wide DNA methylation analysis. Nature Reviews Genetics 11: 191–203.
MacArthur, B.D., Ma'ayan, A. & Lemischka, I.R. (2009). Systems biology of stem cell fate and cellular reprogramming. Nature Reviews Molecular Cell Biology 10: 672–681.
Park, P.J. (2009). ChIP-seq: advantages and challenges of a maturing technology. Nature Reviews Genetics 10: 669–680.

Pearson, J.C., Lemons, D. & McGinnis, W. (2005). Modulating Hox gene functions during animal body patterning. Nature Reviews Genetics 6: 893–904.

Ptashne, M. (2007). On the use of the word ‚epigenetic'. Current Biology 17: R233–236.

Reik, W. (2007). Stability and flexibility of epigenetic gene regulation in mammalian development. Nature 447: 425–432.

Smith, A.E., Hurd, P.J., Bannister, A.J., Kouzarides, T. & Ford, K.G. (2008). Heritable gene repression through the action of a directed DNA methyltransferase at a chromosomal locus. The Journal of Biological Chemistry 283: 9878–9885.

Waddington, C.H. (1957). The strategy of the genes; a discussion of some aspects of theoretical biology (London: Allen & Unwin).

Wang, Z., Gerstein, M. & Snyder, M. (2009). RNA-Seq: a revolutionary tool for transcriptomics. Nature Reviews Genetics 10: 57–63.

Wu, C. & Morris, J.R. (2001). Genes, genetics, and & epigenetics: a correspondence. Science 293: 1103–1105.

Yamanaka, S. & Blau, H.M. (2010). Nuclear reprogramming to a pluripotent state by three approaches. Nature 465: 704–712.

Yoo, C.B. & Jones, P.A. (2006). Epigenetic therapy of cancer: past, present and future. Nature Reviews Drug Discovery 5: 37–50.

Jaan Valsiner
11 Epigenetik und Entwicklung: Drei Kontrollmodelle

Der schnelle Ruhm der Epigenetik in den Lebenswissenschaften kann als Sieg der Entwicklungsperspektive über ihre ontologischen Widersacher verstanden werden. Zwei Jahrhunderte nach der Naturphilosophie hat die Auffassung eines prädeterminierten *Seins* des Organismus nun endlich den Blick auf dessen *Werden* frei gegeben. Aber ein solches Szenario ist zu optimistisch. Eine Änderung des Theorierahmens ist keineswegs automatisch mit einem Wissensfortschritt verbunden. Tatsächlich ist der Weg, auf dem Entwicklungsperspektiven in Biologie und Psychologie eingekehrt sind, lang und gewunden (Cairns & Cairns, 2006). Sie wurden laut postuliert, häufig diskutiert und immer wieder – vergessen. Es scheint schwierig, die Offenheit biologischer, psychologischer und sozialer Prozesse zu akzeptieren. Die Indeterminanz von Entwicklungsprozessen (Fogel, Lyra & Valsiner, 1997) stellt einen Anspruch an Theorie, der mindestens so komplex ist, wie jener, der mit ihren zugehörigen Gegenstücken, *irreversible Zeit* und *Unendlichkeit*, einhergeht. Trotz aller Faszination an der Epigenetik ist es daher notwendig, die Vorstellungswelt eines induktiven Empirismus zu hinterfragen, dessen Erkenntnisgegenstände scheinbar grenzenlos verdinglicht werden können (Valsiner, 2012).

Diese Vorsicht hat historische Ursachen. Was gegenwärtig im Kleid neuer Konzepte erscheint, hat tatsächlich eine lange Geschichte, die im Entwicklungsdenken des 18. Jahrhunderts (Caspar Friedrich Wolff) begründet ist. Demgegenüber war die Genetik eine Erfindung des 19. und 20. Jahrhunderts (vgl. Toepfer, in diesem Band). Zwei Weltbilder sind hier zu koordinieren: eines, das stabil und prädeterminiert (wenn auch hin und wieder aus dem Gleichgewicht) ist, und ein anderes, das offen für Veränderungen, indeterminiert und daher immer auch beunruhigend ist. Theoretische Modelle der Epigenetik stecken in der Zwickmühle, trennscharfe Abstraktionen von Unschärfephänomenen entwickeln zu müssen. Das Gesamt der komplexen Prozesse und Beziehungen zwischen Teilen des epigenetischen Systems ist zwar unendlich und stets offen für die Emergenz von Neuem, doch bedarf die Epigenetik zugleich eines geschlossenen Begriffssystems, innerhalb dessen Neuerungen erfasst werden können.

11.1 Diskurse bündeln: Drei Richtungen

Die Theorieentwicklung der Epigenetik befindet sich gegenwärtig im Umbruch. Intensiv wird debattiert, schon weil neue empirische Forschung und immer neue Technologien für einen stetigen Nachschub neuer Befunde sorgen. Fortwährend müssen für gerade entdeckte Phänomene angemessene Begrifflichkeiten konstruiert werden. In dieser Situation ist es wichtig, konzeptuell für Klarheit zu sorgen, um nicht gängigen Ideologien aufzusitzen. Dafür aber müssen zunächst die Diskursbereiche kartiert werden, die die Epigenetik durchquert. Nach derzeitigem Ermessen sind im Begriffsdiskurs der Epigenetik maßgeblich drei Wissensbereiche wechselseitig ineinander verschränkt:

1. *Evolutionäre Implikationen der Epigenetik*: Es wird kaum mehr bezweifelt, dass die Erfahrungen einer Spezies in die Gestaltung ihres zukünftigen Überlebens eingespeist werden. Dies ist relevant für unterschiedliche Versionen in der evolutionären Theoriebildung – angefangen mit Lamarck (Barsanti, 1994; Lamm & Jablonka, 2008), über Darwin und Wallace bis hin zu Baldwin-Morgan-Osborns „organic evolution" (Valsiner & Lescak, 2010) und Sewertzoff (1929). Auch das Wissen um die transgenerationelle, maternale Aktivierung des Immunsystems im Nachwuchs erfordert ein neues Nachdenken über Evolution (vgl. Lemke, 2013; Lemke, Hansen & Lange, 2003; Lemke, Tanasa, Trad & Lange, 2012). Der Umkehrschluss ist demgegenüber weitaus weniger tragfähig: Die Darstellung evolutionärer Implikationen erhellt mitnichten die Funktionsweise epigenetischer Mechanismen. Evolutionstheorien beschreiben, was solche Mechanismen bewirken können, epigenetische Theorien aber müssen den Prozessen gewidmet sein, die zu solchen (meist unvorhersagbaren) Wirkungen führen. Die offene systemische Natur lebender Organismen ist ja genau das, was den Kerngegenstand der Epigenetik bildet.

2. *Epigenetik vs. genetischer Determinismus* (z. B. das „Crick-Dogma"): Zu den modernen Märchen der zeitgenössischen biologischen Wissenschaften zählt, dass die Entdeckung der DNA-Struktur durch Watson und Crick im Jahr 1953 eine neue Ära eingeläutet habe. Der revolutionäre Charakter dieser Entdeckung ist jedoch fraglich (vgl. z. B. Nanney, 1989). Die Abhängigkeit der Forschung von stetig anwachsenden Datenbanken, von „genetischen Bibliotheken" hat möglicherweise den Blick auf die systemische Dimension lebender Organismen verstellt. Das „Crick-Dogma" – der lineare Informationsfluss von der DNA zur RNA zum Protein – wurde in seiner abstrakten, kontextunabhängigen Form erforscht. Solche Abstraktion ist für die Wissenschaften wesentlich – nur hängt deren Aussagekraft davon ab, ob sie der Natur der beforschten Phänomene angemessen bleibt. Kritiker des Crick-Dogmas haben darauf verwiesen, dass der konzeptuelle Sprung vom Genotyp zum Phänotyp die Zwischenebenen von neuraler Aktivität und Verhalten übergeht und die ökologischen Bedingungsgefüge sowie phylogenetische und ontogenetische Prozesse innerhalb der Entwicklung der Art nicht ausreichend bestimmt (Gottlieb, 1997).

3. *Epigenetische Prozesse innerhalb von Zellfunktionen*: Entlang dieser Linie werden epigenetische Prozesse in ihrer systemischen Komplexität situiert und in ihrem Kontext untersucht. Epigenetik verbindet sich hier konzeptuell mit idiographischer Wissenschaft. Gleichzeitig dient die Forschung am Einzelfall dazu, generelle (nomothetische) Prinzipien der systemischen Anpassung des biologischen Systems an seine Umwelt darzustellen. Ein wesentliches Merkmal ist

hierbei – entdeckt in der Forschung zum Immunsystem (Lemke, 2013) und zur Proteinfaltung (Dill & MacCallum, 2012) – die Bedeutung der Zeit. Die biologischen Strukturen, die sich durch epigenetische Prozesse herausbilden, passen sich an Bedingungen an, die im Moment der Anpassung noch nicht existieren, aber mit hoher Wahrscheinlichkeit zu einem späteren Zeitpunkt existieren werden (Furusawa & Kaneko, 2006). Im Erzeugen solch neuer (Prä-)Adaptationen schaffen Organismen zumindest anteilig ihre eigene Umwelt mit (vgl. Kreß, in diesem Band). Epigenetische Forschung nimmt die wechselseitigen Beziehungen zwischen Proteinen, RNA und DNA in den Blick. Dadurch werden sowohl die Stabilität als auch die Veränderung von genetischer Aktivität in einem offenen systemischen Kontext erfassbar. Nach neuen Berechnungen dient nur etwa 1% des Säugetiergenoms direkt der Protein-Codierung, während das System von einer Vielzahl von langer, nicht codierender RNA gesteuert wird (lncRNA, vgl. Lee, 2012). Epigenetische Fragestellungen gelten den Wechselwirkungen zwischen unterschiedlichen Arten von RNA und Proteinen (Tracy, 1995). Statt der Kontrolle von DNA-Codierungsprozessen steht die wechselseitige Abstimmung (*negotiation*) im Vordergrund. Diese hat Ähnlichkeit mit dem Begriff der Interpretation, den die zeitgenössische Biosemiotik in die Biologie eingebracht hat.

Aus diesen drei Bereichen wird nur in den beiden letztgenannten die Beziehung zwischen Genotyp und Phänotyp untersucht. Der erste Bereich fügt lediglich eine neue Perspektive in ein bereits etabliertes Evolutionsschema ein. Man kann darin endlos über diesen oder jenen epigenetischen Wirkmechanismus spekulieren, der durch ‚natürliche Auslese' entstanden sei – aber eine solche Festlegung hätte letztlich keine Konsequenz. Natürliche Auslese erklärt epigenetische Prozesse nicht.

Eine adäquate Vorstellung darüber, was Theorie hier leisten muss, bietet aus den übrigen zwei Bereichen nur der dritte. Epigenetische Theorien müssen zeigen können, wie Stabilität und Veränderung der biologischen Funktionen auf unterschiedlichen Ebenen des Organismus wirken (Hallgrimsson & Hall, 2011: 425–427). Zu berücksichtigen sind hierbei
– *die Ebene des Gens*: Die aktuelle Forschung untersucht die Restriktionen, denen die Gentranskription durch die Methylierung der DNA oder durch andere epigenetische Marker unterliegt. Auf dieser Ebene wirkt z. B. das genomische Imprinting.
– *die Zellebene, und zwar innerhalb von und zwischen Zellen*: Das Augenmerk richtet sich hier auf epigenetische Regelprozesse. Dabei ist die Zellmembran wichtig, weil sie als funktionaler Grenzbereich die minimale *Gestalt* des Organismus konstituiert, die alle Möglichkeiten für den Aufbau des Gesamtorganismus enthält.
– *die Ebene des Gewebes*: Die zeitgenössische Epigenetik erforscht Probleme *embryonischer Induktion*. Die zentrale theoretische Frage jedweder Induktion ist deren Plastizität.

Diese Systemebenen einer einzelnen Zelle, ihre Beziehungen zu ihrer Umwelt (z. B. zu anderen Zellen) sowie ihre Eingebundenheit in unterschiedliche Organsysteme (z. B. die Lunge, vgl. Torday & Rehan, 2012) markieren den Raum, den epigenetische Modelle von offenen Systemen mindestens umfassen müssen. Zentrale Differenzierungen, wie die zwischen Organismus und Umwelt bzw. Zelle und Nachbarzellen, gewinnen darin eine neue Bedeutung:

> For the largest part of past century we came to see genes as a material unit with structural stability and identity, with functional specificity by means of their template capacities that encode information, and with intergenerational memory; we came to see genes as the designator of life and the site of agency and even mentality (in containing a plan or program for and asserting control over developmental processes). In the postgenomic era, however, there is no DNA sequence that exhibits any or all of these traits without the help of an extensive and complex developmental machinery. The phenotype at the narrowest molecular level, under certain readings the genotype itself, and in the information it contains, is constituted by epigenetic processes. Instead of a linear flow of information from the DNA sequence to its product, information is created by and distributed throughout the whole developmental system. (Stotz, 2006: 914)

Nimmt man dies ernst, ergeben sich einige axiomatische Einschnitte für die Biowissenschaften: Erstens wird die offene systemische Natur des Organismus sowie dessen Abhängigkeit von Austauschbeziehungen mit seiner Umwelt zur Grundlage der Biowissenschaften. Daraus folgt zweitens, dass formale Modellierungen dieser Austauschprozesse notwendigerweise nicht linear sein müssen (wobei Linearität durchaus als möglicher Spezialfall vorkommen kann). Drittens wird die Entwicklungsperspektive und mit ihr die Unumkehrbarkeit der Zeit (vgl. Reik, Dean & Walter, 2001) für die Biowissenschaft zentral. Viertens wird das, was bislang als Informationsfluss in nur eine Richtung angesehen wurde (von Genen zu Proteinen, von den Eltern zum Nachwuchs), als ein Prozess von wechselseitigen Abstimmungen (*negotiation*) rekonzipiert (vgl. Jablonka, 2002). Ebenso wird neben der Konkurrenz zwischen den Arten – jenem Markenzeichen evolutionären Denkens – der Blick verstärkt auf Symbiosen gerichtet (vgl. Imanishi, 1941/2002; Gilbert, Sapp & Tauber, 2012).

11.2 Regulation epigenetischen Wissens jenseits der Epigenetik

Wie bei jeder anderen Wissenschaft unterliegen die Erkenntnismodelle der Epigenetik gesellschaftlichen Moden und etablierten „Denkstilen" (Fleck, 1935/1980). Diese können Erkenntnishindernisse produzieren, mit denen die Epigenetik rechnen muss. Eines ist die Abhängigkeit der gegenwärtigen Wissenschaft von massiver Datenakkumulation und -verarbeitung, ein weiteres die Fixierung auf statistische Methoden in der Auswertung dieser Daten.[1] Gewiss benötigen Wissenschaftler Daten, jedoch können sie Theorieprobleme nicht dadurch lösen, dass sie induktiv empirische Evidenz anhäufen. Nicht durch immer mehr, zudem exponentiell wachsende Information, sondern durch die Eliminierung des von den Datenströmen erzeugten konzeptuellen Rauschens lässt sich Klarheit über die zugrundeliegenden Prozesse gewinnen. Empirismus, d. h. das Vertrauen auf induktive Verallgemeinerungen auf Basis von Evidenzverteilung, ist voll von konzeptuellem Rauschen. Meine Perspektive auf Epigenetik ist die eines Entwicklungspsychologen, der sich vor allem für Theorien der Entwicklung interessiert (Valsiner, 2006; 2009; 2010). Aus dieser Sicht ist der Dialog mit der Genetik und neuerdings der Epigenetik durch die verfrühte Anwendung von Erkenntnissen aus der Genomdecodierung auf kommerzialisierte „Gentherapien" (Brunham & Hayden, 2012) geprägt. Entsprechend häufig sind etwa Behauptungen, dass dieses oder jenes genetische oder epigenetische Muster mit einer gesellschaftsrelevanten Krankheit wie z. B. Krebs verbunden sei. Solche hypothetischen Verheißungen vermehren aber nur das konzeptuelle Rauschen, das allein schon durch die technischen Schwierigkeiten in der Datenproduktion entsteht. Zwei mit dieser primär quantitativen Datenproduktion und -akkumulation verbundene Erkenntnishindernisse seien hier ausführlicher skizziert.

11.2.1 Von der Methylierung zur Biosemiotik

Der epigenetische Code zeichnet sich durch einen hierarchischen Charakter, die zugrundeliegenden Reaktionsnormen sowie phänotypische Flexibilität aus (vgl. Kreß, in diesem Band; Tzschentke, in diesem Band). Ein für seine Funktionsweise wesentlicher Mechanismus ist die DNA-Methylierung. Methylierungs- und Demethylierungsprozesse steuern die Genexpression. Diese zentrale Stellung von Steuerungsprozessen macht es lohnenswert, das epigenetische System mit der Biosemiotik Jesper Hoffmeyers theoretisch zu fassen.

---

[1] Für beides kann die evidenzbasierte Medizin als Beispiel gelten. Die mit ihr als ‚Gold-Standard' einhergehenden Bewertungskriterien für Behandlungsweisen können zu schweren Fehlern in der Anwendung auf Einzelfälle in der alltäglichen medizinischen Praxis führen. Für die klinische Entscheidungsfindung im Kontext genetischer und epigenetischer Diagnostik ist dies ein grundlegendes Problem. Um nur ein Beispiel zu zitieren: „[...] in a patient with clinically diagnosed iron overload, homozygosity for the C282Y mutation in the HFE gene is highly predictive of the diagnosis of hereditary hemochromatosis (HH) [...] However, in an unselected population, the C282Y mutation confers only a very low risk of developing clinical disease" (Brunham & Hayden, 2012, S. 1113). In biologischen Systemen liegt keine Isomorphie zwischen intra- und inter-individueller Variabilität vor (Molenaar, 2004). Das verbietet es, von auf Populationsebene ermittelten (synchronen) Befunden Entscheidungen für die Intervention in je individuellen Fällen (und deren diachroner Konstitution) abzuleiten. Die ‚evidenzbasierte Medizin' verwechselt die Akkumulation von Fällen und deren verallgemeinerbare Eigenschaften mit den tatsächlich vorliegenden Befunden.

Sowohl Epigenetik als auch die Biosemiotik erkennen an, dass Gene nicht den Phänotyp determinieren, sondern die Basis einer selektiven Interpretation des Genotyps bilden. Hoffmeyer (1998; 2008) versuchte, Charles Sanders Peirces Semiotik in die Biologie zu übertragen und auf den Organismus anzuwenden. An die Stelle der Kausalerklärung setzt er das Konzept der Interpretation:

> One could make a *triadic explanation* of the type: gene x is interpreted by the cellular body/the organism (the subject) as referring to the construction of protein X/character X. (Hoffmeyer, 1998: 2649)

Anders als Kausalität lässt die Interpretation Raum für prospektive und innovative biologische Abläufe (vgl. Jablonka, 2002). Diese Offenheit äußert sich z. B. als Voranpassung an erwartete Umweltbedingungen, wobei zugleich die Kontinuität mit der Vergangenheit des Organismus gewahrt ist. Biologische Interpretationen müssen fähig sein, Zustände so zu transformieren bzw. zu entwickeln, dass sie in einem zukünftig eintretenden Gefüge wirken. Sie regeln das jeweils nächste Ereignis, etwa wenn sie zweidimensionale Proteine kontrolliert in eine dreidimensionale Struktur überführen oder die Methylierung bzw. Demethylierung der DNA initiieren. Dies geschieht über hierarchische Organisation, die den Schlüssel für jedes multizelluläre System bildet. Hoffmeyer führt hierfür die Konzepte der „horizontalen" und „vertikalen" Semiose ein (1998: 2650–2653). Er verdeutlicht diese am Beispiel der Embryogenese:

> During embryonic growth the original genomic description is gradually translated into an actual organism. And this organism may now protect the germ cells and due to time assure their unification through sexual reproduction with germ cells of the opposite sex. The whole process may be seen as a kind of *vertical semiosis* which channels the semiconservative genetic message down through the chain of generations, thereby creating a continuous series of interbreeding organisms [...].
> In addition to this vertical semiosis, living systems have developed intricate networks of *horizontal semiosic processes*, i.e., interactions through sign processes among coexisting systems. The communicating systems may be organelles inside the cell. Or there may be semiosis between cells, tissues, organs, or distinct parts of the body. (Hoffmeyer, 1998: 2652)

Die Einheit von vertikaler und horizontaler Semiose gestattet die Emergenz einer hierarchischen Ordnung durch fortlaufende Interpretationsprozesse. Ein Beispiel, wie dabei die wechselseitigen Abstimmungen verlaufen, gibt Abbildung 11.1.

Das Schema zeigt drei Entwicklungsbahnen: 1. Die *Bahn X* führt zur Auslöschung der Struktur (P-Q-S-P). Sie ist die einzige Bahn, auf der die in eine zyklische Ordnung eingebettete, dominant-intransitive[2] Relation in eine lineare Ordnung umgewandelt wird. Wenn beispielsweise die Proteinfaltung nicht zu einer erwarteten Struktur führt

---

[2] Alle lebenden Systeme operieren durch Prinzipien der Intransitivität (Poddiakov & Valsiner, 2013). Dadurch verletzen sie die Regeln der klassischen Logik, denen zufolge das Konzept der Transitivität (A>B, B>C, dann A>C) axiomatisch gesetzt ist.

und stattdessen das biologische Material nur quantitativ akkumuliert wird, bricht das System der Zelle als Struktur zusammen. 2. *Bahn Y* führt zur Selbsterhaltung des Systems. Für die Proteinfaltung wäre dies mit der tertiären Struktur des Proteins, seiner ‚nativen' Form, erreicht. Der Faltungsprozess, der mitunter binnen Mikrosekunden vor sich geht (Dill & MacCallum, 2012: 1043), verläuft nur erfolgreich, wenn adäquate Umweltbedingungen vorhanden sind. Diese können über mehrere Entwicklungspfade herbeigeführt werden. Fehlt es aber etwa an der notwendigen Energie zum gegebenen Zeitpunkt, entsteht aus den nicht-bindenden, amorphen Komponenten dysfunktionales biologisches Material (amyloide Fibrillen, Oligomere), welches unter Umständen sogar (z. B. neurodegenerative) Erkrankungen verursachen kann. 3. *Bahn Z* führt zu einer Änderung im System. Eine neue Komponente („?") wird auf dieser Bahn in das bereits existierende System integriert. Die Folge von -P-Q-S-P- wird in -P-Q-S-„?"-P- umgewandelt, wobei „?" auch eine auf einer Metaebene angesiedelte Organisationseinheit des Systems darstellen kann. Dies wäre die Stelle, an der Neubildungen möglich sind, durch die sich der Organismus in neuer Form am Leben erhält. Auch ist dies der Ort, an dem hierarchische Kontrolle und eine neue Organisationseinheit emergent entstehen können.

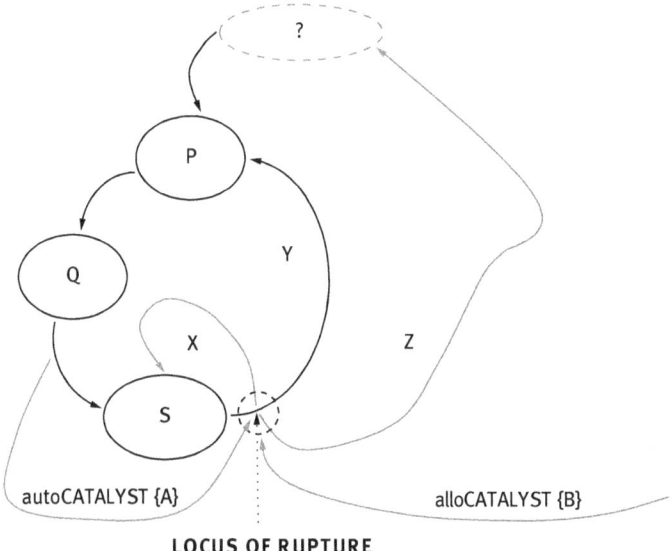

Abb. 11.1: Drei mögliche Entwicklungsbahnen innerhalb eines katalytischen Systems.

Die drei Bahnen repräsentieren drei biologische und soziale Kontrollmodelle von Organismen: *Destruktive* (X), *selbsterhaltende* (Y), und *transformative* Kontrolle (Z). Sie trennen sich, wie in der Abbildung illustriert, an einem Trifurkationspunkt. An diesem ist das epigenetische System mit der Makroebene verbunden.[3] Für das Verständnis lebender Systeme sind insbesondere die Bahnen Y und Z wichtig. Mit ihnen kann auch die Beteiligung epigenetischer Prozesse an der Erhaltung und Entwicklung des Organismus modelliert werden.

Was aber erzeugt den kritischen Umbruch zwischen den Bahnen, den Moment der Trifurkation, und wie kommt es zur Inaktivierung einer spezifischen Bahn? Man geht hier vom Primat katalytischer (statt kausaler[4]) Faktoren aus. Wo aber sind die Katalysatoren zu finden? Warum sollten einige Prozesse der Proteinsynthese zur tertiär gefalteten nativen Formen des Proteins und damit zu einem Wirkkomplex führen (Stent, 1985: 211–212), während andere zu dieser Strukturierung unfähig sind und massenhaft ‚Proteinabfall' erzeugen? Hier wird anhand der biologischen Prozesse deutlich, wie unangemessen eine quantitative Herangehensweise ist: Die Akkumulation von Proteinen, die nicht in einer tertiären Struktur binden, mag zwar quantitativ dominant sein, aber sie erzeugt dennoch nur ‚Abfall', dem keine funktionale Qualität zukommt.

11.2.2 Methodologische Implikationen: Epigenetik jenseits des „Imperiums des Zufalls"

Epigenetische Forschung importiert Analysetechniken aus anderen Wissenschaften. Besonders folgenreich ist der Import der Statistik aus den Sozialwissenschaften. Diese arbeitet auf der Grundlage eines allgemeinen, linearen Modells. Im Fall selbstorganisierender, offener Systeme sind solche linearen Relationen jedoch unwahrscheinlich. Die wachsende Verwendung statistischer Methoden in der genetischen und nun auch epigenetischen Forschung ist daher bedenklich. Der Import korrelativ-statistischer Verfahren könnte die Epigenetik möglicherweise in eine ähnliche Situation bringen, in der sich heute die Psychologie befindet: Die wirkmächtige und überbetriebsam empirische Fabrikation von Daten als ‚Massenkonsumgüter' geht auf Kosten einer allgemeinen Stagnation der Theorie.

Gewiss ist es per se nicht falsch, statistische Methoden anzuwenden. Zu bemängeln ist nur, dass ihre Anwendung auf alles wie eine Lawine aus dem „Imperium des Zufalls" („empire of chance" – Gigerenzer et al., 1989) über die Wissenschaften rollt. Das hat eine Orthodoxie hervorgebracht, die die Psychologen stolz *die* (als einheit-

---

[3] Vgl. dazu die Nutrigenomik, wie sie Vergères und Gille (in diesem Band) darstellen, sowie die diversen Heilwirkungen, die mit der Epigenetik assoziiert werden (vgl. Bauer, in diesem Band).
[4] In technischer Hinsicht bildet der Zyklus -P-Q-S- ein kausales System bzw. ein Beispiel systemischer Kausalität, welches sich selbst in einem stabilen Zustand unterhalten kann und auch befähigt ist, einen neuen Zustand zu formen, sobald bestimmte Umstände dies erfordern. Ein solches System erzeugt Nebenprodukte (keine Produkte im eigentlichen Sinne, wie sie aus einer linearen Kausalität im Sinne von ‚A <bedingt> B' hervorgingen). Die Systemänderung an sich ist das Ergebnis katalytischer Wirkfaktoren.

lich angenommene) *statistische Methode* nennen. Diese setzen sie äquivalent mit *der wissenschaftlichen Methode*. Mit der Herrschaft der Statistik sind Regeln verbunden, etwa die üblichen Reliabilitäts- und Validitätskriterien, die es unter allen Umständen einzuhalten gilt. Sie können eine ganze Disziplin für Jahrzehnte in die Irre führen, wie der Fall der Psychologie zeigt (Toomela & Valsiner, 2010).

Heutzutage sind statistische Methoden kommerzialisierte Produkte, welche Forschern als Paketlösungen zur Datenanalyse verkauft werden. Sie bieten kaum noch Einblick in die Arten und Weisen, wie mit Daten umgegangen wird. Der Import solcher technologischer Komplettpakete kann bei den jeweiligen Empfängerwissenschaften zu unerwarteten Schwierigkeiten führen.[5] Im Fall der Epigenetik zeigt sich dieses Problem schon auf der allgemeinsten Ebene: Statistische Methoden operieren auf der Grundlage von Daten, von denen man vorab annimmt, dass sie stabil seien (d. h. als Realzustand vorliegen). Dementgegen untersucht die Epigenetik Phänomene, die dadurch charakterisiert sind, dass aus einem Realzustand kontinuierlich ein neuer Zustand hervorgeht, der dann eventuell transgenerationell übertragen wird (epigenetische Vererbung). Biologische Systeme produzieren und verbreiten Variabilität (Maruyama, 1963), wohingegen die statistische Theorie Variabilität als technische Störung begreift. Aber auch jenseits dieser methodischen Fragen sind Biowissenschaftler gut beraten, wenn sie auf Salvador Lurias Maxime hörten: „If you have to use statistics to prove something, it isn't worth knowing" (zit. nach Nanney, 1989: 10). Der Satz warnt eindrücklich davor, sich vom Charme der induktiven Verallgemeinerung bezirzen zu lassen und der Statistik hinzugeben. Auch Watson und Crick haben das Problem der DNA-Struktur nicht durch die empirische Akkumulation statistischer Daten, sondern durch eine deduktive Argumentation, welche Struktur angesichts der wenigen Parameter möglich ist, gelöst.

Die hochvariable Natur epigenetischer Prozesse verlangt nach generativen Modellen, die kontextgebundene Variabilität erfassen können. Benötigt werden Modelle, die entlang von konzeptuellen Einschränkungen – katalytisch oder deterministisch – den Abstimmungsprozessen zwischen Proteinen, RNA und DNA Rechnung tragen. Statistische Konventionen, wie sie an die abstrakte Vorstellung von Zufälligkeit gebunden sind, passen hier nur schlecht. Was für das eine Denksystem eine unbefragte Voraussetzung ist, sollte nicht einfach in ein anderes übernommen werden. Und:

> ‚Randomness' is just one concept that needs to be considered and qualified in the light of an extended perspective on heredity. The ubiquity of epigenetic inheritance and the new information about the origin and nature of genetic variations, problematize all the traditional concepts of evolutionary biology. (Lamm & Jablonka, 2008: 315)

---

5 Ein Beispiel für den Einfluss axiomatischer Grundannahmen der Statistik auf die zeitgenössische Genetik und Epigenetik ist die Auswertung von Mikroarrays: Vordergrund- und Hintergrundintensität werden über Mittel- und Medianvergleich berechnet, woraufhin die in der Rechnung gewonnenen Intensitätswerte mit den jeweiligen Normalverteilungen qua Datenumwandlung abgeglichen werden (Sebastiani et al., 2003: 39, 44).

Mit der Epigenetik wird auch die Beziehung zwischen theoretischer Modellierung und empirischen Untersuchungen sowie die gesamte Methodologie der bisherigen Molekulargenetik problematisch. Sie muss vielmehr der offenen Natur biologischer Systeme angepasst werden. Der Forscher muss seine Aufmerksamkeit weg von stabilen, durchschnittlichen oder prototypischen Ereignissen und hin auf solche richten, die sich am Rand beobachtbarer Evidenz bewegen (Valsiner, 1984).

Mit Fokus auf Entwicklungsprozesse untersucht die Epigenetik die Abstimmungsmechanismen zwischen Proteinen, RNA und DNA in *noch nicht vorliegenden*, aber potentiell realen Phänotypen. Von Wilhelm Roux und Hans Driesch über Hans Spemann bis heute konnten experimentell immer wieder Abläufe bestätigt werden, in denen auf der Grundlage epigenetischer Prozesse neue biologische Formen entstehen. Die Epigenetik laboriert an den Grenzen zwischen dem Möglichen und dem Tatsächlichen. Dadurch wird sie nicht nur in ihrem Gegenstandsbereich, sondern auch in erkenntnistheoretischer Hinsicht zu einer Grenzwissenschaft. Das hat Folgen für die Frage, was der Gegenstandsbereich von Beobachtung und Experiment in epigenetischer Forschung ist. Illustriert mit dem Bild der Normalverteilung, interessierte sich die Epigenetik für die biologischen Formen, die zwar noch nicht beobachtet wurden, aber an den Rändern der Verteilung emergieren können (Maruyama, 1963). Epigenetik, verstanden im allgemeinsten Sinne, bewegt sich an den schmalen Grenzen akkumulativer Häufungen. Für die molekularen epigenetischen Abstimmungsprozesse zeigt sich dies beispielsweise an den zeitlichen Mustern der De- und Re-Methylierungen (vgl. Reik, Dean & Walter, 2001: 1090). Statistisch sind es Poisson-Verteilungen und nicht die Gausssche Glockenkurve, die eine sinnvolle epigenetische Datenakkumulation repräsentieren.[6] Daraus folgt jedoch auch, dass traditionell parametrische statistische Methoden für die Entwicklungswissenschaften nicht anwendbar sind. Gleichzeitig belegt dies den Bedarf an, nach Charles Sanders Peirce, *abduktiven* (statt *induktiven* oder *deduktiven*) Deutungsverfahren für biologische Wirklichkeit. Im Sinne einer solchen Abduktion wird die Epigenetik empirisch beobachtete Phänomene mit deduktiv-hypothetischen Erklärungsprinzipien verknüpfen müssen.

11.3 Die Epigenesis der Epigenetik und ihre Risiken: Einige abschließende Bemerkungen

Die Wissenschaftsgeschichte der Epigenetik ist selbst ein gutes Beispiel für erkenntnistheoretische Epigenesis, d. h. für die Herausbildung neuer wissenschaftlicher

---

6 Die Behauptung basiert auf der axiomatischen Vorannahme, dass das mit gegenwärtigen Mitteln sichtbare epigenetische Material eine inhärente Orientierung auf zukünftige Resultate beinhaltet, die aus den laufenden epigenetischen ‚Abstimmungsprozessen' hervorgehen. Es geht nicht darum, den ‚wahren' jetzigen Systemzustand zu ermitteln, sondern den erwartbaren Zustand des Systems in der Zukunft, der jetzt noch nicht verfügbar ist.

Ideen. Nachdem sie lange vom Stigma des Lamarckismus gezeichnet war, hat sich die Epigenetik in den letzten Jahrzehnten zu einer führenden intellektuellen Kraft gemausert, die *en detail* die tatsächlichen Wechselspiele zwischen Genotyp und Phänotyp zugänglich macht. Nachdrücklich wurde die Forschung gezwungen, eine Entwicklungsperspektive einzunehmen. Das Problem, wie und entlang welcher dynamisch-hierarchischen Ordnung neue biologische Formen entstehen, ist zu einer noch ungelösten, gleichwohl grundlegenden Forschungsfrage geworden.

Die Verzögerung, mit der der Wissenschaftsdiskurs diese entwicklungstheoretische Grundierung der Epigenetik zur Kenntnis genommen hat, geht auf das Versäumnis zurück, physikalische und biologische Gegenstände voneinander zu unterscheiden. Die physikalische Mentalität in den Sozialwissenschaften und administrativen Praktiken zeigt sich darin, dass diese ihre Gegenstände so behandeln, als wären sie passiv. Beispielhaft ist die Analogie mit Billardkugeln oder Murmeln, die beliebig für Stichproben verfügbar, ‚aus der Lostrommel gezogen' werden oder ‚zufällig' aus Bedingungsgefügen hervorgegangen sind (vgl. Valsiner & Sato, 2006). Den so konzipierten Gegenständen wird keinerlei Autonomie zugestanden, man passt sie den jeweiligen wissenschaftlichen oder administrativen Zwecken an.

Für die Einsicht, dass die biologische Welt Gegenstände beinhaltet, die von gänzlich anderer Beschaffenheit sind, hat die Gesellschaft lange gebraucht. Ihr Widerstand gegen diese Andersheit ist tief mit der Angst vor den unbekannten Folgen verbunden, die einzukalkulieren sind, wenn man sich auf unkontrollierbare (und von Zeit zu Zeit widerständige) biologische Gegenstände einlässt (Gaskell & Bauer, 2006). Evelyn Fox Keller resümiert:

> [M]olecules, and especially large molecules like proteins, are not billiard balls. They are sticky, they have binding sites, hooks that actively engage other molecules, that invite the formation of larger complexes through the formation of covalent and noncovalent bonds. There is a kind of inherent activity to such collections of molecules [...]. Macromolecules such as proteins not only are not billiard balls, but also are not simply sticky balls. They are *composite structures that are often – perhaps usually – capable of stabilizing in a variety of distinctive shapes or forms. The binding of other molecules can trigger a shift from one conformation to another, thereby exposing new binding sites, new possibilities for subsequent composition.* (Keller, 2011: 362; Hvh. J.V.)

Die zwei wesentlich neuen Vorstellungen, die das mechanistische Denken überwinden, sind hier die *Anbindung* (und der Bindungsort) sowie die *Möglichkeit* (für neue Formen). Epigenetik befindet sich momentan in der Situation, konkrete Verfahren zu exemplifizieren, in denen Prozesse der *Anbindung* (und *Wiederanbindung*) die Emergenz neuer Formen aus verfügbaren Möglichkeiten gestattet bzw. verhindert. An dieser Stelle gewinnt die Vorstellung von Wahrscheinlichkeit (wie in der probabilistischen Epigenesis; vgl. Gottlieb, 1998) eine neue Bedeutung. Verstanden als dynamische Struktur tatsächlicher biologischer Bindungsprozesse (und Trennungsprozesse), wird der biologische Organismus robust auf kontextuell koordinierte, interpretierende Erneuerung hin geöffnet.

Die drei in Abbildung 11.1 dargestellten Kontrollmechanismen betonen die Einheit von Stabilität und Veränderung sowohl für den Zerfall als auch für die Emergenz von neuen Strukturen neuer Ordnung. Statt kausaler sind katalytische Funktionen, die in den unterschiedlichen, miteinander in Beziehung stehenden Teilen eines Organismus wirksam sind, zu untersuchen. In der Anerkennung der katalytischen Funktionslogik liegt aber auch die Gefahr, der Produktivität des zeitgenössischen epigenetischen Denkens ein vorzeitiges Ende zu bereiten. Die schnelle Verlagerung von Grundlagenforschung weg von der Komplexität des Wissens hin zu dessen Profitabilität (Bauer, 2009) kann den weiteren Fortschritt der Epigenetik potentiell behindern. Der gesellschaftliche Bedarf, wie er sich im Common Sense äußert, verlangt nach linearen Lösungen („Wenn ich X tue, verbessere ich damit meine Gesundheit oder mein Epigenom?"). Im Gegensatz dazu analysiert die wissenschaftliche Epigenetik Katalyseprozesse, die ihrerseits von der Richtungsbezogenheit der Organismusentwicklung abhängen. Begrenzt durch kontextspezifische Richtungszwänge, steuert der Organismus diese Entwicklung in Auseinandersetzung mit seiner Umwelt selbst (Juarrero, 1999). In ähnlicher Weise ist Wissenschaft in Gesellschaft eingebunden. Epigenetik befindet sich in diesem Sinne im Prozess ihrer eigenen, sozialen Epigenese.

Aus dem Englischen übersetzt von Jörg Thomas Richter

Literatur

Baldwin, J.M. (1915). Genetic theory of reality (New York: Putnam [ND New Brunswick, NJ: Transaction Publishers, 2010]).

Barsanti, G. (1994). Lamarck and the birth of biology. In: Romanticism in science: Science in Europe, 1790–1840, S. Poggi & M. Bossi, Hg. (Dordrecht: Kluwer).

Bauer, S. (2009). From society to molecule and back: The contested scale of public health science. In: Contested categories: Life sciences in society, S. Bauer & A. Wahlberg, Hg. (Farnham: Ashgate), S. 113–134.

Brunham, L.R. & Hayden, M.R. (2012). Whole-genome sequencing: The new standard of care? Science 336: 1112–1113.

Cairns, R.B. & Cairns, B.D. (2006). The making of developmental psychology. In: Handbook of child psychology, W. Damon & R.M. Lerner, Hg., Bd. 1: Theoretical models of human development, R.M. Lerner, Hg., 6. Aufl. (New York: Wiley), S. 89–165.

Crunau, C. (2011). Methylation mapping in humans. In: Epigenetics, B. Hallgrimson & B.K. Hall, Hg. (Berkeley, CA: University of California Press), S. 70–86.

Dill, K.A. & MacCallum, J.L. (2012). The protein-folding problem, 50 Years on. Science 338 (6110), 1042–1046.

Fleck, L. (1935/1980). Entstehung und Entwicklung einer wissenschaftlichen Tatsache: Einführung in die Lehre vom Denkstil und Denkkollektiv, L. Schäfer & T. Schnelle, Hg. (Frankfurt a. M.: Suhrkamp).

Fogel, A., Lyra, M.C.D.P. & Valsiner, J., Hg. (1997). Dynamics and indeterminism in developmental and social processes (Mahwah, NJ: Lawrence Erlbaum Associates).

Furusawa, C. & Kaneko, K. (2006). Morphogenesis, plasticity and irreversibility. International Journal of Developmental Biology 50: 223–232.
Gaskell, G. & Bauer, M.W., Hg. (2006). Genomics & society: Legal, ethical & social dimensions (London: Earthscan).
Gigerenzer, G., Swijtink, Z., Porter, T., Daston, L., Beatty, J. & Krüger, L. (1989). The empire of chance (Cambridge: Cambridge University Press).
Gilbert, S.F., Sapp, J. & Tauber, A.I. (2012). A symbiotic view of life: We have never been individuals. Quarterly Review of Biology 87(4): 325–349.
Gottlieb, G. (1998). Normally occurring environmental and behavioral influences on gene activity: From central dogma to probabilistic epigenesis. Psychological Review 105(4): 792–802.
Hallgrimson, B. & Hall, B.K. (2011). Epigenetics: The context of development. In: Epigenetics, B. Hallgrimson & B. K. Hall, Hg. (Berkeley, CA: University of California Press), S. 424–438.
Hoffmeyer, J. (1998). Semiotic aspects of biology: Biosemiotics. In: Semiotik, R. Posner, K. Robering & T.A. Sebeok, Hg. (Berlin: de Gruyter), S. 2643–2666.
Hoffmeyer, J. (2008). Biosemiotics (Scranton, PA: University of Scranton Press).
Imanishi, K. (1941/2002). A Japanese view of nature: The world of living things (London: Routledge).
Jablonka, E. (2002). Information: Its interpretation, its inheritance, and its sharing. Philosophy of Science 69: 578–605.
Jablonka, E. & Raz, G. (2009). Transgenerational epigenetic inheritance: Prevalence, mechanisms, and implications for the study of heredity and evolution. Quarterly Review of Biology 84(2): 131–176.
Juarrero, A. (1999). Dynamics in action: Intentional behavior as a complex system (Cambridge, MA: MIT Press).
Keller, E.F. (2011). Self-organization, self-assembly, and the inherent activity of matter. In: Transformations of Lamarckianism, S.B. Gissis & E. Jablonka, Hg. (Cambridge, MA: MIT Press), S. 357–364.
Lamm, E. (2011). The metastable genome: A Lamarckian organ in a Darwinian world? In: Transformations of Lamarckianism, S.B. Gissis & E. Jablonka, Hg. (Cambridge, MA: MIT Press), S. 345–355.
Lamm, E. & Jablonka, E. (2008). The nurture of nature: Hereditary plasticity in evolution. Philosophical Psychology 21(3): 305–319.
Lee, J.T. (2012). Epigenetic regulation by long noncoding RNAs. Science 338: 1435–1439.
Lemke, H., Hansen, H. & Lange, H. (2003). Non-genetic inheritable potential of maternal antibodies. Vaccine 21(24): 3428–3431.
Lux, V. (2011). The societal nature of the human being and the new genetics. In: Theoretical psychology, P. Stenner, J. Cromby, J. Motzkau & J. Yen, Hg. (Concord, Ontario: Captus Press), S. 161–171.
Maruyama, M. (1963). The second cybernetics: Deviation-amplifying mutual causal processes. American Scientist 51: 164–179.
Molenaar, P. (2004). A manifesto on psychology as idiographic science. Measurement 2(4): 201–218.
Nanney, D. L. (1989). Metaphor and mechanism: „Epigenetic Control Systems" reconsidered. Paper presented at the 80th Annual Meeting of the American Association for Cancer Research, San Francisco, CA, May 26. URL: http://www.life.illinois.edu/nanney/epigenetic/sanfrancisco.html.
Poddiakov, A.N. & Valsiner, J. (2013). Intransitivity cycles and their transformations: How dynamically adapting systems function. In: Qualitative mathematics for the social sciences, L. Rudolph, Hg. (London: Routledge), S. 343–391.
Reik, W., Dean, W. & Walter, J (2001). Epigenetic reprogramming in mammalian development. Science 293: 1089–1092.

Salvatore, S. & Valsiner, J. (2010). Between the general and the unique: Overcoming the nomothetic versus idiographic opposition. Theory & Psychology 20(6): 817–833.

Sebastiani, P., Gussoni, E., Kohane, I. & Ramoni, M. (2003). Statistical challenges in functional genomics. Statistical Science 18(1): 33–70.

Sewertzoff, A. (1929). Direction of evolution. Acta Zoologica 10: 59–141.

Stent, G.S. (1985). Hermeneutics and the analysis of complex biological systems. In: Evolution at the crossroads, D.J. Depew & B.H. Weber, Hg. (Cambridge, MA: MIT Press), S. 209–226.

Stotz, K. (2006). With ‚genes' like that, who needs an environment? Postgenomics's argument for the ontogeny of information. Philosophy of Science 75(5): 905–917.

Toomela, A. & Valsiner, J., Hg. (2010). Methodological thinking in psychology: 60 years gone astray? (Charlotte, NC: Information Age Publishers).

Torday, J.S. & Rehan, V.K. (2012). Evolutionary biology, cell-cell communication, and complex disease (Hoboken, NJ: Wiley).

Tracy, L. (1995). Negotiation: An emergent process of living systems. Behavioral Sciences 40: 41–55.

Valsiner, J. (1984). Two alternative epistemological frameworks in psychology: The typological and variational modes of thinking. Journal of Mind and Behavior 5(4): 449–470.

Valsiner, J. (2006). Developmental epistemology and implications for methodology. In: Handbook of child psychology, W. Damon & R.M. Lerner, Hg., Bd. 1: Theoretical models of human development, R.M. Lerner, Hg., 6. Aufl. (New York: Wiley), S. 166–209.

Valsiner, J. (2009). Baldwin's quest: A universal logic of development. In: The observation of human systems: Lessons from the history of anti-reductionistic empirical psychology, J.W. Clegg, Hg. (New Brunswick, NJ: Transaction Publishers), S. 45–82.

Valsiner, J. (2010). A persistent innovator: James Mark Baldwin reconsidered. In: J.M. Baldwin. Genetic theory of reality (New Brunswick, NJ: Transaction Publishers), S. xv–lix.

Valsiner, J. (2012). A guided science (New Brunswick, NJ: Transaction Publishers).

Valsiner, J. & Sato, T. (2006). Historically Structured Sampling (HSS): How can psychology's methodology become tuned in to the reality of the historical nature of cultural psychology? In: Pursuit of meaning, J. Straub, D. Weidemann, C. Kölbl & B. Zielke, Hg. (Bielefeld: transcript), S. 215–251.

Valsiner, J. & Lescak, E. (2009). The wisdom of the web: learning from spiders. In: Relating to environments, R.S. Chang, Hg. (Charlotte, NC: Information Age Publishers), S. 45–65.

Weigel, S. (2002). Der Text der Genomik: Metaphorik als Symptom ungeklärter Probleme wissenschaftlicher Konzepte. In: Genealogie und Genetik, S. Weigel, Hg. (Berlin: Akademie), S. 223–246.

Urte Helduser
12 Versehen und Vererbung: Zur Wissens- und Diskursgeschichte der mütterlichen Imagination im 18. Jahrhundert

In den *Physiognomischen Fragmenten* Johann Caspar Lavaters findet sich eine von einem zeitgenössischen Flugblatt übernommene Abbildung eines Kindes, dessen Aussehen Lavater wie folgt beschreibt: „ein sechs- bis siebenjähriges Mädchen, das sich zur Schau herum führen ließ, und hin und wieder mit Rehhaaren bewachsen, besonders aber durch schwammichte Auswüchse am Rücken, die ebenfalls dünn behaart und rehfarbig waren – merkwürdig war" (Lavater, 1778/1969: 68). Als Ursache für die „Missbildung" (69) des Kindes führt Lavater an: „Ihre Mutter soll sich während der Schwangerschaft mit ihr über einen Hirschen mit einer Nachbarinn gezankt haben" (68). Für Lavater ist der Fall dieses Mädchens ein zwingender Beleg dafür, „daß der Mutter Einbildungskraft auf die Physiognomie des Kindes wirken könne" (69).

Bei Lavaters Beispiel handelt es sich um einen der populärsten Fälle für das im 18. Jahrhundert und darüber hinaus unter dem Begriff des mütterlichen ‚Versehens' diskutierte Phänomen. Das Kind mit der vermeintlichen Hirschbehaarung steht in einer Reihe mit zahlreichen Schilderungen über die Geburt ‚monströser' Kinder, deren äußere Gestalt auf spezielle Vorfälle in der Schwangerschaft zurückgeführt wird, genauer gesagt auf äußere Einwirkungen auf die Einbildungskraft der Mutter, wobei sich das Schrecken auslösende Objekt merkwürdig genau in der Gestalt des Kindes materialisiert.

Die 1771 geborene Anna Maria Herrig, so der Name des von Lavater beschriebenen Kindes, wird in den 1880er Jahren nicht nur als Schauobjekt öffentlich gezeigt und auf Flugblättern dargestellt[1], ihr Fall ist auch Gegenstand einer im 18. Jahrhundert ausgetragenen wissenschaftlichen Debatte um die mütterliche Imagination als Ursache für die Genese von ‚Monstren'. Eine ausführliche Fallbeschreibung von Herrig findet sich etwa in Buffons *Histoire naturelle* (1777: 571 ff.) und gelangt von dort auch in die *Kosmologischen Unterhaltungen für die Jugend* des Popularphilosophen Christian Ernst Wünsch (1780). Stellt das mütterliche Versehen eine bis in die Antike zurückreichende Erklärung für die Genese sogenannter ‚Missbildungen' dar, so entfaltet diese Auffassung im 18. Jahrhundert eine besondere kulturelle Faszinationskraft, die sich nicht zuletzt in zahlreichen literarischen Inszenierungen bemerkbar macht.

Zu den bekanntesten Beispielen dürfte Johann Wolfgang von Goethes Roman *Die Wahlverwandtschaften* (1809) zählen: Hier gleicht das Kind Otto nicht seinen ‚biologischen' Eltern, sondern trägt die Merkmale der beiden von den Eltern während der

---
1 Zu den verschiedenen Flugblattdarstellungen Herrigs vgl. Ritzmann (2008: 147 f.).

Zeugung jeweils imaginierten Geliebten.² Diese Fähigkeit der Imagination, die Ähnlichkeit mit den eigentlichen Eltern zu verwischen und damit in eine Genealogie zu intervenieren, verleiht dem Versehens-Theorem seine kulturelle Brisanz. Die Wirkung der (mütterlichen) Einbildungskraft auf das Ungeborene gilt so als ‚monströse' Störung der Vererbung.³

Die Diskursgeschichte des Versehens ist deshalb eng mit kulturellen Vorstellungen transgenerationeller Weitergabe verknüpft. Im Zuge der Diskussion der genauen Funktionsweise des Zeugungs- und Entwicklungsvorgangs im Verlauf des 18. Jahrhunderts wird auch die mütterliche Imagination im Hinblick auf ihre Rolle im Prozess von Vererbung diskutiert. Scheint die Annahme einer Wirkung der mütterlichen Imagination mit ganz unterschiedlichen Zeugungsauffassungen, von den animalkulistischen bzw. ovistischen Präformations- bzw. Präexistenzlehren bis hin zu epigenetischen Theorien⁴, kompatibel, so wird das Phänomen dennoch auch argumentativ in der Auseinandersetzung um die Stichhaltigkeit dieser Lehren eingesetzt.

Im Folgenden möchte ich der Diskursivierung dieser Vorstellung des mütterlichen Versehens im Kontext des Zeugungs- und Vererbungswissens vom ausgehenden 17. bis zum frühen 19. Jahrhundert und ihren Verschiebungen nachgehen. Dabei liegt der Fokus auf der Frage, wie das mit dem Versehen verbundene Phänomen mit kulturellen Vorstellungen transgenerationeller Weitergabe verknüpft ist.

12.1 Zur Diskursgeschichte des Versehens seit dem ausgehenden 17. Jahrhundert

Seit der Frühen Neuzeit ist das Wissen um die Wirkungen der mütterlichen Imagination vor allem mit dem Diskurs über Monstren verknüpft. In den Monstrenbüchern der Renaissance, bei Ambroise Paré, Ulisse Aldrovandi oder Fortunio Liceti, begegnet die Imaginationstheorie vor allem als Erklärung für die Genese von ‚monströsen' Kin-

---

2 In diesem Fall wirkt sich also einer im antiken Wissen verankerten Vorstellung zufolge die Imagination beider Eltern unmittelbar während der Zeugung auf die Gestalt des Kindes aus. Vgl. genauer hierzu Dürbeck (2010).
3 Zur Kulturgeschichte der ‚monströsen' mütterlichen Imagination im Hinblick auf die Störung der patrilinearen Genealogie vgl. vor allem die Studie von Marie-Hélène Huet (1993).
4 Als Präformationstheorien gelten die insbesondere seit dem späten 17. Jahrhundert vertretenen Lehren einer ‚Präformiertheit' des Keims; je nach dessen Verortung im mütterlichen Ei oder im männlichen Samen wird zwischen Ovismus und Animalkulismus unterschieden. Die weitergehende Präexistenzlehre ging davon aus, dass „die Keime aller jemals existierenden Lebewesen schon am Beginn der Welt von Gott geschaffen wurden und dass jeder Teil jedes zukünftigen Lebewesens in diesen Keimen bereits repräsentiert war" (Rheinberger & Müller-Wille, 2009: 48 f.). Zur Vielfalt der im 18. Jahrhundert kursierenden Zeugungsauffassungen und zur Unterscheidung zwischen Präformation und Präexistenz vgl. auch Jantzen (1994: 580–595), sowie unter Einbezug des Versehens: Enke (2000: 20–40).

dern mit tierischen Körperteilen.[5] Bei solchen Wesen handelt es sich demnach nicht um Hybride, sondern um menschliche Nachkommen, deren äußere Gestalt durch die Einflüsse bestimmt ist, denen die mütterliche Einbildungskraft während der Schwangerschaft ausgesetzt ist. Der französische Arzt Paré erklärt etwa ein solches Monstrum menschlicher Abkunft mit dem Kopf eines Froschs damit, dass die Mutter während der Zeugung einen Frosch in ihrer Hand gehalten habe (Paré, 1573/1971: 37 f.). Als naturalisierende Theorie, die auch dämonologische Deutungsmuster verdrängt, entfaltet die Imaginationstheorie sich im Laufe des 17. Jahrhunderts zur maßgeblichen Theorie der Genese von Missbildungen (vgl. ausführlich Helduser, 2013).

Besonders einflussreich ist in diesem Zusammenhang die Schrift des Theologen und Philosophen Nicolas Malebranche, *De la Recherche de la Vérité* (1674–1678)[6], auf die sich auch Lavater in seinen *Physiognomischen Fragmenten* beruft. Malebranches berühmtes Fallbeispiel ist das eines im „Hospital zu Paris" lebenden 20jährigen Mannes, „dessen Körper an den Orten gerade gebrochen war, an denen man die Missethäter zu rädern pflegt." (Malebranche, 1776: I, 232) Die Brüche seien auch darauf zurückzuführen, dass die Mutter des Mannes während ihrer Schwangerschaft unter hoher emotionaler Beteiligung eine Räderung mitverfolgt habe (Malebranche, 1776: I, 232).

Der Cartesianer Malebranche erklärt die Wirkungsweise der Imagination basierend auf der Annahme einer engen „Verbindung des Gehirns der Mutter und des Kindes" (Malebranche, 1776: I, 226), die zu einer Übertragung der mütterlichen Sinneseindrücke auf das Kind führe. Die Einprägung der mütterlichen Eindrücke in das Ungeborene erfolge über die im Fall einer emotionalen Erregung ausgelöste Bewegung der in den Blutbahnen kursierenden „Lebensgeister", deren Druck auf den ‚noch weichen' Körper des Fötus dieser in besonderem Maße ausgesetzt sei.

Die Theorie der gestaltbildenden mütterlichen Einbildungskraft hat für Malebranche den Stellenwert einer Generationstheorie. Die „Missgeburten" sind für ihn nur der ‚ungeordnete' Sonderfall, an dem die generelle Wirkung der Imagination als Voraussetzung für das Funktionieren der Fortpflanzung offenbar wird. Als Vertreter der Präexistenzlehre geht Malebranche davon aus, dass jedes Lebewesen von Anbeginn der Schöpfung als Keim ‚präexistiere' und die Keime ‚eingeschachtelt' im mütterlichen Ei von Generation zu Generation weitergegeben werden (vgl. Rheinberger & Müller-Wille, 2009: 48 f.). Die spezifische körperliche Gestalt eines Lebewesens bilde sich jedoch erst in einer Phase der vorgeburtlichen Entwicklung aus. Die eigentliche Form des Körpers werde nicht nur Menschen und Tieren, sondern sogar Pflanzen über die mütterliche Imagination eingeprägt: Ohne diese könnten „weder Menschen noch Thiere Früchte von eben der Art hervorbringen" (Malebranche, 1776: I, 236).

---

5 Paré (1573/1971: 35–38), Aldrovandi (1642/2002: 385 f., 445, 503), Licetus (1668).
6 Zu Malebranches Theorie der mütterlichen Imagination vgl. vor allem die Darstellungen bei King (1978: 161–163) und Huet (1993: 45–55).

Malebranches Schrift bietet allerdings auch die Grundlage für die Pathologisierung der Schwangerschaft und die Perhorreszierung der Gefahren der pränatalen Entwicklung in der Folgezeit. Mit teils drastischen Beispielen beschwört er die „Gewalt der Einbildungskraft bey Müttern" (Malebranche, 1776: I, 235) und die „üble[n] Folgen [...] wenn jene sich heftigen Leidenschaften" (Malebranche, 1776: I, 236) hingeben. Umso gravierender sind diese Folgen, als sie sich laut Malebranche nicht auf Muttermale und „Missgeburten" beschränken, sondern auch die mütterlichen „Leidenschaften" weitergegeben werden können.

Der Einfluss von Malebranches Schrift reicht auch über den medizinisch-naturkundlichen Diskurs hinaus in die Felder der Popularphilosophie und Literatur. Allerdings kommt es spätestens zu Beginn des 18. Jahrhunderts zur gezielten Infragestellung des Versehenstheorems durch Mediziner. Die Diskussion um das Versehen wird nun durch die embryologischen Entdeckungen vorangetrieben, zunehmend wird jetzt über die konkreten Abläufe während der Schwangerschaft nachgedacht, die die Wirksamkeit der mütterlichen Imagination plausibilisieren oder infrage stellen. Dabei geht es um die Erforschung der genauen Übertragungswege der mütterlichen Einbildungen; als Möglichkeiten werden hier sowohl Verbindungen über die Blutgefäße als auch über die Nervenbahnen diskutiert (vgl. Watzke, 2004).

Mit der Abhandlung des englischen Arztes Jacob Blondel über *The strength of the imagination of pregnant women examined, and the opinion, that marks and deformities are from them, demonstrated to be a vulgar error* erscheint 1727 eine erster umfassender Versuch der Widerlegung der Imaginationstheorie. Richtet sich Blondels Publikation zunächst gegen die dermatologische Schrift seines Kollegen Daniel Turner über die Genese von Muttermalen[7], so diskutiert Blondel sämtliche prominenten und von namhaften Autoritäten berichteten Fälle, um sie mittels „Reason and Anatomy" (Blondel, 1727: 11) zu widerlegen. Auch Blondel argumentiert aus der Perspektive der Präformationslehre. Allerdings verlaufe die Formation des Lebewesens nach natürlichen Gesetzen, die keinen individuellen oder gar zufälligen Wirkungen Raum gebe. Blondel betont, dass es keine physische Verbindung zwischen Mutter und Kind gebe, die eine Übertragung von Imaginationen möglich mache, und betont die Eigenständigkeit des Kindes im Mutterleib (Blondel, 1729: 105–111).

Blondels Schrift bildet den Ausgangspunkt der medizinischen Widerlegungen des mütterlichen Versehens. Zu den prominenten Kritikern der Versehensauffassung gehört Albrecht von Haller, der in seinen teratologischen Schriften immer wieder Stellung hierzu bezieht. Hallers lebenslange Beschäftigung mit dem Thema der Monstren ist, wie Monti (2000) betont, trotz verschiedener Richtungsänderungen im Hinblick auf die Generationstheorien von einer Kontinuität in der Frage der Genese von Mons-

---

7 Vgl. Turners Schrift *De morbis cutaneis* (1714). Der Verlauf der auf dem Kontinent genau verfolgten Debatte zwischen den beiden Londoner Ärzten und die Argumentation der Kontrahenten sind mehrfach ausführlich geschildert worden; vgl. King (1978: 166–171), Wilson (1999) sowie Dürbeck (1998: 157 f.).

tren gekennzeichnet. Durch anatomische Studien, wie vor allem an einem zusammengewachsenen Zwillingspaar (Haller, 1739), sieht er seine These belegt, dass auch scheinbar monströse Formen durch eine Ordnung gekennzeichnet seien, die auf einen göttlichen Plan, mithin eine ,Präformiertheit' der Monstren schließen lasse und die sich auf keine bloß zufälligen Wirkungen wie das mütterliche Versehen zurückführen ließen.[8]

Zwar geht Haller (anders als Blondel, aber wie viele Imaginationisten auch) von einer Verbindung zwischen Mutter und Kind durch einen gemeinsamen Blutkreislauf aus. Auf diese Weise könnten zwar Bewegungen des Bluts den Körper des Kindes in Wallungen geraten lassen, dies könne aber zu keiner dauerhaften Verformung führen (Haller, 1776: 223).

Wie schon Haller verwerfen auch spätere namhafte Teratologen wie Samuel Thomas Soemmerring oder Johann Friedrich Meckel geradezu programmatisch die Möglichkeit des Versehens als Ursache für Missbildungen.[9] Nichtsdestoweniger behält das Versehen in der Folgezeit seine Geltung. 1756 schreibt die Petersburger Akademie der Wissenschaften eine Preisfrage zu diesem Thema aus, deren Prämie einem Verfechter der Versehenslehre zuerkannt wird.[10] Zwar verliert die Auffassung vom stempelartigen Abdruck des Erschrecken auslösenden äußeren Eindrucks in die Gestalt des Kindes im Laufe des 18. Jahrhunderts an wissenschaftlicher Plausibilität, doch etabliert sich ein ganzes Feld von Meinungen, die eine Wechselwirkung zwischen Mutter und Kind und eine Beeinflussung des Kindes durch die mütterliche Imagination oder Affekte annehmen.

Zudem entfaltet sich ausgehend von der Diskussion um das Versehen ein umfassender Diskurs über die pränatale Phase als problematischen Zeitraum möglicher ,Schädigungen' und Deformationen des Kindes. Neben der tradierten Vorstellung des Versehens im engeren Sinne bildet sich nun eine Vielzahl unterschiedlicher Prägungskonzepte heraus, die teils auf divergenten physiologischen Theorien beruhen. Im Zuge der Diskussion um das Versehen wird letztlich die Beeinflussbarkeit der Gestalt und der Psyche des Kindes durch mütterliche Einbildungen oder Affekte und durch Vorfälle in der Schwangerschaft zum eigentlichen Diskursgegenstand. Die Debatte um das Versehen ist damit konstitutiv für die Herausbildung einer Vorstellung des ,Pränatalen' als Stadium menschlicher Entwicklung und Prägung (vgl. Arni, 2012).

---

[8] Zu Hallers Generationstheorie und seiner Auseinandersetzung mit der epigenetischen Theorie Caspar Friedrich Wolffs vgl. Roe (1981).
[9] Vor hierzu vor allem Samuel Thomas Soemmerring (1791/2000: 145) sowie Meckel (1812: 41).
[10] Die prämierte Schrift Carl Christian Krauses wird zusammen mit der des unterlegenen Kontrahenten Röderer in deutscher Übersetzung publiziert (Krause & Röderer, 1758).

12.2 Vom Versehen zur pränatalen Prägung

Eine besondere Prägnanz entfaltet das Versehenstheorem im Kreis der Halleschen „vernünftigen Ärzte" Johann Gottlob Krüger, Johann August Unzer und Ernst Anton Nicolai.[11] Die Bedeutung der Frage nach der Wirkung der mütterlichen Einbildungskraft auf das Kind während der Schwangerschaft steht hier im Kontext der Auseinandersetzung der ‚Psychomediziner' mit den leib-seelischen Wechselwirkungen und der Rolle der Einbildungskraft in diesem Zusammenhang. Zudem wird das Phänomen in der sich hier konstituierenden medizinischen Anthropologie innerhalb der Zeugungs- und Entwicklungslehren diskutiert.

Auch in den dabei entwickelten Auffassungen dominiert der als ‚Animalculismus' bezeichnete Ansatz der Präformation der Keime im männlichen Samen.[12] Damit verbinden sich jedoch Probleme im Hinblick auf das Verständnis von Vererbung. So stellt sich die Frage, wie es unter den Prämissen des Animalkulismus zu einer Ähnlichkeit des Kindes mit der Mutter kommen kann. Eine mögliche Erklärung bietet hier das Versehen.[13]

Eine der ausführlichsten und differenziertesten Auseinandersetzungen mit diesen Fragen zeigt sich in den embryologischen und teratologischen Schriften Ernst Anton Nicolais (1746; 1749). An Nicolais Schriften lässt sich die Transformation der Versehenstheorie in eine umfassende Reflexion über die pränatalen Wechselbeziehungen und die damit verbundenen Möglichkeiten der Prägung beispielhaft nachvollziehen. Ihm gelingt es, Positionen der Imaginationisten (Malebranche) wie ihrer Kritiker (Blondel, Haller) miteinander zu vermitteln.

Auch Nicolai argumentiert zunächst aus der Perspektive der Präformationslehre: Er geht von der ‚Präformation' der (vom Vater stammenden) „Saamenthiergen" aus, und wendet sich vehement gegen epigenetische Vorstellungen: „[a]us einer blossen unförmigen Materie, die in dem Ey vorhanden", könne, so Nicolai, „unmöglich die Frucht gebildet werden." (Nicolai, 1746: 104). So emphatisch Nicolai die Präformationslehre vertritt, so kommt doch in seinem Konzept der embryonalen Entwicklung eine wichtige Bedeutung zu: Der Embryo durchlaufe im Mutterleib eine „Verwandlung" (Nicolai, 1746: 106), die vergleichbar mit der Entwicklung einer „Raupe" in einen „Sommervogel" sei (Nicolai, 1746: 107).[14] Damit gerät das Stadium der pränatalen Entwicklung und der hier möglichen Einwirkungen in den Blick. Diese basieren

---

[11] Zur Herausbildung der medizinischen Anthropologie bei diesen Autoren vgl. Zelle (2004) sowie Borchers (2011).
[12] Zu den Zeugungs- und Entwicklungstheorien der Halleschen Ärzte vgl. vor allem Borchers (2011), der das Nebeneinander unterschiedlicher Ansätze betont.
[13] So stellt Krüger beispielsweise die Frage, „woher es kömmt, daß die Kinder gelb sind, wenn ein Mohr mit einer Europäerin erzeuget?" (Krüger, 1748: 816) und verweist auf die mütterliche Einbildungskraft als mögliche Erklärung (Krüger, 1748: 816 f.).
[14] Schon frühere Vertreter der Präexistenzlehre wie Malebranche betonen, dass sie nicht von einer Miniaturbildung des fertigen Menschen im Keim ausgehen. Dennoch kommt dem Aspekt der ‚Ver-

auf einer psycho-physischen Wechselwirkung zwischen Mutter und Kind. Aufgrund der ‚Harmonie', in der Mutter und Kind miteinander stehen, „müssen Seele und Leib der Mutter, Seele und Leib des Kindes im Mutterleibe in einander wirken" (Nicolai, 1746: 202; vgl. hierzu auch Lauer, 1996: 78).

Nicolais Auffassung über mütterliche Prägungen beruht auf der Annahme eines gemeinsamen Blutkreislaufs:

> Man sieht also [...], daß eine Mißgeburt entstehen könne, wenn sich das Blut in der Mutter unordentlich und mit einer grossen Gewalt beweget, und man kann hieraus ferner den Schluß machen, daß dasjenige eine Mißgeburt verursachen kan, was das Blut der Mutter in eine unordentliche heftige Bewegung setzet, oder mit dem eine heftige Bewegung des Bluts in der Mutter verknüpft ist. (Nicolai, 1746: 275)[15]

Nicolais Modell beschränkt sich also nicht auf Fälle einmaliger von außen kommender Eindrücke, vielmehr rückt hier die Wirkung einer unspezifischen, in der Mutter wirksamen Gefühlsregung auf das Ungeborene in den Vordergrund.[16] Nicolai vertritt ebenfalls die Auffassung, dass (gerade) auch psychische Merkmale auf das Kind übertragen werden können: „[S]o wird niemand zweifeln, daß die natürlichen Neigungen des Kindes gröstentheils von den Neigungen, welche die Mutter währender [!] Schwangerschaft gehabt hat, kurz, von dem Zustande der Mutter währender Schwangerschaft, abhängen" (Nicolai, 1746: 246).

Bei Nicolai zeichnet sich somit eine Verschiebung des eigentlichen Versehenstheorems im Sinne einer einmaligen, mit einem Schrecken verknüpften äußeren Einwirkung hin zu einer kontinuierlichen bzw. wiederkehrenden Prägung ab. In den Blick rückt damit vor allem die spezifische psychische Disposition der Schwangeren.[17]

Ähnliche Konzepte finden sich auch in anderen Anthropologien der Zeit. Nicolais Modell wird etwa 1784 in Johann Karl Wezels *Versuch über die Kenntniß des Menschen* radikalisiert. Wezel sieht die Schwangerschaft durch einen kontinuierlichen psychophysischen Austausch zwischen Mutter und Kind geprägt:

> Das kleine Geschöpf ist mit der Mutter verbunden, wie ein Zweig mit dem Stamme, und jede Veränderung in ihrem Körper erzeugt auch eine in dem kleinen, der in ihr wächst: die Beschaffenheit der Säfte und alle vorübergehende Dispositionen müssen sich während der Schwanger-

---

wandlung' bei Nicolai besondere Aufmerksamkeit zu. Zu dem hier angelegten epigenetischen Moment der Theorie Nicolais vgl. Walter (1958: 47).
15 Zu den anatomischen und physiologischen Voraussetzungen für den Vorgang des Versehens bei Nicolai vgl. ausführlich Lauer (1996: 75–77).
16 Zur genauen Darstellung von Nicolais Modell der physiologischen Abläufe, die im Versehen wirksam werden, vgl. Watzke (2004: 124 f.). Ein Spezifikum der Theorie Nicolais dürfte zudem die Annahme einer schon vor der Zeugung stattfindenden Prägung des Samens durch väterliche Affekte sein (Nicolai, 1749: 110); vgl. dazu Watzke (2004: 123).
17 Zu dieser Verschiebung des Versehenstheorems vgl. auch Enke (2000: 39 f.).

schaft eben so dem Kinde mittheilen, wie die Affekten der Mutter es sichtbar tun. [...] Welche vielfache und verschiedene Bildung des Temperaments und der Organisation läßt sich hier denken! (Wezel, 1784–1785/2001: 112)[18]

Mütterliche Einbildungskraft und Affekte werden als entscheidende Faktoren innerhalb eines Prozesses vorgeburtlicher Prägung angesehen, die gewissermaßen im Zwischenfeld zwischen *nature* und *nurture* angesiedelt ist. So warnt auch Wünsch in seinen *Kosmologischen Unterhaltungen*: „Einbildungskraft und Leidenschaften der Schwangern wirken, zumal in den erstern Monaten, ungemein heftig auf die Leibesfrucht: ja sie drücken ihr sogar die Hauptzüge des moralischen Charakters ein, den die Mutter während ihrer Schwangerschaft annimmt. Diese Züge lassen sich äußerst mühsam durch die Erziehung auslöschen" (Wünsch, 1780: 517 f.).

Die Versehenstheorie erlangt relativ unabhängig von der Diskussion um Zeugungs- und Vererbungslehren im 18. Jahrhundert Bedeutung und kann in der Kontroverse zwischen Präformationstheorie und Epigenesis keinem Lager eindeutig zugeordnet werden. Als Erklärung für die Genese von Monstren wird das Versehenstheorem bis in die 1760er Jahre vor allem unter präformationstheoretischen Prämissen diskutiert. Allerdings entfaltet sich anhand dieses Theorems und seiner Ausgestaltung im Sinne der ‚Prägung' ein epigenetisches Verständnis im Sinne einer der Zeugung nachgelagerten pränatalen Entwicklung des Kindes.

12.3 Mütterliche Imagination und Kallipädie

Werden einerseits die von der mütterlichen Imagination ausgehenden Gefahren für das Ungeborene nun drastisch beschrieben, so eröffnen sich jetzt andererseits auch Möglichkeiten der Regulierung der mütterlichen Einbildungskraft, die nicht mehr nur der Vermeidung von „Missgeburten" dienen, sondern eine spezifische Prägung gezielt gestalten soll.

Nicolais Kollege Johann Gottlob Krüger gestaltet in seinen Schriften diese Überlegung deutlicher aus. In seinem *Versuch einer Experimental-Seelenlehre* vertritt Krüger die Auffassung einer Nutzbarmachung der mit der Einbildungskraft verbundenen „bildenden Gabe der Mütter": „Ich irre sehr, oder hierinnen liegt etwas, woraus man schließen kann, daß es eine noch unbekannte Kunst gebe, durch welche die Mütter die Kinder bilden können, wie sie nur wollten" (Krüger, 1756: 160).

Bei Krüger sind die Frauen nicht mehr dem Versehen ausgesetzt, sondern verfügen über eine Fähigkeit der Gestaltung des Nachwuchses, die dem Willen unterworfen und reguliert werden kann:

---

18 Zu Wezels literarischer Reflexion einer solchen pränatalen Prägung in seinem Roman *Tobias Knaut* vgl. Helduser (2010).

> Wäre es also wohl so schlimm, wenn schwangere Frauen schön gemahlte Bilder, oder welches noch besser wäre, schöne Personen öfters aufmercksam betrachteten? Die Würckung würde nicht aussen bleiben: denn die Erfahrung lehret, daß die Kinder dem Vater fast niemahls ähnlich sind, wenn sich die Mutter mit der Betrachtung schöner Mannspersonen beschäftiget. (Krüger, 1756: 163)

Explizit geht Krüger so weit, diese mütterliche ‚Gabe' nicht nur auf die Physis, sondern auch auf den kindlichen Intellekt und die Moral beziehen: „Kann die Einbildungskraft das Herz und die Blutgefäße umkehren, warum sollte sie nicht in dem viel zärtern Gehirne des Kindes eine ähnliche Würckung verrichten können, warum sollte sie also nicht machen können, daß die Kinder klüger und tugendhafter würden?" (Krüger, 1756: 160)

Krüger kann sogar von einem erfolgreichen Experiment berichten:

> Aber was will man dagegen einwenden, wenn ich sage: kann die Einbildungskrafft der Mutter Mäuse, Kirschen, Erdbeeren und Maulbeeren auf der Haut hervorbringen: [...] warum sollte sie nicht auch anstatt der männlichen, weibliche Geburtsglieder hervorbringen können? Ich habe dieses verschiedenen Frauens die gerne Söhne haben wollten, gerathen, und ihnen gesagt, sie müßten beständig vorstellen, daß sie einen Sohn bekommen würden, und solchen zum voraus zu sehen glauben. Bey denen die ein lebhaftes Temperament hatten, traf es ein, bey den andern aber nicht; und vermuthlich wegen der geringeren Lebhaftigkeit ihrer Einbildungskrafft. (Krüger, 1756: 161)

Hier beschleichen Krüger jedoch auch Zweifel: Es stehe zu befürchten, „daß die Frauenzimmer ausgehen würden, weil die meisten lieber Söhne als Töchter haben wollen: und was wäre dieses für die Nachkommenschafft für ein Unglück" (Krüger, 1756: 161).

Krügers Argumentation ist beispielhaft für eine sich in der zweiten Hälfte des 18. Jahrhunderts zunehmend bemerkbar machende biopolitische Perspektivierung des Imaginationstheorems. Mit dem Versehen verbinden sich nun auch Spekulationen über eine mögliche Nutzbarmachung der Imagination zur gezielten Steuerung der Gestalt wie auch des Charakters des Nachwuchses. So fragt auch Lavater – wenn auch skeptisch –, ob mittels mütterlicher Imagination

> eine neue sehr fruchtbar Quelle schönerer und besserer Gesichtszüge, mithin auch des Charakters zu entdecken seyn dürfte – ob sich Regeln angeben lassen [...], die auf einen gewissen Grad wirken; Gesundheit und Proportion befördern, vielleicht auch gute moralische Bildung erleichtern und vorbereiten können. (Lavater, 1778/1969: 69)

Zwar gehörten Formen der Regulierung der mütterlichen Einbildungskraft zur Verhinderung von „Missgeburten" immer schon zu den auch in Ratgebern verbreiteten Vorsichtsmaßnahmen, verstärkt kommt es jetzt aber auch zur Erörterung solcher Praktiken nicht nur im Rahmen eines Vermeidungsdiskurses, sondern im Hinblick auf eine produktive Gestaltung des Ungeborenen im Sinne der antiken Weisheit der ‚Kallipädie'.

Während beispielsweise noch Zedlers *Universal-Lexicon* die Möglichkeit der „Zeugung schöner Kinder" (1749: 194–196), wie sie als Praxis des antiken Sparta überliefert sei, infrage stellt und vor den Folgen solcher Experimente mit der Einbildungskraft warnt, finden sich in der zweiten Hälfte des 18. Jahrhunderts im Feld von Literatur und Kulturtheorie zunehmend Stimmen, die über die Nutzbarmachung der mütterlichen Einbildungskraft spekulieren.

Einen Wendepunkt in der Diskursivierung des Versehens markiert Gotthold Ephraim Lessing in seiner *Laokoon*-Schrift von 1766. Seine Bemerkung verdeutlicht die Diffundierung des Wissens über die Imagination vom Feld der Medizin und Hygiene in die Kunsttheorie:

> Die bildenden Künste insbesondere, außer dem unfehlbaren Einflusse, den sie auf den Charakter der Nation haben, sind einer Wirkung fähig, welche die nähere Aufsicht des Gesetzes heischet. Erzeigten [in der griechischen Antike] schöne Menschen schöne Bildsäulen, so wirkten diese hinwiederum auf jene zurück, und der Staat hatte schönen Bildsäulen schöne Menschen mit zu verdanken. Bei uns scheinet sich die zarte Einbildungskraft der Mütter nur in Ungeheuern zu äußern. (Lessing, 1766/1974: 19)

Lessing rekurriert auf die antike Praxis der Kallipädie, wie sie im 18. Jahrhundert z. B. durch das lateinische Lehrgedicht *Callipaedia* des Franzosen Claude Quillet (1655) vermittelt wird, das in zahlreichen Ausgaben und Übersetzungen erscheint.

Diese Konzepte der Steuerung sind vor allem in kulturellen Diskursen präsent: Die Gestaltung von Nachkommen über die mütterliche Einbildungskraft gilt als künstlerisches Verfahren der Ergänzung der Natur. Die mütterliche Imagination wird nun im Rahmen einer Natur/Kunst-Dichotomie gefasst: „Sind die 2köpfigten Kinder und achtbeinigten Katzen, die Mäuse, Erdbeer-Maul und Himbeer und Kirschen oder was man sonst daraus machen will, die Kinder [als Muttermale] mit auf die Welt bringen, sind die Werke der Kunst oder Natur?", fragt etwa Georg Christoph Lichtenberg (1766–1799/1972: 386).

Für Kant ist die Tatsache, dass die der Einbildungskraft zugeschriebenen Wirkungen einen menschlichen Eingriff in die Natur darstellen würden, ein Grund, der Imaginationsthese jeglichen Wahrheitsgehalt abzusprechen:

> Nun ist es klar: dass, wenn der Zauberkraft der Einbildung, oder der Künstelei der Menschen an tierischen Körpern ein Vermögen zugestanden würde, die Zeugungskraft selbst abzuändern, das uranfängliche Modell der Natur umzuformen, oder durch Zusätze zu verunstalten, die gleichwohl nachher beharrlich in den folgenden Zeugungen aufbehalten würden: man gar nicht mehr wissen würde, von welchem Originale die Natur ausgegangen sei, oder wie weit es mit der Abänderung desselben gehen könne, und, da der Menschen Einbildung keine Grenzen erkennt, in welche Fratzengestalt die Gattungen und Arten zuletzt noch verwildern dürften. Dieser Erwägung gemäß nehme ich es mir zum Grundsatze, gar keinen in das Zeugungsgeschäft der Natur pfuschenden Einfluss der Einbildungskraft gelten zu lassen, und kein Vermögen der Menschen, durch äußere Künstelei Abänderungen in dem alten Original der Gattungen oder Arten zu bewirken, solche in die Zeugungskraft zu bringen, und erblich zu machen. Denn lasse ich auch nur einen Fall dieser Art zu, so ist es, als ob ich auch nur eine einzige

Gespenstergeschichte oder Zauberei einräumte. Die Schranken der Vernunft sind dann einmal durchbrochen, und der Wahn drängt sich bei Tausenden durch dieselbe Lücke durch. (Kant, 1785/1977: 72)

An die Stelle der Perhorreszierung der mit der mütterlichen Einbildungskraft verbundenen Gefahren tritt bei Kant nun die Warnung vor dem Glauben an einen Eingriff in die ‚natürliche' Vererbung.

Allen solchen Verwerfungen zum Trotz bleibt die Vorstellung der Prägung des Ungeborenen durch die mütterliche Imagination ein Faszinosum, das bis ins 19. und frühe 20. Jahrhundert in ganz unterschiedlichen Feldern immer wieder aufgegriffen wird.[19] Noch zu Beginn des 20. Jahrhunderts wird das mütterliche Versehen auch von Medizinern, so zum Beispiel in der Geburtshilfe, diskutiert.[20] Zudem konkretisieren sich biopolitische Entwürfe im Kontext der ‚Eugenik': So lotet der Spiritist Carl du Prel die Möglichkeit der Steuerung der mütterlichen Imagination mittels Hypnose als Mittel der „Menschenzüchtung" (du Prel, 1896) aus.

Zwar gilt die tradierte Vorstellung vom Versehen inzwischen endgültig als ‚Aberglaube' (vgl. Reichenbach, 1999); zeitgleich mit der endgültigen Historisierung des Wissens um die Wirkung der mütterlichen Imagination richtet sich das Interesse jedoch auf Phänomene psychosomatischer Aspekte der embryonalen Entwicklung, wie sie in den Lebenswissenschaften unter dem Aspekt der Epigenetik diskutiert werden.[21] Insbesondere die Rolle von „maternalem Stress" ist vielfältig auf ihre transgenerationellen Effekte untersucht worden (vgl. z. B. Yehuda, 2005). Die ‚Einbildungskraft' mag als Übertragungsinstanz möglicher Prägungen ihre Bedeutung verloren haben. Dennoch ergeben sich gerade aus der Perspektive der Frage nach den ‚kulturellen Faktoren' von Vererbung deutliche Parallelen zwischen historischen Konzepten pränataler Prägung und aktuellen Diskussionen der Epigenetik.

---

[19] Zur literarischen Faszinationsgeschichte des mütterlichen Versehens um 1900 vgl. Beßlich (2004).
[20] Vgl. z. B. die Studie des Arztes Julius Preuß (1892), der die Möglichkeit einer experimentellen Überprüfung des Versehens diskutiert. Zur Reformulierung der Versehenstheorie in der Geburtshilfe bei dem schottischen Geburtshelfer William Ballantyne vgl. die Studie von Salim Al-Gailani (2010).
[21] Als Überblick vgl. Parnes (2013).

Literatur

Aldrovandi, U. (1642/2002). Monstrorum historia. Préface de Jean Céard (Paris: Les Belles Lettres).
Al-Gailani, S. (2010). Teratology and the clinic: Monsters, obstetrics, and the making of antenatal life in Edinburgh (Diss., University of Cambridge).
Arni, C. (2012). Vom Unglück des mütterlichen „Versehens" zur Biopolitik des „Pränatalen": Aspekte einer Wissensgeschichte der maternal-fötalen Beziehung. In: Biopolitik und Geschlecht, E. Sänger & M. Rödel, Hg. (Münster: Verlag Westfälisches Dampfboot), S. 44–66.
Beßlich, B. (2004). ‚Versehen und Telegonie' in Otto Weiningers ‚Geschlecht und Charakter' – mit einem Seitenblick auf Weiningers Anleihen bei Goethe, Ibsen und Zola. KulturPoetik 4(1): 19–36.
Blondel, J. (1727). The strength of the imagination of pregnant women examined, and the opinion, that marks and deformities are from them, demonstrated to be a vulgar error (London: J. Peele).
Blondel, J. (1729). The power of the mother's imagination over the foetus examin'd (London: Brotherton).
Borchers, S. (2011). Die Erzeugung des ‚ganzen Menschen': Zur Entstehung von Anthropologie und Ästhetik an der Universität Halle im 18. Jahrhundert (Berlin: de Gruyter).
Buffon, G.-L. L. (1777). Histoire naturelle générale et particulière, Supplément, Bd. 4 (Paris: Imprimerie Royale).
Du Prel, C. (1896). Menschenzüchtung. Die Zukunft 14(4): 495–507.
Dürbeck, G. (1998). Einbildungskraft und Aufklärung: Perspektiven der Philosophie, Anthropologie und Ästhetik um 1750 (Tübingen: Niemeyer).
Dürbeck, G. (2010). Zur Monstrosität des Kindes: Altes und neues Wissen in Goethes Wahlverwandtschaften. Jahrbuch der Jean-Paul-Gesellschaft 45: 151–167.
Enke, U. (2000). Einleitung: Vorstellungen über Zeugung und Embryonalentwicklung in der Geschichte der Medizin. Vorstellungen über die Entstehung von Mißgeburten. Soemmerrings Werk *Abbildungen und Beschreibungen einiger Misgeburten*. In: Soemmerring, S.T., Werke, Bd. 11: Schriften zur Embryologie und Teratologie (Basel: Schwabe), S. 1–80.
Haller, A. von (1739). Descriptio foetus bicipitis ad pectora connati ubi in causas monstrorum ex principiis anatomicis inquiritur. Cum figuris. (Hannover: Förster).
Haller, A. von (1776). Von der menschlichen Frucht: Dem Leben und Tode der Menschen, Anfangsgründe der Phisiologie des menschlichen Körpers, Bd. 8 (Berlin: Christian Friedrich Voß).
Helduser, U. (2010). Literarische Anthropologie und Groteske: Johann Karl Wezels „Tobias Knaut" und die Anfänge einer literarischen Darstellung von ‚Behinderung' um 1800. Edinburgh German Yearbook 4: 15–38.
Helduser, U. (2013). Das Monster als Grenzfigur: Leibniz, Locke und die Tier-/Mensch-Mischwesen der Renaissance. In: Ethical Perspectives on Animals 1400–1650, B. Dohm & C. Muratori, Hg. (Florenz: Sismel), S. 257–284.
Huet, M.-H. (1993). Monstrous imagination (Cambridge, MA: Harvard University Press).
Jantzen, J. (1994). Theorien der Reproduktion und Regeneration. In: Schelling, F.W.J. Werke, Ergänzungsbd. zu Bd. 5–9 (Stuttgart: Frommann-Holzboog), S. 566–668.
Kant, I. (1785/1977). Bestimmung des Begriffs einer Menschenrasse. In: ders. Werke, W. Weinschedel, Hg., Bd. 11 (Frankfurt a. M.: Suhrkamp), S. 63–82.
King, L.S. (1978). The philosophy of medicine: The early eighteenth century (Cambridge MA: Harvard University Press).
Krause, C.C. & Röderer, J.G. (1758). Abhandlung von den Muttermälern, welche mit dem, von der Kaiserl. Akademie der Wissenschaften zu St. Petersburg auf das Jahr 1756 ausgesetzten Preise gekrönt worden: Nebst einer andern Abhandlung (Leipzig: Gollner).

Krüger, J.G. (1748). Naturlehre, Bd. 2 (Halle: Hemmerde).
Krüger, J.G. (1756). Versuch einer Experimental-Seelenlehre (Halle: Hemmerde).
Lauer, E. (1996). Ernst Anton Nicolai (1722–1802). Untersuchungen zu Leben und Werk, seiner Zeugungslehre und Auffassung vom Versehen der Schwangeren unter besonderer Berücksichtigung der Entstehung von Mißbildungen (Med. Diss., Tübingen).
Lavater, J. C. (1778/1969). Physiognomische Fragmente zur Beförderung der Menschenkenntnis und Menschenliebe, Bd. 4 (Zürich: Orell Füssli).
Lessing, G. E.(1766/1974). Laokoon oder über die Grenzen der Malerei und der Poesie. In: ders. Werke, H.G. Göpfert, Hg., Bd. 6 (München: Hanser), S. 7–187.
Licetus, F. (1668). De Monstris, Ed. Novissima, Gerardus Leonardus, Hg. (Padua: Frambotti).
Lichtenberg, G.C. (1764–1799/1972). Sudelbücher. In: ders. Schriften und Briefe, W. Promies, Hg., Bd. 1 (München: Hanser).
Malebranche, N. (1776–1780). Von der Wahrheit, oder von der Natur des menschlichen Geistes und dem Gebrauch seiner Fähigkeiten, um Irrthümer in Wissenschaften zu vermeiden: Sechs Bücher aus dem Französischen übersetzt und mit Anmerkungen hg. von einem Liebhaber der Weltweisheit, 4 Bde. (Leipzig: Hendel).
Meckel, J.F. (1812). Handbuch der pathologischen Anatomie, Bd. 1 (Leipzig: Carl Heinrich Reclam).
Monti, M.T. (2000): Epigenesis of the monstrous form and preformistic „genetics" (Lémery – Winslow – Haller). Early Science and Medicine 5: 3–32.
Nicolai, E.A. (1746). Gedanken von der Erzeugung des Kindes im Mutterleibe und der Harmonie und Gemeinschaft welche die Mutter während der Schwangerschaft mit demselben hat (Halle: Lüderwaldische Buchhandlung).
Nicolai, E.A. (1749). Gedanken von der Erzeugung der Misgeburthen und Mondkälber (Halle: Carl Hermann Hemmerde).
Paré, A. (1573/1971). Des monstres et prodiges (Genf: Droz).
Parnes, O. (2013). Biologisches Erbe: Epigenetik und das Konzept der Vererbung im 19. und 20. Jahrhundert. In: Erbe: Übertragungskonzepte zwischen Natur und Kultur, S. Willer, S. Weigel & B. Jussen, Hg. (Berlin: Suhrkamp), S. 202–242.
Preuß, J. (1892). Vom Versehen der Schwangeren: Eine historisch-kritische Studie (Berlin: Mitzlaff).
Quillet, C. (1655/1710). Callipaediae – or, an art how to have handsome children: written in Latin by the abbot Quillet (London: John Morphew).
Reichenbach, S. (1999). Über den Aberglauben der Muttermale: gestern und heute (Tübingen: Köhler).
Rheinberger, H.-J. & Müller-Wille, S. (2009). Vererbung: Geschichte und Kultur eines biologischen Konzepts (Frankfurt a. M.: Fischer).
Ritzmann, I. (2008). Sorgenkinder: Kranke und behinderte Mädchen und Jungen im 18. Jahrhundert (Köln: Böhlau).
Roe, S.A. (1981). Matter, life, and generation: Eighteenth-century embryology and the Haller-Wolff Debate (Cambridge, UK: Cambridge University Press).
Soemmering, S.T. (1791/2000). Abbildungen und Beschreibungen einiger Misgeburten, die sich ehemals auf dem anatomischen Theater zu Cassel befanden. In: ders. Schriften zur Embryologie und Teratologie, Werke, Bd. 11. (Basel: Schwabe), S. 113–164.
Turner, D. (1714). De morbis cutaneis: A treatise of diseases incident to the skin (London: Bonwicke).
Walter, K. (1958). Ernst Anton Nicolai (1722–1802): Unter besonderer Berücksichtigung seiner Stellung zu den Problemen der Schwangerschaft und der Mißgeburten (Med. Diss., Jena).
Watzke, D. (2004). Embryologische Konzepte zur Entstehung von Missbildungen im 18. Jahrhundert. In: Imagination und Sexualität: Pathologien der Einbildungskraft im medizinischen Diskurs der Frühen Neuzeit, S. Zaun, J. Steigerwald & D. Watzke, Hg. (Frankfurt a. M.: Klostermann), S. 119–136.

Wezel, J.K. (1784–1785/2001). Versuch über die Kenntniß des Menschen, Gesamtausgabe, Bd. 7, J. Heinz, Hg. (Heidelberg: Mattes).

Wilson, P.K. (1999). Dispute over the power of the maternal imagination. In: ders. Surgery, skin and syphilis (Amsterdam: Rodopi), S. 113–147.

Wünsch, C.E. (1780). Kosmologische Unterhaltungen für die Jugend, Bd. 3: Von dem Menschen. Mit vielen gemalten Kupfertafeln (Leipzig: Breitkopf).

Yehuda, R. et al. (2005). Transgenerational effects of posttraumatic stress disorder in babies of mothers exposed to the World Trade Center attacks during pregnancy. Journal of Clinical Endocrinology & Metabolism 90(7): 4115–4118.

Zedler, J.H. (1749): Grosses vollständiges Universal-Lexicon Aller Wissenschafften und Künste (Halle: Zedler), Bd. 62, s. v. Zeugung schöner Kinder, Sp. 194–196.

Zelle, C. (2004). ‚Vernünftige Ärzte': Hallesche Psychomediziner und Ästhetiker in der anthropologischen Wende der Frühaufklärung. In: Innovation und Transfer. Naturwissenschaft, Anthropologie und Literatur im 18. Jahrhundert, W. Schmitz & C. Zelle, Hg. (Dresden: Thelem), S. 47–62.

Horst Kreß

13 Epigenetische Mechanismen embryonaler Induktion und sozialer Prägungsprozesse

Bei der Entwicklung eines vielzelligen Organismus aus dem befruchteten Ei erfolgt die Weitergabe genetischer Information durch identische Reduplikation der chromosomalen DNA und die sich anschließende symmetrische Weitergabe der Duplikate auf beide Tochterzellen im Verlauf sukzessiver mitotischer Teilungen. Auf diese Weise besitzen alle Körperzellen die gleiche genetische Information. Es drängt sich die Frage auf, wieso unter dieser Voraussetzung z. B. im menschlichen Körper mehr als 200 unterschiedliche Zelltypen entstehen können. Peter Spork schreibt in der Einleitung zu seinem Buch *Der zweite Code* (2009), dass dieser die Kernaussage der Epigenetik wiedergibt: „Der erste Code, die Buchstabenfolge der Gene, dominiert nicht alles. Es gibt noch ein weiteres biologisches Informationssystem. Ihm verdankt jede unserer Zellen, dass sie weiß, woher sie kommt, was sie erlebt und wohin sie geht." Die Grundlage für die Entstehung zellulärer Variabilität, d. h. von verschiedenen Differenzierungsmustern, stellen vorrangig *induktive* Mechanismen dar, die bei der strukturellen und funktionellen Integration von Zellverbänden im Verlauf der körperlichen Entwicklung am Werke sind. Induktive Prozesse basieren auf ein- oder gegenseitigen Signalwirkungen zwischen benachbarten Zellen, die auf die Expression von Genen Einfluss nehmen.

Es erscheint naheliegend, die Wirksamkeit derartiger Mechanismen nicht nur auf die frühembryonale und vorgeburtliche Entwicklung zu beschränken. Der Verhaltensforscher Konrad Lorenz (1903–1989) analogisierte erstmals bei Jungtieren Prozesse der Prägung von Verhaltensmustern mit Induktionsprozessen der Embryonalentwicklung. So schrieb er nach einem Hinweis auf den von dem Freiburger Embryologen Hans Spemann (1869–1941) näher definierten Begriff der *embryonalen Induktion*: „Es ist nicht sehr wesentlich, ob ein induzierender Einfluss von der Umgebung eines Gewebeanteils innerhalb eines Keimlings oder von der äußeren Umgebung eines Organismus ausgeht" (Lorenz, 1973: 97). Doch ist ein derartiger Vergleich überhaupt zulässig? Zwei Aspekte sind dabei zu berücksichtigen: Erstens, liegen den Prozessen von Induktion und Prägung die gleichen materiellen Substrate, also die gleichen molekularen Komponenten zugrunde? Und zweitens, sind die funktionellen Aspekte im Zellverband bzw. im Sozialverband miteinander vergleichbar? Dies würde Fragen u. a. zum Auftreten von Synergieeffekten durch Arbeitsteilung oder zur Vergleichbarkeit von körperlicher Homöostasie und sozialer Stabilität betreffen. Es gilt also im Folgenden, die Gültigkeit des von Lorenz gegebenen Vergleichs vor dem Hintergrund unseres aktuellen Wissens zu hinterfragen.

13.1 Das Konzept der Induktion in der experimentellen Embryologie

Wilhelm Roux (1850–1924) hatte mit seinem Programm zur „Entwicklungsmechanik" die Embryologie um 1900 aus ihrer beschreibenden in die kausalanalytische Phase überführt (Roux, 1897). In seinem klassischen Experiment von 1887 an zweizelligen Froschkeimen tötete er eine der beiden Zellen mit einer heißen Nadel, trennte die Zellen aber nicht voneinander. Die überlebende Zelle entwickelte sich anschließend zu einem halbseitigen Embryo weiter, so als wäre der Keim aus einem Mosaik von zwei unabhängigen Hälften zusammengesetzt, also präformiert gewesen. Neben diesem Befund, der Roux' Prinzip der *Selbstdifferenzierung* entsprach, häuften sich in der Folgezeit allerdings nicht nur bei Amphibien immer mehr experimentelle Hinweise auf wechselseitige Abhängigkeiten zwischen den Teilen des Keims, die Roux als *abhängige Differenzierung* bezeichnete.

Der Schlüssel zum Prinzip der gegenseitigen Abhängigkeit, das für eine funktionelle Ganzeinheitlichkeit des sich entwickelnden Körpers sprach, wurde von Spemann entdeckt. Dieser hatte ein Instrumentarium entwickelt, mit dessen Hilfe er an Amphibienkeimen komplizierte Experimente durchführen konnte. Das richtungweisende Experiment seines Labors wurde von Hilde Pröscholdt (später H. Mangold) im Frühjahr 1921 an Molchkeimen durchgeführt (Mangold, 1953: 166). Sie hatte bei einer Art mit schwacher Pigmentierung der Zellen (*Triturus cristatus*) aus einer als *obere Urmundlippe* bezeichneten Keimregion einen kleinen Bezirk entnommen und in den frühen Keim einer dunkel pigmentierten Art (*T. taenatus*) transplantiert. Das Ergebnis war überraschend: Im Wirt entstand zusätzlich zu seinem eigenen Kopf auf der gegenüberliegenden Seite ein zweiter, der allerdings nicht vom hellen Implantat stammte, sondern vom dunklen Wirt! Als Spemann diese Chimäre zum ersten Mal sah, erkannte er deren Bedeutung sofort: Das Implantat hatte im Wirt eine Entwicklungsleistung ausgelöst, die zur Festlegung einer zweiten Körperlängsachse führte. Er prägte für diese auslösende Region den Begriff *Organisator*. Ein Organisator *induziert* im umgebenden Zellgewebe, dessen Entwicklungspotenziale anfänglich noch offen und vielfältig sind (*Totipotenz*), die Festlegung einer einzigen Entwicklungsrichtung, die zu einem terminal determinierten Zustand und damit zu einem *unipotenten Entwicklungsschicksal* führt.

Die materielle Grundlage für Induktions- und Determinationsprozesse blieb für viele Jahrzehnte ungeklärt. Viele namhafte Forscher bissen sich an diesem Problem die Zähne aus. Für die Zeit zwischen 1930 und 1980 konstatiert der Entwicklungsbiologe Scott F. Gilbert (2001: 155): „the <primary induction problem> was considered a graveyard of biologists, a problem so fraught with non-specifity, uninterpretable results, and conflicting data, that a young biologist would be foolish to enter the morass." Die Versuche des Berliner Biochemikers Heinz Tiedemann (1923–2004), induzierende Faktoren mit Mitteln der konventionellen Biochemie bis zur Reinheit anzureichern, führten zwischen 1950 und 1980 zwar zu Teilerfolgen, wurden aber durch die wesentlich schnelleren und effektiveren Methoden der aufkommenden Molekularbiologie letztendlich überrollt (Slack, 1999: 93).

13.2 Entwicklungsgene und ihre funktionelle Modulation

Die Frage nach den materiellen Substraten der Steuerung von Entwicklungsprozessen konnte erst durch die sich nach 1960 etablierende Entwicklungsgenetik beantwortet werden. Hier sind der englische Entwicklungsbiologe Conrad H. Waddington (1905–1975) und der schweizerische Zoologe und Entwicklungsgenetiker Ernst Hadorn (1902–1976) zu nennen. Beide hatten als klassische Zoologen begonnen, waren aber auf das von dem amerikanischen Zoologen und Genetiker Thomas H. Morgan (1866–1945) um 1910 in die genetische Forschung eingeführte Modell der Fruchtfliege *Drosophila melanogaster* umgestiegen. Waddington wurde bekannt durch seine Metapher der *epigenetischen Landschaft*, mit der er die Beziehungen zwischen dem Genotyp und dem Phänotyp als sich zunehmend spezialisierende Entwicklungsbahnen darzustellen versuchte. Er prägte den Terminus *Epigenetik*, der sich von der Fusion der Begriffe Epigenesis und Genetik ableitet. Allerdings blieben Waddingtons eigene wissenschaftliche Arbeiten ohne nachhaltige Wirkung. Ganz im Gegensatz zu Hadorn, dessen Entdeckung der *Transdetermination* (Änderung des determinierten Zustands) und des Postulats des zeit- und organspezifischen *gestuften Einsatzes* von Genen während der Individualentwicklung (Hadorn, 1955) der Entwicklungsgenetik nicht nur in Europa wesentlichen Auftrieb gab. Zu seinen bekanntesten Schülern zählt Walter Gehring (1939–), in dessen Labor 1975 die Tübinger Molekularbiologin Christiane Nüsslein-Volhard (1942–) und der aus den USA stammende Eric Wieschaus (1947–) eine jahrelange Zusammenarbeit begründeten. Für ihre Arbeiten zur genetischen Kontrolle der frühen Embryonalentwicklung von *Drosophila* am European Molecular Biology Laboratory (EMBL) in Heidelberg wurde ihnen 1995, zusammen mit dem amerikanischen Entwicklungsgenetiker Ed Lewis (1918–2004), der Nobelpreis für Medizin verliehen.

Diese Arbeiten legten den Grundstein für die genetische und molekularbiologische Analyse von Entwicklungsgenen zunächst bei *Drosophila*, später auch bei einer Vielzahl anderer tierischer Modelle. Hierbei wurde die faszinierende Entdeckung gemacht, dass diese Gene im gesamten Tierreich in Aufbau und Funktion eine ungeahnte Einheitlichkeit aufweisen. Ab den frühen 1970er Jahren, beginnend mit der erstmaligen Klonierung eines Entwicklungsgens von *Drosophila* durch den amerikanischen Molekularbiologen David Hogness (1925–), konnte man bei Eukaryonten Gene und deren Produkte durch Amplifikationsmethoden in Mengen gewinnen, die strukturelle und funktionelle Analysen möglich machten. Es zeigte sich, dass die große Mehrheit von Entwicklungsgenen für zwei verschiedene Proteingruppen codiert. Die erste Gruppe umfasst die Transkriptionsfaktoren, die mit Schalterelementen von Genen interagieren und auf diese Weise deren Aktivität im Kern steuern. Bei der anderen

Gruppe handelt es sich um diffusionsfähige Signalproteine, die von Zellen abgegeben werden und an spezifischen Rezeptoren in den Membranen benachbarter Zellen andocken. In diesen werden Signalkaskaden ausgelöst, die im Zytoplasma und im Kern zu spezifischen Reaktionen führen. Entwicklungsprozesse entpuppten sich als funktionelle Wirkungsketten von Transkriptionsfaktoren und Signalproteinen, die in räumlich und zeitlich genau festgelegten interaktiven Netzwerken einem Endzustand entgegenstreben, der letztendlich den entwicklungsphysiologisch determinierten Zustand einer Zelle im Sinne Spemanns repräsentiert.

Dieser Zustand muss allerdings über die gesamte Lebensdauer einer differenzierten Zelle aufrechterhalten werden. Dazu sind Mechanismen erforderlich, die anfänglich labil eingestellte Regelgrößen dauerhaft fixieren. Die Entdeckung eines solchen Mechanismus geht ebenfalls auf frühe Beobachtungen bei *Drosophila* zurück. 1930 hatte Hermann J. Muller (1890–1967), der Entdecker der mutagenen Wirkung von Röntgenstrahlung, erstmalig eine *Drosophila*-Mutante beschrieben, bei der die rote Färbung der Komplexaugen verändert ist. Anstatt der normalerweise einheitlichen Rotfärbung aller Ommatidien weisen die Augen dieser Mutante eine rot-weiß-Scheckung auf. Das für die Rotfärbung verantwortliche Gen (*white*⁺) ist in weißen Ommatidien in seiner Funktion unterdrückt. Die zytologische Analyse der Chromosomen ergab, dass es sich um eine Mutation (Inversion) des X- Chromosoms handelt, bei der das *white*⁺-Gen in die Nähe von Heterochromatin verlagert ist. Dieses ist, wie auch das Euchromatin, eine strukturgebende Komponente der Chromosomen. Das Heterochromatin ist durch eine spezielle Basenabfolge der DNA und der Zusammensetzung chromosomaler Proteine gekennzeichnet, die in ihrem Einflussbereich zur Repression der Genaktivität führt.

Dieser als *position-effect-variegation* (PEV) bezeichnete Effekt war somit der erste Hinweis darauf, dass die Aktivität von Genen vom Aufbau des umgebenden Chromatins abhängig ist. Im Laufe der Zeit häuften sich die Indizien für eine derartige Abhängigkeit in den verschiedensten eukaryontischen Zelltypen, angefangen bei Hefen, über Pflanzen und Tiere bis hin zum Menschen. Man entdeckte eine kaum überschaubare Vielfalt von Mechanismen, die Chromatin in einem *offenen* bzw. in einem *geschlossenen* Zustand halten. Die Grundlage dafür stellen neben vielen anderen Proteinen vor allem Histone dar, die als basische, d. h. positiv geladene Moleküle mit der negativ geladenen DNA interagieren und mit ihr Molekülkomplexe bilden. Diese Komplexbildung kann durch enzymatische Modifikationen von Struktur und Ladung (z. B. durch Acetylierung, Methylierung oder Phosphorylierung) variiert werden. Wir sprechen in diesem Zusammenhang von *Chromatinschreibern*. Durch sie entsteht eine ungeahnte Variationsbreite der Topographie von Chromatinstrukturen, die wiederum durch *Chromatinleser* als für Transkriptionsfaktoren offenes oder geschlossenes Chromatin interpretiert werden. Entscheidend ist, dass bei diesen Vorgängen die angeborene Basenabfolge der DNA nicht verändert wird. Es handelt sich also nicht um echte Mutationen, sondern lediglich um strukturelle Modifikationen des Chromatins, die von Zelle zu Zelle, unter Umständen auch von Generation zu Generation weitergegeben werden. Wir sprechen bei der Gesamtheit all dieser Mechanismen vom *Histoncode* des Chromatins. Entscheidend ist, dass in der Individualentwicklung die Festlegung des Histoncodes einer jeden Körperzelle von inneren und äußeren Umständen abhängig ist, also erworben wird.

Dazu kommt noch ein zweiter Mechanismus, nämlich die bereits bei Bakterien anzutreffende DNA-Methylierung. Sie stellt ebenfalls keine sequenzverändernde Mutation dar, sondern eine chemische Modifikation der Base Cytosin. Diese beeinflusst aus sterischen Gründen die Interaktion von Transkriptionsfaktoren oder anderen Proteinen mit der DNA. Insgesamt werden die Veränderungen des Histoncodes und der Muster methylierter DNA als *epigenetischer Code* bezeichnet, allerdings nicht im ursprünglichen Sinne einer zeitlich und räumlich strukturierten Kausalkette, sondern im Sinne einer hierarchischen Pyramide, in der die Gene funktionell wirksamen Überstrukturen untergeordnet sind. Letztere sind ihrerseits von räumlichen und zeitlichen Einflüssen abhängig. Sie ermöglichen eine Anpassung genetischer Expressionsmuster (in ihrer Gesamtheit als *Transkriptom* bezeichnet) des sich entwickelnden Organismus an sowohl konstante als auch an variable Umweltbedingungen (vgl. dazu auch den Beitrag von Barbara Tzschentke in diesem Band). Diese phänotypische Flexibilität, die 1909 von dem deutschen Zoologen R. Woltereck (1877–1944) als *Reaktionsnorm* bezeichnet wurde, gewährleistet einem Organismus während der Individualentwicklung durch physiologische Anpassungsfähigkeit größtmögliche Überlebens- und Fortpflanzungschancen.

13.3 Prägung als entwicklungsabhängige Kanalisierung neuronaler Verknüpfungen

Spielen sich nun, wie der Lorenzsche Funktionsvergleich von Embryonalentwicklung und Verhalten nahelegt, bei der Prägung als spezieller Form des Lernens ähnliche molekulare Vorgänge ab wie beim embryonalen Determinationsgeschehen? Um sich einer Beantwortung dieser Frage anzunähern, bedarf es eines kurzen Rückblicks auf verhaltensgenetische Befunde aus den 1960er Jahren. Damals begann der zur Entwicklungsbiologie konvertierte Physiker Seymor Benzer (1921–2007) am Caltech in Pasadena genetische Mutanten von *Drosophila* zu isolieren, die in ihrem Verhalten auffällige Veränderungen zeigten.[1] Von den vielen Mutanten, die Benzer und seine Schüler im Laufe der Zeit isolierten, seien an dieser Stelle nur zwei genannt, nämlich *rutabaga* und *dunce*. Beide Mutanten zeigen schwache Leistungen beim Lernen und vergessen das Gelernte sehr schnell, d. h. sowohl die Bildung als auch die Aufrechterhaltung von Gedächtnisinhalten sind signifikant beeinträchtigt. Spätere Analysen in anderen Labors ergaben, dass es sich bei den von diesen Genen codierten Proteinen

---
[1] Seine Biographie ist von J. Weiner (2002), eingebettet in die spannende frühe Geschichte der Genetik, überaus eindrucksvoll dargestellt.

um Enzyme handelt, die an der Synthese und dem Abbau des cyclischen Adenosinmonophosphats (cAMP) beteiligt sind. Für dieses Molekül war etwa zur gleichen Zeit durch die Arbeiten an der Meeresschnecke *Aplysia californica* im Labor des amerikanischen Neurobiologen Eric Kandel (1929–) an der Columbia University in New York gezeigt worden, dass es bei der Gedächtnisbildung eine zentrale Rolle spielt.[2]

Es existieren zwei Formen der Gedächtnisbildung, nämlich das Kurzzeitgedächtnis und das Langzeitgedächtnis. Beim Kurzzeitgedächtnis, das sich bei relativ kurzfristigen Reizen oder Eindrücken bildet, vermittelt cAMP durch Aktivierung bestimmter zytoplasmatischer Signalketten lediglich die Stärkung der in den Neuronen bereits existierenden Synapsen. Bei längeren und/oder intensiveren Reizen hingegen verursacht cAMP im Kern die Aktivierung des Transkriptionsfaktors CREB (cAMP Response Element Binding-Protein). Die dadurch bedingte Veränderung des Transkriptoms und die damit verbundene Synthese neuer Proteine führt neben der Stärkung der bereits vorhandenen Synapsen zusätzlich zur Bildung neuer Synapsen und schließlich zum Aufbau eines mehr oder minder dauerhaften Langzeitgedächtnisses. Entscheidend ist also, dass – im Gegensatz zum Kurzzeitgedächtnis – die Bildung des Langzeitgedächtnisses von der Proteinneusynthese abhängig ist.

Im Kontext früher Prägungsprozesse ist die Gedächtnisbildung allerdings durch zwei Besonderheiten gekennzeichnet: 1) die Beschränkung auf ein peri- oder postnatales Zeitfenster (sensible Phase), das unter Umständen nur wenige Stunden offen ist, und 2) deren intensive, oft lebenslange Wirkung. Sie unterscheiden sich dadurch von späteren Lern- und Prägungsprozessen in der Juvenil- und/oder Adultphase, die sich über längere Zeiträume erstrecken und dem mehr oder minder schnellen Vergessen unterliegen können. Konrad Lorenz zeigte eindrucksvoll, dass die Nachlaufprägung bei Graugänsen und anderen Vögeln ein angeborenes Verhaltensschema darstellt, das nicht auf das arteigene Objekt (im Normalfall die eigene Mutter) fixiert ist (Lorenz, 1935). Jedes Objekt, das sich nach dem Schlüpfen in der Nähe des Kükens bewegt und Töne von sich gibt, löst die dauerhafte Instinkthandlung des Nachlaufens aus, die eine Vorbedingung für dessen Sozialisierung ist. Man könnte diese Situation am besten mit einer gespannten Mausefalle vergleichen, die unabhängig vom auslösenden Objekt bei Berührung zuschlägt. Diese lebenswichtige Bereitschaft zum Prägungsverhalten setzt voraus, dass „ein ganz bestimmter physiologischer Entwicklungszustand des Jungtieres" (Lorenz, 1935: 142) vorliegt. Dieser Zustand, den wir für alle Prägungsprozesse, sei es mit unterschiedlicher Dauer oder auch mit unterschiedlichem zeitlichen Auftreten, annehmen müssen, hängt in erster Linie mit der nach dem Schlüpfen/der Geburt noch nicht abgeschlossenen Gehirnentwicklung zusammen.

Bei vielen Wirbeltieren geht der Eintritt in die Sozialisierungsphase u. a. mit dem Öffnen der Augen und der damit verbundenen frühen postnatalen Entwicklung des

---

[2] Auf die Umstände dieser Entdeckung näher einzugehen würde hier zu weit führen. Sie sind in Kandels Autobiographie *Auf der Suche nach dem Gedächtnis* (Kandel, 2007) im Kontext der Entwicklung der modernen Neurobiologie allgemein verständlich beschrieben.

visuellen Systems einher. Bei den zu den Primaten gehörenden Marmosets etwa erstreckt sich der vollständige Aufbau der verschiedenen Schichten des primären visuellen Kortex nach der Geburt, in Abhängigkeit von der Reifung der Retina, über einen Zeitraum von rund zwei Jahren (Bourne et al., 2005). Beim Menschen schätzt man, dass die Synapsendichte im präfrontalen Kortex (eine zentrale Integrationsstelle von sensorischen Eingängen und Gedächtnisinhalten) in den ersten zwei bis drei Lebensjahren um etwa das Doppelte zunimmt (Abb. 13.1, Phase 3). Dies beruht vornehmlich auf dem Ausbau des neuronalen Vernetzungsgrades von Axonen und Dendriten (graue Zellmasse). Bourgeois (2010: 73) schätzt, dass im gesamten cerebralen Kortex des menschlichen Babys im perinatalen Zeitraum jede Sekunde (!) hunderte von Millionen, wenn nicht sogar Milliarden neuer Synapsen gebildet werden. Es ist dies der erste, mit einer sensiblen Periode vergleichbare, Lebensabschnitt, in dem beim Menschen am Objekt der Mutter die Fähigkeit zur sozialen Bindung aufgebaut wird (Mahler et al., 1997). Bei der Strauchratte *Octodon degus* wurde beobachtet, dass bei Störung einer derartigen Entwicklung durch Elterndeprivation sowohl im präfrontalen Kortex als auch in anderen Gehirnarealen die Synapsendichte signifikant von der Norm abweicht (Bock et al., 2003). Dies kann eine Grundlage für spätere pathologische Verhaltensweisen (z. B. verstärkte Angstgefühle) darstellen. Es besteht also eine zeitliche Korrelation zwischen postnatalen Prägungsprozessen und der fortschreitenden Differenzierung des jugendlichen Gehirns. Dies kann dahingehend interpretiert werden, dass junge, noch unausgereifte Neuronen in der Lage sind, in relativ kurzer Zeit starke und dauerhafte synaptische Kontakte zu bilden. Man geht inzwischen davon aus, dass im jugendlichen Großhirn ein zunächst noch nicht gefestigtes neuronales Netzwerk vorliegt. Auf diesem plastischen Substrat werden jene Vernetzungen als stabil aufgebaut, die durch die persönliche Lebensgeschichte epigenetisch festgelegt werden. Dieser Lebensabschnitt, in dem sich die Synapsendichte in einer Plateauphase (Abb. 13.1, Phase 4) befindet, dauert beim Menschen etwa eine Dekade bis zum Beginn der Pubertät. Es ist dies die Phase höchster Lernkapazität. Während der Pubertät werden bis dahin nicht in Anspruch genommene Verknüpfungen wieder abgebaut. Der amerikanische Neurobiologie Donald Hebb (1904–1985) hatte ein derartiges Verhalten bereits 1949 beschrieben (Hebbsche Regel). Dieser Vorstellung entspricht die Schätzung, dass im menschlichen präfrontalen Kortex im Verlauf der Pubertät die Synapsendichte wieder um etwa 30 % abnimmt (Abb. 13.1). Diesem schnellen Abbau folgt während der Adultphase ein langsamerer Abbau, der sich im Verlauf der Seneszenz wieder beschleunigt (Abb. 13.1, Phase 5). Wir haben es also mit einer entwicklungsabhängigen Kanalisierung neuronaler Verknüpfungen, d. h. einer Einschränkung der neuronalen Flexibilität und Plastizität und damit auch der Lernfähigkeit zu tun. Dies ist vergleichbar mit dem Verlust der Pluripotenz embryonaler Körperzellen im Verlauf von Determinationsprozessen.

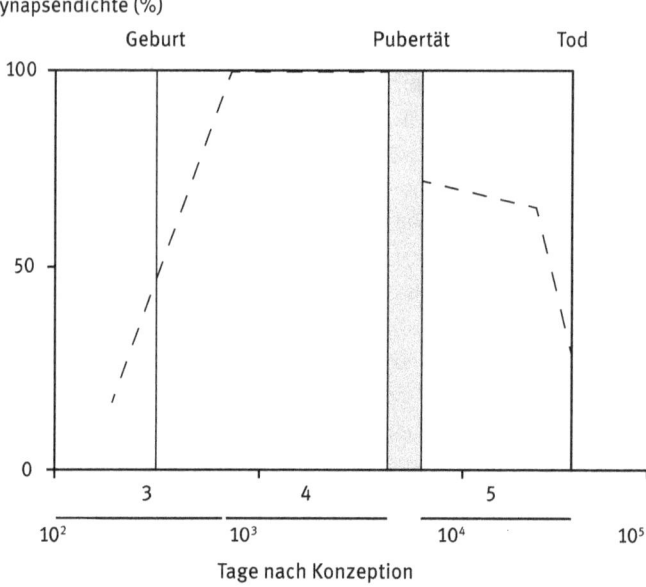

Abb. 13.1: Veränderungen der Synapsendichte des präfrontalen Kortex im Verlauf des menschlichen Lebens. Ordinate: Synapsendichte (gestrichelte Linie) bezogen auf den maximalen Wert (in Prozent). Abszisse: Alter in Tagen nach Empfängnis (logarithmische Skala). Phasen der Synaptogenese (nummerierte Balken): Phase 3: genetisch festgelegtes schnelles Synapsenwachstum im peri-/postnatalen Zeitraum. Phase 4: Plateauphase im Juvenilstadium. Es ist dies eine „Dachkurve", welche die Synaptogenese im Verlauf verschiedener Prägungs- und Lernphasen aufsummiert. Phase 5: Abnahme der Synapsendichte nach der Pubertät durch Einschränkung der Synaptogenese auf bestimmte Bereiche des Kortex. Modifiziert aus Bourgeois (2010), Fig. 5.3, mit Genehmigung des Autors und von Cambridge University Press.

13.4 Der epigenetische Synapsencode

Doch liegen beiden Prozessen die gleichen molekularen Mechanismen zugrunde? Die embryonalen Induktionsprozesse involvieren interzelluläre Signalproteine und intrazelluläre Signalkaskaden, die im Kern zellspezifische Genexpressionsmuster etablieren. Diese werden anschließend durch den epigenetischen Code fixiert. Bei Prägung und Gedächtnisbildung laufen prinzipiell vergleichbare Prozesse ab. Allerdings sind bislang nur wenige Transkriptionsfaktoren identifiziert worden, die an der Gedächtnisbildung beteiligt sind. Zusätzlich zum bereits erwähnten CREB-Faktor ist hier vornehmlich c-Fos zu nennen, der z. B. bei der Sexualprägung männlicher Zebrafinken in den Zellkernen des Hippocampus um den Faktor 15 verstärkt produziert wird (Sadananda & Bischof, 2004). Das c-Fos-Protein ist Bestandteil des AP1-Faktors (Aktivator Protein 1), der generell am Regulationsgeschehen bei einer Vielzahl tierischer Entwicklungsprozesse beteiligt ist (Karin et al., 1997).

Auch im Hinblick auf intrazelluläre Signalkaskaden unterscheiden sich Neuronen von anderen Körperzellen nur wenig. Gleiches gilt für die interzelluläre Kommunikation, wobei mit den Neurotransmittern z. B. von Glutamat, Serotonin, Octopamin oder Dopamin eine für das Nervensystem qualitativ spezifische Komponente dazu kommt. Auch für die Frage nach der Fixierung von epigenetischen Codes deuten experimentelle Daten zunehmend auf einen Zusammenhang zwischen Prägungsprozessen und Veränderungen von DNA-Methylierungsmustern und von Histoncodes hin (Roth & Sweatt, 2009; Sweatt, 2009). Prozesse der embryonalen Determination und der Gedächtnisbildung beruhen somit hinsichtlich der Bildung epigenetischer Codes im Zellkern auf vergleichbaren molekularen Mechanismen.

Das Problem ist aber vielschichtiger. Wie oben dargestellt, werden im Verlauf der postnatalen Entwicklung neuronale Netzwerke des Gehirns erfahrungsbedingt kanalisiert, wobei bereits existierende Synapsen je nach Beanspruchung entweder verstärkt oder zurückgebildet werden. Zusätzlich entstehen beim Aufbau eines Langzeitgedächtnisses neue Synapsen durch Proteinsynthese, die ihrerseits die Beteiligung des Kerns in Form bestimmter Genexpressionsmuster voraussetzt. Diese Mitwirkung ist aber keine *conditio sine qua non*. Frey und Morris (1997) konnten am Hippocampus des Rattengehirns zeigen, dass kurzfristig aktivierte Synapsen auch dann ein Langzeitgedächtnis ausbilden können, wenn die Proteinsynthese durch einen Inhibitor blockiert ist. Zwingende Voraussetzung dafür ist allerdings, dass kurz vorher andere Synapsen des gleichen Neuronenverbandes ein Langzeitgedächtnis aufgebaut haben. Offenbar sind Synapsen unabhängig vom Kern in der Lage, miteinander zu kommunizieren. In der Folgezeit entstand auf der Basis dieses und weiterer Befunde die *synaptic tagging and capture hypothesis* (STC-Hypothese, Redondo & Morris, 2011). Sie besagt, dass in den für die Bildung eines Langzeitgedächtnisses aktivierten Synapsen zunächst Veränderungen erfolgen, die als eine Art Markierung (*tag*) fungieren und zur strukturellen und funktionellen Stärkung eines Synapse führen. Es entstehen dabei auch *plasticity related products* (PRPs), die sich im Zytoplasma einer Nervenzelle verteilen und von anderen, schwach aktivierten, bereits mit einem *tag* versehenen Synapsen zum Aufbau eines neuen Langzeitgedächtnisses aufgegriffen werden können. Die Zusammensetzung der PRPs und die Art und Weise ihres Transports liegen noch im Bereich der Spekulation. Favorisiert werden u. a. mRNAs, die in Form von Ribonukleoprotein-Partikeln (RNPs) intrazellulär transportiert werden. In aktivierten Synapsen werden diese dann selektiv aufgenommen und die anschließend freigesetzten mRNAs an Ort und Stelle in Proteine, die zum Aufbau des Langzeitgedächtnisses in diesen Synapsen benötigt werden, translatiert. Es sind dies in erster Linie Komponenten des lokalen Zytoskeletts sowie der prä- und postsynaptischen Membranen, insbesondere solche der Rezeptoren von Neurotransmittern. Für die ständige Versorgung von markierten Synpasen mit zytoplasmatischen PRPs wurde von Doyle und Kiebler (2011) das *sushi-belt*-Modell vorgeschlagen. In Analogie zu einem ständig im Kreis laufenden Förderband, von dem sich in japanischen Sushi-Restaurants die Gäste ihre Happen auf den Teller laden können, postulieren die Autoren in Neuronen die Existenz eines ständig in Bewegung befindlichen, aus Komponenten des Zytoskeletts aufgebauten Transportsystems, aus dem die „hungrigen" Synapsen ihren Bedarf an PRPs decken können.

Die Komplexität dieser Vorgänge erhält allerdings durch jüngste Befunde völlig neue Dimensionen. Vieles spricht nämlich dafür, dass neben der Kontrolle der Transkriptionsrate sowohl die Lebensdauer als auch die Translatierbarkeit von mRNAs in Nervenzellen durch eine Vielzahl verschiedener Mikro-RNAs moduliert wird (beim Menschen an die Tausend; Bredy et al., 2011: 89). Es handelt sich dabei um sehr kleine RNA-Moleküle, die mit mRNAs hybridisieren können und dadurch deren Funktionalität nicht nur im Kern, sondern auch in Dendriten und Synapsen nachhaltig beeinflussen. Dies wird nicht nur für die embryonale Gehirnentwicklung angenommen, sondern auch für Prozesse der neuronalen Plastizität und der Gedächtnisbildung im adulten Gehirn (Bredy et al., 2011: 91).

Insgesamt gesehen impliziert die STC-Hypothese ein starkes Eigenleben von Synapsen. Sie reagieren auf kurzfristige Reize mit einer lokalen, zeitlich begrenzten Verstärkung ihrer Funktion, die wir als Kurzzeitgedächtnis kennen. Bei länger andauernden Reizen soll es zusätzlich zur Akkumulation von PRPs aus dem Zytoplasma kommen, die dann auch anderen Synapsen zur Bildung dauerhafter neuronaler Verknüpfungen zur Verfügung stehen. Es entsteht dadurch in einzelnen Neuronen oder auch in neuronalen Netzen ein Verstärkungseffekt, der zu einem spezifisches Muster von langfristig aktivierten Synapsen führt, die einen bestimmten dauerhaften Gedächtnisinhalt repräsentieren. Ich möchte an dieser Stelle dieses Muster – in Analogie zum epigenetischen Code des Kerns – als *epigenetischen Synapsencode* bezeichnen. Für beide Codes ist eine gegenseitige Abhängigkeit zu erwarten: In jugendlichen und/oder frisch geborenen Neuronen dürfte der die anfängliche Entwicklung steuernde neuronale Kerncode zunächst das gesamte Potenzial von Reaktionen neuronaler Strukturen auf Umwelteinflüsse, z. B. in sensiblen Perioden, ermöglichen. Die Art und Weise dieser Einflüsse würde anschließend selektiv den sich davon ableitenden prägungs- und lernspezifischen Synapsencode etablieren. Aus meiner Sicht dürfte es für dessen langfristige Aufrechterhaltung notwendig sein, über eine Rückkoppelung mit dem Kern dessen epigenetische Codierung dem Synapsencode anzupassen. Der Kerncode würde somit, entsprechend einem embryonalen Determinationsvorgang, von der neuronalen Pluripotenz in eine Unipotenz kanalisiert, die mit dem Synapsencode eine interaktive, funktionelle Einheit bildet. Es entspräche dies der Konsolidierung des Langzeitgedächtnisses.

13.5 Formale Identität zwischen embryonaler Induktion und sozialer Prägung

Bei geschlechtlicher Fortpflanzung entsteht während der Embryonalentwicklung durch Teilungsvorgänge aus dem befruchteten Ei ein ganzheitlicher Zellverband, den wir als Organismus bezeichnen. Dieser hat zwei Aufgaben: Erstens, sein individuelles

Leben aufrechtzuerhalten, und zweitens, den Fortbestand der Art durch erfolgreiche Fortpflanzung zu sichern. Beide Aufgaben werden im Zellverband durch Arbeitsteilung erzielt. Die dafür notwendigen Strukturen und Organe werden durch Vermittlung chemischer Signale in Differenzierungsprozessen gebildet und deren Funktionen homöostatisch miteinander integriert. Der Ablauf dieser Prozesse wird in erster Linie durch die genetische Codierung bestimmt (Abb. 13.2). Diese legt zeitlich und räumlich fest, wann welche Faktoren an welcher Stelle ins Spiel kommen (Selbstdifferenzierung). Dieses Programm ist angeboren. Der Ablauf dieser Interaktionen wird sekundär von der inneren und äußeren Umwelt eines Zellverbands moduliert (abhängige Differenzierung). Die epigenetische Modellierung ermöglicht die optimale Anpassung des Organismus an seine gegebene Umwelt. Die Fixierung der erworbenen Transkriptome erfolgt durch spezielle Muster der DNA-Methylierung und durch Histoncodes, die zusammen den *epigenetischen Kerncode* bilden.

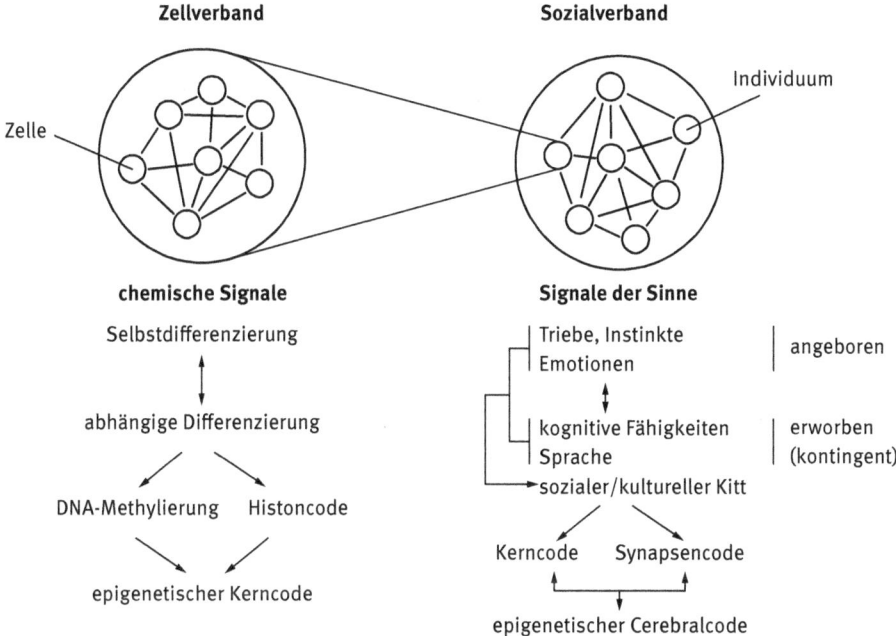

Abb. 13.2: Vergleichende Darstellung des funktionellen Ablaufs von Determinationsprozessen in der Embryonalentwicklung eines Individuums und seiner Eingliederung in einen Sozialverband durch Prägungs- und Lernprozesse. Nähere Einzelheiten vgl. im Text.

Bei sozialen Prägungsprozessen rückt an die Stelle des Zellverbands der aus Individuen bestehende Sozialverband. Seine Aufgabe ist es, erstens das Überleben der einzelnen Individuen bis in die Fortpflanzungsphase zu sichern und damit zweitens den Fortbestand der Population zu gewährleisten. Beide Funktionen werden – wie im

Zellverband – ebenfalls durch Arbeitsteilung erzielt. Die Kommunikation erfolgt über Signale der Sinne, also z. B. akustisch, optisch oder olfaktorisch. Die Interpretation dieser Signale spielt sich interaktiv auf zwei Ebenen ab. Es ist dies zunächst die angeborene Ebene der Triebe, Instinkte und Emotionen, die bei Vertebraten primär im Stammhirn lokalisiert sind (limbisches System), vergleichbar mit der genetisch fixierten Selbstdifferenzierung im Zellverband. Diese Ebene wird ergänzt bzw. überlagert durch die Ebene des Großhirns, das sich im Verlauf der Evolution aus dem dorsalen Bereich des Riechhirns (Telencephalon) gebildet und bei Säugern, insbesondere aber beim Menschen, außerordentliche Dimensionen und Fähigkeiten entwickelt hat.

Die morphologische Entwicklung des Großhirns und das Potenzial seiner mentalen Leistungen sind genotypisch festgelegt. Es steht außer Zweifel, dass angeborene Prädispositionen neuronaler Verknüpfungen existieren, die wir als Veranlagung oder als Talent bezeichnen. Die endgültige Funktionalität des Großhirns wird allerdings erst im Verlauf seiner Entwicklung durch Prägungs- und Lernprozesse erworben. Dies ist vergleichbar mit der abhängigen Differenzierung in der Embryonalentwicklung. Die im Rahmen von Kultur und Sprache erworbenen kognitiven Fähigkeiten des Individuums schaffen in Verbindung mit der rationalen Kontrolle der angeborenen Funktionen des limbischen Systems die homöostatisch wirkenden Funktionen des Sozialen und Kulturellen, die für das Wohl des Einzelnen und für die Beständigkeit eines Sozialverbands zwingend erforderlich sind. Wie in der Embryonalentwicklung erfolgt die Fixierung der Transkriptome des individuellen Gehirns zunächst durch *epigenetische Kerncodes*. Dazu kommen aber nun die zusätzlichen und entscheidenden, ebenfalls epigenetisch generierten *Synapsencodes*. Daraus wäre – diese hypothetische Anmerkung sei mir an dieser Stelle gestattet – zu folgern, dass das interaktive Zusammenwirken beider Codes einen Zustand herbeiführt, den man als lebenslang modulierbaren *Cerebralcode* bezeichnen könnte. Man schätzt, dass es im adulten menschlichen Gehirn 100 Milliarden Neurone mit jeweils durchschnittlich 5.000 Synapsen, also insgesamt 500 Billionen Synapsen gibt (Linden, 2011: 44). Entsprechend groß muss das ursprüngliche Potenzial der Bildung von Synapsencodes zu Beginn der Entwicklung eines Menschen sein. Es öffnet sich ein schier unbegrenztes Universum epigenetischer Plastizität.

Embryonale Determination und entwicklungsabhängige Prägung beruhen auf den gleichen molekularen Mechanismen. Sie realisieren die funktionelle Integration von Zellen eines Körpers einerseits sowie von Individuen eines Sozialverbands andererseits. Beides dient dem gleichen Ziel, im Rahmen von genetisch festgelegten Entwicklungsabläufen durch adaptive, epigenetische Mechanismen den Fortbestand der Art zu sichern. Allerdings drängt sich doch ein wichtiger Unterschied auf. Während in der körperlichen Entwicklung das Ergebnis im vorgegebenen Korsett des artspezifischen Bauplans als teleologischer Vorgang in weitem Umfang vorhersehbar ist, ist dies in der emotionalen und kognitiven Entwicklung eines Menschen wohl weniger der Fall. Die Vielfalt und die Kontingenz der ihn prägenden Einflüsse und Faktoren kann nur bedingt antizipiert werden. Dazu kommt, dass sich der Mensch, insbesondere in den Großstädten, eine Umwelt schafft, die sich immer mehr von der natürlichen Umwelt, die seine bisherige Evolution geprägt hat, unterscheidet. Insofern dürfte das zukünftige Schicksal der mentalen Evolution des Menschen offen sein.

Literatur

Bock, J., Helmeke, C., Ovtscharoff jr., W., Gruß, M. & Braun, K. (2003). Frühkindliche emotionale Erfahrungen beeinflussen die funktionelle Entwicklung des Gehirns. Neuroforum 2: 15–20.

Bourgeois, J.-P. (2010). The neonatal synaptic big bang. In: The newborn brain: Neuroscience and clinical applications, H. Lagercrantz, M.A. Hanson, L.R. Ment & D.M. Peebles, Hg. (Cambridge, UK: Cambridge University Press), S. 71–84.

Bourne, J.A., Warner, C.E. & Rosa, M.G.P. (2005). Topographic and laminar maturation of striate cortex in early postnatal marmoset monkeys, as revealed by neurofilament immunohistochemistry. Cerebral Cortex 15(6): 740–748.

Bredy, T.W., Lin, Q., Wei, W., Baker-Andresen, D. & Mattick, J.S. (2011). MicroRNA regulation of neuronal plasticity and memory. Neurobiology of Learning and Memory 96(1): 89–94.

Doyle, M. & Kiebler, M.A. (2011). Mechanisms of dendric mRNA transport and its role in synaptic tagging. The EMBO Journal 30(17): 3540–3552.

Frey, U. & Morris, R.G.M. (1997). Synaptic tagging and long-term potentiation. Nature 385(6616): 533–536.

Gilbert, S.F. (2001). Continuity and change: paradigm shifts in neural induction. International Journal of Developmental Biology 45(1): 155–164.

Hadorn, E. (1955). Letalfaktoren in ihrer Bedeutung für Erbpathologie und Genphysiologie der Entwicklung (Stuttgart: Thieme).

Kandel, E. (2007). Auf der Suche nach dem Gedächtnis. Die Entstehung einer neuen Wissenschaft des Geistes (München: Pantheon).

Karin, M., Liu, Z. & Zandi, E. (1997). AP-1 function and regulation. Current Opinion in Cell Biology 9(2): 240–246.

Linden, D.J. (2011). Das Gehirn. Ein Unfall der Natur und warum es dennoch funktioniert (Reinbek b. Hamburg: Rowohlt).

Lorenz, K. (1935). Der Kumpan in der Umwelt des Vogels. In: ders. Über tierisches und menschliches Verhalten, Band 1 (München: Piper 1965).

Lorenz, K. (1973). Die Rückseite des Spiegels. Versuch einer Naturgeschichte menschlichen Erkennens (München: Piper).

Mahler, M.S., Pine, F. & Bergmann, A. (1997). Die psychische Geburt des Menschen (Frankfurt a. M.: Fischer).

Mangold, O. (1953). Hans Spemann. Ein Meister der Entwicklungsphysiologie, sein Leben und sein Werk (Stuttgart: Wissenschaftliche Verlagsgesellschaft).

Redondo, R.L. & Morris, R.G.M. (2011). Making memories last: the synaptic tagging and capture hypothesis. Nature Reviews Neuroscience 12(1): 17–30.

Roth, T.L. & Sweatt, J.D. (2009). Regulation of chromatin structure in memory formation. Current Opinion in Neurobiology 19(3): 336–342.

Roux, W. (1897). Programm und Forschungsmethoden der Entwicklungsmechanik der Organismen. (Leipzig: Engelmann).

Sadananda, M. & Bischof, H.-J. (2004). *c-Fos* is induced in the hippocampus during consolidation of sexual imprinting in the zebra finch (*Taeniopygia guttata*). Hippocampus 14(1): 19–27.

Slack, J.M.W. (1999). Egg & ego. An almost true story of life in the biology lab (New York, NY: Springer).
Spork, P. (2009). Der zweite Code. Epigenetik – oder Wie wir unser Erbgut steuern können. (Hamburg: Rowohlt).
Sweatt, J.D. (2009). Experience-dependent epigenetic modifications in the central nervous system. Biological Psychiatry 65(3): 191–197.
Weiner, J. (2002). Zeit, Liebe, Erinnerung. Auf der Suche nach den Ursprüngen des Verhaltens (Berlin: Berliner Taschenbuch-Verlag).
Woltereck, R. (1909). Weitere experimentelle Untersuchungen über Artveränderung, speziell über das Wesen quantitativer Artunterschiede bei Daphniden. Verhandlungen der Deutschen Zoologischen Gesellschaft 19: 110–173.

Barbara Tzschentke
14 Prägung physiologischer Regelsysteme: Wie die perinatale Umwelt Weichen stellt

In der prä- und perinatalen Ontogenese können umweltgelenkte epigenetische Modifikationen der Genexpression entscheidende Weichen für die spätere Entwicklung eines Organismus stellen. Insbesondere in den kritischen Entwicklungsphasen der frühen Ontogenese ist ein weitreichender Einfluss der aktuellen Umwelt auf den Organismus durch den Prozess der Prägung möglich. Kritische Entwicklungsphasen können als eng begrenzte Zeitfenster definiert werden, in denen bestimmte Erfahrungen unbedingt gemacht werden müssen, damit die Entwicklung normal verläuft. Sie enden und beginnen eher abrupt und sind auf die frühe Ontogenese beschränkt. Kritische Phasen werden unterschieden von sensiblen Phasen. Als sensible Phasen werden Perioden maximaler Empfindlichkeit gegenüber Umwelteinflüssen definiert. Sie beginnen und enden graduell und können im Verlauf des gesamten Lebens auftreten (vgl. Baily et al., 2001; Hensch, 2005).

Der Einfluss perinataler Umweltveränderungen in kritischen Phasen lässt sich besonders gut am Vogelembryo untersuchen. Vogelembryonen, insbesondere praecocialer (frühreifer) Arten, entwickeln sich im Ei weitgehend unabhängig vom Muttertier. Dies ermöglicht eine gezielte Manipulation der Umweltbedingungen. Zudem sind bei diesen Arten Prozesse der Prägung in kritischen Entwicklungsphasen schon seit Längerem bekannt. Die wohl populärsten Prägungsversuche wurden von Konrad Lorenz (Lorenz, 1935) an frisch geschlüpften Gänsen durchgeführt. Gänse können unmittelbar nach dem Schlupf lebenslang auf ihre Bruteltern oder eine Bezugsperson geprägt werden. Die emotionale Bindung des Neugeborenen an die Eltern wird auch als Filialprägung bezeichnet. Filialprägung beeinflusst in hohem Maße die Gehirnentwicklung, insbesondere in den für Lernen relevanten Hirnarealen (Bock et al., 2003). In der frühen postnatalen und späten pränatalen Entwicklung spielen zudem akustische Signale für die Herausbildung sozialer Beziehungen eine wichtige Rolle. So konnten Bock et al. zeigen, dass frisch geschlüpfte Haushuhnküken lernen, akustische Reize (Mutterlaute) mit Sozialkontakt zu assoziieren, und später Präferenzen für den Mutterlaut entwickeln (akustische Filialprägung) (Bock et al., 2003). Interessant ist, dass sich in der Gehirnentwicklung deutliche Differenzen zwischen geprägten und durch Isolation vom Muttertier nicht geprägten Tieren zeigten. Die Unterschiede betrafen sowohl die metabolischen, physiologischen, biochemischen als auch die morphologischen Eigenschaften von Neuronen (Bock & Braun, 1998; 1999; Bock et al., 2005; Thode et al., 2005). Vogelembryonen kommunizieren bereits vor dem Schlupf über akustische Signale mit den Bruteltern sowie mit den Brutgeschwistern. Inwiefern hierdurch wichtige Prägungsprozesse pränatal angestoßen werden, ist kaum bekannt. Dafür sprechen jedoch einige Untersuchungen, die zeigen, dass Vogelembryonen, die am Ende der Brut die Mutterlaute hören konnten, diese auch später präferierten (Gottlieb,

1985). Auch kann das Brutverhalten beim Vogel durch akustische Signale der Embryonen beeinflusst werden (Tschanz, 1968), was weitreichende Folgen für das spätere Verhalten der Nachkommen haben kann. Außerdem können Embryonen eines Geleges über Klick-Laute ihren Schlupfzeitpunkt synchronisieren (Rumpf & Tzschentke, 2010). Bisher ist allerdings noch unbekannt, ob die pränatale akustische Schlupfsynchronisation das spätere Verhaltensrepertoire beeinflusst.

Ein weiterer wichtiger pränataler Umweltfaktor für die Individualentwicklung des Vogels ist das Licht. Im letzten Abschnitt der Brut ist Licht essenziell für die Herausbildung funktioneller Hirnasymmetrien, die das spätere Verhaltenspektrum entscheidend mitbestimmen (vgl. Rogers, 2012). Vögel, die im Dunkeln erbrütet wurden, bildeten kaum oder keine funktionellen Hirnasymmetrien aus. Die Folgen waren kognitive Defizite, höhere Ängstlichkeit und Stressanfälligkeit.

Sogar physiologische Regelsysteme werden in einer kritischen Entwicklungsphase im Zeitraum kurz vor bzw. kurz nach der Geburt (perinatale Phase) im Sinne einer Prägung langfristig eingestellt (Tzschentke & Plagemann, 2006). Es erfolgt hier eine Feinjustierung der Regelgüte der jeweiligen Systeme durch die prä- bzw. perinatale Umwelt.

Im Folgenden wird die Prägung physiologischer Regelsysteme am Beispiel des Temperaturregulationssystems des Vogels beschrieben, und es werden die beobachteten Auswirkungen prä- und perinataler Temperaturänderung diskutiert. In der Geflügelforschung besteht schon seit längerem ein großes Interesse an Untersuchungen zur Auswirkung von Bruttemperaturänderungen auf die Entwicklung der Embryonen und die Nachhaltigkeit dieser Manipulationen auf die Leistung und Gesundheit des Nutzgeflügels. Der Begriff „pränatale epigenetische Temperaturadaptation" (Nichelmann et al., 1994; Nichelmann et al., 1999; Tzschentke & Basta, 2002) hat seit mehr als zehn Jahren Eingang in die Forschung zur Geflügelbrut gefunden, und erste Forschungsergebnisse zeigten, dass die pränatale epigenetische Adaptation durch nichtgenetische Vererbung offensichtlich auch auf spätere Generationen übertragen wird.

14.1 Prägung physiologischer Regelsysteme

Die meisten physiologischen Regelsysteme, wie beispielsweise die Regulation der Körperkerntemperatur (Thermoregulation), funktionieren wie ein kybernetisches System, d. h. über einen Ist- und Sollwertvergleich. Beim Istwert handelt es sich um die aktuell gemessene Regelgröße des jeweiligen Systems. Im Regelkreis „Thermoregulation" stellt die Körperkerntemperatur diese Regelgröße dar. Der Organismus ist bestrebt, seinen Istwert über Regulation mit dem Sollwert anzugleichen (vgl. IUPS Thermal Commission, 2003: 94). Man kann sich den Sollwert als eine genetisch „vor"determinierte optimale Temperatur vorstellen. In einem begrenzten Ausmaß ist diese jedoch veränderbar, beispielsweise durch das Alter (jüngere Tiere haben einen niedrigeren Sollwert), den Gesundheitszustand (z. B. Fieber erhöht den Sollwert), den

Stoffwechselzustand (Ruhe senkt, Aktivität erhöht den Sollwert) oder die Anpassung an die jeweilige Umwelt (hohe Temperaturen erhöhen und tiefe senken den Sollwert). Diese Veränderungen des Sollwertes sind in Abhängigkeit von der Dauer des jeweiligen Zustandes zeitlich begrenzt. In kritischen Phasen der perinatalen Ontogenese kann jedoch der Sollwert eines physiologischen Regelsystems durch Umweltfaktoren lebenslang auf ein bestimmtes Niveau eingestellt werden. Physiologische Systeme sind bis zu einem bestimmten Zeitpunkt in der frühen Entwicklung Steuersysteme, d. h. es existiert keine Rückkopplung, über die der Erfolg einer physiologischen Reaktion zur Angleichung von Ist- und Sollwert an den zentralen Regler im Gehirn zurückgemeldet wird. Erst mit der Herausbildung von Feedback-Mechanismen (Rückkopplungsschleifen), die zumeist in der perinatalen Phase entstehen, kann eine Feinjustierung der physiologischen Regelsysteme durch epigenetische (Umwelt-)Faktoren erfolgen. In der Entwicklung von physiologischen Regelsystemen bildet somit die Herausbildung von Feedback-Mechanismen eine wichtige kritische Phase. Der in dieser Phase etablierte Wert der geregelten Größe determiniert langfristig den Sollwert des Systems (Determinationsregel nach Dörner, 1974). Ein Beispiel dafür ist der Glukosespiegel im Blut des ungeborenen Kindes in der kritischen Entwicklungsphase, in der sich das Regelsystem zur Regulation des Stoffwechsels, der Nahrungsaufnahme und des Körpergewichts herausbildet. Ist dieser Glukosespiegel infolge einer Schwangerschaftsdiabetes der Mutter erhöht, kann der Glukose-Sollwert lebenslang auf ein höheres Niveau eingestellt sein. Als Ergebnis einer solchen „Fehlprägung" können sich im späteren Leben Übergewicht, Adipositas und ihre Folgeerkrankungen Metabolisches Syndrom, Typ-2-Diabetes sowie Herz-Kreislauf-Erkrankungen entwickeln (vgl. Silverman et al., 1991; Plagemann et al., 1997; Dabelea et al., 2000).

Günter Dörner hat bereits in den 1960er und 70er Jahren ein Grundmodell für die Prägung von Krankheitsbildern durch die perinatale Umwelt entwickelt (Dörner, 1974; 1975; 1976). Als Pionier der Entwicklungsneuroendokrinologie hatte er damals die „Funktionelle Teratologie" als Forschungsfeld am Institut für Experimentelle Endokrinologie der Charité in Berlin etabliert. Sein Grundmodell kann auf die prä- und perinatale epigenetische Prägung von Körperfunktionen im Allgemeinen angewendet werden. In diesem Modell nehmen Hormone eine zentrale Rolle als umweltabhängige Organisatoren des neuroendokrinen Systems ein (Dörner, 1975; 1976). Hormone, aber auch Transmitter, Neuropeptide und Zytokine (Immunzellhormone) fungieren endogen als Überträger der Informationen aus der Umwelt an das Genom. Sie wirken dabei als epigenetische Faktoren auf die Entwicklung des jeweiligen Organismus. Unphysiologische Konzentrationen von Hormonen und anderen Informationsüberträgern können insbesondere in kritischen Entwicklungsphasen das neuroendokrine und Immunnetzwerk so verändern, dass langfristig Erkrankungen und Verhaltensstörungen entstehen können.

Die Prägung physiologischer Regelsysteme kann auf verschiedenen Ebenen erfolgen (Tzschentke & Plagemann, 2006; vgl. Abb. 14.1). Auf zellulärer Ebene spielen Veränderungen in neuronalen Netzwerken (neuronale Plastizität) eine entscheidende

Rolle. Auf molekularer Ebene erfolgen umweltbedingte Modifikationen des Genoms (Änderungen der Ausprägung/Expression von Effektorgenen durch epigenetische Prozesse). Diese epigenetischen Änderungen können offensichtlich auch auf die nachfolgende(n) Generation(en) vererbt werden (Plagemann, 2004).

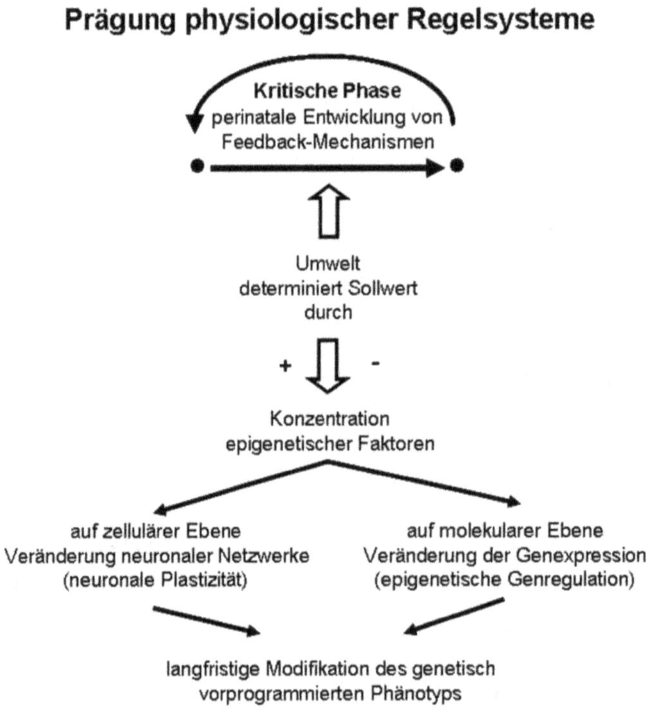

Prägung physiologischer Regelsysteme

Kritische Phase
perinatale Entwicklung von Feedback-Mechanismen

Umwelt determiniert Sollwert durch

Konzentration epigenetischer Faktoren

auf zellulärer Ebene
Veränderung neuronaler Netzwerke
(neuronale Plastizität)

auf molekularer Ebene
Veränderung der Genexpression
(epigenetische Genregulation)

langfristige Modifikation des genetisch vorprogrammierten Phänotyps

Abb. 14.1: Prägung physiologischer Regelsysteme. Vereinfachte Modellvorstellung.

14.2 Der Vogel als Modell zur Untersuchung der Langzeitwirkung prä- und perinataler Umweltfaktoren

Der Vogelembryo ist ein in sich geschlossenes Modellsystem, das sich weitgehend unabhängig vom Muttertier entwickelt. Dieses Modellsystem bietet exzellente Möglichkeiten, prä- und perinatale epigenetische Prägungsprozesse zu untersuchen. Vogelembryonen ermöglichen hoch standardisierte und kontrollierbare Manipulationen der pränatalen Umwelt in allen Entwicklungsstadien. Langzeitfolgen prä- und perinataler Prägungsprozesse lassen sich aufgrund des relativ kurzen Lebenszyklus sehr gut und mit vertretbarem Aufwand nachvollziehen. Beim Haushuhn, dem unter den Vogelspezies populärsten Modelltier, sind umfangreiche Kenntnisse zur Embryologie und Physiologie/Pathophysiologie vorhanden. Zudem ist das Genom des

Huhnes bekannt, und es stehen umfangreiche cDNA Bibliotheken für verschiedene Organe in unterschiedlichen Entwicklungsstadien zur Verfügung.

Praecociale Vögel wie das Haushuhn und andere domestizierte Spezies eignen sich besonders gut für die Untersuchung der prä- und perinatalen Umweltfaktoren, da sie in einem relativ reifen Zustand schlüpfen. Das neuroendokrine System und andere Körperfunktionen arbeiten bereits in den letzten Tagen der embryonalen Entwicklung als Regelkreise. Sensorische Systeme, wie z. B. Hören und Sehen, unterscheiden sich kaum vom Entwicklungszustand nach dem Schlupf bzw. im Adultstadium (Erwachsenenstadium). Daher sind Untersuchungen zur umweltabhängigen Prägung von Körperfunktionen bereits am Ei, in der perinatalen Zeitspanne, die in diesem Fall die letzten Tage vor dem Schlupf einschließt, möglich.

Am Vogelmodell erhobene Ergebnisse sind durchaus auf Säugetiere übertragbar. Beispielsweise sind bei Säugetieren und Vögeln das neuroendokrine und endokrine System hinsichtlich Bau und Funktion sehr ähnlich (Wingfield, 2005). Damit sind vergleichbare physiologische und Verhaltensreaktionen auf Änderungen von Umweltfaktoren, wie z. B. Klima, Nahrung oder soziale Interaktionen, zu erwarten (Konishi et al., 1989).

Beim Vogelembryo ist es mit einer relativ einfachen Methode möglich, die kritische Phase in der Entwicklung physiologischer Regelsysteme – die Herausbildung von Feedback-Mechanismen – zu identifizieren. Dazu werden unter akuter Änderung von Umweltfaktoren Reaktionen von physiologischen Parametern gemessen, die für die jeweilige Körperfunktion typisch sind (Tzschentke & Plagemann, 2006). Wird das Thermoregulationssystem des Vogelembryos durch akute Änderungen der Bruttemperatur stimuliert, kann beispielsweise über Durchblutungsreaktionen der Entwicklungszustand des Thermoregulationssystems dargestellt werden (Abb. 14.2). Sind bereits Feedback-Mechanismen entwickelt, müsste die Durchblutung bei Erwärmung ansteigen und bei Kühlung sinken (proximat adaptive Reaktion). Aus Abbildung 14.2 geht hervor, dass diese Reaktionen bei Kühlung und Erwärmung des Hühnerembryonen ab dem 19. Bruttag auftreten. Solange es sich jedoch noch um ein Steuersystem ohne Rückkopplung handelt, ändert sich die Durchblutung unspezifisch (nicht proximat adaptive Reaktion), d. h. die Durchblutung erhöht oder verringert sich unabhängig von der Bruttemperaturänderung (Nichelmann & Tzschentke, 2003). Beim Hühnerembryo wurden durch akute Temperaturstimulation und Messung korrelierender physiologischer Reaktionen die letzten 4 Bruttage (18. bis 21. Bruttag) als kritische Phase des Thermoregulationssystems identifiziert.

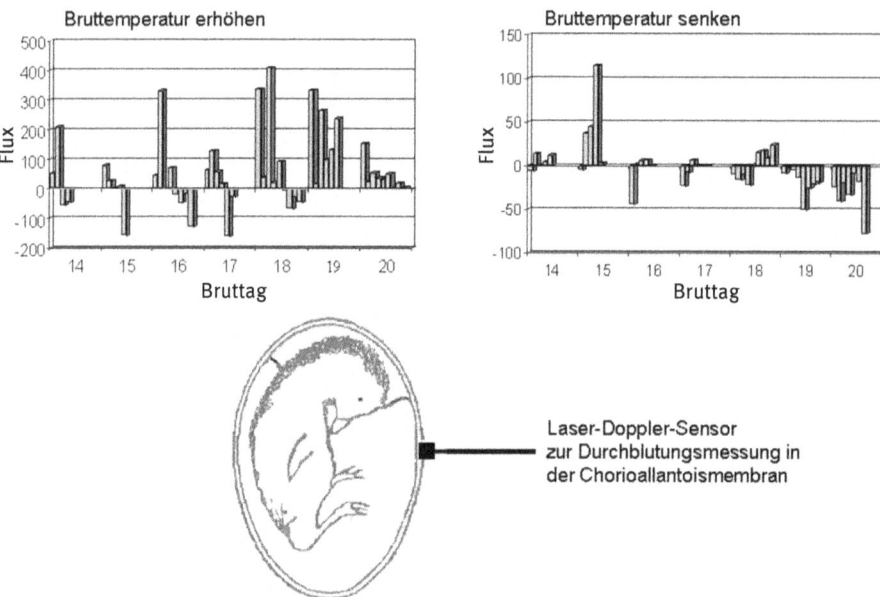

Abb. 14.2: Messung der Durchblutung in der Chorioallantoismembran (CAM) des Hühnerembryos mittels Laser-Doppler-Technik. Bei dieser Methode wird eine Lasersonde über einem Blutgefäss der CAM angebracht. In die Eischale wurde an dieser Stelle ein kleines Fenster gefräst. Die beiden oberen Diagramme zeigen die Veränderung der Durchblutung in der CAM (Durchfluss von roten Blutkörperchen, angegeben als FLUX) nach Erwärmung oder Kühlung der Eier von einzelnen Embryonen am Ende der Brut (14. bis 20. Bruttag). Bis einschließlich 18. Bruttag ändert sich die Durchblutung in der CAM unspezifisch (nicht proximat adaptive Reaktion), d. h. unabhängig von der Bruttemperaturänderung. Danach steigt die Durchblutung bei Erwärmung an und verringert sich bei Kühlung (proximat adaptive Reaktion).

14.3 Prägung des Thermoregulationssystems durch Änderung der Bruttemperatur

Der Verlauf der Entwicklung des Vogelembryos ist stark vom Brutklima abhängig, wobei die Bruttemperatur den größten Einfluss ausübt. Bereits geringe Abweichungen (±1°C) vom Optimum können unter Umständen dramatische Folgen für die prä- und postnatale Entwicklung haben. Der Einfluss von Bruttemperaturänderungen hängt in hohem Maße von der Dauer der Temperaturänderung und dem Zeitraum in der embryonalen Entwicklung, in dem die Änderung erfolgt, ab (French, 2000). Als Faustregel gilt: je früher und je länger in der pränatalen Ontogenese Änderungen der Bruttemperatur auftreten, umso stärker können sie die Entwicklung negativ beeinflussen.

Das Thermoregulationssystem eignet sich besonders gut für Untersuchungen zur Langzeitwirkung perinataler epigenetischer (Umwelt-)Faktoren. Eine optimale Regulation der Körperkerntemperatur ist entscheidend für die volle Leistungsbereitschaft des Organismus. Aufgrund der ranghohen Stellung des Temperaturregulationssystems in der Hierarchie der Regelsysteme werden zur Aufrechterhaltung der Körperkerntemperatur auch andere Körperfunktionen wie Atmung, Kreislauf, Stoffwechsel und Salz-Wasser-Haushalt in den Dienst der Temperaturregulation gestellt. Dadurch kann insbesondere unter extremen Umweltbedingungen die Homöostase zwischen den Körperfunktionen beeinträchtigt werden. Des Weiteren können Veränderungen des Thermoregulationssystems weitereichende Auswirkungen auf andere Funktionskreise (z. B. Immunsystem, Reproduktion, komplexe Verhaltensweisen) haben.

Aus Arbeiten von Geers et al. (1982; 1983), Decuypere (1984) und Minne und Decuypere (1984) geht hervor, dass Hühnerküken, die in der letzten Brutwoche bei tieferen Temperaturen (33,8°C) als üblich (37,8°C) erbrütet wurden, postnatal kälteadaptiert sind. Bei tiefen Umgebungstemperaturen zeichneten sich die kalt erbrüteten Hühner durch eine im Vergleich zu den Kontrolltieren höhere Wärmeproduktion sowie höhere Schilddrüsenhormonwerte aus. Mit dem Ziel, langfristig die Wärmeadaptation bei Hochleistungsrassen zu verbessern, wurden in der Geflügelforschung seit Ende der 1990er Jahre zunehmend systematische Untersuchungen zum Einfluss von Temperaturerhöhungen während der Brut bzw. in den ersten Lebenstagen durchgeführt. Inzwischen beschäftigen sich verschiedene Forschergruppen mit Manipulationen der Bruttemperatur am Masthuhn, vorrangig in früheren Abschnitten der Brut (zwischen dem 14. und 18. Bruttag, etwa mit der Entwicklung der Hypothalamus-Hypophysen-Schilddrüsen-Achse). In anderen Untersuchungen zur Verbesserung der Temperaturanpassung werden Änderungen der Haltungstemperatur in den ersten Lebenstagen vorgeschlagen (Yahav & Plavnik, 1999; Shinder et al., 2002; Shahir et al., 2012). Die an frisch geschlüpften Küken durchgeführten Untersuchungen zeigen deutlich, dass eine Erhöhung oder Senkung der Umgebungstemperatur (*thermal conditioning*) am dritten Lebenstag langfristig die Wärme- bzw. Kälteadaptation von Masthühnern verbessert. Diese stehen in engem Zusammenhang mit neuroplastischen Veränderungen im Hypothalamus, dem Thermoregulationszentrum im Gehirn von Säugern und Vögeln. *Thermal (warm) conditioning* führte exklusiv am dritten Lebenstag zu Änderungen in der Expression von Genen, die für die Wärmeanpassung charakteristisch sind, sowie von Nervenwachstumsfaktoren (Labunskay & Meiri, 2006; Katz & Meiri, 2006). Diese Veränderungen in der Genexpression basieren auf epigenetischen Prozessen der Genregulation (Yossifoff et al., 2008; Kisliouk & Meiri, 2009; Kisliouk et al., 2010). Demgegenüber waren die Ergebnisse zur Manipulation der Bruttemperatur in dem angegebenen Embryonalzeitraum nicht immer so eindeutig (z. B. Moraes et al., 2004; Yahav et al., 2004; Collin et al., 2005; Yalcin et al., 2005; Halevy et al., 2006).

Unsere ausschließlich in der kritischen Phase der Entwicklung des Thermoregulationssystems durchgeführten Untersuchungen zur Prägung des Thermoregulationssystems (perinatale epigenetische Temperaturadaptation) zeigten langfristige temperaturabhängige Modifikationen des Phänotyps. Interessant ist, dass chronische Änderungen der Bruttemperatur im Vergleich zu akuten Änderungen sehr unterschiedliche und sogar entgegengesetzte Ergebnisse erbrachten. Im Folgenden werden einige Beispiele beschrieben.

14.3.1 Epigenetische Temperaturadaptation durch chronische Änderungen der Bruttemperatur

Bei verschiedenen Nutzgeflügelarten konnten wir durch chronische Erhöhung oder Senkung der Bruttemperatur in den letzten Tagen vor dem Schlupf Phänotypen induzieren, die postnatal an hohe bzw. tiefe Temperaturen angepasst waren. Die Veränderungen betrafen periphere und zentralnervale physiologische Parameter, Verhaltensweisen und die Leistung der Tiere. Bei tieferen Temperaturen erbrütete Moschusenten (*Cairina moschata*) konnten beispielsweise bereits am ersten Lebenstag ihre Körperkerntemperatur in kalter Umgebung aufgrund einer höheren Wärmeproduktionskapazität aufrechterhalten – ein deutliches Zeichen für Kälteadaptation (Tzschentke & Nichelmann, 1999). In den ersten zehn Lebenstagen manifestierte sich eine veränderte Thermosensitivität der Neurone des Temperaturregulationszentrums im Hypothalamus. Die pränatal kälteadaptierten Enten weisen am zehnten Lebenstag eine verringerte neuronale Kältesensitivität und die wärmeadaptierten Tiere eine verringerte neuronale Wärmesensitivität im Hypothalamus auf (Tzschentke & Basta, 2002), was für eine verringerte Empfindlichkeit gegenüber Kälte respektive Wärme spricht. Durch die Prägung des Thermoregulationssystems am Ende der Brut wurde auch der thermoregulatorische Sollwert verändert. In den ersten Tagen nach dem Schlupf konnten durch Beobachtung des thermoregulatorischen Verhaltens (Temperaturpräferenz, Auswahlverhalten zur Regulation der Körperkerntemperatur) Sollwertveränderungen nachgewiesen werden. Praecociale Vögel sind unmittelbar nach dem Schlupf sehr gut in der Lage, ihre Körperkerntemperatur durch Präferenzverhalten entsprechend ihrem Sollwert zu regeln. Die Präferenztemperatur entspricht der Temperatur, bei der die Körperkerntemperatur (Istwert) mit geringstem energetischen Aufwand weitgehend mit dem thermoregulatorischen Sollwert übereinstimmt. In einem Temperaturkanal mit einem Temperaturspektrum von 10 bis 45°C wählten pränatal kälteadaptierte Tiere niedrigere Temperaturen und pränatal wärmeadaptierte Tiere höhere Temperaturen im Vergleich zur Kontrollgruppe aus (Tzschentke & Nichelmann, 1999). Zum Langzeiteffekt chronischer pränataler Temperaturmanipulationen haben wir Untersuchungen am Haushuhn durchgeführt. Noch in der achten Lebenswoche konnten infolge pränataler Temperaturadaptation deutliche neuroplastische Veränderungen im Hypothalamus nachgewiesen werden. Die unterschiedlich erbrüteten Gruppen zeigten nach einer akuten Wärmestimulation im Hypothalamus signifikante Unterschiede in der c-Fos-Expression (Janke & Tzschentke, 2010). C-Fos ist ein Transkriptionsfaktor, der als unspezifischer Stressmarker gilt. Änderungen in der c-Fos-Expression können aber auch ein durch langfristige phänotypische Modifikationen induziertes verändertes Aktivitätsniveau neuronaler Netzwerke (Langzeitgedächtnis, neuronale Plastizität) kennzeichnen (Pérez-Cadahía et al., 2011).

Weitere Parameter, die durch pränatale chronische Temperaturmanipulation langfristig beeinflusst wurden, sind die Nahrungsaufnahme und, damit verbunden, das Körpergewicht. Bei hohen Umgebungstemperaturen wird generell weniger Nahrung aufgenommen. Pränatal chronisch warm erbrütete Masthühner, insbesondere die männlichen Tiere, nahmen bis zum 35. Lebenstag weniger Nahrung auf als die normal erbrüteten Kontrolltiere. Damit konnten sie effektiver als die normal erbrüteten Tiere ihren Wärmehaushalt entlasten, da weniger Verdauungswärme produziert wurde und insgesamt die Körpermassen geringer waren – ein effektiver Wärmeschutzmechanismus (Halle & Tzschentke, 2011). Aus der Literatur ist zudem bekannt, dass bereits geringe Bruttemperaturvariationen die postnatale Lokomotion signifikant beeinflussen können. Bei Brautenten (*Aix sponsa*) zeigten die bei tieferen Temperaturen erbrüteten Küken eine signifikant verringerte Schwimmaktivität im Vergleich zu Küken, die bei höheren Temperaturen erbrütet wurden (Hopkins et al., 2011). Die verminderte Schwimmaktivität der kälter erbrüteten Küken weist auf eine verringerte Fitness der Tiere hin, da die lokomotorische Aktivität unter natürlichen Bedingungen ein wichtiger Überlebensfaktor ist.

Insgesamt zeigen die Ergebnisse, dass chronische Änderungen der Bruttemperatur langfristige epigenetische Anpassungsprozesse an die jeweilige Temperatur induzieren. Dabei entstehen deutlich unterschiedliche Phänotypen (wärme- oder kälteadaptiert) von Individuen mit identischer DNS.

14.3.2 Verbesserte Robustheit durch akute Änderung der Bruttemperatur („Temperaturtraining")

Im Gegensatz zu chronischen Manipulationen der Bruttemperatur führen akute Temperaturänderungen, die täglich nur über wenige Stunden angeboten werden, postnatal zu einer besseren Toleranz von Temperaturschwankungen und verbessern letztendlich die Robustheit der Tiere. Unter schwankenden Umweltbedingungen benötigen robuste Tiere weniger Energie zur Aufrechterhaltung ihrer Körperfunktionen und können damit mehr in Anpassung und Leistung investieren.

Ein Indiz für die durch perinatales „Temperaturtraining" verbesserte Robustheit der Tiere ist die größere Anzahl gesund geschlüpfter männlicher Tiere. Männliche Tiere sind anfälliger gegenüber prä- und perinatalem Stress, besonders während des Schlupfprozesses. Bei Masthühnern verbesserte bereits eine zweistündige geringfügige Erhöhung der Bruttemperatur (+1°C) an den letzten vier Bruttagen die Schlupfrate und veränderte signifikant das sekundäre Geschlechtsverhältnis zugunsten des Anteils männlicher Tiere am Gesamtschlupf (Tzschentke & Halle, 2009). Eine chronische Temperaturerhöhung führte demgegenüber nicht zu diesem Ergebnis.

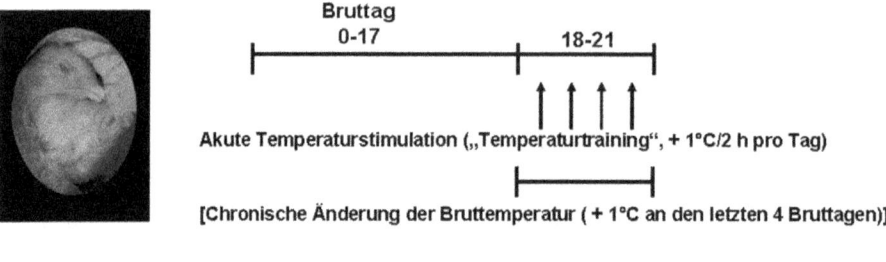

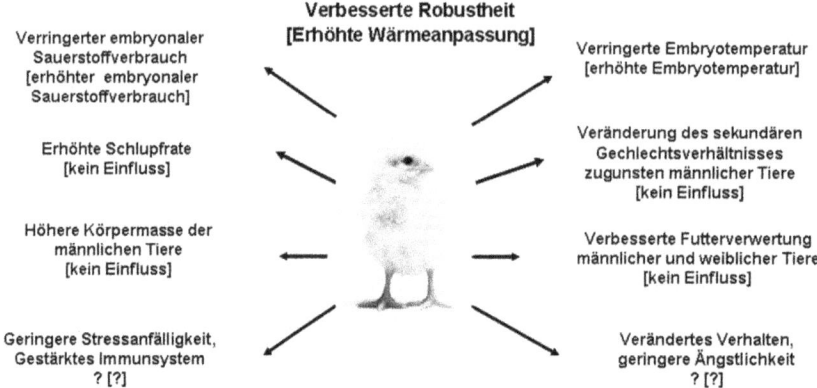

Abb. 14.3: Übersicht zum Einfluss akuter und chronischer Wärmebeeinflussung in den letzten Bruttagen auf die embryonale und postnatale Entwicklung des Haushuhns. Die Aufzucht der Tiere erfolgte unter gleichen klimatischen Bedingungen (gemäßigtes Klima). Die Ergebnisse der chronischen Temperaturbeeinflussung sind in eckigen Klammern angegeben. Verglichen wurden nur Parameter, die mit beiden Methoden untersucht wurden. Fragezeichen stehen für noch nicht geklärte Fragestellungen, die derzeitig untersucht werden. Abbildungen mit freundlicher Genehmigung von PasReform Hatchery Technology, NL.

Inzwischen konnten wir in vielen weiteren Untersuchungen an unterschiedlichen Hühnerlinien, Wachteln und Enten weitere positive Effekte des pränatalen „Temperaturtrainings" demonstrieren. Perinatal temperaturstimulierte Masthühner, insbesondere die männlichen Tiere, erzielten in der Aufzuchtperiode bis zum 35. Lebenstag höhere Körpermassen bei gleichzeitig verbesserter Futterverwertung (Umwandlungsgrad des aufgenommenen Futters in Körpermasse) im Vergleich zu den normal erbrüteten Kontrolltieren und zur chronisch warm erbrüteten Gruppe. Auch die wärmestimulierten weiblichen Tiere wiesen eine verbesserte Futterverwertung auf und zeigten tendenziell eine höhere Körpermasse. Offensichtlich stehen diese Ergebnisse im Zusammenhang mit der Prägung des Stoffwechsels in den letzen Bruttagen durch die Wärmestimulation. Während der zweistündigen Erhöhung der Bruttemperatur werden der Sauerstoffverbrauch und damit die Wärmeproduktion der Tiere verringert. Die Folge ist eine niedrigere Embryonentemperatur. Letztendlich erfolgt eine lebenslange Prägung des Stoffwechsels und des thermoregulatorischen Sollwertes auf ein niedrigeres Niveau. Diese Tiere benötigen im späteren Leben weniger Energie aus der Nahrung, um ihre Körperkerntemperatur zu regeln. Damit steht mehr Energie für Wachstum und andere Leistungen zur Verfügung.

Insgesamt wurden durch kurzeitige Änderungen der Bruttemperatur für nur 2 Stunden pro Tag an den letzten Bruttagen durchweg positive stimulierende Effekte auf die embryonale und postnatale Entwicklung und die Leistung der Tiere erzielt. Ein erster Pilotversuch an Wachteln zeigte deutlich, dass die Effekte der Temperaturstimulation auch auf die nächste Generation epigenetisch übertragbar sind. Weiterhin ist zu vermuten, dass perinatal temperaturtrainierte Tiere auch ein verbessertes Immunsystem und verändertes Verhalten (höhere lokomotorische Aktivität, geringere Ängstlichkeit und Stressanfälligkeit) aufweisen.[1]

14.4 Resümee

In der prä- und perinatalen Ontogenese können epigenetische Modifikationen der Genexpression die spätere Entwicklung des Organismus und offensichtlich auch die der Folgegeneration(en) wesentlich beeinflussen. In diesem Entwicklungszeitraum werden physiologische Regelsysteme durch Umweltfaktoren geprägt. Die Determinierung des Sollwertes in der kritischen Entwicklungsphase des jeweiligen Systems bewirkt eine schnelle Anpassung an die aktuelle und damit auch postnatal zu erwartende Umweltsituation. Diese durch die perinatale Umwelt erworbene phänotypische Variabilität beruht offensichtlich auf Veränderungen in der neuronalen Sensitivität des jeweiligen zentralen Reglers (neuronale Plastizität) und der damit verbundenen veränderten Expression von Effektorgenen, die wiederum auf epigenetischen Mechanismen beruht (z. B. der epigenetischen Kontrolle von Transkriptions- und Translationsprozessen). Die in einer kritischen Phase der frühen Ontogenese erworbenen phänotypischen Veränderungen sind langfristig, d. h. lebenslang oder unter bestimmten Bedingungen auch auf die nächste Generation oder Generationen übertragbar (Vererbung erworbener Eigenschaften im Lamarckschen Sinne) und könnten damit ein bedeutender Evolutionsfaktor sein. Die grundlegenden zellulären und molekularen Mechanismen sind nach wie vor noch weitgehend unbekannt.

Der Vogelembryo ist ein exzellentes Modell, um perinatale Umweltänderungen gezielt zu applizieren. Die am Thermoregulationssystem des Vogels durchgeführten Untersuchungen haben gezeigt, dass bereits die Wirkung geringfügiger Modifikation (+1°C) der Bruttemperatur davon abhängt, ob die Veränderungen akut oder chronisch erfolgen. Akute und damit kurzeitige, geringfügige Änderungen der Bruttemperatur haben einen stimulierenden Einfluss auf die embryonale Entwicklung am Ende der Inkubation (vgl. Constantini et al., 2010). Sie erhöhen die Schlupfrate, verändern

---

[1] Die Untersuchungen hierzu waren zum Zeitpunkt der Veröffentlichung noch nicht abgeschlossen.

das sekundäre Geschlechtsverhältnis und verbessern das postnatale Wachstum sowie die Verwertung der aufgenommenen Nahrung. Vermutlich können auch weitere Funktionskreise, wie das Immunsystem, die Reproduktion und komplexe Verhaltensweisen, positiv beeinflusst werden. Der nach perinataler kurzzeitiger Wärmestimulation erhöhte Anteil männlicher Tiere am Gesamtschlupf korreliert offensichtlich mit einer verbesserten Robustheit der Nachkommen, insbesondere der männlichen Tiere. Milde chronische Temperaturänderungen verbessern die Anpassungsfähigkeit an spezifische, zu erwartende klimatischen Bedingungen. Eine leichte Erhöhung der Bruttemperatur in den letzten Tagen vor dem Schlupf induziert Wärmeadaptation, eine Erniedrigung der Bruttemperatur Kälteadaptation. Diese Veränderungen sind adaptiv, aber nur solange auch die postnatale Umwelt der pränatal erworbenen Anpassung entspricht (vgl. Henriksen et al., 2011). Demzufolge ist eine pränatale Wärmeadaptation nur sinnvoll, wenn der Organismus postnatal in einem warmen Klima aufwächst. Weichen die postnatalen klimatischen Bedingen deutlich von den perinatal erfahrenen Bedingungen ab, können die erworbenen Veränderungen maladaptiv und damit eine epigenetische Prädisposition für Erkrankungen und Verhaltensstörungen sein.

Die beschriebenen Untersuchungen am Vogelmodell zur Prägung physiologischer Regelsysteme zeigen letztendlich, dass bereits bei geringfügigen Änderungen von Umweltfaktoren in einem eng begrenzten Zeitfenster der perinatalen Ontogenese die Dauer der Applikation dieser Änderungen darüber entscheiden kann, ob eine langfristige Verbesserung der Robustheit, d. h. der Anpassungsfähigkeit an eine variable Umwelt, oder eine Anpassung an spezifische Umweltsituationen erfolgt, die im Zusammenspiel mit der postnatalen Umwelt für den Organismus auch negative Folgen haben kann. Für die Zukunft besteht hier zur weiteren Aufklärung dieser Zusammenhänge ein umfangreicher Forschungsbedarf.

Literatur

Baily, D.B., Bruer, J.T., Symons, F.J. & Lichtman, J.W., Hg. (2001). Critical thinking about critical periods (Baltimore, MD: PH Brookes Publishing Co.).

Bock, J. & Braun, K. (1998). Differential emotional experience leads to pruning of dendritic spines in the forebrain of domestic chicks. Neural Plasticity 6(3): 17–27.

Bock, J. & Braun, K. (1999). Filial imprinting in domestic chicks is associated with spine pruning in the associative area, dorsal neostriatum. European Journal of Neuroscience 11(7): 2566–2570.

Bock, J., Helmeke, C., Ovtscharoff, jr., W., Gruß, M. & Braun, K. (2003). Frühkindliche emotionale Erfahrungen beeinflussen die funktionelle Entwicklung des Gehirns. Neuroforum 2: 51–55.

Bock, J., Thode, C., Hannemann, O., Braun, K. & Darlison, M.G. (2005). Early socio-emotional experience induces expression of the immediate-early gene *ARC/ARG3.1* (activity-regulated cytoskeleton-associated protein/activity-regulated gene) in learning-relevant brain regions of the newborn chick. Neuroscience 133(3): 625–633.

Collin, A., Picard, M. & Yahav, S. (2005). The effect of duration of thermal manipulation during broiler chick embryogenesis on body weight and body temperature of post-hatched chicks. Animal Research 54(2): 105–111.

Constantini, D., Metcalfe, N.B. & Monaghan, P. (2010). Ecological processes in a hormetic framework. Ecology Letters 13(11): 1435–1447.

Dabelea, D., Hanson, R.L., Lindsay, R.S. et al. (2000). Intrauterine exposure to diabetes conveys risks for type 2 diabetes and obesity: a study of discordant sibships. Diabetes 49(12): 2208–2211.

Decuypere, E. (1984). Incubation temperature in relation to postnatal performance in chickens. Archiv für Experimentelle Veterinärmedizin 38(3): 439–449.

Dörner, G. (1974). Environment-dependent brain differentiation and fundamental processes of life. Acta Biologica and Medica Germanica 33(2): 129–148.

Dörner, G. (1975). Perinatal hormone levels and brain organization. In: Anatomical neuroendocrinology, W. Stumpf & L.D. Grant, Hg. (Basel: Karger), S. 245–252.

Dörner, G. (1976). Hormones and brain differentiation (Amsterdam: Elsevier).

French, N.A. (2000). Effect of short periods of high incubation temperature on hatchability and incidence of embryo pathology of turkey eggs. British Poultry Science 41: 377–382.

Geers, R., Michels, H. & Tanghe, P. (1982). Growth maintenance requirements and feed efficiency of chickens in relation to prenatal environmental temperature. Growth 46(1): 26–35.

Geers, R., Michels H., Nackaerts G. & Konings, F. (1983). Metabolism and growth of chickens before and after hatch in relation to incubation temperatures. Poultry Science 62(9): 1869–1875.

Gottlieb, G. (1985). Development of species identification in ducklings: XI. Embryonic critical period for species-typical perception in hatchling. Animimal Behavior 33(1): 225–233.

Halevy, O., Lavi, M. & Yahav, S. (2006). Enhancement of meat production by thermal manipulations during embryogenesis of broilers. In: New insights into fundamental physiology and peri-natal adaptation of domestic fowl, S. Yahar & B. Tzschentke, Hg. (Nottingham, UK: Nottingham University Press), S. 77–87.

Halle, I. & Tzschentke, B. (2011). Influence of temperature manipulation during the last 4 days of incubation on hatching results, post-hatching performance and adaptability to warm growing conditions in broiler chickens. The Journal of Poultry Science 48(2): 97–105.

Henriksen, R., Rettenbacher, S. & Groothuis T.G. (2011). Prenatal stress in birds: pathways, effects, function and perspectives. Neuroscience and Biobehavioral Reviews 35(7): 1484–1501.

Hensch, T.K. (2005). Critical period plasticity in local cortical circuits. Nature Reviews Neuroscience 6(11): 877–888.

Hopkins, B.C., Durant, S.E., Hepp, G.R. & Hopkins, W.A. (2011). Incubation temperature influences locomotor performance in young Wood ducks (*Aix sponsa*). Journal of Experimental Zoology 315A(5): 274–279.

IUPS Thermal Commission (2003). Glossary of terms for thermal physiology. Journal of Thermal Biology 28(1): 75–106.

Janke, O. & Tzschentke, B. (2010). Long-lasting effect of changes in incubation temperature on heat stress induced neuronal hypothalamic c-Fos expression in chickens. Hot topic: Early development and epigenetic programming of body functions in birds, Barbara Tzschentke, Hg. The Open Ornithology Journal 3: 150–155.

Katz, A. & Meiri, N. (2006). Brain-derived neurotrophic factor is critically involved in thermal-experience-dependent developmental plasticity. The Journal of Neuroscience 26(15): 3899–3907.

Kisliouk, T. & Meiri, N. (2009). A critical role for dynamic changes in histone H3 methylation at the Bdnf promotor during postnatal thermotolerance acquisition. European Journal of Neuroscience 30(10): 1909–1922.

Kisliouk, T., Ziv, M. & Meiri, N. (2010). Epigenetic control of translation regulation: alterations in histone H3 lysine 9 post-translation modifications are correlated with the expression of the translation initiation factor 2B (Eif2b5) during thermal control establishment. Developmental Neurobiology 70(2): 100–113.

Konishi, M., Emlen, S.T., Ricklefs, R.E. & Wingfield, J.C. (1989). Contributions of bird studies to biology. Science 246(4929): 465–472.

Labunskay, G. & Meiri, N. (2006). R-Ras3/(M-Ras) is involved in thermal adaptation in the critical period of thermal control establishment. Journal of Neurobiology 66(1): 56–70.

Lorenz, K. (1935). Der Kumpan in der Umwelt des Vogels. Journal für Ornithologie 83(2): 137–213.

Minne, B. & Decuypere, E. (1984). Effects of late prenatal temperatures on some thermoregulatory aspects in young chickens. Archiv für Experimentelle Veterinärmedizin 38(3): 374–383.

Moraes, V.M.B., Malheiros, R.D., Bruggeman, V. et al. (2004). The effect of timing of thermal conditioning during incubation on embryo physiological parameters and its relationship to thermotolerance in adult broiler chickens. Journal of Thermal Biology 29(1): 55–61.

Nichelmann, M., Lange, B., Pirow, R., Langbein, J. & Hermann, S. (1994). Avian thermoregulation during the perinatal period. In: Thermal balance in health and disease. Advances in pharmacological science, E. Zeisberger, E. Schönbaum & P. Lomax, Hg. (Basel: Birkhäuser), S. 167–173.

Nichelmann, M., Höchel, J. & Tzschentke, B. (1999). Biological rhythms in birds – development, insights and perspectives. Comparative Biochemistry and Physiology A 124(4): 429–437.

Nichelmann, M. & Tzschentke, B. (2003). Efficiency of thermoregulatory control elements in precocial avian embryos (Review). Avian & Poultry Biology Reviews 14(1): 1–19.

Pérez-Cadahía, B., Drobic, B. & Davie, J.R. (2011). Activation and function of immediate-early genes in the nervous system. Biochemistry and Cell Biology 89(1): 61–73.

Plagemann, A. (2004). ‚Fetal Programming' and ‚functional teratogenesis': on epigenetic mechanisms and prevention of perinatally acquired lasting health risks. Journal of Perinatal Medicine 32(4): 297–305.

Plagemann, A., Harder, T., Kohlhoff, R., Rohde, W. & Dörner, G. (1997). Overweight and obesity in infants of mothers with long-term insulin-dependent diabetes or gestational diabetes. International Journal of Obesity 21(6): 451–456.

Rogers, L.J. (2012). The two hemispheres of the avian brain: their differing roles in perceptual processing and the expression of behaviour. Journal of Ornithology 153(1): 61–74.

Rumpf, M. & Tzschentke, B. (2010). Perinatal acoustic communication in birds: why do birds vocalize in the egg? Hot topic: *Early development and epigenetic programming of body functions in birds*, Barbara Tzschentke, Hg. The Open Ornithology Journal 3: 141–149.

Shahir, M.H., Dilmagani, S. & Tzschentke, B. (2012). Early age cold conditioning of broilers: effects of timing and temperature. British Poultry Science 53(4): 528–544.

Shinder, D., Luger, D., Rusal, M., Rzepakovsky, V., Bresler, V. & Yahav, S. (2002). Early cold conditioning in broiler chickens (*Gallus domesticus*): Thermotolerance and growth responses. Journal of Thermal Biology 27(6): 517–523.

Silverman, B.L., Rizzo, T., Green, O.C. et al. (1991). Long-term prospective evaluation of offspring of diabetic mothers. Diabetes 40(2): 121–125.

Thode, C., Bock, J., Braun, K. & Darlison, M.G. (2005). The chick immediate-early gene ZENK is expressed in the medio-rostral neostriatum/hyperstriatum ventrale, a brain region involved in acoustic imprinting, and is up-regulated after exposure to an auditory stimulus. Neuroscience 130(3): 611–617.

Tschanz, B. (1968). Trottellummen: Die Entstehung der persönlichen Beziehung zwischen Jungvogel und Eltern (Berlin: Parey).

Tzschentke, B. & Nichelmann, M. (1999). Development of avian thermoregulatory system during the early postnatal period: development of the thermoregulatory set-point. Ornis Fennica 76: 189–198.

Tzschentke, B. & Basta, D. (2002). Early development of neuronal hypothalamic thermosensitivity in birds: influence of epigenetic temperature adaptation. Comparative Biochemistry and Physiology A 131(4): 825–832.

Tzschentke, B. & Plagemann A. (2006). Imprinting and critical periods in early development. World's Poultry Science Journal 62(4): 626–637.

Tzschentke, B. & Halle, I. (2009). Influence of temperature stimulation during the last 4 days of incubation on secondary sex ratio and later performance in male and female broiler chickens. British Poultry Science 50(5): 634–640.

Wingfield, J.C. (2005): Historical contributions of research on birds to behavioural neuroendocrinology. Hormones and Behavior 48(4): 395–402.

Yahav, S. & Plavnik, I. (1999). Effects of early-age thermal conditioning and food restriction on performance and thermotolerance of male broiler fowl. British Poultry Sciences 40(1): 120–126.

Yahav, S., Collin, A., Shinder, D. & Picard, M. (2004). Thermal manipulation during broiler chick embryogenesis: effects of timing and temperature. Poultry Science 83(12): 1959–1963.

Yalcin, S., Ozkan, S., Cabuk, M., Buyse, J., Decuypere, E. & Siegel, P.B. (2005). Pre- and postnatal conditioning induced thermotolerance on body weight, physiological responses and relative asymmetry of broilers originating from young and old breeder flocks. Poultry Science 84(6): 967–976.

Yossifoff, M., Kisliouk, T. & Meiri, N. (2008). Dynamic changes in DNA methylation during thermal control establishment affect CREB binding to the brain-derived neurotrophic factor promoter. European Journal of Neuroscience 28(11): 2267–2277.

Karola Stotz

15 Die Entwicklungsnische als Integrationsrahmen erweiterter Vererbungssysteme

15.1 Zentrales Dogma oder Entwicklungssysteme?

Vererbbare Veränderungen werden im Sinne der sogenannten Modernen Synthese (Mayr & Rovine, 1980) konventionell als notwendige Bedingung jedes evolutionären Prozesses verstanden. Darin inbegriffen ist, dass erstens nur genetische Veränderungen vererbbar sind, diese zweitens zufällig und unabhängig vom Ausleseregime entstehen, und drittens, dass nicht die Produktion von neuen Veränderungen, sondern die natürliche Auslese die grundlegende kreative Kraft der Evolution bildet. Entwicklungsmechanismen gelten demgegenüber für die Dynamik der Evolution als weitgehend irrelevant, weil umweltbedingte Veränderungen und Neuerungen während der individuellen Entwicklung das genetische Material nicht antasten und folglich solche Veränderungen auch nicht vererbt würden. Die Zulänglichkeit dieser Theorie und die Notwendigkeit der impliziten Beschränkungen waren jedoch nie unumstritten, sowohl aufgrund unzureichender empirischer Daten als auch aufgrund theoretischer Überlegungen. Außerdem wurde insbesondere in den letzten Jahrzehnten eine Reihe von weiteren Mechanismen aufgefunden und erforscht, die sich mit hoher Wahrscheinlichkeit auf Vererbung auswirken.

Zugleich haben mehrere Entdeckungen auch Wege erschlossen, auf denen die Formbarkeit von Entwicklung und die ihr zugrunde liegenden Umweltbedingungen neuerlich untersucht werden können. Tatsächlich hat die postgenomische Biologie eine reichhaltigere genetische Komplexität offenbart, als zuvor für möglich gehalten wurde. Die Rolle der Gene als proteincodierende Schablonen, als einzigartige Träger der Sequenzspezifität für eindimensionale Genprodukte, war im zentralen Dogma der Molekulargenetik festgeschrieben. Ein halbes Jahrhundert nach diesem Dogma müssen Gene diese Rolle der informativen Spezifität für Genprodukte mit nicht-codierenden Gensequenzen, Genprodukten und Umweltfaktoren teilen. Diese anderen Faktoren tragen zu einer Spezifizierung linearer Genprodukte durch die spezifische *Aktivierung*, *Selektion* und sogar *Erschaffung* neuer genetischer Sequenzinformation bei (Stotz, 2006). Weder sind Genprodukte noch die phänotypischen Endprodukte vollständig durch den Genotyp determiniert. Viele Regulationsfaktoren, wie zum Beispiel Transkriptions- oder Splicingfaktoren, sind vielmehr hochgradig kontextempfindlich, was es ihnen erlaubt, Umweltinformation an ein ‚reaktives Genom' weiterzuvermitteln (Gilbert, 2003). Das Phänomen, dass der Entwicklungsausgang sogar auf der molekularen Ebene nicht vorbestimmt ist, sondern von Umweltbedingungen abhängt, wurde als „molekulare Epigenese" interpretiert (Stotz, 2006).

Dieser Beitrag diskutiert eine Reihe von unterschiedlichen Forschungsrichtungen, die in den letzten zwei Jahrzehnten die immense Bedeutung von Entwicklungsplastizität für Evolution, Vererbung und das Entstehen von Gesundheits- und Krankheitszuständen betont haben. Jedes dieser Forschungsfelder hat dafür seine eigenen Begrifflichkeiten entwickelt. Um entlang von Entwicklungsprozessen erzeugte Phänomene und vererbbare Veränderungen innerhalb eines erweiterten evolutionären Rahmens zu integrieren, wird hier der Begriff der ‚Entwicklungsnische' vorgeschlagen. Die Entwicklungsnische bildet einen Rahmen, der es ermöglicht, solche Veränderungen im Sinne einer stabilen, generationenübergreifenden Übertragung von Entwicklungsmitteln zu interpretieren, wobei deren Zusammenwirken dann die Entwicklungsnische für die nächste Generation rekonstruiert. Die Vererbung sowohl von Phänotypen als auch Entwicklungsnischen ist in der Biologie nicht als deren *Übergabe an*, sondern als deren *Rekonstruktion in* der nächsten Generation zu verstehen.

Der folgende Abschnitt (15.2) führt in die Theorie der Entwicklungssysteme ein. Aus Sicht der Philosophie der Biologie stellt sich hier die Frage, wie Entwicklung und Evolution vor dem Hintergrund erweiterter Vererbungsformen ineinander zu integrieren sind. Entsprechend sind die vielfältigen Weisen zu beschreiben, wie Entwicklungsmechanismen den Prozess der Evolution beeinflussen können. Im Anschluss stellt der 3. Abschnitt unterschiedliche Ansätze vor, mit denen man gegenwärtig versucht, individuelle Entwicklung in eine evolutionäre Synthese einzuarbeiten. Für die Integration der diversen Ansätze wird ein begrifflicher Rahmen benötigt, der im nächsten Schritt entwickelt wird: Der 4. Abschnitt führt den Begriff der *Entwicklungsnische* ein. Diese bildet ein Informationszentrum, welches alle essentiellen Entwicklungsmittel jenseits von ‚purer' DNA zur Verfügung stellt und von Eltern- und Nachwuchsgenerationen kooperativ hervorgebracht wird. Die *Konstruktion von Entwicklungsnischen* konstituiert dabei einen erweiterten evolutionären Rahmen, in dem unterschiedlichste Phänomene entwicklungsbedingter Plastizität in ihrem Einfluss auf die nächste Generation erfasst werden können. Dieser Rahmen ermöglicht die generationenübergreifende Vermittlung von Entwicklungsfaktoren, die für die Entwicklung von lebenswichtiger Bedeutung sind. Der letzte Abschnitt (15.5) untersucht schließlich die weiterreichende Bedeutung, die die Einführung des Begriffs der Entwicklungsnische für die Lebenswissenschaften haben könnte.

15.2 Die Theorie der Entwicklungssysteme und evolutionsrelevante Entwicklungsmechanismen

Seit zwei Jahrzehnten hat sich die Philosophie der Biologie, insbesondere die Theorie der Entwicklungssysteme (Developmental Systems Theory – DST), intensiv mit der Rolle befasst, die der Entwicklung und Entwicklungsumwelt in Evolution und Vererbung zukommt. Eine der wichtigsten begrifflichen Neuerungen auf diesem Gebiet war die Einführung des ‚Entwicklungssystems'. Diesem Konzept nach bildet das Organismus-Umwelt-System einerseits die zentrale Einheit der Evolution, andererseits umfasst es die ‚vererbten Entwicklungsmittel', die auch die Vererbung von nicht-genetischen Faktoren gestatten (Oyama, 1985/2000; Griffiths & Gray, 1994; Stotz, 2005a; Griffiths & Tabery, 2013). Wie signifikant das Organismus-Umwelt-System ist, tritt jedoch noch deutlicher hervor, wenn die Begriffe von ‚Umwelt' oder ‚Matrix der Entwicklungsmittel' durch den der ‚Entwicklungsnische' ersetzt werden, weil darin alle verlässlich *weitergegebenen* oder *reproduzierten* Faktoren der Entwicklung enthalten sind.

Entwicklungsmechanismen können auf vielfältige Weise den Prozess der Evolution beeinflussen. Sehr vorsichtige Forschungsansätze verstehen Evolution nur als eine Abfolge von Lebenszyklen statt als Veränderung von Gensequenzen. Entwicklungsmechanismen erklären diesem Verständnis nach kausal, wie genetische in phänotypische Veränderungen übersetzt werden. Andere Ansätze sehen die evolutionäre Relevanz von individuellem Verhalten in der Modifizierung der ökologischen oder kulturellen Umwelt, was wiederum den Selektionsdruck dieser Umwelt auf die Population verändert.

Aber schon Piaget (1978: xi) identifizierte als das wesentliche Problem die Frage, ob die Umwelt durch ihren Einfluss auf Entwicklung und Verhalten auch selbst „a causal factor in the actual formation of morphological characteristics" sei, da doch neue Variationen das Rohmaterial der Evolution darstellen. Umweltinduzierte oder entwicklungsregulierte Variationen müssten demnach neben der Auslese als ein zweiter kreativer Faktor der Evolution anerkannt werden. An verschiedene Mechanismen wäre hier zu denken: So könnten phänotypisch-plastische Reaktionen mittels epigenetischer Mechanismen verdeckte genetische Mutationen sichtbar machen oder die Auswahl geeigneter genetischer Veränderungen erleichtern. Auch könnten bestimmte Umweltbedingungen durch eine Reihe von Prozessen (wie z. B. reverse Transkription, mobile genetische Elemente, laterale Genübertragung, Symbiosis oder Hybridisierung) möglicherweise bevorzugte genetische Variationen verursachen (manchmal ‚Natürliche Gentechnik' benannt). Die radikalste Position formuliert: „the environment not only selects variation, it helps construct variation" (Gilbert & Epel, 2009: 369). Solch umweltinduzierte Variationen in nicht-genetischen Entwicklungsfaktoren werden in der Nachwuchsgeneration entweder von Geschlechts- auf Geschlechtszelle, von Körperzelle auf Geschlechtszelle oder von Körper- auf Körperzelle übertragen (für eine reichhaltige Sammlung von Beiträgen zu diesem Thema vgl. Pigliucci & Müller, 2010; Gissis & Jablonka, 2011).

15.3 Aktuelle Forschungsansätze

Mit den oben skizzierten Mechanismen befassen sich heute eine ganze Reihe wissenschaftlicher Disziplinen und Forschungsansätze, die im Folgenden kurz vorgestellt werden:

a) Evolutionäre Entwicklungsbiologie (Evo-Devo) ist eine weiterentwickelte Synthese aus Entwicklungs- und Evolutionsbiologie. Sie untersucht die grundlegende Bedeutung von Entwicklungsmechanismen im Rahmen evolutionärer Erklärungsansätze. Ihre Fragestellungen gelten der Entstehung von evolutionären Neuartigkeiten, der Beziehung zwischen Genotyp und Phänotyp sowie der Beschaffenheit von Genregulationsnetzwerken, die durch Entwicklungsprozesse bestimmt werden und die die Produktion von phänotypischen Variationen beeinflussen (vgl. Raff, 1996; Hall, 2000b; Stotz, 2005b). Die radikalere Ausprägung dieses Forschungsansatzes nennt sich Entwicklungsevolution (Developmental Evolution bzw. Devo-Evo; Hall, 2000a; Wagner, 2000; Müller & Newman, 2003) und untersucht, wie morphologische Formen überhaupt entstehen können. Besonders interessant ist die neuere ‚ökologische Enwicklungsbiologie' (Eco-Devo und Eco-Evo-Devo) in ihrem Versuch, evolutionäre Entwicklungsbiologie mit Medizin, Ökologie und Epigenetik zu verbinden (Gilbert & Epel, 2009).

b) Modelle von Gen-Kultur-Koevolution gehen von zwei verschiedenen Vererbungskanälen aus, die trotz ihrer Verschiedenheit die biologische und kulturelle Evolution durch Selektionsrückwirkungen miteinander verbinden (Cavalli-Sforza & Feldman, 1981; Boyd & Richerson, 1985).

c) Nischenkonstruktion ist ein weiterer Ansatz, der die Handlungsfähigkeit des individuellen Organismus in den Mittelpunkt der Evolutionstheorie zu stellen versucht. Statt die passive Adaptation einer Population an ihre Umwelt vorauszusetzen, geht man hier davon aus, dass eine Population ihre Umwelt auf aktive Weise konstruiert und modifiziert, wodurch sie auf die Evolutionsdynamik einwirkt: Nischenkonstruktion formt durch ökologische Vererbung den Selektionsdruck auf die nachfolgende Generationen mit entscheidenden Auswirkungen auf deren Fitness (Odling-Smee et al., 2003). Problematisch ist allerdings, dass die selektive Nische oft mit der hier vorgestellten Entwicklungsnische verwechselt wird (vgl. Sterelny, 2003; Wheeler & Clark, 2008). Obwohl verwandt, sind doch beide Phänomene sowohl konzeptuell als auch in ihrem Einfluss auf den Evolutionsprozess voneinander zu unterscheiden. Während die Selektionsnische die Veränderungen aus Lebenszyklen ausliest, ermöglicht die Entwicklungsnische die verlässliche Reproduktion und erbliche Modifikation von Lebenszyklen. Mit anderen Worten: Die letzte wirkt konstruktiv auf Entwicklung ein, die erste bewertet ihren Ausgang. Allerdings spielen viele Nischenkonstruktionsprozesse sowohl in der Entwicklung als auch in der Beeinflussung des Selektionsdrucks eine Rolle (Stotz, 2010; Griffiths & Stotz; 2013: Kapitel 5).

d) Unter der Rubrik ‚phänotypische oder entwicklungsmäßige Plastizität' untersuchen Biologen, wie flexible Entwicklungsmechanismen die genetische Assimilation oder genetische Akkommodation von phänotypischen Veränderungen ermöglichen oder erleichtern (Schlichting & Pigliucci, 1998; West-Eberhard, 2003; Pigliucci, 2001). Während diese Mechanismen nicht direkt als nicht-genetische Vererbung interpretiert werden können, spielen sie im Rahmen von individueller Entwicklung und ihrer Umwelt doch eine entscheidende Rolle bei der Entstehung und Selektion von erblichen phänotypischen Variationen.

e) Epigenetische Vererbung ist die wohl am weitesten bekannte und anerkannte Form von nicht-genetischer Vererbung. Dabei gilt es ein engeres und erweitertes Verständnis von Epigenetik zu berücksichtigen. Im engeren Sinne untersucht die Epigenetik die molekulare und zellulare generationenübergreifende Übertragung von phänotypischer Variation, die nicht durch Unterschiede in der Gensequenz zu erklären ist (Jablonka & Lamb, 1995). Epigenetische Vererbung basiert auf der chemischen Modifikation der DNA oder der Histonproteine, um welche die DNA gewickelt ist. Auch bestimmte nicht-codierende RNA, die diese Modifikationen beeinflussen können, werden darunter behandelt (Mattick, 2004; Morris, 2012). Epigenetik im weiteren Sinne beschäftigt sich mit emergenten Eigenschaften des Entwicklungssystems und geht auf Conrad Hal Waddington zurück (Waddington, 1957; vgl. auch Jablonka & Lamb, 2005; Hallgrimsson & Hall, 2011). Jablonka und Lamb (2005) haben eine nützliche Klassifikation von erweiterten Vererbungsmechanismen vorgelegt. Sie unterscheiden zwischen genetischen, epigenetischen, verhaltensbedingten (inklusive kulturellen und ökologischen) sowie symbolischen ‚Dimensionen' der Vererbung.

f) Als elterliche Effekte (parental effects) werden phänomenologisch beobachtbare Beziehungen zwischen den Phänotypen von Eltern und ihrem Nachwuchs bezeichnet, die nicht durch genetische Ausstattung oder elternunabhängige Umweltbedingungen bedingt sind. Biologen verschiedenster Unterdisziplinen untersuchen heute eine Reihe von Mechanismen, die mütterliche und väterliche Effekte erklären (Mousseau & Fox, 1998; Maestripieri & Mateo, 2009; Badyaev & Uller, 2009). Sie können z. B. durch die Übertragung mütterlicher Genprodukte durch die Eizelle, durch die Ernährung über den Mutterkuchen oder das Ei, durch elterliche Verhaltenseinflüsse auf den Nachwuchs (z. B. Fürsorge) oder durch die von den Eltern modifizierte Umwelt entstehen.

g) Zunehmend häufen sich Befunde, die auf die Rolle von Entwicklungsplastizität, Epigenetik und elterlichen Effekten in der ‚entwicklungsbedingten Verursachung von Gesundheit und Krankheit' hinweisen (‚developmental origin of health and disease',

Gluckman & Hanson, 2005a; 2005b). Der Fetus reagiert auf umweltbedingte, durch die Plazenta vermittelte Signale mit Stoffwechsel- und Gefäßveränderungen sowie mit endokrinologischen Modifikationen. Diese bereiten die Entwicklungsbahn auf erwartete Umweltbedingungen vor. Man nimmt an, dass die beobachtete Flexibilität der Entwicklungsbahn durch die veränderte Expression von zentralen Regulationsgenen während der frühen Entwicklung ermöglicht wird. Dieses neue Forschungsfeld wird auch als ‚Umweltepigenetik' oder ‚Umweltepigenomik' bezeichnet, da epigenetische Mechanismen in ihrer Reaktion auf Ernährung, Stress oder Giftstoffe die Genexpression langfristig regulieren (Bollati & Baccarelli, 2010; Dolinoy & Jirtle, 2008).

15.4 Die Entwicklungsnische als Integrationsrahmen

Der Begriff der Entwicklungsnische und ihrer Konstruktion thematisiert die für die Vererbung grundlegende Frage, wie Eltern die physiologischen und psychologischen Eigenschaften ihres Nachwuchses verlässlich beeinflussen können. Dadurch erweitert er die These der molekularen Epigenesis, die auf der Unterdeterminiertheit des Phänotyps durch das genetische Vererbungssystem beruht (Stotz, 2006; Griffiths & Stotz, 2013). Aber entgegen den Annahmen der Modernen Synthese sind Organismen keineswegs nur auf den Zufall angewiesen, um die Ressourcen zu finden, die für die korrekte Expression des Genoms und ihre weitere Entwicklung notwendig sind. Die Entwicklungsnische stellt dem Organismus bereits alle zellulären, ökologischen, soziokulturellen und kognitiv-epistemischen Elemente bereit. Insgesamt bilden diese die stabilen Entwicklungsmittel, mit deren Hilfe der Phänotyp rekonstruiert wird. Bereits in den 1980er Jahren haben die Entwicklungspsychobiologen Meredith West und Andrew King die ontogenetische Nische eingeführt, um der Idee der ‚exogenetischen' Vererbung einen formalen Namen zu geben. Allerdings hat dieser Begriff außerhalb dieses Kontexts zunächst keinen Anklang gefunden. Wie dieser Beitrag jedoch zu zeigen versucht, ist dessen Einführung in die Wissenschaftsphilosophie und andere Felder der Lebenswissenschaften gewinnbringend, weil er die gegenwärtig vorliegenden diversen Ansätze zur Integration von Entwicklung, Vererbung und Evolution vereinheitlichen kann. Denn solange die verschiedenen Ansätze ihre Forschungsanstrengungen nicht verbinden, wird ihr Einfluss auf die Hauptrichtungen in den Lebens-, Kognitions-, Medizin- und Sozialwissenschaften notwendig beschränkt bleiben.

Das ist nicht nur von erkenntnistheoretischer Bedeutung. Dass nicht-genetische Entwicklungsfaktoren dauerhaft und generationsübergreifend fortbestehen, ist zum Beispiel in der zukünftigen Ausrichtung der medizinischen Gesundheitsforschung zu berücksichtigen. Hier hat sich über die letzten Jahre die Annahme verhärtet, dass eine Verbindung zwischen mütterlichen Umwelt- und Lebensbedingungen und dem kindlichen Risiko besteht, nichtübertragbare Krankheiten wie Diabetes oder Depression zu entwickeln (Gluckman & Hanson, 2005a). Der hier entwickelte Rahmen würde es getrennten Forschungsansätzen mit unterschiedlichen Zielrichtungen, Techniken und Erklärungsstrategien erlauben, in ihren Ansätzen von einer gemeinsamen Hypothese auszugehen. Sie bestünde darin, dass die erforschten Mechanismen trotz ihrer Diversität im Wesentlichen einer Funktion dienen – der Weitergabe von erbrelevanten Informationen, die es Eltern erlaubt, die Entwicklung ihrer Nachkommen so stark und zuverlässig wie möglich zu beeinflussen. Mit einer solchen Integration wäre auch ein notwendiger erster Schritt getan, um die Gemeinsamkeiten und Unterschiede von Entwicklungsmechanismen mit evolutionärer Relevanz zu analysieren.

Mit Bezug auf die Theorie der Vererbungssysteme kann das Konzept der Konstruktion von Entwicklungsnischen einige Probleme der Evolutionstheorie klären:

a) Die Entstehung von neuen Eigenschaften (evolutionary novelties): Die Entwicklungsnische fungiert als Quelle neuer nicht-genetischer Variationen.
b) Die Ausbreitung neuer Eigenschaften: unter anderem durch die Konstruktion von selektiven Nischen mit verändertem Selektionsdruck.
c) Die Veränderung von Eigenschaften: durch umweltinduzierte, elterliche Effekte auf die Entwicklung dieser Eigenschaften.
d) Die verlässliche Reproduktion von Eigenschaften: Die Entwicklungsnische stellt der Nachkommenschaft nicht-genetische Entwicklungsfaktoren verlässlich zur Verfügung (Stotz, 2010; Pigliucci & Kaplan, 2006: 128).

Dabei erhellt die Entwicklungsnische nicht nur die „ultimate dependence" der Generationen untereinander, sondern auch deren „proximate dependence", indem sie Mechanismen herausstellt, welche die „orderly transitions in species-typical development for both adult and young" fördern (West et al., 1988: 47). Jeff Alberts' (2008) Erforschung von Entwicklungsprozessen bei Ratten ist dafür ein anschauliches Beispiel. Rattenjunge durchlaufen vier aufeinander folgende Entwicklungsnischen: den Uterus, danach die unmittelbare Nähe zum Körper der Mutter und mütterliche Sorge im Nestlingsstadium nach der Geburt, dann das Stadium der Geschwistergruppe im Wurfnest und schließlich, als heranwachsende Geschwister, die Sozialisation in der erweiterten Kohorte mit Peers und adulten Ratten. Jede dieser Entwicklungsnischen versorgt den sich entwickelnden Nachwuchs mit Nahrung, Wärme, Schutz und Pflege sowie mit der sozialen Stimulanz, die erforderlich ist, um lebensnotwendige Erfahrungen zu sammeln. Hier wird reguliert, zu welchem Zeitpunkt und auf welche Art der Nachwuchs welchen spezifischen Erfahrungen ausgesetzt ist. Die früheste Entwicklung wird hauptsächlich von olfaktorischen und taktilen Reizen dirigiert, die von den jeweiligen Nischen geliefert werden. Olfaktorische Reize locken die Jungen an die mütterlichen Zitzen. Deren Geruch lernen sie im Uterus kennen, und die Ausbreitung der amniotischen Flüssigkeit auf die Zitzen während der Geburt überbrückt die ersten beiden Nischen. An der Zitze lernt das Junge den Geruch seiner Geschwister kennen, was wiederum wichtige Voraussetzung für die nächste Entwicklungsnische bildet, in der hauptsächlich die Geschwister als Wärmequelle dienen. Zudem wirkt die taktile Stimulanz der urogenitalen Region durch die Mutter auch wesentlich auf die neurale

Entwicklung der Jungen ein. Umgekehrt ist der Urin der Jungen für die Mutter überlebensnotwendig, weil er sie mit Flüssigkeit versorgt (Alberts, 2008). Außerdem wird die mütterliche Fürsorge auf quantitative und qualitative Weise durch die Erfahrungen bestimmt, die die Mutter vor und während dieser Zeit macht. Eine gestresste Mutter kann ihrem Wurf weniger fürsorgliche Stimulanz zuwenden, was sich bei ihrem Nachwuchs auf die langfristige Expression vieler für die Hirnentwicklung wichtiger Gene auswirkt (Meaney, 2001; 2004). In anderen Arten führen elterliche Erfahrungen zu anderen elterlichen ‚Effekten', sie können zum Beispiel beeinflussen, wie viel Nahrung die Mutter dem Ei beigibt, wo und in welcher Reihenfolge die Eier abgelegt werden oder welche Genprodukte dem Ei beigeben werden. Der Nachwuchs ist elterlichen Effekten also während ganz unterschiedlicher Entwicklungsstufen ausgesetzt (Badyaev & Uller, 2009). Kurz gesagt, die Entwicklungsnische bildet einen hoch differenzierten Schauplatz für die effektive Weitergabe von elterlichen Erfahrungen an den Nachwuchs.

Vor diesem Hintergrund ist die Entwicklungsnische als eine evolutionäre Schlüsselstelle zu begreifen, an der alle für die Reproduktion des Lebenszyklus wichtigen nichtgenetischen Entwicklungsressourcen zugleich verlässlich und flexibel übermittelt werden. Sie gestattet es einem stabilen Entwicklungssystem, so ökologisch offen wie möglich zu sein. Mit diesen Eigenschaften bildet die Entwicklungsnische aber auch einen exzellenten erkenntnistheoretischen Integrationsrahmen für die verschiedenen Disziplinen, die heute untersuchen, wie individuelle Entwicklung erbrelevante Information produziert.

15.5 Heuristische Konsequenzen der Entwicklungsnische

Das Konzept der Entwicklungsnische hat Konsequenzen für eine Reihe von Fragen, die in der aktuellen Forschung drängen und bislang nicht zufriedenstellend beantwortet sind.

a) Eine der vernachlässigten Fragen der Modernen Synthese ist, wie neue Formen entstehen. Die Lösung wurde aus der vollständigen Erforschung der Beziehung zwischen Genotyp und Phänotyp erwartet (Pigliucci & Müller, 2010). Jedoch enthält der Genotyp mitnichten alle Informationen für den Phänotyp. Erst die Konstruktion der Entwicklungsnische hält die ebenso notwendigen nicht-genetischen Entwicklungsmittel bereit. Das Entwicklungssystem besteht nur insofern aus dem Organismus mit seinen genetischen Anlagen, als auch dieser beständig in seine jeweilige Entwicklungsnische integriert ist. Die Modifikation der Nische kann im gleichen Maße zu erblichen Veränderungen führen wie eine genetische Mutation.

b) Im Gegensatz zur Theorie der Nischenkonstruktion berücksichtigt die Theorie von der Konstruktion der Entwicklungsnische zwei Aspekte: Die Entwicklungsnische beeinflusst nicht die Selektion von Individuen, sondern induziert neue Variationen, die dann von der Selektionsnische ausgelesen werden. Mitunter jedoch überschneiden sich die Selektions- und die Entwicklungsnische. Beispielsweise versorgt das Nest die sich entwickelnden Rattenwelpen mit Wärme und Schutz, es bietet aber gleichzeitig auch eine Umwelt für neue Parasiten, die weniger robuste Welpen bedrohen. Eine solche Überschneidung steht im Widerspruch zur gängigen Evolutionstheorie. Die Konstruktion der Entwicklungsnische beeinflusst aktiv die angeborenen Eigenschaften des Organismus und erlaubt es dem Entwicklungssystem, einen größeren konstruktiven Einfluss auf das Evolutionsgeschehen zu nehmen.

c) Bislang zögert die Psychologie, die neuen Erkenntnisse von mütterlichen Effekten auf den Menschen anzuwenden, um sich nicht dem Vorwurf auszusetzen, die Verantwortung für das gesamte Wohlergehen des Kindes der Mutter aufzubürden. Dieser latente Vorwurf hat die Forschung in diesem Bereich stark beeinträchtigt. Die Einsicht in die Mechanismen, durch die die Entwicklungsnische konstruiert wird, situiert diese jedoch auf allen Ebenen, von der Zelle bis zur Kultur. Maßgeblich hängen das Entstehen sowie der Fortbestand der Entwicklungsnische von der Interaktion zwischen Eltern- und Nachwuchsgeneration ab (siehe v. a. West & King, 1987, und Alberts, 2008). Diese Einsicht sollte es erleichtern, auch in diesem Bereich die Forschung voranzutreiben. Michael Meaney und seine Mitarbeiter erforschen seit mehr als einem Jahrzehnt den Zusammenhang zwischen mütterlicher Fürsorge während der ersten Lebenswoche bei Ratten. Darin inbegriffen sind epigenetische Einflüsse auf die Genexpression im Gehirn ebenso wie die Weitergabe von Reaktionsfähigkeit bezüglich Stress (Meaney, 2004). Sie haben auch begonnen, diese Ergebnisse auf die generationenübergreifende Entwicklung von Depression bei Menschen anzuwenden (Szyf et al., 2008). Längst weisen Forschungsarbeiten wie Peter Gluckmans *The Fetal Matrix* auf die Notwendigkeit hin, das Wissen um mütterliche Effekte in die Forschung zu Fettleibigkeit und Diabetes einzubeziehen, wenn diese Krankheiten langfristig bekämpft werden sollen (Gluckman & Hanson, 2005a; 2005b).

d) Besser als jedes andere Konzept könnte die Entwicklungsnische auch mit Bezug auf den Anlage-Umwelt- bzw. Natur-Kultur-Diskurs zu einer produktiven Wendung führen, weil sie die zugrundeliegenden Begriffe als Entwicklungs*produkt* und Entwicklungs*prozess* neu konzeptualisiert. Dieser Vorschlag Susan Oyamas ließe sich unschwer in das Konzept der Entwicklungsnische integrieren (vgl. Oyama, 2002; Stotz, 2008; Stotz, 2010; Stotz & Allen, 2012). Wenn Evelyn Fox Kellers jüngstes Buch hier als Hinweis gelten kann (Keller, 2010; Stotz, 2012), ist dies jedoch bislang nicht auf fruchtbaren Boden gefallen. Vielleicht hat die Wissenschaft erst jetzt genügend Belege für die Existenz von nicht-genetischen Vererbungsformen zusammengetragen, wie sie durch Umwelt und Entwicklung induziert werden. Zumindest sollten diese Belege die Forschung ermutigen, verstärkt die evolvierte Rolle von nicht-genetischen Erbfaktoren in der Evolution vieler Eigenschaften zu berücksichtigen.

e) Die Entwicklungsnische umschließt sowohl den Bereich des Verhaltens als auch die soziokulturellen und epistemisch-kognitiven Bereiche. Damit bildet sie ein integratives Konzept nicht-genetischer Vererbung, in dem die genetischen, physiologischen, psychologischen und soziokulturellen Faktoren miteinander verbunden werden können. Dies erweitert bereits vorliegende Integrationsansätze, die sich in ersten Veröffentlichungen wie *The encultured brain* im Bereich der Neuroanthropologie abzuzeichnen beginnen (Downey & Lende, 2012). Und abschließend bildet die kognitive Nischenkonstruktion einen wichtigen Bestandteil in der Entwicklung und Evolution vieler Lebewesen, der aber besonders relevant für unser Verständnis von den kognitiven Fähigkeiten des Menschen wird (Griffiths & Stotz, 2000; Sterelny, 2003; 2012; Wheeler & Clark, 2008; Stotz, 2010).

Literatur

Alberts, J.R. (2008). The nature of nurturant niches in ontogeny. Philosophical Psychology 21(3): 295–303.
Badyaev, A.V. & Uller, T. (2009). Parental effects in ecology and evolution. Mechanisms, processes, and implications. Philosophical Transactions of the Royal Society B: Biological Sciences 364(1520): 1169–1177.
Bollati, V. & Baccarelli, A. (2010). Environmental epigenetics. Heredity 105(1): 105–112.
Boyd, R. & Richerson, P.J. (1985). Culture and the evolutionary process (Chicago, IL: University of Chicago Press).
Cavalli-Sforza, L.L. & Feldman, M.W. (1981). Cultural transmission and evolution. A quantitative approach (Princeton, NJ: Princeton University Press).
Crick, F.H.C. (1958). On protein synthesis. Symposia of the Society for Experimental Biology 12: 138–163.
Crick, F.H.C. (1970). Central dogma of molecular biology. Nature 227(5258): 561–563.
Dolinoy, D.C. & Jirtle, R.L. (2008). Environmental epigenomics in human health and disease. Environmental and Molecular Mutagenes 49(1): 4–8.
Downey, G. & Lende, D.H. (2012). Neuroanthropology and the encultured brain. In: The encultured brain. An introduction to neuroanthropology, D.H. Lende & G. Downey, Hg. (Cambridge, MA: The MIT Press), S. 23–66.
Gilbert, S.F. (2003). The reactive genome. In: Origination of organismal form. Beyond the gene in developmental and evolutionary biology, G.B. Müller & S.A. Newman, Hg. (Cambridge, MA: The MIT Press), S. 87–101.
Gilbert, S.F. & Epel, D. (2009). Ecological developmental biology. Integrating epigenetics, medicine, and evolution (Sunderland, MA: Sinauer Associates).
Gissis, S.B. & Jablonka E., Hg. (2011). Transformations of Lamarckism. From subtle fluids to molecular biology, The Vienna Series in Theoretical Biology (Cambridge, MA: The MIT Press).
Gluckman, P.D. & Hanson, M.A. (2005a). The fetal matrix. Evolution, development and disease (Cambridge, UK: Cambridge University Press).
Gluckman, P.D. & Hanson, M.A., Hg. (2005b). Developmental origin of health and disease (Cambridge, UK: Cambridge University Press).
Griffiths, P.E. & Gray, R.D. (1994). Developmental systems and evolutionary explanation. Journal of Philosophy 91(6): 277–304.

Griffiths, P.E. & Stotz, K. (2000). How the mind grows. A developmental perspective on the biology of cognition. Synthese 122(1–2): 29–51.

Griffiths, P.E. & Stotz, K. (2013). Genetics and philosophy. An introduction, Cambridge Introductions to Philosophy and Biology, M. Ruse, Hg. (Cambridge, MA: Cambridge University Press).

Griffiths, P.E. & Tabery, J.G. (2013). Developmental systems theory. What does it explain, and how does it explain it? Advances in Child Development and Behavior 45: 65–94.

Hall, B.K. (2000a). Evo-devo or devo-evo – does it matter? Evolution & Development 2(4): 177–178.

Hall, B.K. (2000b). Evolutionary developmental biology, 2nd ed. (New York, NY: Chapman and Hall).

Hallgrimsson, B. & Hall, B.K. (2011). Introduction. In: Epigenetics. Linking genotype and phenotype in develoment and evolution, B. Hallgrimson & B.K. Hall, Hg. (Berkeley, CA: University of California Press), S. 1–5.

Jablonka, E. & Lamb, M.J. (1995). Epigenetic inheritance and evolution. The Lamarckian dimension (Oxford, UK: Oxford University Press).

Jablonka, E. & Lamb, M.J. (2005). Evolution in four dimensions. Genetic, epigenetic, behavioral, and symbolic variation in the history of life (Cambridge, MA: The MIT Press).

Laland, K.N., Sterelny, K., Odling-Smee, J., Hoppitt, W. & Uller, T. (2011). Cause and effect in biology revisited. Is Mayr's proximate-ultimate dichotomy still useful? Science 334(6062): 1512–1516.

Keller, F.E (2010). The mirage of space between nature and nurture (Durham, NC: Duke University Press).

Maestripieri, D. & Mateo, J.M., Hg. (2009). Maternal effects in mammals (Chicago, IL: The University of Chicago Press).

Mattick, J.S (2004). RNA regulation: a new genetics? Nature Reviews Genetics 5(4): 316–323.

Mayr, E. & Provine, W.B. (1980). The evolutionary synthesis. Perspectives on the unification of biology (Cambridge, MA: Harvard University Press).

Meaney, M.J. (2001). Maternal care, gene expression, and the transmission of individual differences in stress reactivity across generations. Annual Review of Neuroscience 24: 1161–1192.

Meaney, M.J. (2004). The nature of nurture. Maternal effect and chromatin modelling. In: Essays in social neuroscience, J.T. Cacioppo & G.G. Berntson, Hg. (Cambridge, MA: The MIT Press), S. 1–14.

Morris, K.V., Hg. (2012). Non-coding RNAs and epigenetic regulation of gene expression: Drivers of natural selection (Norfolk: Caister Academic Press)

Mousseau, T.A. & Fox, C.W., Hg. (1998). Maternal effects as adaptations (Oxford, UK: Oxford University Press).

Müller, G.B. & Newman, S.A. (2003). Origination of organismal form, The Vienna Series in Theoretical Biology (Cambridge, MA: The MIT Press).

Odling-Smee, F.J., Laland, K.N. & Feldman, M.W. (2003). Niche construction. The neglected process in evolution (Princeton, NJ: Princeton University Press).

Oyama, S. (1985/2000). The ontogeny of information. Developmental systems and evolution, 2nd (revised and expanded) ed. (Durham, NC: Duke University Press).

Oyama, S. (2002). The nurturing of natures. In: On human nature. Anthropological, biological and philosophical foundations, A. Grunwald, M. Gutmann & E.M. Neumann-Held, Hg. (Berlin: Springer), S. 163–170.

Piaget, J. (1978). Behavior and evolution. D. Nicholson-Smith, Übers. (New York, NY: Pantheon Books).

Pigliucci, M. (2001). Phenotypic plasticity. Beyond nature and nurture, Syntheses in Ecology and Evolution (Baltimore, MD: The Johns Hopkins University Press).

Pigliucci, M. & Kaplan, J.M. (2006). Making sense of evolution: The conceptual foundations of evolutionary theory (Chicago: University of Chicago Press).

Pigliucci, M. & Müller, G.B. (2010). Evolution – The extended synthesis (Cambridge, MA: The MIT Press).
Raff, R. (1996). The shape of life. Genes, development and the evolution of animal form (Chicago, IL: University of Chicago Press).
Schlichting, C.D. & Pigliucci, M. (1998). Phenotypic evolution: A reaction norm perspective (Sunderland, MA: Sinauer).
Sterelny, K. (2003). Thought in a hostile world. The evolution of human cognition (Oxford, UK: Blackwell).
Sterelny, K. (2012). The evolved apprentice: How evolution made humans unique. The Jean Nicord Lectures, F. Recanati, Hg. (Cambridge, MA: MIT Press).
Stotz, K. (2005a). Organismen als Entwicklungssysteme. In: Die Philosophie der Biologie. Eine Einführung, U. Krohs & G. Toepfer, Hg. (Frankfurt a. M.: Suhrkamp), S. 125–143.
Stotz, K. (2005b) Geschichte und Positionen der evolutionären Entwicklungsbiologie. In: Die Philosophie der Biologie. Eine Einführung, U. Krohs & G. Toepfer, Hg. (Frankfurt a. M.: Suhrkamp), S. 338–358.
Stotz, K. (2006). Molecular epigenesis. Distributed specificity as a break in the Central Dogma. History and Philosophy of the Life Sciences 28(4): 527–544.
Stotz, K. (2010). Human nature and cognitive-developmental niche construction. Phenomenology and the Cognitive Sciences 9(4): 483–501.
Stotz, K. (2012). Murder on the development express. Who killed nature/nurture? Biology & Philosophy 27(9): 919–929.
Stotz, K. & Allen, C. (2012). From cell-surface receptors to higher learning. A whole world of experience. In: Philosophy of behavioural biology, Boston Studies in the Philosophy of Science, K. Plaisance & T. Reydon, Hg. (Boston, MA: Springer).
Szyf, M., McGowan, P.O. & Meaney, M.J. (2008). The social environment and the epigenome. Environmental and Molecular Mutagenesis 49(1): 46–60.
Waddington, C.H. (1957). The strategy of the genes: A discussion of some aspects of theoretical biology (London, UK: George Allen & Unwin).
Wagner, G.P. (2000). What is the promise of developmental evolution? Part I: Why is developmental biology necessary to explain evolutionary innovation? Journal of Experimental Zoology (Mol Dev Evol) 288(2): 95–98.
West, M.J. & King, A.P. (1987). Settling nature and nurture into an ontogenetic niche. Developmental Psychobiology 20(5): 549–562.
West, M.J., King, A.P. & Arberg, A.A. (1988). The inheritance of niches. In: Handbook of behavioral neurobiology, E.M. Blass, Hg. (New York, NY: Plenum Press), S. 41–62.
West-Eberhard, M.J. (2003). Developmental plasticity and evolution (Oxford, UK: Oxford University Press).
Wheeler, M. & Clark, A. (2008). Culture, embodiment and genes. Unravelling the triple helix. Philosophical Transactions of the Royal Society of London, Series B, Biological Sciences 363(1509): 3563–3575.

Georg Toepfer
16 Transmission von Organisation

Die Probleme des Organismus- und Informationsbegriffs
in der Epigenetik

Der Begriff der Transmission gewinnt mit der Etablierung der Genetik als eigenständiger biologischer Disziplin zu Beginn des 20. Jahrhunderts zentrale Bedeutung für die Beschreibung der Prozesse der Vererbung. Bis zu dieser Zeit sind die Vorstellungen zur Vererbung eng mit denen der Entwicklung von Organismen verbunden. Die Fortpflanzung konnte in der älteren Konzeption als ein verlängertes Wachstum verstanden werden, so dass nicht nur die Entwicklung bestehender Organismen, sondern auch die Entstehung neuer ausgehend von dem ganzheitlichen Gefüge des Organismus beschrieben wurde. Mit dem Aufkommen der Genetik wird aber nicht mehr der ganze Organismus, sondern werden bevorzugt einzelne seiner Teile für die Vererbung verantwortlich gemacht. Diese Entwicklung vollzieht sich insbesondere unter dem Einfluss von August Weismanns Unterscheidung von Erb- und Körpersubstanz. Indem Weismann die Unbeeinflussbarkeit des „Keimplasmas" durch den Körper eines Organismus lehrt, isoliert er das Phänomen der Transmission von dem der Entwicklung, und der Organismus wird in genetischer Perspektive zu einem bloßen Transmitter des Genotyps: „Das Wesen der Vererbung beruht auf der Uebertragung einer Kernsubstanz von specifischer Molekülarstructur", heißt es bei Weismann (1885/1892: 215). Auf dieser durch Weismann gelegten Grundlage ist es das Programm der Genetik, die Einheiten der Vererbung, die von Weismann so genannten „Determinanten" zu finden, die von einer Generation zur nächsten weitergegeben werden und in unterschiedlichen Kombinationen für das Erscheinungsbild eines Organismus verantwortlich sind. Kontinuität einer Struktur und Expression dieser Struktur ist danach das Grundmuster der Vererbung. Wilhelm Johannsen formuliert dieses *Transmissions-Konzept der Vererbung* 1911 unter Verwendung seiner kurz zuvor eingeführten Begriffe des Geno- und Phänotyps (Johannsen, 1911: 130). Mit dieser Begrifflichkeit ist eine klare terminologische Trennung der Aspekte der Transmission und Expression der genetischen Determinanten, d. h. eine Differenzierung zwischen Genetik und Entwicklungsbiologie, begründet.

Die konzeptionelle Trennung von Transmission und Expression genetischer Determinanten wird in der Epigenetik zumindest teilweise wieder aufgehoben. Denn in der Epigenetik erfahren die auf die Vererbung spezialisierten Komponenten des Organismus, die Gene, eine Kontextualisierung unter Berücksichtigung aller anderen Komponenten des Organismus – und seiner Umwelt. Gene determinieren nach epigenetischer Sicht nicht einseitig phänotypische Merkmale, sondern diese Merkmale sind umgekehrt für die Entfaltung der spezifischen Wirksamkeit der Gene von Bedeutung. Damit bringt die Epigenetik die Dimension des *Organismus*, des Interdependenzgefüges eines lebenden Systems, systematisch ins Spiel, um aus dieser Perspektive den Vorgang der Vererbung zu verstehen. Die Epigenetik kehrt damit zurück hinter das präformistische Verständnis der Vererbung, das das 20. Jahrhundert dominierte, das Jahrhundert der Genetik, oder das Jahrhundert des Gens, wie Evelyn Fox Keller (2000) es nennt. Das Ende dieses Jahrhunderts der Präformation kann mit dem Beginn der Theorie der Entwicklungssysteme (*developmental systems theory*) angesetzt werden, etwa mit Susan Oyamas Monografie *The ontogeny of information* aus dem Jahr 1985, erschienen genau hundert Jahre nach Weismanns Keimplasma-Theorie. Mit dem Verlassen des präformistischen Paradigmas und der Kontextualisierung der Gene im System der Zelle drohen die Gene im Rahmen der Epigenetik ihre Rolle als privilegierte Determinanten und Repräsentanten der phänotypischen Merkmale zu verlieren. Wenn die Merkmale aber als komplexe Systemeigenschaften erklärt werden, wird das Konzept der *Information* problematisch, weil es auf einem linearen Modell der Determination und Repräsentation beruht.

16.1 Transmission von Organisation

Mit der Theorie der Entwicklungssysteme im Besonderen und der Epigenetik im Allgemeinen kommen neben den Genen andere Komponenten des Organismus in ihrer Beteiligung an Prozessen der Vererbung ins Spiel. Das Grundprinzip jedes organischen Vererbungsprozesses ist die Transmission von Merkmalen. Weitergegeben werden aber nicht direkt die phänotypischen Merkmale, sondern die „Entwicklungsressourcen" zu ihrer Ausbildung (Oyama, 1992: 225). Zu diesen Ressourcen gehören Merkmale eines Organismus und seiner Umwelt. Aufgrund der Beteiligung des Organismus vollzieht sich die Transmission von Merkmalen durch die Transmission einer ganzen Organisation. Ein dynamisches, organisiertes System wird von einem Körper auf einen anderen übertragen. Bei allen bekannten Lebensformen erfolgt die Transmission der Organisation eines Organismus durch die physische Abtrennung organisierter Teile, die sich zu einem Organismus gleichen Typs entwickeln können. Stets sind an diesem Vorgang Chromosomen und DNA beteiligt, also chemische Polymere, die aufgrund ihrer Struktur zum konzentrierten Speichern und Kopieren der wichtigsten funktionalen Moleküle in Lebewesen, der Proteine, geeignet sind. Ein Mechanismus der Fortpflanzung von Organismen durch Zellteilung ohne Beteiligung dieser spezifischen polymeren Strukturen ist in der Natur nicht realisiert. Alle Organismen auf der Erde enthalten DNA, und auf alle ist damit die Unterscheidung von Genotyp und Phänotyp anwendbar.

Die universale Verbreitung polymerer Moleküle in Prozessen der Vererbung deutet darauf hin, dass diese sich in der Evolution bewährt haben. Polymere bestehen aus wiederholten diskreten Einheiten; im Falle der DNA sind dies wenige (vier) Typen von Bausteinen, die im Strang der DNA aufeinanderfolgen und eine Sequenz bilden. Diese Sequenz weist also einen digitalen Code auf, der sowohl für Vorgänge des Kopierens als auch der Entfaltung spezifischer Wirkungen geeignet ist. In seiner Digitalität ähnelt der Code der DNA den Sprachen des Menschen, die ebenfalls aus diskreten, linear miteinander kombinierten Einheiten bestehen und ein effizientes Speicher- und Transmissionsinstrument für komplexe Repräsentationen und Instruktionen darstellen. Die Linearität der Anordnung und Digitalität der Zeichen in natürlichen Sprachen und der Struktur der DNA macht beide für informationstheoretische Analysen geeignet (s. u.).

Ein grundlegendes Problem von Genetik und Epigenetik ist aber, dass diese polymere Struktur der DNA, die auf die Transmission der funktionalen Moleküle spezialisiert ist, eine statische Anordnung von Elementen ist – die von den Eltern an die Nachkommen weiterzugebende Organisation aber ein dynamisches System darstellt. Zur Integration der digitalen Struktur der DNA in ein Gefüge dynamischer Prozesse, aus dem eine Zelle besteht, bedarf es weiterer Entwicklungsressourcen.

In einer einfachen Klassifikation gehören zu diesen Entwicklungsressourcen:
1. die Basensequenz der DNA
2. Modifikationen der DNA, z. B. Methylierungen, Chromatinmodifikationen, Histone
3. Komponenten des Organismus, die nicht die Struktur der DNA betreffen, z. B. andere Zellbestandteile
4. das dynamische, organisierte System von Prozessen in einer Zelle (der Eizelle)
5. Eigenschaften der abiotischen Umwelt des Organismus
6. das Verhalten anderer Organismen

Der erste Faktor wird üblicherweise zur Genetik gerechnet, alle anderen sind Gegenstand der Epigenetik. Denn seit einem Aufsatz von David Nanney aus dem Jahr 1958 werden solche Formen der Vererbung, die nicht auf der Basensequenz der DNA beruhen, als Gegenstand der Epigenetik verstanden. Nanney spricht dabei von „epigenetischen Kontrollsystemen", die er nicht in der DNA, sondern anderen Zellkomponenten verortet (1958: 713). Erst seit Mitte der 1990er Jahre wird die Epigenetik aber in dieser Weise explizit definiert. Als Gegenstand der Epigenetik gilt seitdem die nicht-DNA-basierte Vererbung (Holliday, 1994: 454) oder, nach einer anderen Formulierung, die Vererbung von veränderten Genfunktionen, die nicht durch eine Änderung der DNA-Sequenz erklärt werden kann (Riggs et al., 1996: 1).

Fast alle diese Ressourcen können als Strukturen oder Relationen gelten, allein der vierte Punkt, das organisierte System einer Zelle, ist ein dynamisches System, das nicht aus einer bloßen Ordnung von Entitäten besteht, sondern aus einem Gefüge kausaler Abläufe, also einer Organisation. Diesen Entwicklungsressourcen lassen sich jeweils eigene Transmissionsweisen zuordnen:
1. Teilung und semikonservative Ergänzung einer hochspezifischen digitalen Struktur (Sequenz) (DNA)
2. Weitergabe von Modifikationen dieser Struktur
3. Kontinuität von zytoplasmischen und somatischen Faktoren

4. Kontinuität eines organisierten Systems, eines Prozessgefüges (Zelle)
5. Persistenz von Umweltbedingungen, z. B. der Einflüsse der Sonne
6. Kopieren ohne materielle Überlappung, z. B. soziale Imitation

Im Unterschied zu anderen Kopierformen ist die Weitergabe einer Organisation im Bereich der Biologie durch die materielle Überlappung, also die partielle Weitergabe von Stoffen des Elternorganismus oder seiner Umwelt an die späteren Organismen kennzeichnend. Dies ist bei den ersten fünf dieser Transmissionstypen der Fall, im letzten Typ, der sozialen Imitation, liegt eine solche Überlappung dagegen nicht vor. Dieser Transmissionstyp ist für die kulturellen Traditionen des Menschen kennzeichnend, z. B. beim Abschreiben eines Textes oder dem Kopieren in einer Kopiermaschine. James Griesemer (2000: 360) möchte den Begriff der Transmission für diese Weitergabe ohne materielle Überlappung reservieren und spricht für die anderen Formen einfach von Vermehrung („multiplication"). Die Weitergabe ohne materielle Überlappung ist der in gewisser Weise schwieriger zu etablierende Vorgang, weil bei ihm die Maschinerie zur Herstellung der Kopie komplexer ist als die Kopie selbst: Ein Mensch, der einen Text abschreibt, ist komplexer als dieser Text, und eine Kopiermaschine ist komplexer als ein bedrucktes Blatt Papier. Die fehlende materielle Überlappung zwischen Vorfahren und Nachfahren wird also allein durch die Einbettung in eine komplexe, für den Kopierprozess adaptierte Umwelt ermöglicht. Bei Organismen, die sich über das Prinzip der materiellen Überlappung multiplizieren, ist dagegen der Multiplikationsmechanismus nicht komplexer als das zu multiplizierende System, und daher in der Evolution leichter zu erreichen. Denn in der Evolution unterliegen die Organismen, oder auch ihre Untereinheiten wie die Gene (als replikative Einheiten), einer adaptiven Veränderung, nicht aber die Umwelt.

Die Transmission einer Organisation ist im Bereich des Organischen also durch materielle Überlappung realisiert. Dennoch spielt dabei eine digitale Struktur eine wichtige Rolle. Es war in erster Linie diese Digitalität, die in den 1950er Jahren die Anwendung des Informationsbegriffs auf die Verhältnisse der Genetik rechtfertigte. Einer der ersten, der diesen Schritt vollzog, war der Biophysiker Henry Quastler, der im Jahr 1952 eine Konferenz über den ‚Gebrauch der Informationstheorie in der Biologie' organisierte. Der aus dieser Konferenz hervorgegangene Band erschien ein Jahr später, in dem Jahr, in dem auch James Watson und Francis Crick sich des Ausdrucks der Information bedienen. Die Autoren verwenden den Terminus aber in sehr unterschiedlicher Bedeutung: Quastler gebraucht ihn im Sinne Shannons als Maß für die Redundanz und damit Spezifität in der Struktur biologischer Makromoleküle. Er betrachtet dabei allein die Anzahl und Heterogenität der aufeinanderfolgenden Molekülklassen und abstrahiert von ihrer chemischen Natur sowie der konkreten Interaktion mit anderen Molekülen. Diese abstrakte Betrachtung ermöglicht es, den rein nachrichtentechnischen, statistischen Informationsbegriff Shannons anzuwenden und Information mit dem thermodynamischen Maß der Entropie zu identifizieren. Größerer Informationsgehalt bedeutet auf dieser Grundlage allein eine höhere Ungleichförmigkeit oder Unwahrscheinlichkeit in der Folge der Zeichen; nachrichtentechnisch drückt sich diese in einer größeren Unsicherheit in Bezug auf den Inhalt der Nachricht aus. Weil im nachrichtentechnischen Kontext allein die optimale Übermittlung von Informationen in einem Nachrichtenkanal im Mittelpunkt steht, geht es dabei ausdrücklich um den nicht-semantischen Ordnungsaspekt von Strukturen – die biologische Bedeutung von Sequenzen auf der Ebene von Molekülen, die sich in der „Übersetzung" in Sequenzen anderer Molekülklassen ausdrücken kann, spielt ausdrücklich keine Rolle (Quastler, 1953; Dancoff & Quastler, 1953; vgl. García-Sancho, 2006). Im Gegensatz dazu weist das Wort ‚Information' für Watson und Crick eine semantische Dimension auf.

16.2 Information

Die Rede von ‚Information' taucht ganz allgemein in solchen Kontexten auf, in denen die Struktur zweier getrennter Systeme aufeinander bezogen wird. Die Trennung der beiden informationstheoretisch verbundenen Entitäten kann in einem zeitlichen oder räumlichen Abstand bestehen. So kann, in einem einfachen Beispiel, eine Verteilung von Hoch- und Tiefdruckgebieten in einer Region als relevante Information für die Vorhersage eines Unwetters zu einem späteren Zeitpunkt dienen. Hier liegt eine zeitliche Trennung vor. Eine räumliche Trennung zweier informationstheoretisch verbundener Entitäten besteht z. B. in einer aus der Ferne sichtbaren Rauchwolke und einer Feuerstelle. In beiden Fällen existiert eine einfache kausale Korrelation von Zuständen: frühere Wetterlage und späteres Unwetter sowie Feuer und Rauchwolke.

Dieser kausale oder syntaktische Informationsbegriff ist biologisch und außerbiologisch harmlos, weil er keinen semantischen und damit auch keinen normativen Gehalt aufweist: Die frühere Wetterlage ist nicht da, *damit* es zu einem Unwetter kommt; das Feuer ist (meist) nicht da, *um* die Rauchwolke *zu* erzeugen.

Anders sieht es aber mit dem semantischen Informationsbegriff aus, den Watson und Crick 1953 einführen und auf die Relation von Basensequenz der DNA und Aminosäuresequenz der Proteine beziehen („By information I mean the specification of the amino acid sequence of a protein"; Crick, 1958: 144). Diese Relation wird als semantisch gehaltvoll verstanden, insofern die Basensequenz funktional in Bezug auf eine bestimmte Aminosäuresequenz wirksam ist. Die Semantik ergibt sich also daraus, dass die DNA-Sequenz eine spezifische Wirksamkeit entfaltet, die sich zunächst in einer direkten Übersetzung in eine andere Molekülklasse ergibt, welche dann einen Beitrag zu den Lebensfunktionen eines Organismus leistet. Mit dieser Funktionalität ist – wie nach verbreiteter Auffassung mit *jeder* biologischen Funktionalität (Millikan, 1989: 296; Neander, 1991: 183) – eine Normativität verbunden. Diese zeigt sich etwa daran, dass die (Unterstellungen oder Beurteilungen der) funktionalen Ausrichtungen bestehen bleiben, selbst wenn die als Ziele angestrebten Zustände, z. B. das Scheitern des Exprimierens eines bestimmten Proteins aufgrund eines „Ablesefehlers" der DNA, ausbleiben. Selbst wenn es im Einzelfall nicht erfolgt, *soll* eine bestimmte DNA-Sequenz doch ein bestimmtes Protein codieren; der Ausfall könnte zu einer Krankheit des Organismus führen. Genetiker können offensichtlich sinnvoll von Ablesefehlern und Korrekturmechanismen sprechen – etwas, das in rein kausaler Perspektive nicht möglich wäre. Hintergrund dieser Rede von Normativität ist das Modell eines intakten, seine Lebensfunktionen vollziehenden Organismus.

Ob der biologische Informationsbegriff besser syntaktisch im Sinne Shannons oder semantisch zu verstehen ist, wird bis in die Gegenwart kontrovers diskutiert. Der syntaktische Begriff ist zwar unproblematisch, weil er eine bloße Korrelation von Ereignistypen feststellt; er ist aber gleichzeitig nicht aufschlussreich, weil er auf sehr viele Beziehungen auch im Bereich des Anorganischen angewendet werden kann. Der semantische Informationsbegriff ist dagegen anspruchsvoller, in seiner Reichweite aber umstritten. Genetiker wie Gunther Stent argumentieren seit den 1970er Jahren (Stent, 1977: 137) – und Philosophen wie Peter Godfrey-Smith (2000: 35; 2007) greifen dies in den letzten Jahren auf –, dass der semantische Informationsbegriff nur von der DNA bis zur Ebene der Proteine reicht, nicht aber bis zu den phänotypischen Merkmalen, weil diese erst in der epigenetischen Interaktion vieler Faktoren, organismischer und außerorganismischer, gebildet werden. Es muss in diesen Fällen also keine strenge Korrelation von Gen und Merkmal vorliegen, und es kann nicht von der Präformation eines Merkmals in der Basensequenz der DNA und damit nicht von der DNA als (determinierender) ‚Information' für ein Merkmal gesprochen werden.

Ohne auf die semantische Ebene zu gehen, argumentieren einige Autoren dafür, dass bereits die spezifische Struktur der DNA syntaktische Gründe dafür liefere, ihre Wirkungsweise mittels des Informationsbegriffs zu beschreiben. Weil diese Beschreibung der Rolle der DNA ihrem Charakter nach nicht präformistisch sein muss, kann von einem *nicht-präformistischen Informationsbegriff* gesprochen werden. Ein solches Verständnis findet Unterstützung durch das von Carl Bergstrom und Martin Rosvall kürzlich vorgeschlagene *Transmissionsmodell der Information*. Nach diesem Modell gilt: „An object X conveys information if the function of X is to reduce, by virtue of its combinatorial [e.g. sequence] properties, uncertainty on the part of an agent who observes X" (Bergstrom & Rosvall, 2011b: 198; vgl. dies., 2011a: 165).

In dieser auf dem Funktionsbegriff aufbauenden, beobachterbezogenen Definition des Konzepts wird dem Begriff der Ungewissheit eine wichtige Rolle zugewiesen. Sie ist damit in ihrem Grundansatz von Shannons Begriff inspiriert, für den ebenfalls nachrichtentechnische Fragen der Komprimierbarkeit von Botschaften zentral waren. Noch nicht berührt ist mit dieser Definition eine semantische Dimension. Zugrunde gelegt werden nur die kombinatorischen Eigenschaften einer Struktur, z. B. die Sequenz eines polymeren Moleküls wie der DNA.

Der so definierte Informationsbegriff dient den Autoren dazu, auf möglichst einfacher begrifflicher Basis genetische und entwicklungsbiologische Informationsträger zu identifizieren. In die Klasse der so definierten Informationsträger fallen neben der DNA auch andere Strukturen mit einer spezifischen Konfiguration (im Fall der

DNA die Sequenz der vier unterschiedlichen Monomere), etwa ein Muster von Methylierungen, nicht aber solche Faktoren, die nicht in einer bestimmten Konfiguration bestehen, wie z. B. die Umwelttemperatur.

Auf der Grundlage eines solchen Modells, das den Informationsbegriff an das Vorliegen einer strukturellen Konfiguration bindet, ist eine Beschreibung der Rolle der DNA in informationstheoretischen Begriffen möglich, ohne zu bestreiten, dass die spezifische Wirksamkeit ihrer Struktur erst im Rahmen eines komplexen dynamischen Gefüges von organismischen und außerorganismischen Faktoren erfolgt. Nach diesem Verständnis wird also das informationstheoretische Modell der Genetik nicht abgelehnt, sondern gerade als das Verbindende von Genetik und Epigenetik gesehen – zumindest von solchen Bereichen der Epigenetik, die ebenfalls spezifische molekulare Konfigurationen (wie Methylierungen und Chromatinmodifikationen) beschreiben.

Dieser Informationsbegriff kann aber in besonderer Weise auf die DNA angewendet werden. Es sind mehrere Punkte, die die DNA nach diesem Transmissionsansatz dazu prädestinieren, als ein Element in einem Informationsprozess zu konzipieren (vgl. Bergstrom & Rosvall, 2011a: 167):
– Die DNA ermöglicht eine effektive Speicherung einer langen Sequenz auf kleinem Raum.
– Die Sequenz ist unendlich verlängerbar.
– Das Trägermolekül der Sequenz ist chemisch inert und strukturell stabil.
– Die Struktur ist auf einfache Weise replizierbar.
– Der Übersetzungscode von der Basensequenz der DNA zur Aminosäuresequenz der Proteine ist nicht zufällig, sondern zeigt einige Regelmäßigkeiten, die zur Vermeidung von Fehlern interpretiert werden können.

Über die syntaktische Ebene hinausgehend, argumentieren einige Autoren, dass auch der semantische Gehalt der DNA, und damit die gerechtfertigte Rede von ihr als Träger von semantischer ‚Information', an ihre besondere Struktur und die Art ihrer Wirksamkeit gebunden werden könne. Ausgangspunkt dieser Betrachtung ist die Eigenschaft der DNA, als spezifische Vorlage oder Matrize („template") zur Herstellung einer anderen Struktur fungieren zu können. Sie ist in dieser Hinsicht vergleichbar mit einem Kochrezept oder einem Computerprogramm (weshalb Biologen seit Beginn der 1960er Jahre von dem „genetischen Programm" sprechen können). Aufgrund ihrer differenzierten Struktur determinieren einige Abschnitte der DNA eine andere Struktur (ein Protein) im Sinne einer *Instruktion* (Stegmann, 2005), wobei sie für ihre Aktivierung auf andere Faktoren angewiesen sind (ebenso wie ein Kochrezept für seine Realisierung auf anderes, beispielsweise einen Koch, angewiesen ist). Einen semantischen Gehalt hat die Struktur der DNA nach dieser Auffassung, weil sie (im weiten Sinne) intentional bezogen ist auf diese andere Struktur, so dass sie auch Fehler (Dysfunktionen) im Hinblick auf die Determination der intendierten Struktur aufweisen kann.

Die spezifische Struktur der DNA und deren Wirksamkeit als Matrize für die Herstellung von Proteinen legt also eine Interpretation der DNA als Träger von sowohl syntaktischer als auch semantischer Information nahe. Biologen erklären die Funktionalität der spezifischen Struktur der DNA daraus, dass sie diese als Produkt von vergangenen Selektionsprozessen beurteilen. Sie verstehen die Struktur der DNA damit als eine evolutionäre Anpassung, die eine zentrale Rolle im Prozess der Transmission von Organisation übernimmt („symbolic signals [...] acquire their meanings from natural selection"; Maynard Smith, 2000: 215). Darauf aufbauend könnte ein Versuch zur Auszeichnung der DNA als einzigem („privilegiertem") Informationsträger darin bestehen, allein die DNA als angepasst für diese Funktion anzusehen, insofern sie allein durch Natürliche Selektion dazu geformt wurde.

Für Umweltbedingungen wie die Einstrahlung der Sonne gilt dies zwar nicht, weil sie keiner Formung durch Natürliche Selektion unterliegen. Allerdings – darauf weisen die Vertreter der Theorie der Entwicklungssysteme hin – können auch Eigenschaften von Organismen außerhalb der DNA wie z. B. Methylierungsmuster oder Verhaltensmuster durch Natürliche Selektion im Hinblick auf ihre Funktion der (außergenetischen) Vererbung stabilisiert worden sein (Griffiths, 2001: 402). Die Formung durch Natürliche Selektion für die Funktion der Bildung und Weitergabe einer spezifischen Struktur zeichnet also nicht allein die DNA aus. Es kann damit auch nicht die Gestaltung durch Selektion der (alleinige) Grund sein, der es rechtfertigen würde, allein die DNA als einen Informationsträger anzusehen.

Als spezifische Ursache für Entwicklungen, d. h. im Sinne eines Differenzfaktors, auf den eine tatsächliche Strukturbildung zurückgeht („actual difference maker"; Waters, 2007), können auch andere Komponenten einer Zelle oder ihrer Umwelt wirksam sein. Zu diesen gehören molekulare Komplexe und Mechanismen außerhalb der DNA, die deren Aktivierung initiieren und regulieren, wie z. B. die für die Zusammensetzung von DNA-Sequenzen zuständigen Splicosomen (Stotz, 2006).

Auch wenn diese Mechanismen für ihre spezifische Funktion durch Natürliche Selektion geformt wurden und sie in dieser Hinsicht der Spezifität der DNA ähneln, weisen sie doch nicht, wie die DNA, den Charakter einer Matrize auf (und sie sind daher nicht wie diese im Sinne einer Instruktion zu verstehen). Die außerhalb der DNA liegenden Faktoren erreichen nicht die differenzierte Spezifität, die in der Sequenz der Monomere in der DNA liegt. Sie erscheinen daher eher wie molekulare Schalter, die entweder an- oder ausgeschaltet sind (Rosenberg, 2006: 563). Aus diesem Grund ist es problematisch, sie als Träger von (semantischer) Information zu betrachten. Die wachsende Einsicht in die Strukturen und Spezifität dieser außerhalb der DNA liegenden Faktoren könnte aber noch eine Neueinschätzung ihres Gehalts an „Information" bewirken. Der Unterschied zwischen einer kausalen Spezifität, die sich aus den Instruktionen der DNA ergibt, und einer Spezifität, die im bloß funktionalen Schalten der anderen Entwicklungsfaktoren liegt, könnte sich damit als ein nur gradueller erweisen, so dass auch der Informationsbegriff zu einem graduierbaren Konzept würde (Weber, 2006: 608).

Dass es vor dem Hintergrund des momentanen Wissens problematisch erscheint, die Faktoren außerhalb der DNA als Träger von Informationen im Sinne von Instruktionen zu sehen, spricht aber nicht dagegen, diese Faktoren als wichtige „Entwicklungsressourcen" zu betrachten. Einer auf die Identifikation von „Programmen" und „Informationsträgern" fixierten Sicht kann im Gegenteil vorgeworfen werden, den systemischen, auf zyklischen Interaktionen statt linearen Determinationen beruhenden Charakter von organischen Entwicklungsprozessen zugunsten eines einfachen präformistischen Bildes nicht in den Blick zu nehmen (Stotz, 2006: 545; Laland et al., 2011: 1513). Zur Analyse eines Entwicklungsprozesses, der im Ganzen aus einem Netzwerk von interagierenden Komponenten besteht, erscheint der Informationsbegriff insgesamt ungeeignet. Dessen ungeachtet ist es weiterhin möglich, lokale Relationen in diesem Netzwerk adäquat als Informationsprozesse zu beschreiben, insbesondere das Verhältnis einer DNA-Sequenz zur Aminosäuresequenz eines Proteins.

Anerkannt werden kann also einerseits die so genannte *Paritätsthese* der Theorie der Entwicklungssysteme, nach der alle Entwicklungsressourcen gleichermaßen („paritätisch") an der Gestaltbildung beteiligt sind und die DNA in kausaler Hinsicht nicht als zentrale merkmalsdeterminierende Struktur privilegiert werden sollte. Andererseits sollte aber zugestanden werden, dass die Wirkungsweise der DNA im Gegensatz zu den anderen Entwicklungsressourcen adäquat informationstheoretisch beschrieben werden kann. In kausaler Perspektive ist es zweifellos richtig, dass ein Organismus sich ebenso wenig ohne Umwelt und die intakte Organisation einer Zelle wie ohne DNA entwickeln kann; nicht alle Entwicklungsressourcen sind aber gleichermaßen geeignet für eine informationstheoretische Beschreibung.

So wie einerseits die Anwendung des Informationsbegriffs aus dem Vorliegen von präformierten Strukturen, nämlich der DNA als Matrize, die als „Instruktion" fungiert, gerechtfertigt werden kann, wird der Informationsbegriff andererseits in dem Maße problematisch, in dem die Präformationsvorstellung insgesamt zugunsten eines komplexen Netzwerkmodells von Aktivierungs-, Regulations- und Modifikationsfaktoren aufgegeben wird, die sich erst im Zuge der fortschreitenden Entwicklung konstituieren. An die Stelle der linearen, präformistischen Information tritt dann das Konzept der epigenetischen Interdependenz von Faktoren. Dieses Modell der epigenetischen Interaktion leistet damit auch eine Integration der heterogenen Bestandteile der Zelle in ein kohärentes Ganzes.

16.3 Rekonstitution des Organismus

Mit dem genzentrierten Paradigma der Vererbungslehren des präformistischen 20. Jahrhunderts ist eine Depotenzierung des Organismus als eigenständiger Entität und als *Agent* verbunden. Bei einigen Vertretern wird das sehr deutlich formuliert. Schon für August Weismann gilt 1884 nicht mehr das Individuum in seinem Bestreben nach Selbsterhaltung, sondern die dynamische Kette der Individuen als Paradigma der Lebendigkeit. Ein „eigentliches" Leben kommt nach Weismann nicht den mehrzelligen Organismen, sondern den Fortpflanzungszellen zu, weil sie über das Leben der Körperzellen hinaus in den Nachkommen weiter bestehen können und damit potenziell unsterblich sind: „Der Körper, das Soma, erscheint unter diesem Gesichtspunkt gewissermaßen als ein nebensächliches Anhängsel der eigentlichen Träger des Lebens: der Fortpflanzungszellen" (Weismann, 1884/1892: 165).

Nach der genzentrierten Beschreibung nicht nur der Vererbung, sondern auch der Evolution kann man bei einem anderen Vertreter dieser Auffassung, bei E.O. Wilson, 1975 lesen: „In a Darwinian sense the organism does not live for itself. Its primary function is not even to reproduce other organisms; it reproduces genes, and it serves as their temporary carrier [...]: the organism is only DNA's way of making more DNA" (Wilson, 1975: 3).

Diese Konzipierung des Organismus als Instrument der DNA weicht unter der epigenetischen Perspektive. Sie weicht, weil die präformistische Determinationsvorstellung zumindest in manchen Fällen nicht mehr plausibel ist. An die Stelle eines Blaupausenmodells treten interaktionistische Modelle, etwa im Rahmen von Modularitätsanalysen der Entwicklung, wie sie von Günter Wagner aufgestellt werden (vgl. Abb. 16.1).

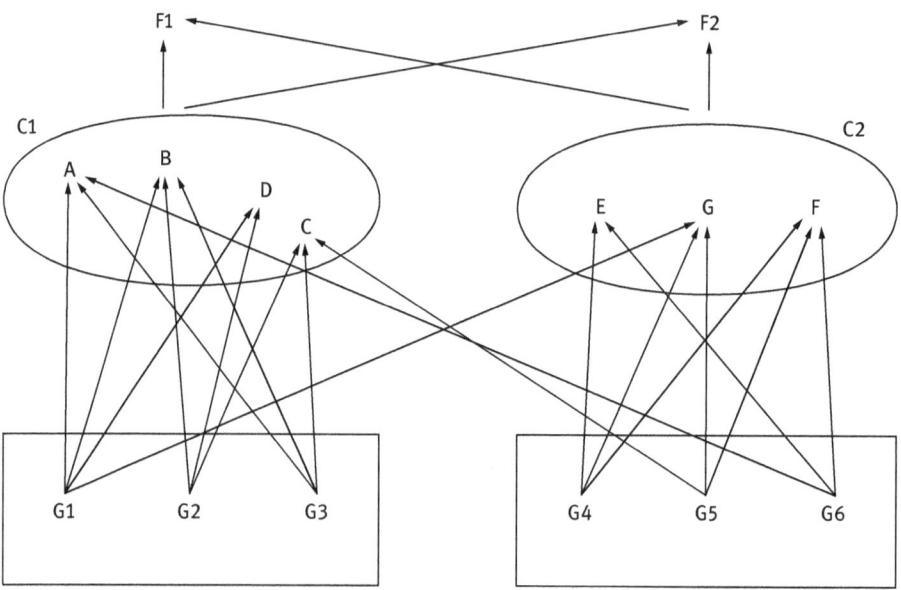

Abb. 16.1: Interaktion von Genen in der Hervorbringung von Merkmalen (nach Wagner, 1996: 38).

In diesem Modell zur Interaktion von Genen in der Hervorbringung von Merkmalen ist eine einfache Korrelation von Genen (G) und den Merkmalen (C), die bestimmten Funktionseinheiten (F) zugeordnet sind, nicht mehr möglich. Es liegt hier keine

Determination eines Merkmals durch ein Gen vor, sondern vielmehr werden die Merkmale durch Interaktion vieler Komponenten hervorgebracht. Statt von einer *Determination* durch einzelne Faktoren könnte hier besser von einem *Emergieren* der Merkmale durch die Interaktion bedingender Faktoren gesprochen werden (Morange, 2002: 58). Aufgrund dieser Emergenz wird die Zuschreibung von determinierenden Kräften zu einzelnen Elementen in vielen Fällen unmöglich. Wenn eine Interaktion in Form eines Netzwerks von Faktoren vorliegt, kann nicht vorausgesagt werden, was beim Ausfall eines Faktors passieren wird: Es kann zur Kompensation dieses Ausfalls kommen, oder der Ausfall kann das Ausbleiben von Merkmalen nach sich ziehen. Vor dem Hintergrund eines solchen Modells der Merkmalsbildung kann ein Gen nicht als Repräsentation eines Merkmals verstanden werden. Philosophen wie Peter Godfrey-Smith (2007) lehnen daher einen semantischen Informationsbegriff, der von der DNA über die Proteine bis zu den Merkmalen reicht, ab.

In dem Maße, in dem die Erklärung der Embryogenese als nicht reduzierbar auf die Struktur der DNA gilt, kommt es zu einer Renaissance des Organismusbegriffs. Denn über diesen Begriff kann eine Integration der verschiedenen an der Entwicklung beteiligten Faktoren erfolgen: Heterogene Bestandteile der Zelle können in ihrem systemischen Zusammenwirken bei der Formbildung analysiert werden.

Auch für die Evolutionsbiologie gewinnt die Ebene des Organismus in der Folge dieser entwicklungsbiologischen Rekonzeptualisierung erneut an Bedeutung, insofern evolutionärer Wandel als Veränderung auf der Ebene der individuellen Entwicklung von Organismen als plastischen Systemen beginnen kann, so dass sich diese Änderung erst in einem zweiten Schritt auf genetischer Ebene manifestiert. In einer bekannten Aussage formuliert Mary Jane West Eberhard (2005: 6543) dies so, dass Gene eher als Nachzügler denn als die Leitgrößen im Prozess des evolutionären Wandels zu verstehen seien. Im Gegensatz zum Neodarwinismus des 20. Jahrhunderts, in dem die Gene die eigentlichen Akteure waren und es in den Modellierungen um ihre Ausbreitung ging, rückt in dem entwicklungsbiologisch informierten Darwinismus des 21. Jahrhunderts der Organismusbegriff ins Zentrum. Dieser neue Darwinismus ist in gewisser Weise wieder näher an Darwin selbst. Denn ebenso wie Darwin den evolutionären Wandel durch einen Wettstreit der Individuen ums Überleben beschreibt, so setzt der entwicklungsbiologische Darwinismus an Organismen als plastischen Systemen an und erklärt Veränderungen auf Populationsebene durch die Aggregation von Ereignissen, die sich auf der Ebene der Individuen befinden (vgl. Walsh, 2010: 335). In diesem Sinne könnte man von einer durch die Perspektive der Epigenetik *erweiterten Synthetischen Theorie der Evolution* („extended evolutionary synthesis") sprechen, wie dies u. a. Massimo Pigliucci (2007) vorschlägt.

Die Konsequenzen dieser neuen Perspektivierungen führen über die biologischen und philosophischen Debatten um die adäquate Begrifflichkeit zur Beschreibung von Entwicklungsvorgängen hinaus und betreffen u. a. die Rolle von Einflüssen der Umwelt und Kultur in der Entwicklung von Organismen.

16.4 Organismus und Entwicklung: Umwelt und Kultur

Dass im Rahmen der neueren epigenetischen Perspektive der Organismusbegriff rekonstituiert wird, ist jedoch nur die halbe Wahrheit. Denn die Perspektive der Epigenetik und neueren Entwicklungsbiologie, insbesondere unter dem Paradigma der Theorie der Entwicklungssysteme, ist nicht nur an der *Rekonstitution*, sondern in gleichem Maße auch an der *Dekonstruktion* des Organismusbegriffs beteiligt. Denn ausgehend von den Prozessen der Transmission und Expression von Merkmalen operiert die entwicklungsbiologische Perspektive grundsätzlichen mit einem zwar vielfach interaktionistischen, aber letztlich doch linearen Kausalmodell. Sie kann damit überhaupt keine Theorie der Konstitution organisierter Systeme liefern.

Die Grenzen von Entwicklungssystemen fallen nicht mit den Grenzen eines Organismus zusammen. Denn Ressourcen für die Entwicklung sind viele Faktoren, die Teil der Umwelt des Organismus sind und nicht zu ihm selbst gehören.

Von verschiedenen Vertretern der Theorie der Entwicklungssysteme und verwandter Ansätze wird das auch explizit herausgestellt. Susan Oyama schreibt: „Developmental systems must be understood, not as internal to the organism, and certainly not as some cover term for genetic programmes, but rather as organism-environment complexes that change over both ontogenetic and phylogenetic time" (Oyama, 1992: 226).

Und Matteo Mameli wendet sich gegen alle *Ausfaltungstheorien* der Entwicklung, wie er sie nennt, eben weil auch die Umwelt eines Organismus ein Teil von ihm als Entwicklungssystem ist: „all unfolding theories of development needs to be abandoned, not just its DNA version. The intrinsic conceptional features of an organism – both genetic and nongenetic – are not sufficient to explain the development of the organism" (Mameli, 2005: 387).

Werden alle Faktoren der Entwicklung eines Organismus berücksichtigt, dann beginnt die Entwicklung nach Mameli nicht erst mit der Befruchtung einer Zelle, sondern reicht weiter in die Vergangenheit zurück, weil viele Entwicklungsressourcen schon vor der Befruchtung vorhanden sind.

Vertreter der Theorie der Entwicklungssysteme weisen darauf schon seit langem hin. Zu den persistenten Ressourcen, die über Generationen hinweg gleich bleiben, rechnen sie beispielsweise konstante Umweltfaktoren wie die Sonneneinstrahlung. Auch von einer Gruppe von Organismen kollektiv erzeugte Ressourcen wie Bauten oder Höhlen fallen in diese Kategorie (vgl. Griffiths & Gray, 1994: 285).

Die Grenze zwischen Organismus und Umwelt kann im Rahmen dieser Entwicklungsperspektive der Theorie der Entwicklungssysteme demnach überhaupt nicht mehr bestimmt werden. Paul Griffiths und Russell Gray konstatieren daher auch schlicht, es gebe überhaupt keine Unterscheidbarkeit von Organismus und Umwelt: „there is no distinction between organism and environment" (Griffiths & Gray, 2001: 300). Entwicklungsbiologisch gibt es daran nichts auszusetzen. Aber das heißt doch nur, dass die Entwicklungsbiologie nicht geeignet ist, den Organismusbegriff zu rekonstruieren. Die Sonne ist eine Entwicklungsressource fast aller Organismen auf der Erde; sie gehört also zum Entwicklungssystem fast aller Organismen; sie ist aber zweifellos keine Komponente eines Organismus, sondern gehört zur Umwelt der Organismen.

Die entwicklungsbiologische Systemperspektive etabliert im Grunde einen ganz anderen Typ von System, als es ein Organismus ist. Ein Grund dafür liegt darin, dass beiden Perspektiven eine andere Schematisierung von Kausalprozessen zugrunde liegt: In der Entwicklungsperspektive ist die Interaktion von kausalen Faktoren das Grundschema; in der Organismusperspektive ist es die kausale Zyklizität von Komponenten, die sich wechselseitig erhalten.

Entwicklungstheorien sind keine Konstitutionstheorien für den Organismusbegriff – und sie sind auch keine Konstitutionstheorien für den Kulturbegriff. Dies soll am Ende dieses Aufsatzes gezeigt werden. Von biologischer Seite wird der Kulturbegriff in den letzten Jahrzehnten in erster Linie ausgehend von einer Transmissionsperspektive ins Spiel gebracht: Kultur wäre demnach, was nicht biologisch ererbt, sondern durch gruppenspezifische Transmission oder Tradition erworben ist, wie z. B. das Aufpicken von Milchflaschen durch Meisen oder das Angeln nach Termiten mittels Stöckchen in Schimpansengemeinschaften. Im Rahmen eines solchen Ansatzes kann die Kultur genetischen und epigenetischen Faktoren zugeordnet und es kann die Interaktion oder Koevolution von Entwicklungsressourcen wie Genen und Kultur untersucht werden. Möglich ist dies nicht nur für die Ausbreitung von „kulturellen" Techniken in Populationen von Tieren, sondern auch beim Menschen, so dass sich hier eine breite Basis für eine sozialwissenschaftlich-biologische Zusammenarbeit bildet. Diese Basis ist inzwischen so mächtig, dass der Kulturbegriff aus biologischer Perspektive meist über sie definiert wird. Hier drei Beispiele:
- By culture I mean the transfer of information by behavioral means, most particularly by the process of teaching and learning (Bonner, 1980: 10).
- Culture is information capable of affecting individual's phenotypes which they acquire from other conspecifics by teaching or imitation (Boyd & Richerson, 1985: 33).
- [O]ur definition of culture [...:] a set of behaviors learned from group members and not genetically transmitted, mainly independent from ecological conditions, and shared between members of some specific groups (Boesch, 2003: 89).

Hier bildet der Transmissionsaspekt jeweils die Grundlage für die Definition. Gewiss ist die heuristische Fruchtbarkeit solcher Definitionen für die Biologie nicht in Frage zu stellen. Es ist aber doch evident, dass im Rückbezug eines biologischen Transmissionsbegriffs auf Kultur sehr viel verlorengeht, was zum traditionellen Kernbestand des Konzepts zu rechnen ist. Dazu zählt nicht nur das darin ungeklärte Verhältnis zwischen Tradierung und Transmission, sondern schon der Umstand, dass in der Kulturentwicklung ganz eigene, jenseits der Biologie stehende Determinationsfaktoren wirksam sein können, die zu einer biologisch nicht funktionalen Ordnung führen. Aus einer Transmissionsperspektive mag es Parallelen zwischen der Ausbreitung sozialer Einstellungen, wie dem Verzicht auf eigene Kinder in westlichen Gesellschaften, und

Verhaltensmustern wie dem Waschen von Kartoffeln bei japanischen Makaken geben – es ist aber fraglich, ob allein aufgrund dieser Parallele beide Ausbreitungsprozesse als kulturelle anzusehen sind und kulturelle Phänomene überhaupt ausgehend von Transmissionsprozessen konzipiert werden sollten. Dem traditionellen Kulturbegriff würde es eher entsprechen, seine Grundlage in der menschlichen Fähigkeit zur Distanzierung von der bei Tieren universal verbreiteten Ausrichtung des Verhaltens auf Überleben und Fortpflanzung und in der Autonomie des Menschen zur Setzung eigener, sozial (und nicht biologisch) stabilisierter Ziele zu suchen.

Um diese Konstitution des Kulturellen und seine Eigendynamik adäquat darzustellen, wäre also weit mehr als eine Entwicklungstheorie notwendig. Theorien der Transmission sind zwar geeignet, das komplexe Ineinander von Entwicklungsfaktoren darzustellen – einschließlich der Verflechtung von biologischen und kulturellen Faktoren. Sie sind aber ungeeignet, die Einheit des Komplexes zu bestimmen, der das Ergebnis der Entwicklung ist, sei es im biologischen Fall der Organismus oder im kulturellen Fall ein Kulturphänomen.

Literatur

Bergstrom, C.T. & Rosvall, M. (2011a). The transmission sense of information. Biology and Philosophy 26(2): 159–176.

Bergstrom, C.T. & Rosvall, M. (2011b). Response to commentaries on ‚The transmission sense of information'. Biology and Philosophy 26(2): 195–200.

Boesch, C. (2003). Is culture a golden barrier between human and chimpanzee? Evolutionary Anthropology 12(2): 82–91.

Bonner, J.T. (1980). The evolution of culture in animals (Princeton, NJ: Princeton University Press).

Boyd, R. & Richerson, P.R. (1985). Culture and the evolutionary process (Chicago, IL: University of Chicago Press).

Crick, F.H.C. (1958). On protein synthesis. Symposia of the Society for Experimental Biology 12: 138–163.

Dancoff, S. & Quastler, H. (1953). The information content and error rate of living things. In: Essays on the use of information theory in biology, H. Quastler, Hg. (Urbana, IL: University of Illinois Press), S. 263–273.

García-Sancho, M. (2006). The rise and fall of the idea of genetic information (1948–2006). Genomics, Society and Policy 2(3): 16–36.

Godfrey-Smith, P. (2000). On the theoretical role of ‚genetic coding'. Philosophy of Science 67(1): 26–44.

Godfrey-Smith, P. (2007). Information in biology. In: The Cambridge companion to the philosophy of biology, D.L. Hull & M. Ruse, Hg. (New York, NY: Cambridge University Press), S. 103–119.

Griesemer, J. (2000). Development, culture, and the units of inheritance. Philosophy of Science 67 (Proc.): 348–368.

Griffiths, P.E. (2001). Genetic information: a metaphor in search of a theory. Philosophy of Science 68(3): 394–412.

Griffiths, P.E. & Gray, R.D. (1994). Developmental systems and evolutionary explanation. Journal of Philosophy 91(6): 277–304.

Griffiths, P.E. & Gray, R.D. (2001). Darwinism and developmental systems. In: Cycles of contingency, S. Oyama, P.E. Griffiths & R.D. Gray, Hg. (Cambridge, MA: MIT Press), S. 195–218.

Holliday, R. (1994). Epigenetics: an overview. Developmental Genetics 15(6): 453–457.

Johannsen, W. (1911). The genotype conception of heredity. American Naturalist 45(531): 129–159.

Keller, E.F. (2000). The century of the gene (Cambridge, MA: Harvard University Press).

Laland, K.N., Sterelny, K., Odling-Smee, J., Hoppitt, W. & Uller, T. (2011). Cause and effect in biology revisited: Is Mayr's proximate-ultimate dichotomy still useful? Science 334(6062): 1512–1516.

Mameli, M. (2004). Nongenetic selection and nongenetic inheritance. British Journal for the Philosophy of Science 55(1): 35–71.

Mameli, M. (2005). The inheritance of features. Biology and Philosophy 20(2–3): 365–399.

Maynard Smith, J. (2000). Reply to commentaries. Philosophy of Science 67(2): 214–218.

Millikan, R.G. (1989). In defense of proper functions. Philosophy of Science 56(2): 288–302.

Morange, M. (2002). The relations between genetics and epigenetics: A historical point of view. In: From epigenesis to epigenetics: The genome in context, Annals of the New York Academy of Sciences 981, L. van Speybroeck, G. van de Vijver & D. de Waele, Hg., S. 50–60.

Nanney, D.L. (1958). Epigenetic control systems. Proceedings of the National Academy of Sciences of the United States of America 44(7): 712–717.

Neander, K. (1991). Functions as selected effects: the conceptual analyst's defense. Philosophy of Science 58(2): 168–184.

Oyama, S. (1985). The ontogeny of information (Cambridge, UK: Cambridge University Press).

Oyama, S. (1992). Ontogeny and phylogeny; a case of metarecapitulation? In: Trees of life. Essays in philosophy of Biology, P.E. Griffiths, Hg. (Dordrecht: Kluwer), S. 211–239.

Pigliucci, M. (2007). Do we need an extended evolutionary synthesis? Evolution 61(12): 2743–2749.

Quastler, H. (1953). The measure of specificity. In: Essays on the use of information theory in biology, H. Quastler, Hg. (Urbana, IL: University of Illinois Press), S. 41–71.

Riggs, A.D., Martienssen, R.A. & Russo, V.E.A. (1996). Introduction. In: Epigenetic mechanisms of gene regulation, V.E.A. Russo, Hg. (Plainview, NY: Cold Spring Harbor Laboratory Press), S. 1–4.

Rosenberg, A. (2006). Is epigenetic inheritance a counterexample to the central dogma? History and Philosophy of the Life Sciences 28(4): 549–566.

Stegmann, U.E. (2005). Genetic information as instructional content. Philosophy of Science 72(3): 425–443.

Stent, G.S. (1977). Explicit and implicit semantic content of the genetic information. In: Foundational problems in the special sciences, R.E. Butts & J. Hintikka, Hg. (Dordrecht: Reidel), S. 131–149.

Stotz, K. (2006). Molecular epigenesis: distributed specificity as a break in the Central Dogma. History and Philosophy of the Life Sciences 28(4): 533–548.

Wagner, G.P. (1996). Homologues, natural kinds and the evolution of modularity. American Zoologist 36(1): 36–43.

Walsh, D.M. (2010). Two neo-Darwinisms. History and Philosophy of the Life Sciences 32(2–3): 317–340.

Waters, C.K. (2007). Causes that make a difference. Journal of Philosophy 104(11): 551–579.

Weber, M. (2006). The central dogma as a thesis of causal specificity. History and Philosophy of the Life Sciences 28(4): 595–609.

Weismann, A. (1884/1892). Über Leben und Tod. In: ders. Aufsätze über Vererbung und verwandte biologische Fragen (Jena: Fischer), S. 123–190.

Weismann, A. (1885/1892). Die Continuität des Keimplasma's als Grundlage einer Theorie der Vererbung. In: ders. Aufsätze über Vererbung und verwandte biologische Fragen (Jena: Fischer), S. 191–302.

West-Eberhard, M.J. (2005). Developmental plasticity and the origin of species differences. Proceedings of the National Academy of Sciences of the United States of America 102(1): 6543–6549.

Wilson, E.O. (1975). Sociobiology: The new synthesis (Cambridge, MA: Belknap Press).

Staffan Müller-Wille
17 Epigenese und Präformation: Anmerkungen zu einem Begriffspaar

Epigenese und Präformation bilden ein Begriffspaar, das seit der zweiten Hälfte des 19. Jahrhunderts in polemischen Debatten um Vererbung, Entwicklung und Evolution der Organismen eingesetzt wird. Meist ging und geht es in diesen Debatten um den Anteil, den Erbe und Umwelt, *nature* und *nurture*, an der Bildung von Organismen haben, und wie in solchen polemischen Zusammenhängen üblich, werden die beiden Begriffe Epigenese und Präformation häufig stellvertretend für übergreifende weltanschauliche Ideenkomplexe eingesetzt und mit fundamentalen Paradigmenwechseln in der Geschichte der Lebenswissenschaften assoziiert. So war schon Ernst Haeckel – der mit einer Diskussion embryologischer Theorien in seiner *Anthropogenie oder Entwickelungsgeschichte des Menschen* (1874) sehr viel zur Popularisierung des Gegensatzes von Präformation und Epigenese beigetragen hat – der Meinung, dass Caspar Friedrich Wolff mit seiner epigenetischen „Theorie der Generation" (*Theoria generationis*, 1759, zit. nach der dt. Fassung 1764) eine epochale Wende in der Biologie eingeleitet hatte, und vereinnahmte ihn dabei stracks als „grosse[n] monistische[n] Naturphilosophen im besten und reinsten Sinne des Wortes."[1] Bis heute besteht die Tendenz fort, Präformation mit mechanizistischen, deterministischen und reduktionistischen Tendenzen in den Lebenswissenschaften zu verknüpfen, während Epigenese mit organizistischen und holistischen Vorstellungen in Verbindung gebracht wird, die Organismen ein erhebliches Maß an Plastizität und Anpassungsfähigkeit zuerkennen (Moss, 2003: Kap. 1; Stotz, 2008).

In der Auflösung von solchen reflexartigen Assoziationen besteht eine der wichtigsten Aufgaben der Geschichtsschreibung. Caspar David Wolff selbst macht einem diese Aufgabe überraschend leicht. Er erkannte nur einen einzigen Naturphilosophen an, der vor ihm die Zeugung der Pflanzen und Tiere „accurat, obwohl so falsch als möglich, erklärt hatte", nämlich René Descartes (Wolff, 1764: 6). Descartes, der Tiere bekanntlich als Maschinen begriffen wissen wollte, als Epigenetiker *avant la lettre*? Tatsächlich behauptete der französische Philosoph in einem postum erschienenen embryologischen Traktat, dass männlicher und weiblicher Samen „wie Hefen" aufeinander wirken, und verschiedene Organsysteme erst nach und nach aus dieser Wechselwirkung hervorgehen, angefangen mit Lunge und Leber (Descartes, 1701/1986: 507 f.) – was eben Wolff für „so falsch als möglich" hielt, da er selbst gezeigt zu haben glaubte, dass bei tierischen Embryonen zuerst das Nervensystem entsteht. Noch verwirrender stellt sich der historische Verlauf dar, wenn man zur Kenntnis

---

[1] Zitiert nach Haeckel (1874/1877: 38). Haeckels große Erzählung liefert noch heute vielfach die konventionelle Folie für historische Überblicksdarstellungen; vgl. zuletzt Willer, Weigel & Jussen (2013: 18).

nimmt, dass der Neo-Aristoteliker William Harvey, der immerhin das Wort *epigenesis* zuerst gebrauchte, apodiktisch behauptete, dass „der lebendige Anfang, aus dem der Fötus hervorgebracht wird, vorher schon da ist" (Harvey, 1651: 420), während sich bei Nicolas Malebranche, der häufig als Begründer neuzeitlicher Einschachtelungstheorien zitiert wird, die überraschend epigenetisch klingende Anmerkung finden lässt, „dass alle organischen Teile [eines Lebewesens im Keim] vorgeformt und den Bewegungsgesetzen so angemessen sind, dass sie *durch ihre eigene Konstruktion* (*par leur propre construction*) und durch die Wirksamkeit dieser Gesetze wachsen und so die Form annehmen können, die ihren Lebensumständen angemessen ist" (Malebranche, 1688/1991: 253; Hvh. S.M.-W.). Präformation und Epigenese scheinen angesichts solcher Zitate schlechte Kandidaten für fundamentale, einander logisch ausschliessende lebenswissenschaftliche Kategorien, oder gar Vorstellungswelten, zu sein.

Man kann das Begriffspaar aber auch weniger inflationär verstehen. Ihrer wörtlichen Bedeutung nach bezeichnen die Termini schlicht zwei unterschiedliche Perspektiven auf den zeitlichen Verlauf von Entwicklungsgängen. Präformation hebt aus diesen Entwicklungsgängen das hervor, was schon vorher da ist und darauf Folgendes produktiv ermöglicht, aber auch beschränkt; während Epigenese das Nach-und-Nach dieser Abläufe in den Vordergrund rückt und betont, wie im Zuge dessen Vorgängiges immer wieder zu Neuem verarbeitet wird. Beide Begriffe ergänzen sich in einer Dialektik der Veräußerung und Aneignung, aus der sich ihre fundamentale Beziehung zu Modellen der Vererbung ergibt. Das bedeutet aber eben auch, dass sie einander nicht ausschließen, und mehr noch, dass ihre Bedeutung von den Vorzeichen jeweils herrschender Vererbungsvorstellungen moduliert wird. Gilt das Augenmerk allein, wie in der frühen Neuzeit, der Zeugung individueller Wesen, so nehmen Präformation und Epigenese ganz andere, an dem individuellen Zeugungsakt orientierte Bedeutungen an als in den biologischen Theorien der Moderne, deren Augenmerk in der Regel Strukturen und Entitäten galt, die von der Manifestation des Lebens in individuellen Lebewesen abstrahiert werden können (Rheinberger & Müller-Wille, 2009: Kap. 2).

Die Abhängigkeit von Präformation und Epigenese von jeweils historisch spezifischen Vererbungsvorstellungen kommt in dem Neologismus „epigenetics" besonders gut zum Ausdruck. Er wurde Mitte der 1940er Jahre von Conrad Hal Waddington in ausdrücklicher Anlehnung an Epigenese eingeführt, um Vorgänge zu bezeichnen, die *jenseits* der Weitergabe von Genen eine Rolle bei der Entwicklung und Evolution von Organismen spielen (Parnes, 2013: 223 f.). Anders gesagt: Die grundlegende Bedeutung der Gene bleibt unbezweifelt, ja, die „epigenetische Landschaft", die Waddington zur Veranschaulichung seiner embryologischen Vorstellungen zeichnete, ist in ihrer Untersicht eindeutig durch Gene „präformiert". Erst in der Aufsicht auf dieselbe Landschaft stellt sich der Eindruck ein, dass sich durch unscheinbare Modifikationen des Terrains, ausgelöst durch Signale aus der inneren und äußeren Umwelt des Organismus, erhebliche Abänderungen im Entwicklungsverlauf ergeben können (Jablonka & Lamb, 2002: 83 f.). Wie kaum ein anderes Dokument der Biologiegeschichte des 20. Jahrhunderts stellt Waddingtons Vexierbild das ausschließliche Verhältnis von Präformation und Epigenese in Frage: Was sich aus der einen Sicht, der Sicht von unten, als streng deterministisches Geflecht von Kausalbeziehungen darstellt, wirkt aus der anderen Sicht, aus der Sicht von oben, als plastisches, ja geradezu ätherisches Gebilde. Präformation und Epigenese stehen in der zeitgenössischen Biologie nicht im Widerspruch zueinander, sondern sind zwei Begriffe, deren Gewicht und Bedeutung je nach disziplinärem Kontext variiert (Griesemer, 2011).

Seit der Mitte des 20. Jahrhunderts hat sich die Epigenetik zu einem Forschungsgebiet ausgewachsen, das mittlerweile eine Vielzahl von Vererbungsmodellen kennt. Damit rückt auch zunehmend die Erkenntnis in das Bewusstsein, dass die klassische Genetik den Begriff der Vererbung im Grunde genommen extrem verengt hat (Parnes, 2013). Mit der Metapher der Vererbung wurden im Kontext der klassischen Genetik eigentlich nur Prozesse belegt, die sich als Weitergabe und Umverteilung vollständig teilbarer, veräußerbarer und rekombinierbarer Einheiten („Genen" eben) veranschaulichen ließen. Es sind daneben aber auch eine ganze Reihe anderer Prozesse denkbar, die Kontinuität zwischen Generationen herstellen, und bei jedem derselben stellen sich Fragen nach Präformation und Epigenese – nach dem, was vorher schon da ist, und nach dem, was erst im Nachhinein damit geschieht – ganz anders. Ohne Anspruch auf Systematik oder Vollständigkeit lassen sich solche Vererbungsmodelle wie folgt gruppieren:

1. *Vererbung als Fortbestehen*. Für transgenerationelle Kontinuitäten lassen sich häufig ganz umstandslos Faktoren verantwortlich machen, die nicht eigentlich im engeren Wortsinne vererbt werden, sondern schlicht über Generationen hinweg fortbestehen. Die stabilen Ressourcen und die Signale, die die Umwelt für sich entwickelnde Organismen in Form einer „ontogenetischen Nische" bereithält (West & King, 1987), gehören ebenso dazu wie die innere Umwelt der Lipidmembranen, die Zellen und Zellorganellen wie den Nukleus oder das Mitochondrium umgeben, aber auch das Zellplasma in Form des endoplasmatischen Retikulums durchziehen (Cavalier-Smith, 2000). Präformation und Epigenese lassen sich in Bezug auf diese Faktoren kaum auseinanderhalten. Äußere und innere Umwelt bilden den Organismus nicht wirklich vor, noch kann sich dieser dieselben wirklich zu eigen machen. Sie bleiben in gewisser Weise immer präsent, und das heute übliche Verständnis von Vererbung ist auf den Kopf gestellt. Das Erbe wird nicht von einem Erblasser übereignet, um dann von dessen Erben angeeignet zu werden, sondern das Erbe verleibt sich seine Erben vielmehr Generation für Generation ein. Insbesondere unteilbares Familieneigentum wird in dieser Form „vererbt", und der hippokratische Traktat *De genitura* („Über den Samen") spricht in diesem Sinne von einem alles Zeugungsgeschehen beherrschenden „Gesetz" (vgl. Rheinberger & Müller-Wille, 2009: 35 f.).

2. *Vererbung als (Wieder-)Herstellen*: Kontinuitäten in der Generationenfolge lassen sich in Umkehrung der gerade diskutierten Figur des Fortbestands aber auch als Resultat ständiger Arbeit und Pflege verstehen. Landwirtschaftliche, mechanische und

(al-)chemische Tätigkeiten, wie das Bierbrauen bei Descartes, machen das Arsenal an Metaphern aus, das dieser Form der „Vererbung" gilt. Speziellere Metaphern, die sich schon in medizinischen Werken des 17. Jahrhunderts finden, aber auch in der neueren Epigenetik wieder Konjunktur haben, sind die der Prägung (z. B. *genomic imprinting*; vgl. Reik et al., 2001) oder des Einschreibens. Auch die zahllosen Reparaturmechanismen, die Organismen zur Verfügung stehen, um ihr Erbgut vor Korruption durch Mutationen und Kopierfehler zu bewahren, sind zu dieser Vererbungsform zu rechnen. Schwankungen im Grad der Kontrolle über das Erbgut, den Organismen in dieser Weise ausüben, können erhebliche Bedeutung für die Evolution der Organismen haben (Maresca & Schwartz, 2006). Hier haben die Denkfiguren der Präformation und Epigenese ihre eigentliche Heimat (Roger, 1963/1993; Bowler, 1971). Es existiert ein gedachter Zeitpunkt, definiert durch ein kausales Ereignis, zu dem der Prozess der Verfertigung eines Nachkommens nach dem Bilde seines Erzeugers (oder seiner Erzeuger) in die anschließende selbständige Entwicklung und Selbstorganisation dieses Nachkommens umschlägt. Für den Moment des Umschlagens können sehr verschiedene Zeitpunkte angenommen werden: Etwa die Erschaffung der Welt, wie in den Präexistenztheorien des 17. und frühen 18. Jahrhunderts, die Geburt, die Erzeugung der ersten embryonalen Anlagen wie bei Aristoteles und Harvey, oder jede Zellteilung. Ebenso können Vorstellungen über den Grad der Vorbildung, und damit über den Spielraum, der den Nachkommen bei ihrer anschließenden epigenetischen Entfaltung bleibt, erheblich variieren. In jedem Falle kommen transgenerationelle Kontinuitäten durch die zyklische oder serielle Wiederholung von Schöpfungsereignissen zustande, durch die Erzeugtes immer wieder an die Stelle seines Erzeugers tritt.

3. *Vererbung als Übertragung*: Bei der Vererbung von Rechtstiteln und sozialem Status spricht man häufig von Übertragung statt von Vererbung. In solchen Fällen beziehen sich Präformation und Epigenese nicht so sehr auf eine einmal festgelegte, und dann entfaltete materielle Struktur und Beschaffenheit der Nachkommen, sondern vielmehr auf einen Kontext, aus dem sich ein gewisser immaterieller Status ergibt. Es ist der Kontext, in den Nachkommen gestellt werden, der deren künftiges Leben bereits in groben Linien vorzeichnet, und es ist der Kontext, der manipuliert sein will, um das sich abzeichnende Schicksal zu wenden. In der Biologie liefert vor allem die Immunologie hervorragende Beispiele für Vererbungsvorgänge, die diesem Modus folgen. Während der Schwangerschaft, aber auch durch das Stillen, nimmt das Kind Antikörper von der Mutter auf (die sich z. T. in Reaktion auf das väterliche Sperma bilden), die dann die Entwicklung seines eigenen Immunsystems in bestimmte Bahnen lenken (Cohen, 2000; vgl. Parnes, 2013: 220–222). Ebenso werden die bakteriellen Mikrofloren, die innere und äußere Körperflächen besiedeln und oft lebenswichtige Funktionen übernehmen, von elterlichen Organismen auf ihre Nachkommen übertragen (Dupré, 2011). „Horizontale" und „vertikale" Übertragungsvorgänge – Ansteckung und Impfung, Vererbung und Anpassung – sind hier so eng verflochten, dass

sie praktisch kaum noch zu entwirren sind (Gaudillière & Löwy, 2001). Einer ähnlichen Logik folgt die Ausdifferenzierung von Körperzellen. Gestalt und Funktion von Zellen hängen von Modifikationen der DNA ab, durch die Gene „ein-" bzw. „ausgeschaltet" werden, und solche Expressionszustände werden einerseits bei der Zellteilung von Mutter- auf Tochterzellen übertragen, hängen andererseits aber auch von Signalen ab, die die jeweilige Zelle von ihren Nachbarzellen empfängt. Mittlerweile weiß man, dass solche Effekte auch in der Keimbahn von Organismen auftreten können, so dass die Ernährungslage von Grosseltern epigenetische Auswirkungen auf deren Enkel zeitigen kann. Wie im Falle des Immunsystems, haben solche Effekte Einfluss auf den Gesundheitszustand und können ihrerseits durch die (kulturell, sozial oder ökonomisch bedingte) Ernährungsweise und die Lebensumstände der Vorfahren ausgelöst werden (Gluckman et al., 2011).

Fortbestand, (Wieder-)Herstellung und Übertragung bilden ein Spektrum von Vererbungsformen, vor dessen Hintergrund deutlich wird, wie sehr sich das Paradigma der klassischen Genetik einer massiven Verengung des Vererbungsbegriffes selbst verdankte. Epigenetik bedeutet deshalb auch nicht einfach nur die Aufdeckung von Vererbungsmechanismen, die andere Entitäten als Gene involvieren, aber ansonsten demselben Grundschema der Weitergabe kleinster Einheiten von Generation zu Generation entsprechen.[2] Epigenetik impliziert eine Ausdehnung des Begriffs der Vererbung auf Prozesse, die frühe Genetiker ganz bewusst als uneigentliche Formen der Vererbung aus ihren Betrachtungen ausgeschlossen hatten. Carl Correns, einer der drei Wiederentdecker Mendels, unterschied zum Beispiel ganz explizit zwischen Übertragung – exemplifiziert an der Übertragung von Besitzrechten vom Vater auf den Sohn – und Vererbung und ließ nur letztere als Gegenstand genetischer Forschung gelten (Parnes, 2013: 217). Ganz ähnliche Diskussionen finden sich bei Wilhelm Johannsen, dem Erfinder des Wörtchens „Gen" (Müller-Wille & Rheinberger, 2009: 54–58). Diese sprachpolitischen Interventionen waren nicht völlig willkürlich. Die Rechtsgeschichte lehrt uns, dass die oben beschriebenen Vererbungsformen in Mittelalter und früher Neuzeit durchaus terminologisch geschieden wurden, und Versuche im frühen 19. Jahrhundert, das Erbrecht mit Blick auf seine Verallgemeinerung neu zu kodifizieren und zu vereinheitlichen, stützten sich auf eben denselben eng gefassten Vererbungsbegriff, wie er der klassischen Genetik zugrunde liegt (vgl. Gottschalk, 2013). Aber diese historischen Gründe sprechen gleichzeitig dafür, dass die Einengung des Vererbungsbegriffes auch wieder zurückgenommen werden kann.

Nimmt man erst einmal wahr, dass mit der klassischen Genetik eine Verengung des Vererbungsbegriffes auf die Weitergabe diskreter, voneinander unabhängiger und sich gegenseitig auch nicht weiter beeinflussender Einheiten erfolgte, so lässt sich ein häufig erwähntes Paradox lösen. Es war – so scheint es zumindest – ausgerechnet das

---

[2] Aus diesem Grund unterscheiden Jablonka & Lamb (2005) verschiedene „inheritance systems", die an der Entwicklung und Evolution von Organismen beteiligt sind.

„Jahrhundert des Gens", das die technischen Voraussetzungen für den gegenwärtigen Aufschwung epigenetischer Forschung schuf, und dies obwohl dieses Jahrhundert von einem ausgeprägten Hang zu präformationistischen und deterministischen Vererbungsvorstellungen geprägt war (Keller, 2000: 2–5). Man kann dieser Auffassung jedoch zweierlei entgegenhalten. Zum einen lässt sich Präformation – wie in dem kurzen Abriss von Vererbungsformen, den ich weiter oben gegeben habe, deutlich geworden sein sollte – durchaus in Einklang mit alternativen Vererbungsformen bringen, die unter der Sammelbezeichnung „Epigenetik" diskutiert werden. Auch mütterlicherseits „übertragene" Methylisierungsmuster „präformieren" den Embryo. Zum anderen war es gerade eines der zentralen Ziele der „Wiederentdecker" Mendels in den Jahren nach 1900, die Wissenschaft vom Leben von den präformationistischen Spekulationen des 19. Jahrhunderts zu befreien. Carl Correns und Wilhelm Johannsen, zwei zentrale Figuren der klassischen Genetik, betonten beispielsweise immer wieder, dass die räumliche und zeitliche Ordnung, in der Gene an Nachkommen weitergegeben werden, gerade nicht der Ordnung entspricht, in und nach der sich der individuelle Organismus entwickelt (Müller-Wille & Rheinberger, 2009: 49–61). Hierin bestand, und besteht noch immer, der Sinn der konzeptionellen Trennung von Genotyp und Phänotyp: Die Entdeckung sogenannter homeotischer Gene, deren Anordnung auf den Chromosomen der Anordnung der Körpersegmente entspricht, zu deren Entwicklung sie beitragen, war vielleicht eine der größten Überraschungen, die die Genetik zu Beginn der 1980er Jahre zu bieten hatte (Nüsslein-Volhard & Wischhaus, 1980). Und noch in einem anderen Punkt unterschied sich das Gen von den „Keimchen", „Pangenen", und „Biophoren", die von Biologen des 19. Jahrhunderts als Träger der Vererbung angenommen wurden. Soweit überhaupt Vermutungen über seine materielle Beschaffenheit angestellt wurden, bevorzugten Genetiker die Vorstellung, dass es sich um physikalisch und chemisch charakterisierbare Partikel oder auch Zellzustände handele, eine Vorstellung, die sich in ersterer Variante um die Mitte des 20. Jahrhunderts durch die Aufdeckung der Struktur der DNA beeindruckend bewahrheiten sollte. Dem Gen war also von Beginn an das Leben ausgetrieben (Bonneuill, 2008).

Unter diesen Voraussetzungen von genetischer Präformation zu sprechen strapaziert diese Metapher erheblich. Das genetische Material setzt zwar Anfangsbedingungen für die Entwicklung eines Organismus, aber wenn es keine direkte Beziehung zwischen der Ordnung der Gene und der Ordnung des sich entwickelnden Organismus gibt, so bedarf es eines separaten, eben „epigenetischen" Verarbeitungsprozesses, um genetische Information in Proteine, Zellstrukturen und letztlich Merkmale umzusetzen. Zum anderen wird das genetische Material mit jeder Generation neu verteilt und erlaubt durch Rekombinationen und Mutationen jederzeit einen radikalen Neuanfang, der nur sehr mittelbar als Potential in der genetischen Ausstattung von Vorfahren vorgezeichnet ist. „Weismanns Barriere" zwischen dem Erbmaterial und seinen „Produkten" – ob man bei ersterem an Keimzellen, Gene, oder DNA-Abschnitte denkt – ist als Garant dieses speziellen Vererbungsmodus zu betrachten und in diesem Sinne nicht Voraussetzung, sondern Errungenschaft der Evolution, wofür schon die Tatsache spricht, dass es spezielle Mechanismen gibt, die dafür sorgen, dass epigenetische Markierungen in den Keimzellen jeder Generation wieder gelöscht werden (Rakyan et al., 2001). Oder anders gesagt: Gerade mit der Entwicklung genetischer Mechanismen haben Organismen zu einer Vererbungsform gefunden, bei der Präformation und Epigenese so ineinandergreifen, dass weder alles unter der Übermacht der Vergangenheit erstarrt noch jederzeit bedingungslos zur Disposition steht.

Literatur

Bonneuil, C. (2008). Producing identity, industrializing purity: Elements for a cultural history of genetics. In: Conference: A cultural history of heredity IV: Heredity in the century of the gene, Preprint 343 (Berlin: Max-Planck-Institut für Wissenschaftsgeschichte), S. 81–110.

Bowler, P.J. (1971). Preformation and pre-existence in the seventeenth century: A brief analysis. Journal of the History of Biology 4(2): 221–244.

Cavalier-Smith, T. (2000). Membrane heredity and early chloroplast evolution. Trends in Plant Science 5(4): 174–182.

Cohen, I.R. (2000). Tending Adam's garden: evolving the cognitive immune self (London: Academic Press).

Descartes, R. (1701/1986). Primae cogitationes circa generationem animalium. In: ders. Œuvres, Bd. 11, C. Adam & P. Tannery, Hg. (Paris: Vrin), S. 505–538.

Dupré, J. (2011). Emerging sciences and new conceptions of disease; or, beyond the monogenomic differentiated cell lineage. European Journal of Philosophy of Science 1(1): 119–131.

Gaudillière, J.-P. & Löwy, I., Hg. (2001). Heredity and infection: The history of disease transmission. (London: Routledge).

Gluckman, P.D., Hanson, M.A. & Buklijas, T. (2011). Maternal and transgenerational influences on human health. In: Transformations of Lamarckism: From subtle fluids to molecular biology, S.B. Gissis & E. Jablonka, Hg. (Cambridge, MA: MIT Press), S. 237–249.

Gottschalk, K. (2013). Erbe und Recht: Die Übertragung von Eigentum in der frühen Neuzeit. In: Erbe: Übertragungskonzepte zwischen Natur und Kultur, S. Willer, S. Weigel & B. Jussen, Hg. (Berlin: Suhrkamp), 85–125.

Griesemer, J. (2011). Heuristic reductionism and the relative significance of epigenetic inheritance in evolution. In: Epigenetics: Linking genotype and phenotype in development and evolution, B. Hallgrímsson & B.K. Hall, Hg. (Berkeley, CA: University of California Press), S. 14–40.

Haeckel, E. (1874/1877). Anthropogenie, oder, Entwickelungsgeschichte des Menschen (Leipzig: Engelmann).

Harvey, W. (1651). Exercitationes de generatione animalium (Amsterdam: Elsevier).

Jablonka, E. & Lamb, M.J. (2002). The changing concept of epigenetics. Annals of the New York Academy of Sciences 981(1): 82–96.

Jablonka, E. & Lamb, M.J. (2005). Evolution in four dimensions: Genetic, epigenetic, behavioral, and symbolic variation in the history of life (Cambridge, MA: MIT Press).

Keller, E.F. (2000) The century of the gene. (Cambridge, MA: Harvard University Press).

Malebranche, N. (1688/1991). Entretiens sur la métaphysique et sur la religion. In: ders. Œuvres complètes. 21 Bde., A. Robinet, Hg. (Paris: Vrin), Bd. 12/13, S. 1–354.

Maresca, B. & Schwartz, J.H. (2006). Sudden origins: A general mechanism of evolution based on stress protein concentration and rapid environmental change. The Anatomical Record Part B: The New Anatomist 289(1): 38–46.

Moss, L. (2003). What genes can't do (Cambridge, MA: The MIT Press).

Müller-Wille, S. & Rheinberger, H.-J. (2009). Das Gen im Zeitalter der Postgenomik: Eine wissenschaftshistorische Bestandsaufnahme (Frankfurt a. M.: Suhrkamp).

Nüsslein-Volhard, C. & Wieschaus, E. (1980). Mutations affecting segment order and polarity in Drosophila. Nature 287(5784): 795–801.

Parnes, O. (2013). Biologisches Erbe: Epigenetik und das Konzept der Vererbung im 20. und 21. Jahrhundert. In: Erbe: Übertragungskonzepte zwischen Natur und Kultur, S. Willer, S. Weigel & B. Jussen, Hg. (Berlin: Suhrkamp), S. 202–266.

Rakyan, V., Preis, H. & Whitelaw, E. (2001). The marks, mechanisms and memory of epigentic states in mammals. Biochemical Journal 356: 1–10.

Reik, W., Dean, W. & Walter, J. (2001). Epigenetic reprogramming in mammalian development. Science 293(5532): 1089–1093.

Rheinberger, H.-J. & Müller-Wille, S. (2009). Vererbung: Geschichte und Kultur eines biologischen Konzepts (Frankfurt a. M.: Fischer).

Roger, J. (1963/1993). Les sciences de la vie dans la pensée française du XVIIIe siècle, 2. Aufl. (1. Aufl. 1963). Bibliothéque de synthèse historique (Paris: Albin Michel).

Stotz, K. (2008). The ingredients for a postgenomic synthesis of nature and nurture. Philosophical Psychology 21(3): 359–381.

West, M.J. & King, A.P. (1987). Settling nature and nurture into an ontogenetic niche. Developmental Psychobiology 20(5): 549–562.

Willer, S., Weigel, S. & Jussen, B., Hg. (2013). Erbe: Übertragungskonzepte zwischen Natur und Kultur (Berlin: Suhrkamp).

Wolff, C.F. (1764). Theorie von der Generation. In zwei Abhandlungen erklärt und bewiesen (Berlin: Birnstiel).

Jörg Thomas Richter
18 Mutationen und ihre Präfixe in der Epigenetik

> It's amazing how the strictures of old teleologies infect our observation, causal thinking warped by hope.
>
> (Steinbeck & Ricketts, 1941/1995: 72)

18.1 Was war Mutation?

Die Frage nach der Vergangenheit des Konzepts stellt sich provokant im Rahmen der wenigstens partiellen Entmachtung der DNA als Zentrum biologischer Vererbungsprozesse durch die Epigenetik. Besehen aus wissenschaftsgeschichtlicher und kulturwissenschaftlicher Perspektive, *war* Mutation ein dominantes, erfolgreiches Konzept der Biologie, das nach 1900 vor allem in der Evolutionstheorie und der Genetik aufkam, dann insbesondere in den genetischen, später molekularbiologischen Subdisziplinen ausgearbeitet wurde und in allen Branchen des biologischen Wissens, insofern sie mit Genetik und Vererbung zu tun haben, heimisch wurde. Noch 1991 stellte John W. Drake die Bedeutung heraus, die sie innerhalb dieser Fächer eingenommen hat: „Mutation fascinates because of its three faces: the variability it generates that conditions *all* evolutionary change, the disease it generates that consumes a substantial portion of our resources, and the means it offers for dissecting *all facets* of biological phenomena" (Drake, 1991: 125 – Hvh. J.T.R.).

Drakes starke, kaum zwei Dekaden alte Behauptung, dass die gesamte evolutionäre Veränderung durch Mutationen bedingt sei und alle Facetten biologischer Erscheinungen durch sie analysiert werden könnten, ist heute aber wohl selbst in der Molekulargenetik nur noch bedingt konsensfähig. Gerade aus dieser Disziplin ist seit den 1990er Jahren immer lauter zu hören, dass jenseits zufälliger genetischer Mutationen verschiedene nicht-genetische Faktoren sowohl für evolutionäre Veränderungen, als auch für intergenerationelle (In-)Stabilität sorgen, indem sie z. B. regeln, wann und wie etwa bestimmte Gencodierungen wirksam werden. Mutation wird neuerlich debattiert: von einigen als ein Prozess, der auf Umwelt reagiert und Abstimmungen mit dieser ermöglicht (Jablonka & Lamb, 2005), während andere auf die Zufallskomponenten der Mutation hinweisen, die im Rahmen dieser Abstimmungen wirksam sind (Merlin, 2010; Lenski & Mittler, 1993).

Demgegenüber fällt schon nach flüchtigem Blick in die epigenetische Forschung auf, dass trotz der Betonung von Reversibilität, Plastizität und Reaktivität auf Umwelt auch hier mit dem Mutationskonzept operiert wird. Nur wird das Konzept oft eigentümlich verdreht, um nicht zu sagen: kontaminiert. Häufig taucht es mit Vorsilben wie <prä>, <pseudo>, <para>, <hyper>, <epi> auf, oder, wenn nicht mit Präfix, dann mit Attributen wie ‚gerichtet' oder gar ‚interpretativ' und ‚adaptiv'. Zumindest begriffspolitisch hält die Epigenetik an der Mutation fest, obwohl auch und gerade nicht-mutationale Abwandlungen in Organismen (*non-mutational changes*) erklärt werden sollen. Aber welche konzeptuelle Spur wird hier gelegt? Präfixe markieren semantische Varianz, indem sie das Stammwort modifizieren. Symptomatisch indizieren sie das Festhalten am Kernwort unter widrigen Umständen. Das Folgende diskutiert einige dieser Vorsilben als erkenntnistheoretische Spuren der epigenetischen Neuverhandlung eines für die Genetik prägenden Begriffs.

18.2 Trans-

Die aktuelle Dezentralisierung der Mutation beläuft sich nicht auf eine nichtige terminologische Detailfrage. Ihr kommt eine besonders markante Rolle zu, wenn die komplexe Wechselbeziehung zwischen Umweltfaktoren, Kultur und biologischer Heredität konzeptualisiert wird. Schließlich behauptet das Konzept aus seiner im Kern genetischen Ausarbeitung heraus maßgeblich die Autonomie genetischer Variation von Umwelt-, und im engeren Sinn auch kulturellen Steuerungsprozessen, von Prozessen also, die wesentlich zum Gegenstandsbereich der Epigenetik zählen. Der holländische Botaniker Hugo de Vries hatte um 1900 den Mutationsbegriff unter anderem auch eingeführt, um solche Ebenen aus dem Phänomenbereich von genetischen Veränderungen ausschließen – und damit einen Ort spezifisch genetischer Vererbungsforschung schaffen zu können.[1] Ohne hier ausführlich auf die lange Vorgeschichte des Mutationsbegriffs vor seiner biologischen Applikation eingehen zu können[2]: Für den Zweck seiner begrifflichen Differenzierung kürzt de Vries in seinem grundlegenden Werk, *Die Mutationstheorie*, erschienen in zwei Bänden 1901 und 1903, die „Transmutation", wie sie Jean-Baptiste Lamarck und noch Charles Darwin gebrauchten, um die Vorsilbe und damit auch um die fließenden Übergänge zwischen Umwelt und Erbgut, einschließlich der damit zurückgewiesenen Annahme einer möglichen Gerichtetheit solcher Variationen (Richter, 2013). Sie sind, selbst wenn möglicherweise zunächst von ‚außen' induziert, in ihrer Richtungslosigkeit als unabhängig von externen, umweltbedingten Modulationen zu begreifen (vgl. de Vries, 1901: 112).

Im Widerstreit mit Charles Darwins Selektionstheorie beschreibt de Vries anfänglich noch teils winzige, teils erhebliche richtungslose Sprünge, die als Mutationen neue Arten hervorbringen. Später, im Zug ihrer Ausdifferenzierung innerhalb der Genetik, werden damit immer kleinere Veränderungen im Chromosom und in

---

[1] Als spezielles Gebiet der „Descendenzlehre" taugt die Mutationsforschung nicht zur „Discussion socialer Fragen" (de Vries, 1901: 150). Zudem scheint es für ihn wichtig, neben der genetischen Argumentation auch die sozial liberalistische Dimension seiner Theorie zu betonen; sie interveniert mit der Behauptung einer genetischen Autonomie der Vererbung in die derzeit geläufigen sozialdarwinistischen Kurzschlüsse.
[2] Dazu vgl. genauer Marshall, 2002; Toepfer, 2011; Richter, 2013.

der Basensequenz des Genoms gemeint, was die Mutation wieder mit einer gradualistischen Evolutionstheorie kompatibel macht. Aber auch in dieser kleinteiligeren Fasson bleibt die kontextunempfindliche Zufälligkeit ihr wesentlicher Bestandteil. Angefangen mit de Vries, markiert der Begriff eine Barriere zwischen genetischer Vererbung und kulturellen Prozessen. Dies gilt auch dann noch, wenn entgegen de Vries das Konzept der Mutation in verschiedenste geistes- und gesellschaftswissenschaftliche Theorien streute: Die Breite, mit der dies geschah, ist letztlich ein weiterer Beleg für die einstige Stärke des Begriffs.

In seiner kulturtheoretischen Übertragung ging das Konzept seit den 1910er Jahren bis in die 1960er Jahre hinein Hand in Hand mit Konzeptionen der Moderne, zumindest da, wo es historische, epistemische, soziale oder technologische Umbrüche und radikale Neuerungen zu beschreiben galt (Richter, 2011). Die Mutation wurde in diesen Übertragungen ein der Moderne affines Konzept, sofern diese als eine Epoche gelten kann, in der die Kategorie des Novum, des Neuen und damit verbundenen Bruches mit Tradierungen prägend wurde (Vattimo, 1990; Rabinow, 2011: 186 f.). Diese Affinität bildet eine der unterschätzten Irritationen in der wissenschaftshistorischen Einordnung dieser Epoche als „Jahrhundert der Präformation", wie sie mit Sicht auf die „gendeterministische" biologische Forschung erfolgt ist (Toepfer, in diesem Band). Denn selbst wenn Gene die Vererbung determinieren, mitunter machen sie, was sie wollen: Mutationen fügen schon konzeptuell ein Moment der Instabilität in präformationistische Theorien ein. Erst durch sie wird es möglich, ein präformistisch-statisches Vererbungsmodell durch stochastische Unterbrechung für die Analyse von Evolutions- und Entwicklungsprozessen zu öffnen. Zugespitzt gesagt: Der Erfolg des Gendeterminismus gründet fundamental in der plausiblen Integration von kontextunabhängiger Indeterminanz.

Die von de Vries mit der Tilgung des Präfixes <trans-> eingeführte und von der Genetik nachhaltig bekräftigte Autonomie des genetischen Geschehens findet ihr treffliches Gegenstück in der Autonomie kultureller Erneuerung, wie sie die sozialtheoretischen Anwender des Konzepts behaupten. In dieser Analogie zwischen dem epochal Neuen und der genetischen Theorie der Mutation ist mittlerweile zu berücksichtigen, dass sich, wie der Philosoph Gianni Vattimo anmerkt, die starken Neuheitsansprüche der Moderne in der sogenannten Postmoderne kulturell erschöpft haben. Es ist, glaubt man dieser Deutungslinie einer hermeneutisch-nihilistischen Philosophie, die Crux des Neuen, und somit auch der mit ihm assoziierten Mutation, das sich die einst starken Differenzen (zwischen alt/neu, fremd/eigen, wahr/falsch usw.), nunmehr in subtile Minimalabweichungen zwischen diversen Herkunftslinien und pluralen Geltungsansprüchen aufgelöst haben.

Mit einiger Verspätung wird diese postmoderne Unschärfe auch in der Biologie, und konkreter: der Genetik, reflektiert. Die ‚postmoderne Biologie' sucht der mit neuen Technologien sichtbaren Komplexität von u. a. Zellen, Genom und Gen-Umwelt-Interaktionen mit einer Methodenpluralität aus systemischer Komplexitätsforschung, Bioinformatik, molekularer Ökologie u. a. m. auf die Spur zu kommen.

Aber reicht die hier behauptete Pluralität von Methoden angesichts eines zunehmend als *komplex* verstandenen Gegenstandsbereichs hin, um von einer postmodernistischen Wendung in der Biologie zu sprechen, wie der Pathologe Neil Theise (2006) sie behauptet? Ähnlich sehen die Evolutionsbiologen Michael Rose und Todd Oakley (2007) das Emporkommen einer ‚neuen' Biologie, die sich angesichts der neuen Befunde jenseits der modernen Synthese bewegt – was ein Kommentator ebenfalls als ‚postmoderne Synthese' bezeichnete (Rose & Oakley, 2007, darin der Kommentar Doolittle). Die ‚postmoderne Synthese' gebraucht auch der Molekularbiologe Eugene Koonin, um die verschiedenen Mechanismen zu verallgemeinern, die auf Grundlage der mittlerweile akkumulierten Datendichte und systemisch ermittelten Funktionsüberlagerungen einen genzentrischen, selektionistischen Blick auf Evolution supplementiert haben (Koonin, 2009).

Wenn die erklärte Wendung zu ‚postmodernen' Erklärungen den Begriff der Spezies oder etwa das Konzept eines evolutionären Stammbaums erschüttert hat, kann auch die Mutation nicht stabil bleiben. In der Epigenetik wird diese Erschütterung zugleich registriert und erzeugt. Diese Forschungsrichtung ist wenigstens teilursächlich aus der genetischen Forschung hervorgegangen, die sich nunmehr unter epigenetischem Anspruch auf hohem Komplexitätsniveau einem instabilen, in stetiger Abstimmung mit seiner eigenen Entwicklung und seiner Umgebung befindlichen Erkenntnisgegenstand stellt, bzw. stellen müsste (Valsiner, in diesem Band). Die Frage, inwiefern epigenetische Forschung zur Mutation als ‚postmoderner' Forschungsstrang in ihrem Selbstverständnis dennoch von den ‚old teleologies' ihrer Herkunftsdisziplinen, maßgeblich der Genetik, infiziert bleibt, bedarf eines genaueren Hinsehens. Spuren dafür sind in den Präfixierungen sichtbar, die de Vries der Genetik auszutreiben oder wenigstens in deren Grenzbereiche zu bannen versuchte.

18.3 Prä-

Mit der neuerdings in diesem Zusammenhang von der Epigenetik (wieder-)entdeckten Prämutation rücken die Grenzen des von de Vries etablierten Konzepts in den Fokus – auch wenn de Vries längst aus den Zitatapparaten verschwunden ist. De Vries' *Mutationstheorie* wurde, wenn nicht als Konkurrenztheorie zu Darwins Evolutionslehre, so doch als wesentliche Ergänzung dieser auf Selektion abgestellten Theorie rezipiert (vgl. Bowler, 1978; 1992; Levit et al., 2008). De Vries versuchte in seinen statistisch ausgewerteten botanischen Langzeitexperimenten zu demonstrieren, dass sich die Arten schlichtweg selbst ändern, und zwar nicht, indem sie umweltabhängig variieren, sondern indem umweltunabhängig ihr Erbgut sich spontan, ungesteuert und vor allem neuerlich erbstabil in alle möglichen Richtungen wandelt. Selektion merzt dabei nur die Neuentstehungen aus, die nicht den Anforderungen der jeweiligen Umweltbedingungen entsprechen.

Gegenüber der beobachteten ungesteuerten Spontanvariabilität musste de Vries freilich auch berücksichtigen, dass Arten für gewöhnlich stabil sind; sonst gäbe es ja keine. Daher nahm er hypothetisch regelmäßige Wechsel zwischen stabilen und instabilen Perioden in der Geschichte der einzelnen Arten an: die instabilen Perioden sind die Mutationsperioden. Um Mutationen experimentell zu studieren, brauchte es demnach Arten, die sich gerade in einer solchen Mutationsperiode befinden.[3] Um die von ihm mit ‚wiederentdeckten' Mendelschen Vererbungsgesetze nicht zu verletzen, nahm er an, dass das Erbmaterial für die Möglichkeit des Mutierens schon genetisch befähigt sein muss. Es muss bereits eine „Prämutation" in sich bergen. Nur dann können die eigentlichen Mutationen beobachtet bzw. im Experiment auf ihre möglichen Auslösebedingungen (z. B. durch die längere Lagerung von Samen vor der Keimung, durch Aussetzen der Pflanzen in unterschiedlichen Biotopen oder Hybridisierung) untersucht werden. De Vries schreibt: „Diese Prämutation, oder die erste Entstehung der Anlagen zu den späteren Mutationen, ist somit zweifelsohne ein Vorgang, der sich völlig im latenten Zustande abspielt. Sie kann von Mutationen begleitet sein, braucht das aber gar nicht" (de Vries, 1901: 353).

In ihrer ursprünglichen, für die Genetik begrifflich prägenden Formulierung wird die genetische Mutation im Erbmaterial so als das „Sichtbarwerden" von ihr zumindest zeitlich (und konzeptionell) vorgelagerten „latenten Anlage[n]" (de Vries, 1901: 366) bestimmt. Dass genetische Mutabilität in einer Mutation auf anderer Ebene gründen soll, wurde von zeitgenössischen Biologen – und insbesondere von Anhängern des Mutationskonzepts – schnell in Frage gestellt. Reginald Ruggles Gates und andere Zeitgenossen konnten schon früh zeigen, dass de Vries' mutierendes Nachtkerzenmodell von vornherein ein Mischling war. In seiner Verteidigung des Mutationskonzeptes nahm Gates etwa an, dass die Prämutation lediglich bedeute, dass sich in der Heterozygote ein mutiertes und ein nichtmutiertes Chromosom befinden (Gates, 1913a; 1913b; 1920).

Mit dieser klärenden Kritik war die Diskussion um die Prämutation, über die de Vries in der Peripherie seiner Mutationstheorie spekuliert hatte, mitnichten beendet. Die Bedingungen der Möglichkeit des Mutierens wurden weiter beforscht. In diesem Unterfangen blieb der Begriff der Prämutation präsent. In den 1940er Jahren griff vor allem Charlotte Auerbach auf ihn zurück. Hinter durch Senfgas erzeugten Mosaikmutationen vermutete sie labile Prämutationen, welche erst nach einiger Zeit zu vollen Mutationen führen (Auerbach, 1949). Auch aus den 1960er Jahren liegen im Bereich der Phagenforschung Untersuchungen zur Prämutation vor (Winkler, 1965).

---

[3] Als Modell erwählte de Vries – fälschlicher- und ironischerweise – eine nach Jean-Baptiste Lamarck benannte amerikanische Unterart der Nachtkerze, *Oenothera Lamarckiana*. Auch das Wappentier der Genetik, die Fruchtfliege, gelangte als solcherart „mutable" Art zu ihrer jenseits des Früchtekorbs gegebenen Prominenz im Labor des von de Vries inspirierten Thomas Hunt Morgan, eines Begründers der Drosophila-Genetik (Carlson, 1974: 36).

Zu ihren aktuellen Ehren gelangte die Prämutation jedoch in klinischen Untersuchungen zu erblichen Syndromen, worin sie mit genetischen Mutationen nicht mehr zu erklärende Vererbungsmuster beschreibt. Im Umfeld der Forschung zum Beckwith-Wiedemann-Syndrom in den 1970er Jahren wieder aufgenommen (Kosseff et al., 1976), erhärtet sich das Modell eines Zwei-Phasen-Mutationsprozesses in den 1980er Jahren, um die ungewöhnlichen Vererbungsmuster des fragilen-X-Syndroms – einer vererbbaren mentalen Störung – zu erklären (Jacobs et al., 1986; Pembrey et al., 1985; Sherman et al., 1984; Winter, 1987). Insbesondere für Marcus Pembrey, einen der späteren Verfechter neo-Lamarckistischer Positionen, gab die Forschung zur Prämutation den Impuls für weitere Untersuchungen ‚dynamischer' Mutationen und ‚abnormaler', transgenerationeller Vererbungsphänomene (Wolinsky, 2008). Pembrey beschrieb die Prämutation als „mutation that causes no harm other than predisposing the final event" (Pembrey et al., 1985: 713). Die Finalisierung wird nur effektiv, wenn das betroffene X-Chromosom über die weibliche Linie vererbt wird. Diese abnormale, nicht-mendelnde Vererbung wird mit der Hypothese erklärt, dass ein ‚vererbtes, submikroskopisches Chromosomen-Rearrangement' ein ‚genetisches Ungleichgewicht' hervorrufe.[4] Pembreys These wurde breiter diskutiert. Wie ein Artikel Mitte der 1990er Jahre zusammenfasst, „wissen wir jetzt, dass in der Bevölkerung ein großes Reservoir an Prämutationen existiert, aus dem sich immer wieder neue, klinisch relevante Mutationen entwickeln können." (Ropers, 1994: 1819). So folgt aus der beobachteten Prämutation auf halbem Weg zur Vollmutation hier zunächst, dass Mutationen „instabil" werden können. Sie hängen latent von anderen Mutationen ab. Nur wäre dann nachzufragen, was es logisch bedeutet, wenn der Garant für Instabilität – die Mutation nämlich – selbst instabil wird?

Gegenwärtig wird, nicht unähnlich dem ursprünglichen, de Vriesschen Sinn, Prämutation schlicht definiert als ‚jedwede Mutation in einem Gen, die sich nicht phänotypisch äußert, aber zu einer Veranlagung für die Krankheit in der nächsten Generation führt.'[5] Die Differenz zwischen Mutation und Prämutation, die hier hinsichtlich epigenetischer Mutationskonzepte interessiert, besteht schon bei diesem ja aus der klassischen Mutationstheorie hervorgehenden Konzept darin, dass sich die Unwahrscheinlichkeit der Mutation hier mit der Wahrscheinlichkeit einer dem Gen vorgelagerten Steuerung paart, und zwar mit der Folge, dass die mutationsursächlichen Methylierungen möglicherweise rückgängig gemacht werden könnten, indem beispielsweise pharmakologisch auf die Glutamatrezeptoren eingewirkt wird (Steinbach & Steinbach, 2008).

---

4 Pembrey, Winter & Davies, 1985: 715: „inherited submicroscopic chromosome rearrangement involving the q27/8 region of the X chromosome that causes no ill effect per se, but generates a significant genetic imbalance."
5 Deutsch nach der Definition von Meksem und Kahl (2010: 404): „Any mutation in a gene that does not lead to phenotypic consequences, but a predisposition for a disease in the next generation."

18.4 Para-

Auch dies ist eine Vorsilbe, die in epigenetischen Untersuchungen gern der Mutation vorangestellt wird und seit Längerem schon die Genetik umtreibt. Nochmals geht es um nicht mendelnde Variationen der Genexpression, die sich nicht durch DNA-Änderungen, aber auch nicht durch Variationen der Zelldifferenzierung während der Entwicklung erklären (Cuzin et al., 2008). Diese Modifikation der Mutation geht zurück auf Barbara McClintocks springende Gene, die sie in den 1940 und 1950er Jahren am Pflanzenmodell, genauer: am Mais, studiert hatte. Für McClintock werden solche Veränderungen durch Faktoren verursacht, die nicht durch das betroffene Gen selbst bedingt sind:

> Different agents are present, and may be distinguished by specifities they exhibit in their mode of control of the action of genes. It has been learned that the same agent may operate at different loci of known genic action and that different agents may operate at any one locus. These agents, therefore, reflect the presence of extragenic systems carried in the chromosome which control genic expression. (McClintock, 1953: 594)

Die klassische Studie zu der hier vorgenommenen Rehierarchisierung von genetischer Mutation und ‚extragenischen' Kontrollen der Genexpression stammt von Royal Alexander Brink, mit dem Titel: „A genetic change associated with the R-locus in maize which is directed and potentially reversible", erschienen in *Genetics* von 1956. Schon in den ersten drei Sätzen markiert Brink mit spitzer Ironie die Implikation seiner Befunde für Grundannahmen seines Fachs:

> Integrity of the gene in heterozygotes, *first inferred from Mendel*'s (1865) Pisum data and repeatedly confirmed since in a wide variety of organisms, is regarded as a universal principle in *Mendelian heredity*. Departures from *the law* have been reported from time to time, *only to prove unfounded*, in most instances, at least, on close analysis. The present study is concerned with an *exception to the rules* [...]. (Brink, 1956: 872, Hvh. J.T.R.)

Man beachte den feinsinnigen Spott auf die tautologische Axiomatik des Fachs im ersten Satz: Mendels Gesetze fände man bestätigt in Studien zur Mendelschen Vererbung. Dies gibt die Tautologie, die im zweiten Satz das Gesetz darstellt, gegen das der dritte Satz dann mit der Behauptung von Ausnahmeerscheinungen opponiert.

Inbegriffen in diese frühen Untersuchungen nicht-mendelnder Mutationsphänomene ist die These, dass die Paramutationen reversibel und adaptiv seien. McClintock und Brink konnten zeigen, dass bestimmte Allele sich bei Positionsänderung wechselseitig beeinflussen, so dass, unabhängig von der DNA-Frequenz, unterschiedliche Proteine codiert werden. Dieser Vorgang erlaubt es offenbar, zufällige Mutation zu steuern und reversibel zu machen. Die gespaltenen Moleküle der DNA geraten demnach mit anderen gespaltenen DNA-Molekülen in Konflikt, und zwar so, dass sich die Abfolgen der Basen darin gar nicht ändern müssen. Auch die kleineren RNS-Moleküle, die diesen Konflikt regulieren, sind wiederum anfällig für externe Einflüsse.

Dennoch hängt die Beschreibung begrifflich an der Mutation, wenn beobachtet wird, dass es Erscheinungen gibt, die wie Mutationen aussehen, aber keine sind.

Die Paramutation ist in der gegenwärtigen Forschung hoch virulent und hat mittlerweile den Sprung von der Pflanze zum Tier geschafft. „From maize to mice" titelt eine neuere Studie, welche ebenfalls die Paramutation aus der RNS-Ebene heraus zu erklären sucht, aber daneben auch den Transfer des Pflanzenmodells in die Säugetierkrebsforschung beschreibt (Chandler, 2007). Catherine Suter und David Martin meinen in „Paramutation: The tip of an epigenetic iceberg", dass Brink mit seinen Untersuchungen am Mais zu einer ‚prophetischen Spekulation' vorgestoßen sei. Brink nehme vorweg, was in anderem Kontext als Epimutation verhandelt wird (Suter & Martin, 2010). Ähnlich der Prämutation führt auch die Paramutation zu einem verschobenen Fokus auf Vererbungsmechanismen. Die scheinbar stabile Kontinuität der genetischen Vererbung wird um Mechanismen ergänzt, die durch biochemische Rückkopplung und zufallsanfällige, der DNA ausgeordnete, mobile RNS die Gene mobilisieren und aus fixen Positionen herauslösen.

18.5 Epi-

2007 gab es in der Zeitschrift *Nature Genetics* eine aufschlussreiche Diskussion über eine Studie zur Vererbung von Epimutationen, die dort kurz zuvor erschienen war. Tsun Chan und seine Mitarbeiter (Chan et al., 2006) hatten beobachtet, dass ein bestimmter, krebserregender Methylierungszustand in drei Generationen einer Familie auftrat. Daraus schlossen sie, dass diese Methylierungen transgenerationell und jenseits der DNA-Ebene über die Keimbahn vererbt worden seien. Gegen diese Interpretation wurden einige Einwände erhoben, bezeichnenderweise aus einem Kreis von Molekularbiologen, deren Forschungen selbst seit längerem epigenetischen Mechanismen galten. Bernhard Horsthemke (2007) wandte ein, dass Epimutationen zwar von Mutter- zu Tochterzellen übertragen werden, aber dass damit noch lange nicht klar sei, ob sie, wie bei verschiedenen anderen Spezies punktuell nachgewiesen, auch beim Menschen über die Keimbahn übertragen werden könnten. Chans Beobachtungen könnten diesbezüglich zwar einen Hinweis, aber kein hinreichendes Argument liefern. Denn zum einen deutete die beobachtete Anwesenheit von methylierten und unmethylierten Anlagen darauf hin, dass die Methylierungen nach der Befruchtung stattgefunden haben. Zum anderen müssten Epimutationen, die unabhängig von der DNA-Sequenz erfolgten, von solchen unterschieden werden, die in jeder Generation neu als Folge einer *cis*-aktiven DNA-Mutation entstünden. Weil epigenetische Markierungen in der Keimbahn weitgehend gelöscht und damit nur bedingt stabil weitergegeben würden, nimmt Horsthemke an, dass es sich hierbei womöglich um einen neuen genetischen Mechanismus handele, der für das erneute Erscheinen der Methylierung sorge (Horsthemke, 2007: 574). Nach dieser Argumentation kontrollieren also genetische Mutationen die nur scheinbar generationsübergreifend vererbten, epigenetischen Abwandlungen; in der Kontrollhierarchie der Vererbung ‚erlaubt' die Mutation die nachrangige Epimutation.

Suyinn Chong, Neil Youngson und Emma Whitelaw möchten ähnlich wie Horsthemke solche Epimutationen und transgenerationelle epigenetische Vererbung voneinander getrennt sehen (Chong et al., 2007). Epimutationen könnten, aber müssten nicht auf epigenetische Vererbung zurückgehen. Außerdem wandten sie ein, dass ein eindeutiger Nachweis beim Menschen schwierig sei. Man müsste dafür isogene, d. h. genetisch identische Populationen erforschen, die für Menschen aber nicht zu haben wären. Anders als bei isogen gezüchteten Mäusepopulationen könnten bei Menschen ja stets DNA-Varianten auftauchen, die den schlüssigen Nachweis der Übertragung von Epimutationen über die Keimbahn schwierig machen (Chong et al., 2007: 575).

Catherine Suter und David Martin (2007a) waren in ihrem Kommentar mit diesen Interpretationen nicht ganz zufrieden. Sie hatten 2005 selbst Fälle erforscht, die darauf schließen ließen, dass epigenetische Deaktivierungen in der Keimbahn zumindest unvollständig gelöscht worden seien (vgl. Martin et al., 2005). Außerdem seien die Unterschiede wichtig, die zwischen Soma- und Keimbahnepigenetik herrschten (Suter & Martin, 2007a). Insofern eine Epimutation ein fehlerhafter epigenetischer Zustand sei, der normalerweise aktive Gene deaktiviert oder andersherum, und insofern dieser Zustand in der Keimbahn vorzufinden sei, könne er natürlich auch vererbt werden. Die Epimutation bildet hier also eine unabhängige Vererbungsebene. Da man aber momentan nur bedingt epigenetische Markierungen experimentell nachweisen könne, könne man dies auch nur beobachten, indem man auf die Weitergabe der Epimutation sieht. In ihrer zweiten Replik (2007b) wiesen sie entsprechend auch die Standards zurück, die Whitelaw angelegt haben möchte: Wenn Isogenität nötig sei, um epigenetische Vererbung nachzuweisen, wäre ein solcher Nachweis für den Menschen schlicht nicht zu erbringen. Die spezifischen Epimutationen werden für sie folglich auch zum heuristischen Testfall, ob Mechanismen, die stabil Gene deaktivieren bzw. aktivieren, auch sporadische Keimbahnmutationen auslösen können. Am Ende fordern sie, man solle bitte aufhören, epigenetische Phänomene ins ‚Prokrustesbett der Mendelschen Genetik' zu ketten (Suter & Martin 2007b: 576).

Suet Leung, Tsun Chan und Siu Yuen, die die strittige Studie verfasst hatten, gaben sich angesichts der Einwände moderat. Natürlich könne es möglich sein, dass auch unbekannte genetische Veränderungen mitgewirkt haben, angesichts der Modellrestriktionen sei dies nicht auszuschließen. Selbst wenn die Behauptung einer epigenetischen Vererbung zuträfe, wäre es nach herrschenden Maßstäben sicher fast unmöglich, sie schlüssig zu dokumentieren. Abschließend bemerkten sie, dass es schön wäre, wenn man versuchte, eine Sprache zu entwickeln, die sowohl Epigenetiker als auch Genetiker verstünden (Leung et al., 2007). Trotz des moderaten Tons wiesen sie damit nachdrücklich auf die Kopplung eines begrifflichen Dilemmas mit einem Methodenkonflikt hin. Das Mutationskonzept, gekoppelt mit den Verfahren seiner genetischen Untersuchung, steht seiner weiteren Ausforschung gewissermaßen selbst im Weg. Die Epimutation markiert einen Überschuss, der innerhalb der genetischen Methodik nur ungenügend eingefangen werden kann: Die Frage, ob es die transgenerationelle Vererbung von Epimutationen gibt, zieht demnach auch die Validität einer genetischen Vererbungsforschung, die dafür keine Antwort zulassen will, in Zweifel.

Nun liegt es in der Natur der Sache, dass die Rede von Epigenetik immer wieder auf die Genetik stößt, weil sie im Nachweis epigenetischer Vererbungsmechanismen notgedrungen die Beweislast trägt, eine Vererbung über die DNA zunächst auszuschließen zu müssen. Schließlich ging der moderne Zuschnitt dieses Forschungszweigs aus der Genetik hervor. Allerdings zeigen sich in diesem Rahmen auch konzeptuelle Erkenntnishindernisse. Epimutationen hatte zuerst Robin Holliday beschrieben. 1986 fasste er das Phänomen noch als „heritable defects in gene expression" (1986: 551); 1987 definierte er sie schließlich als „heritable changes in gene activity due to DNA modification" (1987: 168). Dieser Fasson nach ist die Heritabilität – d. h. nicht lediglich: Weitergabe – von Epimutationen auch jenseits der DNA-Ebene eines ihrer entscheidenden Merkmale. Da sich epigenetische Mechanismen, welche die Aktivität der DNA steuern, auch entlang von Zelllinien vererbten, müsse es auch möglich sein, dass diese Mechanismen erblichen Störungen unterliegen. Dass Holliday dabei den Begriff der Epimutation einführte – und er nahm zusätzlich auf die Para-Mutationen Bezug (siehe oben) – hatte einerseits den Zweck, Heritabilität terminologisch auf solche epigenetischen, nicht mutationalen Änderungen zu erweitern. Andererseits sollten unter diesem erweiterten Vererbungsbegriff Mutationen und Epimutationen als diskrete Phänomene zu differenzieren sein. Gegenüber dieser frühen Formulierung beschränken sich die gegenwärtigen Diskussionen um den notwendigen Nachweis transgenerationeller Vererbung der Epimutation exklusiv auf die Keimbahn, sie zeigen sich also tatsächlich als ein Versuch, das *Epi*-Phänomen innerhalb der Grenzen eines orthodoxen genetischen Vererbungsbegriffes einzufangen. In dieser Rücknahme bleibt die Epimutation zwar ein „conceptual cousin" der Mutation (Huang, 2012) – und Holliday sprach sogar noch von der „formal identity" zwischen Mutation und Epimutation (1987: 168). Doch die implizite Verschiebung innerhalb eines Vererbungsparadigmas wird unterbestimmt.

18.6 Methodik des Präfix

Man hat im Kontext der Epigenetik vom „Eclipse of the gene and the return of divination" (Lock, 2005) gesprochen. Die aktuellen Modifikationen der Mutation aber belegen: Auch wenn die molekularbiologischen Befunde mittlerweile über den Rahmen der DNA hinausweisen, so bleiben die Bedingungen ihres Nachweises einigermaßen fest, bzw. ‚formal' in die Begründungsmuster einer technologisch avancierten Genetik integriert. Innerhalb dieser bleibt die Behauptung von transgenerationeller Vererbung auf die Ebene der Keimbahn beschränkt und folglich umstritten. Solange

Vererbung nur auf dieser Ebene gedacht wird, wären transgenerationelle Konzeptionen epigenetischer Vererbung tatsächlich nur als konjekturale Abweichungen methodisch zu diskriminieren.

Nur sprechen unter Umständen die Phänomene eine andere Sprache als die Methoden, die sie bemessen. Wenn die Befunde dieser kurzen Forschungsschau nicht gänzlich trügen, hat sich der einst ein konkretes Phänomen bezeichnende Begriff der Mutation tatsächlich zu einem Sammelbegriff gewandelt, dessen terminologische Grenzen innerhalb der Genetik von den dort erbrachten Befunden überwuchert werden. Angesichts der schwindenden Beschreibungsgenauigkeit scheint eine der Funktionen des Mutationsbegriffs in der Epigenetik darin zu bestehen, minimal eine spezifisch disziplinäre Zugangsweise zu sichern. In einem Überblicksartikel von 2010 resümieren David Cooper und Mitarbeiter beispielsweise:

> As we contemplate the future of mutation identification and characterization in a human context, we should not omit to mention that the term „mutation" in its broadest sense could, in principle, be extended beyond the traditional confines of the DNA sequence-based changes so as to include heritable (germline) alterations of DNA methylation („epimutations") that result in abnormal transcriptional silencing. (Cooper et al., 2010: 646)

Die Pointe der Forschung zur Epimutation bestand darin, sie von Mutationen zu unterscheiden. Wenn nun das Konzept der Mutation so gedehnt wird, dass es auch die durch Präfixe markierten Abweichungen von Änderungen auf Nicht-DNA-Ebene einschließt, geht dieser Witz verloren.

Wie eingangs bemerkt, ist die Mutation kein Fachterminus, der sich blind gegenüber anderen Disziplinen entwickelt hat. Sie bildet einen Kernbaustein in der „Verengung" der biologischen Vererbungstheorien des 20. Jahrhunderts (Parnes, 2013: 218). Ganz in diesem Sinne hatte de Vries die Vorsilbe <Trans-> aus der Mutation gestrichen, um diese für die Deszendenzforschung zu spezifizieren. Die neuen, oben besprochenen Vorsilben, zu denen auch die Hyper- und Pseudomutation hätten gefügt werden können, bescheinigen den Wiedereintritt der von de Vries ausgeschlossenen, begrifflich nicht auf die Genetik festgelegten Bedeutungen von vererbbarer Variation. Die Mutation wird vor diesem Horizont zu dem, was de Vries scheute: ein spannungsreiches Feld von zunehmender semantischer Unschärfe, das sich insbesondere in seinem Bezug auf ein multidimensionales Vererbungsgeschehen nicht länger in einem idealisierten Begriff einhegen lässt.

Insofern Mutationen als Konsequenz einer umweltanfälligen epigenomischen Steuerung der DNA reversibel und adaptiv erscheinen können, hat sich ihre einst definitorische Zufälligkeit verschoben, und zwar hinein in die vielfältigen ‚kulturellen' Mikro- und Makroumwelten des genetischen Geschehens, wie sie in verschiedenen Beiträgen des vorliegenden Bandes beschrieben werden, darunter Zellnachbarschaften, elterliche Prägungen in frühen Entwicklungsphasen, Ernährungsprägungen, psychologischer Stress u. a. m. Wenn hier überhaupt noch von Mutationen zu sprechen ist, dann bestenfalls in einem erweiterten Sinn: als Störungen des Transfers von erbrelevanten Information, die innerhalb und zwischen je spezifischen Vererbungsebenen auftreten. Sie liegen dort vor, wo Funktions- und Kausalketten zwischen unterschiedlichen – genetischen, epigenetischen, ethologischen, soziokulturellen – Übertragungsebenen nicht mehr zu schließen vermögen.

In diesem Umfeld scheint die Mutation, wo sie nicht terminologisch obsolet geworden ist, mehr und mehr einen Bereich der erkenntnistheoretischen Irritation zu beschreiben. Gerade die Mutationsforschung in der Genetik hatte – gewissermaßen gegen ihren epistemologischen Strich – entscheidend zu dieser epigenetischen Wende beigetragen. Wie in der Forschungsschau deutlich werden sollte, haben die epigenetischen Ableitungen des Mutationsbegriffes diesen *nicht ersetzt*, sondern *supplementiert*. Die ‚postmodernistischen' Qualitäten, wie sie in der Dekonstruktion des Mutationsbegriffs hinsichtlich immer kleinteiligerer Ebenen ablesbar sind, stecken in diesem Sinn tatsächlich mehr in den Befunden als in der forschungspragmatischen Zurichtung der Biowissenschaften. Wenn in diesem Zusammenhang das Wort einer postmodernen Biologie tatsächlich ernst genommen werden soll, wäre die in den Befunden aufscheinende grundsätzliche Heterotopie von Vererbungsprozessen und erblichen Variationen allerdings erst noch auf methodischer Basis anzuerkennen, bzw., um schärfer zu formulieren, als ein in der Tat erkenntnistheoretischer Auflösungsprozess mit noch unbekannten Konsequenzen zu realisieren. Erst dann wäre mit Blick auf die Epigenetik von einem paradigmatischen Umbruch zu sprechen, bzw. von jenen *mutations spirituelles* im erkenntnistheoretischen Sinn, wie sie – in unverhohlener Ableitung aus der genetischen Mutationstheorie – seit Gaston Bachelard (1934/1975: 182) in der Wissenschaftstheorie heimisch sind.

Literatur

Auerbach, C. (1949). Chemical induction of mutations. Hereditas 35(1): 128–147.
Bachelard, G. (1934/1975). Le nouvel esprit scientifique (Paris: Presses Universitaires de France).
Bowler, P.J. (1978). Hugo De Vries and Thomas Hunt Morgan: The mutation theory and the spirit of Darwinism. Annals of Science 35(1): 55–73.
Bowler, P.J. (1992). The eclipse of Darwinism: Anti-Darwinian evolution theories in the decades around 1900 (Baltimore, MD: Johns Hopkins University Press).
Brink, R.A. (1956). A genetic change associated with the R-locus in maize which is directed and potentially reversible. Genetics 41(6): 872–889.
Carlson, E.A. (1974). The Drosophila group: The transition from the Mendelian unit to the individual gene. Journal of the History of Biology 7(1), 31–48.
Chan, T.L., Yuen, S.T., Kong, C.K. et al. (2006). Heritable germline epimutation of MSH2 in a family with hereditary nonpolyposis colorectal cancer. Nature Genetics 38(10): 1178–1183.
Chandler, V.L. (2007). Paramutation: From maize to mice. Cell 128(4): 641–645.
Chong, S., Youngson, N.A. & Whitelaw, E. (2007). Heritable germline epimutation is not the same as transgenerational epigenetic inheritance. Nature Genetics 39(5): 574–575.
Cooper, D.N., Chen, J.M., Ball, E.V. et al. (2010). Genes, mutations, and human inherited disease at the dawn of the age of personalized genomics. Human Mutation 31(6): 631–655.

Cuzin, F., Grandjean, V. & Rassoulzadegan, M. (2008). Inherited variation at the epigenetic level: paramutation from the plant to the mouse. Current Opinion in Genetics and Development 18(2): 193–196.
de Vries, H. (1901). Die Mutationstheorie: Versuche und Beobachtungen über die Entstehung von Arten im Pflanzenreich, Bd. 1 (Leipzig: Veit).
Drake, J.W. (1991). Spontaneous mutation. Annual Review of Genetics 25: 125–146.
Gates, R.R. (1913a). A contribution to a knowledge of the mutating Oenotheras. Transactions of the Linnean Society of London, Second Series: Botany 8(1): 1–67.
Gates, R.R. (1913b). Recent papers on Oenothera mutations. New Phytologist 12(8): 290–300.
Gates, R.R. (1920). Mutations and evolution. New Phytologist 19(3–4): 64–88.
Holliday, R. (1986). Strong effects of 5-azacytidine on the in vitro lifespan of human diploid fibroblasts. Experimental Cell Research 166(2): 543–552.
Holliday, R. (1987). The inheritance of epigenetic defects. Science 238(4824): 163–170.
Horsthemke, B. (2005). Epimutationen bei menschlichen Erkrankungen. Medgen 17: 286–290.
Horsthemke, B. (2007). Heritable germline epimutations in humans. Nature Genetics 39(5): 573–574.
Huang, S. (2012). The molecular and mathematical basis of Waddington's epigenetic landscape: A framework for post-Darwinian biology? BioEssays 34(2): 149–157.
Jablonka, E. & Lamb, M.J. (2005). Evolution in four dimensions: Genetic, epigenetic, behavioral, and symbolic variation in the history of life (Cambridge, MA: MIT Press).
Jacobs, P.A., Sherman, S., Turner, G., Webb, T., Opitz, J.M. & Reynolds, J.F. (1986). The fragile X syndrome. American Journal of Medical Genetics 23(1–2): 611–617.
Koonin, E.V. (2009). Darwinian evolution in the light of genomics. Nucleic Acids Research 37(4): 1011–1034.
Kosseff, A.L., Herrmann, J., Gilbert, E.F., Viseskul, C., Lubinsky, M. & Opitz, J.M. (1976). Studies of malformation syndromes of man XXIX: The Wiedemann-Beckwith syndrome. European Journal of Pediatrics 123(3): 139–166.
Lenski, R.E. & Mittler, J.E. (1993). The directed mutation controversy and neo-Darwinism. Science 259(5092): 188–194.
Leung, S.Y., Chan, T.L. & Yuen, S.T. (2007). Reply to „Heritable germline epimutation is not the same as transgenerational epigenetic inheritance". Nature Genetics 39(5): 576–576.
Levit, G.S., Meister, K. & Hoßfeld, U. (2008). Alternative evolutionary theories: A historical survey. Journal of Bioeconomics 10(1): 71–96.
Lock, M. (2005). Eclipse of the gene and the return of divination. Current Anthropology 46(5): 47–70.
Marshall, J.H. (2002). On the changing meanings of „mutation". Human Mutation 19(1): 76–78.
Martin, D.I.K., Ward, R. & Suter, C.M. (2005). Germline epimutation: A basis for epigenetic disease in humans. Annals of the New York Academy of Science 1054: 68–77.
McClintock, B. (1953). Induction of instability at selected loci in maize. Genetics 38(6): 579–599.
Meksem, K. & Kahl, G. (2010). Premutation. In: The handbook of plant mutation screening: Mining of natural and induced alleles. K Meksem & G. Kahl, Hg. (Weinheim: Wiley-VCH): S. 404.
Merlin, F. (2010). Evolutionary chance mutation: a defense of the modern synthesis' consensus view. Philosophy & Theory in Biology 2, e103.
Parnes, O. (2013). Biologisches Erbe: Epigenetik und das Konzept der Vererbung im 20. und 21. Jahrhundert. In: Erbe: Übertragungskonzepte zwischen Natur und Kultur, S. Willer, S. Weigel & B. Jussen, Hg. (Berlin: Suhrkamp), S. 202–266.
Pembrey, M.E., Winter, R.M. & Davies, K.E. (1985). A premutation that generates a defect at crossing over explains the inheritance of fragile X mental retardation. American Journal of Medical Genetics 21(4): 709–717.
Rabinow, P. (2011). The accompaniment: Assembling the contemporary (Chicago, IL: The University of Chicago Press).

Richter, J.T. (2011). The fate of mutation: Shift, spread, and disjunction in a conceptual trajectory. Contributions to the History of Concepts 6(2): 85–104.

Richter, J.T. (2013). Konzeptgründung vor Referenzlandschaft: Notizen zur Begriffsstrategie der Mutation bei Hugo de Vries. Forum Interdisziplinäre Begriffsgeschichte 2(1): 50–60. E-Journal: http://www.zfl-berlin.org/forum-begriffsgeschiche-detail/items/forum-interdisziplinaere-begriffsgeschichte.251.html.

Ropers, H.-H. (1994). Instabile Mutationen und ihre Rolle bei der Entstehung von Erbkrankheiten. Deutsches Ärzteblatt 91(25–26): A-1814–1820.

Rose, M.R. & Oakley, T.H. (2007). The new biology: Beyond the modern synthesis. Biology Direct 2(30). E-Journal.

Sherman, S.L., Morton, N.E., Jacobs, P.A. & Turner, G. (1984). The marker (X) syndrome: a cytogenetic and genetic analysis. Annals of Human Genetics 48(Pt 1): 21–37.

Steinbach, D. & Steinbach, P. (2008). Fragiles-X-Syndrom: Störung somatischer Plastizität mit Hoffnung auf Heilung. Medgen 18: 182–188.

Steinbeck, J. & Ricketts, E.F. (1941/1995). The log from the Sea of Cortez: The narrative portion of the book, Sea of Cortez (New York, NY: Penguin).

Suter, C.M. & Martin, D.I.K. (2007a). Inherited epimutation or a haplotypic basis for the propensity to silence? Nature Genetics 39(5): 573–573.

Suter, C.M. & Martin, D.I.K. (2007b). Reply to „Heritable germline epimutation is not the same as transgenerational epigenetic inheritance". Nature Genetics 39(5): 575–576.

Suter, C.M. & Martin, D.I.K. (2010). Paramutation: the tip of an epigenetic iceberg? Trends in Genetics 26(1): 9–14.

Theise, N.D. (2006). Implications of ‚postmodern biology' for pathology: The cell doctrine. Laboratory Investigations 86(4): 335–344.

Toepfer, G. (2011). Mutation. In: Historisches Wörterbuch der Biologie: Geschichte und Theorie der biologischen Grundbegriffe, 3 Bde., G. Toepfer, Hg. (Stuttgart: Metzler), Bd. 2, S. 655–668.

Vattimo, G. (1990). Das Ende der Moderne (Stuttgart: Reclam).

Winkler, U. (1965). Über die Photoreaktivierung von Letalschäden und Prämutationen im extrazellulär UV-bestrahltenSerratia-PhagenKappa. Zeitschrift für Vererbungslehre 97(1): 75–78.

Winter, R.M. (1987). Population genetics implications of the premutation hypothesis for the generation of the fragile X mental retardation gene. Human Genetics 75(3): 269–271.

Wolinsky, H. (2008). Paths to acceptance: The advancement of scientific knowledge is an uphill struggle against ‚accepted wisdom'. EMBO Reports 9(5): 416–418.

Jörg Niewöhner
19 Molekularbiologische Sozialwissenschaft?

19.1 Zeitlich und räumlich eingebettete Körper

Umweltepigenetik – häufig auch als Verhaltensepigenetik bzw. soziale Epigenetik bezeichnet (Jirtle et al., 2007) – untersucht zum einen die Wirkung der materiellen und sozialen Umwelten eines Organismus auf dessen Genexpression und zum anderen die Stabilität dieser Effekte innerhalb der Lebensspanne des Organismus und über mehrere Generationen hinweg. Es geht im Kern um die Frage, wie die Umwelt des Menschen dessen Körper verändert und ob und wie diese Effekte vererbt werden können. In seiner heutigen molekularen Form ist das Forschungsfeld sehr jung, auch wenn viele der hier diskutierten Befunde bereits seit längerem durch epidemiologische Studien bekannt sind (z. B. Roseboom et al., 2006; Brunner et al., 1997). Seit den späten 1990er Jahren prägten drei paradigmatische Experimente die heutigen Forschungsdesigns und -prioritäten:

1. Im Jahr 2003 konnten Rob Waterland und Randy Jirtle an der Duke University in Durham (North Carolina) zeigen, dass die Fütterung einer methylreichen Nahrung an Agouti-Mäuseweibchen zwei Wochen vor der Paarung die Methylierung eines fellfarberelevanten DNA-Abschnitts des Nachwuchses dieser Weibchen erhöht und damit dessen stochastisch variable Fellfarbe systematisch verändert (Waterland, 2003; Waterland et al., 2004).[1]
2. Die Forschungsgruppen unter der Leitung von Michael Meaney und Moshe Szyf an der McGill University, Montréal, konnten nachweisen, dass in der Natur auftretende Muster unterschiedlich intensiven Brutfürsorgeverhaltens von Rattenmüttern eine Hypermethylierung von stressrelevanten DNA-Abschnitten im Nachwuchs und in der nächsten Folgegeneration bewirken (Weaver et al., 2004).
3. Dieselben McGill-Forschungsgruppen haben in Zusammenarbeit mit dem Douglas Mental Health Institute Québec an menschlichem Zellmaterial gezeigt, dass, jeweils im Vergleich zu Kontrollgruppen, sowohl zwischen Selbstmordopfern als auch zwischen Selbstmordopfern, die in ihrer Kindheit missbraucht wurden, signifikante Unterschiede in Methylierungsmustern an funktional relevanten DNA-Abschnitten im Hippocampus nachweisbar sind (McGowan et al., 2009; McGowan et al., 2008).

Diese und zahlreiche Folgeexperimente belegen nach Ansicht der Forscher vor allem drei Dinge: Erstens sind die materielle (Nahrung) und die soziale Umwelt (Stress) in der Lage, Methylierungsmuster und damit Genexpression zu verändern. Zweitens er-

---
[1] Waterland und Jirtle weisen als erste einen molekularen Mechanismus dieses statistisch bereits durch andere Experimente bekannten Effekts nach (z. B. Wolff et al., 1998).

scheint die frühe Kindheit als kritische Phase, in der Methylierungsmuster eine besondere Plastizität aufweisen. Frühkindliche Belastung (*early life adversity*) entsteht als „epistemisches Objekt" (Rheinberger, 1997). Drittens sind die umweltinduzierten epigenetischen Veränderungen beständig, vielfach weisen sie eine intra- und sogar transgenerationelle Stabilität auf. Man spricht auch von meta-stabilen Epiallelen, um hervorzuheben, dass es sich möglicherweise um Muster handelt, die über mitotische und meiotische Teilungen erhalten bleiben können (meta-stabil), obwohl sie nicht die eigentliche DNA, sondern ihre Epi-Genetik betreffen (Daxinger et al., 2012). Allerdings ist es bisher nicht gelungen, die Stabilität einer durch veränderte Umweltbedingungen erworbenen epigenetischen Veränderung in Säugetieren bis in eine Nachfolgegeneration nachzuweisen, die nicht selbst von den veränderten Umweltbedingungen betroffen war (F2 bei Exposition vor Empfängnis, F3 bei Exposition von trächtigen Tieren). Erst dies würde den Verdacht der stabilen Keimbahnveränderung erhärten. Zwar ist eine solche Veränderung gerade für psychiatrische Phänomene im Prinzip sogar beim Menschen dokumentiert (vgl. Franklin et al., 2011), diese psychiatrischen Phänomene konnten bisher allerdings nicht eindeutig auf *epigenetische* Keimbahnveränderungen zurückgeführt werden (vgl. Mansuy, in diesem Band). Überdies deutet die derzeitige Forschung vor allem an Pflanzen (Wang et al., 2009) darauf hin, dass verschiedene Mikro-RNAs eine wichtige Rolle bei der Vermittlung so genannter *trans*-Effekte auf epigenetische Stabilität spielen. Dabei handelt es sich um Effekte auf epigenetische Muster, die ihren Ursprung häufig außerhalb des Zellkerns haben und durch eine Botensubstanz im Zellkern wirken. Wie genau sich diese Effekte auf epigenetische Muster auswirken, ist derzeit noch weitgehend unklar (z. B. Guil et al., 2009).

Solche Studien sind auch aus sozialwissenschaftlicher und anthropologischer Perspektive bedeutsam. Entlang der umweltepigenetischen Forschung und ihrer breiten Rezeption wird ein neues, molekulares Körperbild der Lebenswissenschaften produziert. Dieses tritt dem etablierten Bild des genetisch geformten, durch die Haut begrenzten und das Hirn gesteuerten, individuellen Körpers gegenüber (vgl. auch Bentley, 1941).[2] In vielerlei Hinsicht wird die Vorstellung eines von der sozialen und materiellen Umwelt isoliert verstehbaren Körpers durch das Bild eines „eingebetteten Körpers" ersetzt (Niewöhner, 2011). Als solcher ist er in verschiedene Zeithorizonte sowie in materielle und soziale Kontexte eingebunden. Sie reichen zeitlich von evolutionären über transgenerationelle und ontogenetische hin zu physiologischen Zeithorizonten, die alle gleichzeitig in den Körper der Gegenwart eingeschrieben werden. So zeigt eine aktuelle schwedische Studie aus der Physiologie (Barrès et al., 2012), dass muskuläres Training die Methylierungsmuster in Muskelzellen und damit die Genak-

---

[2] Zwar hat auch zu Hochzeiten des Humangenomprojekts Mitte der 1990er Jahre niemand in der Forschung ernsthaft geglaubt, menschliche Biologie sei auf triviale Weise genetisch determiniert. Trotzdem haben die dominanten Versuchsaufbauten, wie z. B. die Knock-out-Maus, ein Körperbild produziert, das die Einbindung des Organismus in soziale und materielle Umwelten ignoriert hat.

tivierung zwar in Echtzeit, aber nur vorübergehend verändert. Am anderen Ende des umweltepigenetischen Zeithorizonts werden evolutionäre Narrative in Anschlag gebracht. In der kardiovaskulären Forschung spielt beispielsweise die *Thrifty-genotype*-Hypothese eine wichtige Rolle. Ihr zufolge sind westlich-moderne Körper bereits seit der Steinzeit auf gute Fettverwertung selektiert, und dies sei Ursache für den Hang zu Übergewicht bei vielen Menschen (Chakravarthy et al., 2004; Neel, 1962). Auf ähnliche Art und Weise erklären manche Biologen das erhöhte Herzkreislaufrisiko der afroamerikanischen Bevölkerung der USA mit der Selektion auf den Sklavenschiffen (Wilson et al., 1991). Epigenetische Befunde werden so genutzt, einfache bio- oder kulturdeterministische Erklärungen von Risikoverteilungen zu kritisieren (Kuzawa et al., 2009). Neben der zeitlichen Einbettung des epigenetischen Körpers spielen aber auch materielle sowie soziale und räumliche Kontexte eine Rolle, angefangen bei spezifischen Ernährungssituationen bis hin zur Verstädterung des menschlichen Lebensraums.

19.2 „Soziale Position" als Ausgangspunkt für Forschung

Während meiner Laborethnographie in der Arbeitsgruppe um Moshe Szyf im Jahr 2009 hatte ich Gelegenheit, die Denk- und Arbeitsweise, den Alltag und die Ziele dieser Gruppe näher kennenzulernen. Die Gruppe schien mir dabei von dem oben skizzierten Verständnis des eingebetteten Körpers auszugehen. Gerade die bereits erwähnte Studie an Ratten zeigt, dass frühkindlicher Stress semi-stabile epigenetische Veränderungen hervorruft. Doch wird Stress schon durch Käfigwechsel und durch die Ausdünnung von Nistmaterial und Käfigstreu induziert. Die Gruppe machte die Erfahrung, wenn auch nicht experimentell formalisiert, dass bereits das Umsetzen der Tiere durch Pflegepersonal epigenetische Veränderungen auslösen kann. Das zeigt zunächst, dass epigenetische Mechanismen sehr sensibel auf Umweltveränderungen reagieren. Außerdem werden diese experimentell induzierten Stressoren – Käfigwechsel und reduziertes Nestmaterial – als Stressoren mit hoher ökologischer Validität verstanden. Im Unterschied zu sehr artifiziellen Stressoren wie Elektroschocks oder simuliertem Ertrinken bilden solche Stressoren aus der Sicht der Gruppe eine plausible Umweltveränderung nach. Mit einem Schmunzeln werden Käfigwechsel und schlechte Nestbedingungen mit der Erfahrung kanadischer Migranten gleichgesetzt, die, nachdem sie bereits ihren gewohnten Kontext verlassen mussten, häufig in armen Stadtvierteln wohnen. Zwar wird diese beiläufige Übertragung nicht ernsthaft vertreten. Ihre Erwähnung innerhalb der Laborgruppe weist aber auf eine Frage hin, deren molekulare Erforschbarkeit mittlerweile greifbar scheint: Wie wirkt sich soziale Ungleichheit physiologisch aus? In epidemiologischer Forschung ist der Zusammenhang zwischen Ungleichheit und Gesundheit immerhin gut dokumentiert, was in der Arbeitsgruppe die Annahme bestärkt, dies auch auf physiologischer Ebene nachweisen zu können. Mehr noch als durch die detaillierten Studienergebnisse ist diese Annahme aber durch das sozialwissenschaftlich mehr oder minder naive Grundverständnis von Gesellschaft und Ungleichheit geprägt, wie es von Moshe Szyf mit den Forschern seiner Gruppe diskutiert wird. Szyf geht offenbar davon aus, dass jeder Mensch sich seiner Position in der Gesellschaft permanent mehr oder weniger bewusst ist. Dabei stünden die absolut verfügbaren materiellen und sozialen Ressourcen nicht im Vordergrund, vielmehr sei vor allem die eigene Wahrnehmung der relativen Unterschiede von Bedeutung. Welche anderen Lebensstile nehmen Menschen wahr, und mit welchen vergleichen sie ihren eigenen? Szyf nimmt an, dass eine Gesellschaft, in der erhebliche – und jederzeit wahrnehmbare – Diskrepanzen zwischen Arm und Reich auf engem Raum vorliegen, für die einzelne Person einen größeren Stressor darstelle, als eine Gesellschaft mit kleineren Differenzen. Es ist dieses Grundverständnis von Gesellschaft, dass Szyf mit dem Konzept „soziale Position" fasst. Programmatisch hält er sein Konzept sozialwissenschaftlich naiv, indem er auf etablierte sozialwissenschaftliche Begriffe wie Klasse oder Milieu verzichtet – auch um Spannungen mit den dafür kompetenten Disziplinen zu entgehen. In Kombination mit den umweltepigenetischen Methoden seines Labors ist damit dennoch ein Forschungsprogramm angedeutet, das Szyf als die „Molekularbiologie sozialer Position" bezeichnet (vgl. Borghol et al., 2012).

Der Reduktionismus, der angewandt werden muss, um ein so diffuses Konzept wie das der sozialen Position zu operationalisieren, ist im Wesentlichen pragmatisch, nicht epistemologisch oder ontologisch, begründet (Beck et al., 2006). Es ist weitgehender Konsens in diesem Forschungsfeld, dass die Assoziation zwischen physiologischen und sozialen Effekten durch komplizierte Gen-Umwelt-Interaktionen zustande kommt. Allerdings ist dieses Verständnis nicht direkt auf die konkrete labor- und damit methoden- und technologiegebundene Forschungspraxis übertragbar. Das größte Hindernis hierfür stellt die Unschärfe und Komplexität dessen dar, was als soziale Umwelt konzipiert wird. Wie und wo wird soziale Umwelt so greifbar, dass sie als Korrelat in molekularen Studiendesigns handhabbar wird? Was erfasst werden soll, sind Konstellationen von rascher, gut messbarer und operationalisierbarer sozialer und materieller Veränderung, und entsprechend wichtig sind Phänomene des sozialen Wandels geworden. Nicht nur in der Gruppe von Szyf, und nicht nur in der Epigenetik, sondern beispielsweise auch in den Neurowissenschaften, wird in diesem Sinne begonnen, nach einer für Forschungsdesigns fassbaren sozialen Umwelt zu suchen.

19.3 Übersetzungspfade für sozialen Wandel in molekulare Studien

Um die Entwicklungen dieses Feldes zu analysieren, sind zunächst zwei Fragen zu stellen: 1. Wie wird sozialer Wandel in molekulare Studiendesigns übersetzt (Operationalisierung)? 2. Wie wird die in der Übersetzung notwendige Reduktion plausibel gemacht (Plausibilisierung)? Ein Beispiel einer Operationalisierung sozialen Wandels stellt etwa die Studie der Arbeitsgruppe um Moshe Szyf zu den Auswirkungen des sozio-ökonomischen Status im Kindes- und Erwachsenenalter auf Methylierungsmuster im Erwachsenenalter dar (Borghol et al., 2012). Die Studie ist aus der Zusammenarbeit mit britischen Forschern hervorgegangen, die die sogenannte 1958er Kohorte betreuen, eine Langzeitstudie, die ursprünglich alle Kinder eingeschlossen hat, die während einer Woche im März 1958 in England, Schottland und Wales geboren wurden. Die Kohorte ist kontinuierlich zu ihrem Gesundheitsstatus und ihrem sozialen Umfeld befragt worden. 2003, also im Alter von 45 Jahren, wurde den noch lebenden Mitgliedern der Kohorte Blut abgenommen. Szyfs Arbeitsgruppe kartierte bei den Proben einer Untergruppe von 40 erwachsenen Männern den Methylierungsstatus in den Promoterregionen von ca. 20.000 Genen sowie 400 Mikro-RNAs. In der Untergruppe befanden sich die Vertreter der jeweiligen Extreme des sozio-ökonomischen Spektrums: die Privilegiertesten und die am meisten Benachteiligten von 1958 und 2003. Um die Unterscheidung zwischen ‚privilegiert' und ‚benachteiligt' treffen zu können, musste Szyfs Arbeitsgruppe die Definition des sozio-ökonomischen Status aus dem vorhandenen Datensatz übernehmen. Nach dieser Definition bestimmt sich die soziale Position nach dem Beruf des Vaters, der Wohnqualität sowie der Dichte der Wohnraumbelegung.[3] Den Ergebnissen der Studie zufolge sind die Methylierungsmuster bei Erwachsenen stärker mit dem sozio-ökonomischen Status ihrer Kindheit als mit dem ihres Erwachsenenalters assoziiert. Dies zeige, dass „[d]ie Organisation dieser Assoziationen [...] ein klar definiertes epigenetisches Muster [suggeriert], das mit der frühen sozio-ökonomischen Umwelt zusammenhängt." (Borghol et al., 2012: 1; Übers. J.N.). Allerdings deutet die vorsichtige Verwendung der Begriffe „Assoziation" und „suggeriert Zusammenhänge" darauf hin, dass die berichtete statistische Signifikanz in diesem klar definierten Studiendesign nur mit hohem rechnerischen Aufwand zu erreichen war.

Als exemplarisch kann diese Studie in doppelter Hinsicht gelten. Erstens beruht sie auf einer Zusammenarbeit mit der Epidemiologie. Diese ist die vorrangige Adresse, die molekulare Lebenswissenschaftler aufsuchen, wenn sie sich der sozialen und materiellen Umwelt zuwenden. Man geht davon aus, dass epidemiologische Daten in einer Form vorliegen, die sich auch für molekulare Studiendesigns eignet: Sie sind quantitativ gefasst, klar definiert und statistisch belastbar bzw. repräsentativ. Sozial- und kulturwissenschaftliche Fragestellungen oder Konzepte spielen hier nur insoweit eine Rolle, als sie gegebenenfalls schon zuvor in die epidemiologischen Studien eingeflossen waren. Zweitens geht die Suche nach geeigneten Forschungsmöglichkeiten opportunistisch vonstatten. Nach der prinzipiellen Entscheidung, welche Art von Daten benötigt wird, wird nicht zuerst überlegt, ob man diese Daten selbst erheben könnte, sondern die Forschungslandschaft nach existierenden Datensätzen durchsucht. Dies ist zum einen der Tatsache geschuldet, dass die Expertise der meisten

---

[3] Als „household overcrowding" galt die Belegung von mehr als einer Person pro Zimmer ab einem Alter von 7 Jahren.

Arbeitsgruppen in diesem Feld sich auf molekularbiologische, bioinformatische und, schon seltener, verhaltenspsychologische Datenerhebung beschränkt. Selbst Daten über die Umwelt zu erheben würde also in jedem Fall die Kooperation mit Sozialwissenschaftlern nötig machen. Zum anderen werden vorhandene Daten bevorzugt, weil sozialer Wandel besser im Längs- als im Querschnitt erfasst wird. Längsschnittstudien aber sind per definitionem zeitaufwendig und erst an ihrem Endpunkt für epigenetische Forschung interessant. Neben den typisch britischen Langzeitstudien, die eine Art normalen Alltag dokumentieren, richtet sich diese Suchtechnik vor allem auf einen drastischen sozialen Wandel innerhalb der Biographie der Probanden. Das Paradebeispiel eines solchen Datensatzes ist das Bucharest Early Intervention Project (Zeanah et al., 2003). Dieses enthält Daten über 187 Waisenkinder, die im Alter von unter 31 Monaten nach dem Zusammenbruch des Ceauşescu-Regimes aus sechs rumänischen Waisenhäusern durch Adoption nach England und in die USA gelangten. Ähnlich gut erforscht sind historische Datensätze, z. B. zur Hungersnot in den Niederlanden im Kriegswinter 1944/45 (Roseboom et al., 2006). Beispiele, die viele Forscherinnen und Forscher nach eigenem Bekunden gerne genauer untersuchen würden, zu denen aber die jeweiligen Datenlagen unklar sind, sind die post-sozialistischen Entwicklungen der letzten 20 Jahre in Osteuropa und den ehemaligen Sowjetrepubliken, die Nachkriegsentwicklung in Deutschland und aktuell die Auswirkungen der Wirtschafts- und Finanzkrise auf besonders betroffene Regionen oder Stadtviertel.

Die vorliegenden oder erwünschten Studien zeigen deutlich die Art von radikalem Wandel, an deren Untersuchung die Forschung interessiert ist. Die Auswahl folgt einem pragmatischen Kalkül. Nicht, dass man sich nicht vorstellen könnte, dass subtiler und schleichender Wandel, dass alltägliche Routine und Veränderung nicht auch ihre epigenetischen Markierungen hinterlassen. Nur ist die Genauigkeit der Messinstrumentarien derzeit noch so schlecht, dass man schon froh sein muss, überhaupt die Auswirkungen von radikalen Veränderungen zeigen und somit wenigstens einen Machbarkeitsnachweis (*proof of principle*) erbringen zu können, der es ermöglichen würde, weitere Forschung anzuschließen.

19.4 Plausibilisierung durch Early Life Adversity

Die Signifikanz dieser Entwicklung für die Sozialanthropologie hat die US-amerikanische Wissenschaftshistorikerin Hannah Landecker am Beispiel der Nutriepigenomik herausgearbeitet: „Social life is being viewed through biological lenses" (Landecker, 2011; vgl. Bauer, in diesem Band). Die molekulare Linse richtet sich auf die soziale und materielle Umwelt und macht diese damit auf spezifische Art und Weise für Laborstudien verfügbar. Eine mögliche Folge dieser Entwicklung ist die Standardisierung und Indexierung von sozialer und materieller Umwelt. Das Verständnis von sozialer Hierarchie und Position wird von den darstellbaren molekularen Auswirkungen geprägt.

Insbesondere das Konzept der *Early Life Adversity* illustriert diesen Effekt. Auf dieses hat sich das zunächst weit offene Forschungsfeld der Umweltepigenetik nach nur wenigen Jahren konzentriert und das Konzept in Verbindung mit anderen Disziplinen stabilisiert. In der Eigenlogik der Forschung ist das sinnvoll, wird doch durch dieses eine komplexe Gemengelage abbildbar: Early Life Adversity fasst die heterogenen Phänomene Plastizität, Stress, Prägung und *tracking*-Effekte (Entwicklungseffekte) in einer spezifischen Form zu einem bearbeitbaren epistemischen Objekt (Rheinberger, 1997) zusammen und reduziert deren Heterogenität dadurch auf ausgewählte materielle Effekte und Wirkmechanismen. Als epistemisches Objekt hilft Early Life Adversity, den umweltepigenetischen Forschungsansatz zu plausibilisieren, indem es einen semantischen wie mechanischen Zusammenhang zwischen ontologisch weit entfernten Phänomenen wie dem Beruf des Vaters und einem spezifischen Methylierungsmuster herstellt. Der Akt der Konstruktion des Konzepts, seine historische und soziale Kontingenz verschwinden jedoch umso mehr aus dem Blickfeld, je tiefer das Konzept in die Infrastruktur der Forschungsplattform absinkt (Star et al., 1996; Keating et al., 2000). Es wird zunehmend weniger hinterfragt. Dies hat beispielsweise zur Folge, dass Molekularbiologen auf Tagungen gefragt werden, wie Kindertagesstätten ausgestattet sein sollten.[4] Die meisten Biologen verweigern sich diesen Fragen und weisen auf den Status ihrer Arbeit als Grundlagenforschung oder auf die Nichtübertragbarkeit von Tierexperimenten auf den Menschen hin. Trotzdem entsteht im öffentlichen Diskurs eine neue Sichtweise auf soziale Umwelt, die entweder tatsächlich durch eine naive Lesart molekularer Befunde geprägt ist oder diese dazu nutzt, bereits bestehende Sichtweisen zu legitimieren.[5] In beiden Fällen gerät die Konstruktionsarbeit, die sowohl experimentell wie semantisch für den frühen Machbarkeitsnachweis geleistet wurde, aus dem Blick. Man mag im Einzelfall diskutieren, inwiefern dies positive oder negative Konsequenzen etwa für die Ressourcenbereitstellung für frühkindliche Erziehung hat. In keinem Fall jedoch stellt die naive Lesart molekularbiologischer Befunde eine gute Basis für politische oder administrative Entscheidungen dar.

Gleichzeitig verstellt die Reifikation des epistemischen Objekts der Early Life Adversity auch der Forschung selbst den Blick. Dies mag kurzfristig unproblematisch oder sogar förderlich bei der Akquise von Forschungsmitteln sein. Mittelfristig jedoch haben sich unhinterfragte Forschungsstandards („standardized packages" im Sinne von Fujimura, 1992) selten positiv auf die Entwicklung und den innovativen Gehalt eines Forschungsfeldes ausgewirkt. Forschungsgruppen wie die von Moshe Szyf arbeiten mit dem, was ich anderswo als *thick significance* bezeichnet habe (Niewöhner, 2011). Das Konzept lehnt sich an den Begriff der *thick description* (dichte Beschreibung)

---

[4] So geschehen zum Beispiel bei einem Kolloquium zum Thema Gene und Umwelt der Daimler Benz Stiftung im Mai 2012.
[5] Eine illustrative Presseschau, die diese Diskurse abbildet, findet sich unter der Rubrik Pflichtelternkurs auf: http://www.soziologie-etc.com/ (zuletzt aufgerufen am 26.4.2013).

des US-amerikanischen Kulturanthropologen Clifford Geertz an (Geertz, 1973). Er bezeichnet damit die Beschreibung der relevanten Bedeutungsnetzwerke einer spezifischen Gruppe von Menschen aus der Perspektive einzelner Mitglieder dieser Gruppe. Beschreibungsdichte geht nicht nur aus deren Nähe zum Forschungsfeld oder aus der Menge der Daten hervor, sondern aus den unterschiedlichen Bedeutungsebenen, die entstehen, wenn sich die Perspektiven der einzelnen Gruppenmitglieder auf ein Ereignis übereinanderschichten. Analog dazu produziert die Umweltepigenetik dichte Signifikanz. Die Signifikanz der Befunde wird nicht allein auf molekularer Ebene und durch statistische Verfahren erzeugt. Vielmehr wird die Glaubwürdigkeit epidemiologischer Langzeitstudien bereits vorab implizit oder explizit postuliert, und zwar ebenso wie psychoanalytisches Wissen über frühkindliche Prägungseffekte oder verhaltenspsychologisches Wissen über Stress. Die Plausibilität von Befunden gerade in den frühen Machbarkeitsstudien wird durch eine verdichtete, mehrere Disziplinen übereinanderschichtende Argumentation erzeugt. Damit soll nicht gesagt sein, dass Studien veröffentlicht werden, die nicht den konventionellen statistischen Anforderungen an Signifikanz genügen. Selbstverständlich gelten auch hier die üblichen Standards für Konfidenzintervalle. Aber statt der zunächst nur dünnen statistischen Signifikanz ist es hauptsächlich die dichte Argumentation, die Studien wie der bereits diskutierten von Borghol et al. (2011) ihren Geltungsanspruch verleiht.

19.5 Plausibilisierung durch Stress

Eine weitere, wenn nicht die dominante Rolle spielt heute ein spezifisches Stress-Paradigma. Im Kern beruht es auf der Idee, dass der menschliche Körper sich in einem dynamischen Gleichgewicht befinde, der Allostase. Mit dieser Annahme bezieht man sich auf eine Tradition, die von Walter B. Cannons Studien zu Blutdruckveränderungen bei Kriegszittern in den 1920er Jahren über Hans Selyes Veröffentlichungen zu Stress in den 1950er Jahren bis hin zur neurobiologischen Synthese durch McEwen und andere in den 1990er Jahren reicht (Cannon, 1923; Selye, 1956; McEwen, 1998). Chronische Faktoren, die gegen dieses Gleichgewicht wirken (allostatic load), würden demnach vom Körper kontinuierliche Arbeit fordern, um das Gleichgewicht aufrechtzuerhalten. Diese Arbeit sei mit Kosten verbunden, die sich über einen längeren Zeitraum in pathologischen Symptomen niederschlügen und letztlich zu einer erhöhten Mortalität und Morbidität führen könnten.

Die Selbstverständlichkeit, mit der die vermeintliche Plausibilität des Stress-Paradigmas angenommen wird, sucht im 20. Jahrhundert ihresgleichen. Die Idee des dynamischen Gleichgewichts, das nachhaltig gestört wird und das der Körper unter Aufwendung von Energie wiederherstellen muss, ruht tief in westlich modernen Vorstellungen von Körperlichkeit und Leben (z. B. Kury, 2012; Levine, 1957). Sie findet sich in Disziplinen von Epidemiologie bis Esoterik, von Psychoanalytik bis Kybernetik und Systembiologie. Nur wenige Ausnahmen in der Biologie versuchen, Gegenmodelle zu autopoietischer Allostasis zu entwerfen (Gilbert, 2002), und auch in den Sozialtheorien und -philosophien wird die Idee der autopoietischen Allostasis nur selten thematisiert (z. B. Deleuze et Guattari, 1987; Haraway, 2008).

Innerhalb des Stress-Paradigmas ist das, was Stress sein kann, sehr weit gefasst: Die Definition reicht von oxidativem Stress innerhalb von Zellen bis zu unglücklichen Ehen als chronischem Stress, von Umweltgiften oder Lärm bis zum Lebensraum Stadt. Noch gibt es erst wenige epigenetische Studien zu der Bandbreite dieser Stressoren. Der Schwerpunkt der Forschung in der Epigenetik zielt auf Krebsdiagnostik und -therapie und setzt damit derzeit noch andere Prioritäten. Es ist aber nur eine Frage der Zeit, bis sich eine Forschungslinie zu den epigenetischen Folgen von Stress etabliert.

19.6 Widerstandsaviso[6] und ko-laboratives Forschen

Stress – das *one-trick pony* der Forschung – agiert also als Plausibilisierungsagent für eine große Bandbreite von Forschungsansätzen in der Umweltepigenetik und darüber hinaus in lebenswissenschaftlicher Forschung. Die überwiegende Zahl dieser Ansätze teilt ein reduziertes Verständnis von Gesellschaft, das durch das Stress-Paradigma und die auf diesem basierende Forschung produziert wird. Gesellschaft ist in den Studien in Form von Normen, determinierenden sozialen Strukturen und Gleichgewichtsvorstellungen repräsentiert. Die Individuen bzw. Daten-Aggregate, aus denen sich diese Gesellschaft zusammensetzt, agieren nach ökonomistischen Prinzipien. Sozial- und Kulturforschung, die sich keines strukturalistischen Vokabulars mehr bedient – darunter interaktionistische Ansätze, Praxistheorie, feministische Kritiken, Wissenschafts- und Technikforschung – findet keine Berücksichtigung (z. B. Roepstorff et al., 2010). Statt dessen wird bemängelt, dass sich für die Forschung zu *Life stresses* keine sozialwissenschaftlichen Partner finden ließen, da die Sozialwissenschaften seit den 1970er Jahren ausschließlich und ängstlich das Soziale und nicht das Materielle erforschten: „Many sociologists, however, are still immured in their fortress, struggling to catch up with a debate that has shifted from nature-or-nurture to nature-and-nurture, or are unable to shake off their distrust of scientists, worrying that scientists will force them to play second fiddle in their own territory: the environment" (Nature, 2012). Dabei werden die rezenten Debatten der Sozial- und Kulturwissenschaften gerade zur Rolle von Materialität und Körperlichkeit in sozialen Konfigurationen und Praktiken geflissentlich übersehen. Der Alltag menschlichen Zusammenlebens, die verschiedenen Strategien und Taktiken, mit Umwelt umzugehen, „Kultur" und Kulturtechniken werden ausgeblendet. Dies hat zur Folge, dass so-

---

6 Den Begriff borge ich von Ludwik Fleck, der damit eine Widerständigkeit im „chaotischen anfänglichen Denken" bezeichnet, die letztlich in die Entwicklung eines Denkkollektivs mündet (Fleck, 1935/1979: 124).

zialtheoretisch häufig wenig interessante und naive Befunde produziert werden, die die Spaltung von Natur- und Sozialwissenschaften weiter verschärfen.

Es sind nicht die Einzelpersonen, die durch ihr persönliches Verständnis von Gesellschaft diese Art der Forschung vorantreiben. Es ist die Eigenlogik der Forschung – ihre Technologien, Methoden und handhabbaren Datensätze sowie die hier nicht untersuchten Förderlogiken –, die momentan eine facettenreichere Bearbeitung von sozialem Wandel, Gesellschaft und Stress auf molekularer Ebene verhindert. Daraus sollte nicht folgen, dass die Sozial- und Kulturwissenschaften sich auf dekonstruierende und kontextualisierende Forschung zurückziehen könnten oder sollten. Vielmehr geht es darum, die elaborierteren Verständnisse der Sozial- und Kulturwissenschaften von Gesellschaft, städtischem Alltag und Ungleichheit als Widerstandsaviso in die Denkkollektive und Plattformen der molekularen Lebenswissenschaften hineinzutragen. Denn das die Umweltgenetik umtreibende Anliegen, ein besseres Verständnis der körperlichen Auswirkungen von sozialer Ungleichheit zu gewinnen, ist ein wichtiges und in den Sozial- und Kulturtheorien lange Zeit systematisch ausgeblendetes. Dies wurde zwar theoretisch wiederholt problematisiert (vgl. Timmermans et al., 2008; Lock, 2001), empirisch aber nur selten umgesetzt.[7] Dabei ist es wichtig zu beachten, dass es bei Forschung im Schnittfeld von Sozial- und Lebenswissenschaften nicht um ein wie auch immer geartetes integratives oder umfassendes Verständnis von natur-kulturellen Phänomenen geht. Eine vereinende Synthese von theoretischen Vorverständnissen, methodisch-analytischen Anforderungen und empirischen Befunden scheint weder möglich noch wünschenswert. Vielmehr geht es darum, die Wissensproduktion in den jeweils anderen epistemischen Kulturen generativ zu kritisieren (Verran, 2001) und so produktiv zu irritieren, dass sie ihre eigenen Vorannahmen und Forschungsdesigns kontinuierlich in Bewegung halten müssen. Dazu bedarf es des Austauschs, der Konstruktion von Berührungspunkten, der kontinuierlichen Arbeit an einer gemeinsamen Sprache und der Bereitschaft auf sozialwissenschaftlicher Seite, Biologie nicht länger nur als Feind kritischen Denkens zu sehen (Tsing in Kirksey et al., 2010). Dieser Modus des ko-laborativen Forschens stellt eine große Herausforderung der Zukunft dar.

---

[7] Sehr beachtenswerte Startpunkte für Forschung dieser Art finden sich in der Sozialepidemiologie (Krieger, 2012) und einer neueren, stark von feministischen Kritiken und den science and technology studies beeinflussten Medizinanthropologie (Lock et al., 2001; Melby et al., 2005).

Literatur

Barrès, R., Yan, J., Egan, B. et al. (2012). Acute exercise remodels promoter methylation in human skeletal muscle. Cell Metabolism 15: 405–411.

Beck, S. & Niewöhner, J. (2006). Somatographic investigations across levels of complexity. BioSocieties 1: 219–227.

Bentley, A.F. (1941). The human skin: Philosophy's last line of defense. Philosophy of Science 8: 1–19.

Borghol, N., Suderman, M., McArdle, W. et al. (2012). Associations with early-life socio-economic position in adult DNA methylation. International Journal of Epidemiology 41: 62–74.

Brunner, E.J., Marmot, M.G., Nanchahal, K. et al. (1997). Social inequality in coronary risk: central obesity and the metabolic syndrome. Evidence from the Whitehall II study. Diabetologia 40: 1341–1349.

Cannon, W.B. (1923). Organization for physiological homeostasis. Physiological Reviews 9: 399–431.

Chakravarthy, M.V. & Booth, F.W. (2004). Eating, exercise, and „thrifty" genotypes: connecting the dots toward an evolutionary understanding of modern chronic diseases. Journal of Applied Physiology 96: 3–10.

Daxinger, L. & Whitelaw, E. (2012). Understanding transgenerational epigenetic inheritance via the gametes in mammals. Nature Reviews Genetics 13: 153–162.

Deleuze, G. & Guattari, F. (1987). A thousand plateaus : Capitalism and schizophrenia (Minneapolis, MN: University of Minnesota Press).

Fleck, L. (1935/1979). Genesis and development of a scientific fact. (Chicago, IL: University of Chicago Press).

Franklin, T.B., Linder, N., Russig, H., Thony, B. & Mansuy, I.M. (2011). Influence of early stress on social abilities and serotonergic functions across generations in mice. PloS ONE 6(7): e21842.

Fujimura, J.H. (1992). Crafting science: standardized packages, boundary objects, and „translation". In: Science as practice and culture, A. Pickering, Hg. (Chicago, IL: University of Chicago Press), S. 168–211.

Geertz, C. (1973). Thick description. Toward an interpretive theory of culture. In: ders. The interpretation of cultures: Selected essays (New York: Basic Books), 3–30.

Gilbert, S.F. (2002), The genome in its ecological context: Philosophical perspectives on interspecies epigenesis. In: From epigenesis to epigenetics: The genome in context, L. Van Speybroeck, G. Van de Vijver & D.D. Waele, Hg. (New York: New York Academy of Sciences), S. 202–218.

Guil, S. & Esteller, M. (2009). DNA methylomes, histone codes and miRNAs: Tying it all together. International Journal of Biochemistry & Cell Biology 41: 87–95.

Haraway, D.J. (2008). When species meet (Minneapolis, MN: University of Minnesota Press).

Jirtle, R.L. & Skinner, M.K. (2007). Environmental epigenomics and disease susceptibility. Nature Reviews Genetics 8: 253–262.

Keating, P. & Cambrosio, A. (2000). Biomedical platforms. Configurations 8: 337–387.

Kirksey, S.E. & Helmreich, S. (2010). The emergence of multi-species ethnography. Cultural Anthropology 25: 545–576.

Krieger, N. (2012). History, biology, and health inequities: Emergent embodied phenotypes and the illustrative case of the breast cancer estrogen receptor. American Journal of Public Health 103: 22–27.

Kury, P. (2012). Der überforderte Mensch. Eine Wissensgeschichte vom Stress zum Burnout (Frankfurt a. M.: Campus).

Kuzawa, C.W. & Sweet, E. (2009). Epigenetics and the embodiment of race: Developmental origins of US racial disparities in cardiovascular health. American Journal of Human Biology 21: 2–15.

Levine, S. (1957). Infantile experience and resistance to physiological stress. Science 126: 405.

Lock, M. (2001). The tempering of medical anthropology: Troubling natural categories. Medical Anthropology Quarterly 15: 478–492.

Lock, M. & Kaufert, P. (2001). Menopause, local biologies, and cultures of aging. American Journal of Human Biology 13: 494–504.

McEwen, B. (1998). Protective and damaging effects of stress mediators. New England Journal of Medicine 338: 171–179.

McGowan, P.O., Sasaki, A., D'Alessio, A.C. et al. (2009). Epigenetic regulation of the glucocorticoid receptor in human brain associates with childhood abuse. Nature Neuroscience 12: 342–348.

McGowan, P.O., Sasaki, A., Huang, T.C.T. et al. (2008). Promoter-wide hypermethylation of the ribosomal RNA gene promoter in the suicide brain. PLoS ONE 3: e2085.

Melby, M.K., Lock, M. & Kaufert, P. (2005). Culture and symptom reporting at menopause. Human Reproduction Update 11: 495–512.

Nature (2012). Editorial: Life stresses. Nature 490: 143.

Neel, J.V. (1962). Diabetes mellitus: a „thrifty" genotype rendered detrimental by „progress"? American Journal of Human Genetics 14: 353–362.

Niewöhner, J. (2011). Epigenetics: Embedded bodies and the molecularisation of biography and milieu. Biosocieties 6: 279–298.

Rheinberger, H.-J. (1997). Toward a history of epistemic things. Sythesizing proteins in the test tube (Stanford: Stanford University Press).

Roepstorff, A., Niewöhner, J. & Beck, S. (2010). Enculturing brains through patterned practices. Neural Networks 23: 1051–1059.

Roseboom, T., De Rooij, S. & Painter, R. (2006). The Dutch famine and its long-term consequences for adult health. Early Human Development 82: 485–491.

Selye, H. (1956). The stress of life (New York: McGraw Hill).

Star, S.L. & Ruhleder, K. (1996). Steps toward an ecology of infrastructure: Design and access for large information spaces. Information Systems Research, 7: 111–134.

Timmermans, S. & Haas, S. (2008). Towards a sociology of disease. Sociology of Health & Illness, 30: 659–676.

Verran, H. (2001). Science and an African logic (Chicago, IL: University of Chicago Press).

Wang, X.F., Elling, A.A., Li, X.Y. et al. (2009). Genome-wide and organ-specific landscapes of epigenetic modifications and their relationships to mRNA and small RNA transcriptomes in maize. Plant Cell, 21: 1053–1069.

Waterland, R.A. (2003). Do maternal methyl supplements in mice affect DNA methylation of offspring? Journal of Nutrition, 133: 238–238.

Waterland, R.A. & Jirtle, R.L. (2004). Early nutrition, epigenetic changes at transposons and imprinted genes, and enhanced susceptibility to adult chronic diseases. Nutrition 20(1): 63–68.

Weaver, I.C.G., Cervoni, N., Champagne, F.A. et al. (2004). Epigenetic programming by maternal behavior. Nature Neuroscience 7: 847–854.

Wilson, T.W. & Grim, C.E. (1991). Biohistory of slavery and blood-pressure differences in Blacks today – a Hypothesis. Hypertension, 17: I122–I128.

Wolff, G.L., Kodell, R.L., Moore, S.R. & Cooney, C.A. (1998). Maternal epigenetics and methyl supplements affect agouti gene expression in A(vy)/a mice. Faseb Journal 12: 949–957.

Zeanah, C.H., Nelson, C.A., Fox, N.A. et al. (2003). Designing research to study the effects of institutionalization on brain and behavioral development: the Bucharest Early Intervention Project. Development and Psychopathology 15: 885–907.

Sebastian Schuol

20 Kritik der Eigenverantwortung: Die Epigenetik im öffentlichen Präventionsdiskurs zum metabolischen Syndrom

Das öffentliche Interesse am molekularbiologischen Forschungszweig „Epigenetik" hat in den letzten zehn Jahren stark zugenommen. Die Rezeption erfolgt auffällig unkritisch. Dabei fällt eine Engführung des Diskurses gegenüber den durchaus vielfältigen wissenschaftlichen Forschungsinteressen auf. Der öffentliche Diskurs thematisiert nur einen kleinen Teilbereich der durch diese aufgeworfenen Fragen: die präventive Bedeutung des individuellen Lebensstils.

Dieser Trend wird durch die Ratgeberliteratur maßgeblich gefördert. Die Etablierung der Epigenetik wurde durch eine Reihe populärwissenschaftlicher Bücher flankiert, welche die lebensweltliche Steuerbarkeit der molekularen Krankheitsursachen nahelegen (z. B. Bauer, 2002; 2008; Blech, 2010; Huber, 2010; Kegel, 2009; Spork, 2009). Ihr Fokus liegt auf Volkskrankheiten, wobei das *Metabolische Syndrom* (*Met Syn*) eine Schlüsselstellung einnimmt. Dieses wird diagnostiziert, wenn Adipositas, Insulinresistenz, Fettstoffwechselstörung und Bluthochdruck gleichzeitig vorliegen. Zwar können diese Krankheiten unabhängig voneinander entstehen, ihre Koinzidenz verstärkt aber die pathogene Einzelwirkung. Da die Forschungserkenntnisse der Epigenetik auf eine umweltabhängige Regulation der Genaktivität hinweisen und das *Met Syn* als Inbegriff lebensstilbedingter Krankheiten gilt, wird das *Met Syn* neuerdings als epigenetisch verursacht verstanden. Im zugehörigen Gesundheitsdiskurs kristallisiert sich der Begriff der Eigenverantwortung als zentrales Thema heraus. Weil der Lebensstil als selbstbestimmt aufgefasst und ihm eine genregulative Bedeutung zugeschrieben wird, gerät das Individuum in den Fokus der Prävention. Damit kommen die Handlungsmöglichkeiten des betroffenen Individuums ins Spiel. Gegenüber dem „Genfatalismus", welcher in den Ratgebern gern als Kontrastfolie verwendet wird und dem zufolge wir unseren Genen ausgeliefert sind, wirkt dies wie eine Befreiung. Weil aber damit die künftige Gesundheit durch das aktuelle Handeln erreichbar scheint, wird zugleich nahegelegt, die Verantwortung für diese zu übernehmen, um eine Erkrankung präventiv zu verhindern.

Im Folgenden möchte ich untersuchen, ob die Betonung der Eigenverantwortung für die Prävention des *Met Syn* gerechtfertigt ist. Dazu wird zunächst der Begriff Verantwortung präzisiert. Anschließend wird die Bedeutung der Epigenetik bei der Verursachung des *Met Syn* dargestellt, um vor diesem Hintergrund Verantwortungsräume zu differenzieren. Hier spielen neben individualethischen auch sozialethische Bezüge eine Rolle, die der Verantwortung eine politische Dimension hinzufügen. Die Darstellung zielt auf eine wissensbasierte Kritik der Eigenverantwortung als zentraler Kategorie im öffentlichen Diskurs zur Epigenetik.

20.1 Voraussetzungen von Verantwortung in Soziologie und Ethik

Zwei Verantwortungsbezüge weichen im wissenschaftlichen Gesundheitsdiskurs voneinander ab. Der soziologische Verantwortungsdiskurs wendet sich der faktischen Verantwortungs*vermittlung* zu, die durch die *soziale Zuschreibung einer Verantwortlichkeit* erfolgt. Für Handlungen Verantwortung zu übernehmen wird aktiv gefordert. Der normative Bezug ist allerdings erklärungsbedürftig. So sind etwa *soziale* von *moralischen Normen* zu unterscheiden. Soziale Normen entfalten ihre normative Wirkung phänomenal als Sozialdruck, wobei ein defizitäres Verhalten vorgeworfen wird. Dieser sozialpsychologische Effekt ist gerade im öffentlichen Epigenetikdiskurs problematisch. Da die leicht erkennbare Fettleibigkeit als Hauptindiz des *Met Syn* gilt, liegt bei entsprechenden Personen der Schluss auf ein gesundheitsabträgliches Verhalten nahe. Zwar sind derartige Stigmatisierungen nicht neu, die mit ihnen verbundenen Vorurteile verschärfen sich allerdings deutlich, da im öffentlichen Epigenetikdiskurs von einer „Steuerbarkeit" der molekularen Krankheitsursachen ausgegangen wird. Die Einsicht, mittels des Lebensstils Einfluss auf die Gesundheit nehmen zu können, wird in eine Verantwortungszuschreibung überdehnt, aufgrund deren dann ein Selbstverschulden attestiert wird. Da soziale Normen ganz offensichtlich eine Wirkung entfalten, kann auch ihre soziologische Erfassung zur Orientierung in einer Gesellschaft dienen. Aus ethischer Perspektive lässt diese Darstellung aber das *gute Handeln* unbestimmt. Als deskriptive Disziplin kann die Soziologie zwar feststellen, dass ein sozialpsychologischer Verantwortungsdruck *wirksam* wird, nicht aber, ob dieser *gerechtfertigt* ist.

In der angewandten Ethik steht die Verantwortungs*ermittlung* im Vordergrund. Verantwortung hat hier keinen normativen Eigenwert. Sie ist „evaluativ neutral" (Bayertz, 1995: 65), d. h. sie dient als rein formale Ordnungsstruktur zur Prüfung des adäquaten Normenbezuges. Mit Hilfe dieser Ordnungsstruktur wird eine Situation in Hinblick auf *Verantwortungssubjekt, -objekt, -instanz* und *-norm* erschlossen.

Die Rede vom *Verantwortungssubjekt* setzt dessen Handlungsfähigkeit voraus. Eine wesentliche Handlungsbedingung ist das Wissen über das Handlungsziel sowie über die Mittel, die benötigt werden, um das Ziel zu erreichen. Diese „Mittel/Zweck-Rationalität" (Fenner, 2008: 37) ist bezüglich der *Verantwortungsnorm* – in diesem Fall „Gesundheit fördern bzw. Krankheit meiden" – zu klären. Es stellt sich die Frage, welchen Status darin das epigenetische Wissen hat. Schon ein erster Blick zeigt, dass der im Diskurs wiederkehrende Satz „Die Epigenetik verpflichtet zur Verantwortung" zu Unrecht eine Normativität des genregulatorischen Wissens nahelegt. Die Epigenetik weist lediglich neue Wege zur Erreichung der bewährten Ziele auf. Sie verpflichtet zu keiner Handlung, da es ohne weitere Zusatzprämissen logisch unmöglich ist, von deskriptiven Fakten zu normativen Schlüssen zu gelangen (*naturalistischer Fehlschluss*, vgl. Engels, 2008: 134–138). „Gesundheit fördern, bzw. Krankheit meiden" bleiben die handlungsweisenden Normen.

Im Kontext der Eigenverantwortung muss das *Verantwortungsobjekt* präzisiert werden. Zwei Verwendungen des Begriffs der Eigenverantwortung treten gemeinhin auf: Entweder es werden das Subjekt und sein Handlungsspielraum betont, indem der Begriff auf den Akt der Verantwortungsübernahme bezogen wird. Oder es ist lediglich eine Kongruenz von Verantwortungssubjekt und -objekt gemeint, die sich aus der Selbstbezogenheit des Handelns ergibt. Im öffentlichen Epigenetikdiskurs liegt der Fokus auf der Verantwortungs*übernahme*. Dies hat unter anderem zur Folge, dass zu dem sozialen Verantwortungsdruck zusätzlich eine intern wirkende psychische Belastung hinzutritt. Die entschlossene Verantwortungsübernahme führt nämlich zu einer Reattribuierung: Nach Niklas Luhmanns Analyse des Verantwortungsbegriffs (vgl. 1990: 126–162) können Schäden ursächlich entweder auf eine Naturgewalt oder auf eine Handlung zurückgeführt werden – im ersten Fall spricht man von *Gefahr*, im zweiten von *Risiko*. Die Aktivität der Verantwortungsübernahme führt zu einer Umdeutung der Wirkbezüge. In diesem Sinne unterscheidet Luhmann zwischen Selbst- und Fremdzuschreibung: „Nur für Raucher ist Krebs ein Risiko, für andere ist er nach wie vor eine Gefahr." (1990: 149). Galt Krankheit vormals als Gefahr, so stellt sie nun, da sie mit dem eigenen Handeln in ein Kausalverhältnis gesetzt wird, ein Risiko und damit eine Zusatzbelastung dar. Angesichts dieser neu hinzutretenden psychischen Last ist es wichtig zu klären, wofür überhaupt Eigenverantwortung übernommen werden kann – was genau ist das *Verantwortungsobjekt*? Gemäß der Mittel/Zweck-Rationalität müssen die Mittel zur Zweckerreichung prinzipiell vollständig verfügbar sein, damit eine Verantwortungszuschreibung sinnvoll möglich ist. Als Verantwortungsobjekt kommt daher die Gesundheit nicht in Frage: Anders als der öffentliche Epigenetikdiskurs suggeriert, liegen die Mittel zur Gewährleistung der Gesundheit teils aus Komplexitätsgründen, teils aufgrund stochastisch auftretender molekularer Ereignisse nie vollends in unserer Hand. Die Gesundheit bleibt auch mit der Epigenetik unverfügbar. Da ausschließlich über die *Rahmenbedingungen der Gesundheit* verfügt werden kann, kann sich das Verantwortungsobjekt nur sinnvoll auf das eigene Präventionsverhalten beziehen.

Die *Verantwortungsinstanz* ist diejenige Institution, vor der Rechenschaftspflicht besteht. Im weiteren Sinne handelt es sich um die gesamte Moralgemeinschaft, im näheren hingegen um die unmittelbar Betroffenen. Wer im näheren Sinne von dem Präventionsverhalten betroffen ist, muss in der folgenden Analyse noch erschlossen werden.

20.2 Die ätiologische Bedeutung der Epigenetik

Die Theorien zur Ätiologie des *Met Syn* unterliegen derzeit einem Wandel vom Vererbungs- zum Entwicklungsdenken. Mittlerweile wird davon ausgegangen, dass die assoziierten Krankheiten nur selten genetische Ursachen haben und in der Regel durch umweltbedingte Genregulationen verursacht werden (vgl. Stöger, 2008). Insbesondere die Theorie der *Developmetal Origins of Health and Disease (DOHAD)* hebt die Bedeutung des Lebensstils und der frühen Entwicklungsprozesse hervor (vgl. Godfrey et al., 2010). In ihrem Rahmen diskutiere ich die Bedeutung der Epigenetik.

20.2.1 Die frühen epigenetischen Modifikationen sind stabil

Innerhalb der *DOHAD*-Theorie gehen alle ätiologischen Modelle von einer zentralen Bedeutung der epigenetischen Plastizität aus. Sie gilt als molekularer „Schlüsselmechanismus der perinatalen Programmierung" (Plagemann, 2012: 253) späterer Gesundheitszustände. Diese Programmierung erfolgt in distinkten Entwicklungsphasen, die physiologisch an die Organogenese gekoppelt sind. Sie wird damit temporal und funktional an das *Zellgedächtnis* gebunden. Dieses bezeichnet ein spezifisches Genregulationsmuster, das die Zellfunktion bestimmt und somit den Zelltyp (z. B. Fettzelle) auf molekularer Ebene definiert. Stammzellen differenzieren in spezialisierte adulte Zelltypen, welche schließlich die funktionellen Gewebe der Organe darstellen werden. Zwar ist die Entwicklung des artspezifischen Zellgedächtnisses genetisch kanalisiert, der Differenzierungsprozess erfolgt aber entlang zellulär vermittelter Umweltsignale. Hierdurch können Abweichungen in der epigenetischen Programmierung auftreten, die zu interindividuellen Differenzen im Genaktivitätsmuster führen. Mit dem Abschluss der Organentwicklung endet die plastische Phase. Die epigenetische Programmierung ist daher zeitlich auf diese begrenzt.

Im Anschluss ändern sich diese frühen Genaktivitätsmuster nicht mehr. Die Transformation schlägt um in eine Determination (vgl. Plagemann, 2012: 252). Die epigenetischen Modifikationen (vor allem die veränderten Methylierungsmuster) sind jetzt biochemisch stabil, wenn auch prinzipiell reversibel. Ihre Reversibilität setzt jedoch die aktive Demethylierung durch externe Signale (Hormone, Transmitter) voraus. Die in der Organogenese entwickelte Zellmembran lässt allerdings nur eine selektive Informationsübertragung zu, und es können nur spezifische Signale die Membranschranke passieren. In systemtheoretischer Anlehnung wird daher von einer *operativen Geschlossenheit des Systems* gesprochen. Destabilisierende Signale werden auf Organ-, Gewebe- und Zellmembranebene behindert. Dieser physiologische Schutzschild ist selbst Ergebnis der vorangegangen Entwicklung. Die in der Organogenese spezifizierte epigenetische Programmierung wird nun ihrerseits durch die Organebene stabilisiert und konserviert. Das auf diese Weise epigenetisch imprägnierte Organ wirkt als Selektionsfilter und hält destabilisierende Signale ab.

Da die epigenetische Programmierung in einer frühen Entwicklungsphase erfolgt, wird oft von der Schwangerschaft als Handlungsraum ausgegangen. Aufgrund des aktuell noch sehr begrenzten Wissensstandes über die beteiligten Prozesse möchte ich die Frage, ob hier Handlungen im verantwortungstheoretisch geforderten Sinne einer Mittel/Zweck-Rationalität materialiter überhaupt möglich sind, ausklammern und den Analysefokus auf die temporalen Aspekte legen. Die folgende Darstellung der ätiologischen Modelle zum *Met Syn* erfasst daher nur *potenzielle* Handlungsräume.

20.2.2 Die ätiologischen Modelle weisen abweichende Handlungsräume auf

Innerhalb der *DOHAD*-Theorie werden derzeit zwei konkurrierende ätiologische Modelle für das *Met Syn* diskutiert: Während das *Predictive-Adaptive-Response*-Modell (*PAR*) die entwickelte Adaptationsfähigkeit betont (vgl. Gluckman et al., 2005), legt das *Adaptive-Predictive-Response*-Modell (*APR*) den Fokus auf die Prägungsprozesse (vgl. Plagemann, 2012). Beide Modelle unterscheiden sich in den durch sie angezeigten potenziellen Handlungsräumen.

Das *PAR*-Modell basiert auf der *Mismatch*-Theorie (vgl. Gluckman & Hanson, 2006). Dieser zufolge erfolgt in der Entwicklungsphase eine Anpassung des Stoffwechselsystems an frühe Umweltbezüge. Bei einer nahrungsarmen Umwelt wird der Metabolismus auf maximale Nahrungsverwertung „geeicht", um das Überleben des Organismus in einer Mangelumwelt zu gewährleisten. Im Falle nahrungsreicher Umweltbedingungen wird der Metabolismus auf minimale Energieverwertung ausgerichtet. Bleiben die Umweltbedingungen stabil, so ist der Organismus optimal angepasst. Diese ontogenetische Adaptation ist von evolutionärem Vorteil. Eine beständige Plastizität wäre mit hohem Energieaufwand verbunden. Jedoch ist die metabolische Festlegung nur von Nutzen, solange die Adaptationsumwelt zur späten Lebenswelt passt (match). Gehen diese auseinander (mismatch), wird das Stoffwechselsystem dauerhaft überlastet, was schließlich zum *Met Syn* führt. Demnach betont das *PAR*-Modell eine Interaktion der frühen und späten Umwelt eines Organismus, Gesundheit wird dabei durch die Kompatibilität der beiden Umwelten, Krankheit durch ihre Inkompatibilität erklärt. Folglich liegen hier *zwei* gekoppelte potenzielle Handlungsräume vor.

Auch im *APR*-Modell wird die Verursachung des *Met Syn* auf die epigenetische Programmierung zurückgeführt. Diese wird als Prägungsakt verstanden (vgl. Tzschentke, in diesem Band). Als Ursache des *Met Syn* wird das Misslingen einer entwicklungsbiologisch notwendigen Prägung der physiologischen Regelsysteme angenommen. Werden einem Organismus in den ontogenetisch vorgegebenen Prägungsphasen spezifische Schlüsselreize aus der Umwelt vorenthalten, hat dies eine Fehlprägung zur Folge. Anders als im *PAR*-Modell dient die frühe Sensibilität keiner spezifischen Anpassung, sondern entscheidet über das Ge- oder Misslingen der biologisch determinierten Prägung. Der ideale Funktionszustand, hier etwa des physiologischen Stoffwechselsystems, wird im Falle der Fehlprägung nicht erreicht. Diese frühe Störung ist im späteren Verlauf des Lebens nicht kompensierbar. Die biologische Funktion des fehlgeprägten Organs bleibt gestört. Analog zum klassischen Prägungsmodell sind die Folgen irreversibel, treten allerdings erst spät auf: Im Lichte der *APR*-Theorie stellt das *Met Syn* den Zusammenbruch eines dauerhaft überforderten

Stoffwechselsystems dar. Somit betonen zwar beide Ätiologien (*PAR/APR*) die Bedeutung der Lebensspanne; da das Met Syn im *APR*-Modell aber auf eine Fehlprägung zurückgeht, besteht hier nur *ein* potenzieller Handlungsraum.

20.2.3 Die Reichweite epigenetischer Modifikationen ist begrenzt

Die *Reichweite* der epigenetischen Modifikationen wird oft offengelassen. Problematisch daran ist, dass dadurch in der öffentlichen Debatte die transgenerationelle Übertragung der molekularen Marker als *epigenetische Vererbung* überbewertet wird. Eine solche Vererbung ist trotz einiger Belege aus der gegenwärtigen Forschung am Tiermodell (vgl. Mansuy, in diesem Band) beim Menschen aber nach wie vor umstritten. Zumeist ist die epigenetische Programmierung auf *intergenerationelle* Wirkungsbezüge beschränkt. Zwei Generationen (Schwangere/Embryo) werden biologisch aneinander gekoppelt. Nur wenn die hierbei erworbenen epigenetischen Marker darüber hinaus durch die Keimbahn weitergegeben würden, wäre von epigenetischer Vererbung zu sprechen. Zwar weisen einzelne Studien auf die Übertragung epigenetischer Spuren hin, diese scheint aber eher eine Ausnahme als die Regel zu sein. Ihre biologische Bedeutung ist trotz intensiver Forschung bislang unbekannt, und es liegt nahe, dass es sich um seltene stochastische Fehler handelt. Als solche würden sie sich der individuellen Handlungs- und Verantwortungsmöglichkeit entziehen. Aufgrund ihrer Marginalität ist nicht davon auszugehen, dass sie eine wichtige ätiologische Rolle spielen. Neben dem gegenwärtigen Mangel an empirischen Belegen spricht auch die Kenntnis molekularer Mechanismen zur Beseitigung der Entwicklungsinformationen gegen eine stabile Übertragung. Beim Menschen wurden zwei dieser Löschmechanismen gefunden. Beide betreffen die genregulativen Methylierungsmuster. Während der Gameto- und Embryogenese findet je eine Demethylierung der DNS statt (vgl. Kelsey, 2012), wobei die in der Entwicklung erworbenen Methylierungen gelöscht werden. Zwar schließen daran Remethylierungsphasen an; allerdings wird hier nicht das vorherige Methylierungsmuster wieder hergestellt, sondern es werden die für folgende Entwicklungsschritte notwendigen Genregulationen in die Wege geleitet. Da diese Löschprozesse eine stabile transgenerationelle Weitergabe der Entwicklungsinformationen verhindern, ist im Regelfall von einem *intergenerationellen* Verantwortungsraum auszugehen.

Da im Epigenetikdiskurs oft von einer *transgenerationellen Verantwortung* die Rede ist, soll noch auf eine Abweichung von diesem Regelfall eingegangen werden. Dabei ist zwischen Vererbung und Transgenerationalität zu unterscheiden. Unter Vererbung versteht man gemeinhin die transgenerationell stabile, d. h. *durchgängige*, Übertragung der materialen Informationsträger mittels der Keimbahn. Transgenerationelle Effekte implizieren allerdings nicht notwendig die Vererbung. Tatsächlich spielt eine Form von Transgenerationalität auch im Rahmen des *Met Syn* eine zentrale Rolle. Perinatologen weisen auf einen *transgenerationellen Teufelskreis* hin, der unabhängig von der Keimbahn ist (vgl. Plagemann, 2012: 268): Wenn während der epigenetischen Programmierung suboptimale Bedingungen vorliegen, steigt die Wahrscheinlichkeit, später am *Met Syn* zu erkranken. Handelt es sich um ein Mädchen und dieses wird später schwanger, stellt ihr Organismus den Prägekontext für die folgende Generation dar. Blieb die Erkrankung am *Met Syn* unbehandelt, führt der negative Gesundheitszustand erneut zu einer suboptimalen Prägung. So setzt sich ein *transgenerationeller Teufelskreis* in Gang, ohne dass die problematische Genregulation vererbt wird. Obwohl diese Reprogrammierungen in den Bereich der Individualentwicklung fallen, wirken sie transgenerationell.

20.3 Verantwortungsnetz statt Eigenverantwortung

Nach dem skizzierten Forschungsstand ist der ausschließliche Bezug auf die Eigenverantwortung im Epigenetikdiskurs nicht gerechtfertigt. Vielmehr handelt es sich um ein Verantwortungsnetz, dessen vielfältige Bezüge in individual- und sozialethischer Hinsicht zu systematisieren sind.

20.3.1 Die individualethische Dimension

Im Sinne der Selbstsorge spielt die Eigenverantwortung nur im *PAR*-Modell eine Rolle. Allerdings ist auch hier ihre ausschließliche Thematisierung nicht gerechtfertigt. Es handelt sich um eine *Teilverantwortung*. Im Präventionsbezug des *Met Syn* müssen stets zwei Handlungsräume aneinander angepasst sein (Match). Dabei stehen die Handelnden in einem perspektivenabhängigen Akteur/Struktur-Verhältnis (vgl. Hedlund, 2012): Zwar kann die Schwangere einen gesunden Lebensstil vor und während der sensiblen Entwicklungsphasen pflegen und für optimale Ausgangsbedingungen sorgen, der spätere Lebensstil ihres Kindes entzieht sich ihr aber strukturell. Umgekehrt ist aus der späteren Erwachsenenposition die frühe Entwicklung nicht mehr revidierbar. Da selbstbezogene Handlungen jeweils nur einen der beiden Handlungsräume betreffen können, ist die Bedeutung der Eigenverantwortung im Präventionskontext des *Met Syn* zu relativieren. Entscheidend für eine erfolgreiche Prävention bleibt vielmehr die Kopplung beider Räume.

Wird die *APR*-Theorie zugrunde gelegt, lässt sich keine Eigenverantwortung zuschreiben. Der potenzielle Handlungsraum fällt ausschließlich in die Schwangerschaft. Da selbstbezügliche Handlungen erst viel später möglich sind, ist nur die mütterliche Fürsorge entscheidend.

Da die Schwangerschaft einen (*PAR*) bzw. den (*APR*) Verantwortungsraum darstellt, liegt eine generelle Asymmetrie vor. Sie betrifft vor allem den skizzierten *transgenerationellen Teufelskreis*. Gemäß dem bisher bekannten Normalfall der Löschung epigenetischer Keimbahninformationen gelten aus individualethischer Perspektive *ausschließlich* Frauen als Verantwortungssubjekte der transgenerationellen Wirkbezüge. Doch ist der Fokus auf das Individuum oder die entwicklungsbiologische Zweierbeziehung zu eng. Es sind weitere mittelbare Beziehungen für die Verantwortungsanalyse heranzuziehen. Zwar entscheidet der individuelle Lebensstil, jedoch ist das Gesundheitsverhalten in soziale Wirk- und Verantwortungsbezüge eingebettet. Eine umfassende Analyse müsste daher mindestens die mikrosoziale Familien- und die makrosoziale Gesellschaftsebene erfassen. Dies verweist auf die sozialethische Dimension des *Met Syn*.

20.3.2 Die sozialethische Dimension

Das *Met Syn* kann über die mütterliche Linie auch Folgegenerationen belasten. Die *Transgenerationalität* weist über den *intergenerationellen* Bereich hinaus auf eine gänzlich neue Verantwortungsdimension hin. Allerdings spielen soziale Bedingungen hierbei eine wesentliche Rolle. Volkskrankheiten haben eine starke sozioökonomische Komponente. So ist die Verbreitung von Adipositas, dem zentralen Indikator des *Met Syn*, bei Personen mit schwachem Bildungshintergrund überproportional hoch und steigt mit niedrigem Berufsstatus sowie einem geringen Einkommen noch weiter (vgl. Müller et al., 2006). Davon sind insbesondere Frauen betroffen, wobei der Einkommenseffekt bei ihnen am höchsten ist (vgl. Kuntz & Lampert, 2010). Die sozioökonomischen Unterschiede spalten die Gesellschaft also nicht bloß auf kultureller Ebene, sondern lassen auch die biologische Ebene nicht unberührt. Ein Dualismus zwischen kultureller und biologischer Ebene basiert auf dem Ideal einer autonomen Körpereinheit und ist tief im westlichen Denken verwurzelt. Er hat im Lichte der Epigenetik keinen Bestand und weicht dem Konzept des „eingebetteten Körpers" (vgl. Niewöhner, 2011). Bezugnehmend auf den Philosophen Arthur Bentley (1941) schreibt der Sozialanthropologe Jörg Niewöhner: „Die Haut ist keineswegs mehr die ‚last line of defense', die den autonomen Körper sauber von seiner Umwelt trennt [...]. Stattdessen erscheint der Körper aus molekularer Perspektive eingebettet in eine Lebenswelt aus sozialen Strukturen und materialer Umwelt" (2010: 316). Werden Körper in einer derartigen molekularen Abhängigkeit zu ihrem Milieu historisiert, so erscheinen die aus schwachen sozialen Schichten stammenden Folgegenerationen im besonderen Maße von dem transgenerationellen Teufelskreis bedroht. Die transgenerationelle Verantwortung bezieht sich damit auf ein spezifisches Verantwortungsobjekt.

Zwar geht die Erkrankungsasymmetrie auf ein schichtenspezifisches Präventionsverhalten zurück. Die politisch brisante Frage, ob das Präventionsdefizit selbst- oder fremdverschuldet ist, ist aber für die hier angestellten Überlegungen unerheblich. Die Ungerechtigkeit bezieht sich bereits auf das Verantwortungs*objekt*. Die Folgegeneration wird hinsichtlich ihrer Ausgangschancen zweifach benachteiligt: Zu kulturell vermittelten Ungleichheiten (z. B. Erziehung) tritt das erhöhte Krankheitsrisiko hinzu.

20.4 Probleme und Chancen einer politischen Verantwortung

Die Möglichkeiten Einzelner, dieser sozialen Asymmetrie entgegenzuwirken, sind begrenzt. Angesichts der gravierenden Langzeitfolgen des faktischen Präventionsmangels sozial schwacher Schichten ist folglich auch der *Gesetzgeber als Verantwortungsträger* in Erwägung zu ziehen. Dem stehen allerdings grundsätzliche Schwierigkeiten entgegen.

Der Gesetzgeber kann entweder *direkt* oder *indirekt* Einfluss ausüben, um Verantwortung wahrzunehmen. In Deutschland hat sich dieses sozialpolitische Handlungsverständnis im Zuge der Reform der sozialen Sicherungssysteme stark verändert. Oft wird diese Änderung als *Auslagerung der politischen Verantwortung* zugunsten der zivilgesellschaftlichen Eigenverantwortung problematisiert (vgl. Schmidt, 2008: 41–60). In einer Gesellschaft, die zunehmend Wert auf Bürgerautonomie legt, hat sich die Verantwortung der Politik aber nicht aufgelöst, sondern lediglich verschoben. Der direkte Einfluss wurde zugunsten des indirekten beschränkt. Der Reformbegriff *Aktivierung* verdeutlicht den Zusammenhang. Der Staat sieht sich in der Rolle eines Befähigers, der Hilfe zur Selbsthilfe leistet, um so autonomes, d. h. eigenverantwortliches Handeln zu ermöglichen (vgl. Schröder, 2000).

Einer Lösung der im Rahmen des *Met Syn* aufgeworfenen Probleme steht dies zweifach entgegen. *Zum einen* stellt die Eigenverantwortung aufgrund der komplexen inter- und transgenerationellen Folgen des *Met Syn* keinen exklusiven Zugang dar. Da die selbstbezügliche Präventionsmöglichkeit gering ist, wäre das darüber hinausgehende Verantwortungsnetz zu fördern. Diese Ausweitung des Blicks wird aber durch den politisch-ideologischen Fokus auf Eigenverantwortung systematisch verstellt. Dieser begünstigt stattdessen eine unnötige Verantwortungsüberforderung. *Zum anderen* stößt die Strategie der Aktivierung an ihre Grenzen. Die Präventionsaufklärung im Rahmen der Gesundheitsreform gelingt bislang nur für das gebildete Bürgertum (vgl. Niewöhner, 2010). Obgleich Prävention gerade in den sozial schwachen Schichten nötig wäre, werden diese nicht erreicht. Zudem ist das schichtenspezifische Verhalten nicht schlüssig auf Informationsmängel zurückzuführen. Auch werden vorhandene Informationen sehr unterschiedlich interpretiert (vgl. Mathar, 2010: 185–196). Die weiterhin vorliegende Krankheitsasymmetrie zeugt von der Ineffizienz der Aktivierungsbemühungen.

Aufgrund der Mängel indirekter politischer Eingriffe ist der direkte politische Eingriff notwendig. Niewöhner (2010) weist nach, dass der Gesetzgeber dies in Deutschland erkannt hat und das Präventionsdefizit in den vulnerablen Gruppen auf neue Weise auszugleichen versucht. Dabei spielt das im Zuge der Epigenetiketablierung veränderte Umweltbewusstsein eine wichtige Rolle. Anders als im genzentrischen Denken wird Umwelt nicht mehr als bloßes Substrat genetischer Information angesehen, sondern hat nun den Status einer Entwicklungsinformation. Die Umwelt wird als Wirkfaktor eingesetzt. Die durch die gesundheitspolitische Aktivierung nicht erreichten Schichten können mittels Veränderung ihrer Umwelt präventiv beeinflusst werden. Die Präventionsprogramme richten sich an schwangere Frauen, Kindergärten und Schulen, wodurch die plastische Entwicklungsphase bei Kindern genutzt wird.

Der Eingriff hat aber eine Schattenseite. Niewöhner weist darauf hin, dass die Motivation des Gesetzgebers, das Präventionsdefizit schwacher sozioökonomischer Schichten auszugleichen, eine Eigendynamik entfalten könne und in Form eines „post-liberalen Paternalismus" (2010: 321) eine erneute, längst überkommen geglaubte Stereotypisierung der Unterschicht rekonstituiere. Durch den direkten Eingriff werde die Unmündigkeit der Präventionsverweigerer performativ mitbehauptet. Trotz Niewöhners zutreffender Darstellung bleibt zu fragen, ob dieser Paternalismus angesichts der gezeigten Erkrankungsasymmetrie verwerflich wäre. Da die entscheidende soziale Ungerechtigkeit bei der transgenerationellen Übertragung des *Met Syn* die Folgegeneration betrifft, würde diese ohne den direkten Eingriff in ihrer Gesundheit wesentlich benachteiligt. Wegen dieser Benachteiligung Unschuldiger und des Wissens um das abweichende Präventionsbewusstsein, das in den sozioökonomisch schwachen Schichten Handlungsgrenzen setzt, ist der paternalistische Akt durchaus ethisch gerechtfertigt.

Der Diskurs über epigenetische Präventionsmöglichkeiten des *Met Syn* kann zwar in den bestehenden gesundheitspolitischen Eigenverantwortungsdiskurs eingegliedert werden. Die Konzentration auf das Individuum ist jedoch bereits nach gegenwärtigen Wissensstand einseitig, weil sie die sozialen Entwicklungszusammenhänge ausblendet. Die Eigenverantwortung hat im Präventionskontext des *Met Syn* lediglich den Status einer Teilverantwortung. Dennoch hat die Epigenetik eine inter- sowie eine transgenerationelle Dimension. Hier ist aus individualethischer Perspektive eine epistemische Verschiebung kenntlich zu machen. Belastete die Verantwortungszuschreibung einst am *Met Syn* erkrankte Individuen, so geraten nun Schwangere unter einen Verantwortungsdruck. Um unnötige Überforderungen zu vermeiden, ist eine sozialethische Erweiterung der Diskussion wichtig. Darüber hinaus sollte übereiligen Verantwortungszuschreibungen eine differenzierende Verantwortungsanalyse entgegen gestellt werden.

Literatur

Bauer, J. (2002). Das Gedächtnis des Körpers: Wie Beziehungen und Lebensstile unsere Gene steuern (Frankfurt a. M.: Eichborn).

Bauer, J. (2008). Das kooperative Gen: Abschied vom Darwinismus (Hamburg: Hoffmann und Campe).

Bayertz, K. (1995). Eine kurze Geschichte der Herkunft der Verantwortung. In: Verantwortung: Prinzip oder Problem?, K. Bayertz, Hg. (Darmstadt: Wissenschaftliche Buchgesellschaft), S. 3–71.

Bentley, A. (1941). The human skin: Philosophy's last line of defense. Philosophy of Science 8(1): 1–19.

Blech, J. (2010). Gene sind kein Schicksal: Wie wir unsere Erbanlagen und unser Leben steuern können (Frankfurt a. M.: Fischer).

Engels, E.-M. (2008). Was und wo ist ein ‚naturalistischer Fehlschluss'?: Zur Definition und Identifikation eines Schreckgespenstes der Ethik. In: Wie funktioniert Bioethik?, C. Brand, E.-M. Engels & A. Ferrari, Hg. (Paderborn: Mentis), S. 125–142.

Fenner, D. (2008). Ethik: Wie soll ich handeln? (Tübingen: Francke).

Gluckman, P., Hanson, M. & Spencer, H.G. (2005). Predictive adaptive responses and human evolution. Trends in Ecology and Evolution 20(10): 527–533.

Gluckman, P. & Hanson, M. (2006). Mismatch: Why our world no longer fits our body (Oxford, UK: Oxford University Press).

Godfrey, K., Gluckman, P. & Hanson, M. (2010). Developmental origins of metabolic disease: life course and intergenerational perspektives. Trends in Endocrinology and Metabolism 21(4): 199–205.

Hedlund, M. (2012). Epigenetic responsibility. Medicine Studies 3(3): 171–183.

Huber, J. (2010). Liebe lässt sich vererben: Wie wir durch unseren Lebenswandel die Gene beeinflussen können (München: Zabert Sandmann).

Kegel, B. (2009). Epigenetik: Wie Erfahrungen vererbt werden (Köln: DuMont).

Kelsey, G. (2012). Epigenome changes during development. In: Epigenetic epidemiology, K. Michels, Hg. (Dordrecht: Springer), S. 77–103.

Kuntz, B. & Lampert, T. (2010). Sozioökonomische Faktoren und Verbreitung von Adipositas. Deutsches Ärzteblatt 107(30): 517–522.

Luhmann, N. (1990). Konstruktivistische Perspektiven (Opladen: Westdeutscher Verlag).

Mathar, T. (2010). Der digitale Patient: Zu den Konsequenzen eines technowissenschaftlichen Gesundheitssystems (Bielefeld: transcript-Verlag).

Müller, M., Danielzik, S., Pust, S. & Landsberg, B. (2006). Sozioökonomische Einflüsse auf Gesundheit und Übergewicht. Ernährungs-Umschau 53(6): 212–217.

Niewöhner, J. (2010). Über die Spannung zwischen individueller und kollektiver Intervention: Herzkreislaufprävention zwischen Gouvernementalität und Hygienisierung. In: Das präventive Selbst: Eine Kulturgeschichte moderner Gesundheitspolitik, M. Lengwiler & J. Madarász, Hg. (Bielefeld: transcript-Verlag), S. 307–324.

Niewöhner, J. (2011). Epigenetics: Embedded bodies and the molecularisation of biography and milieu. BioSocieties 6(3): 279–298.

Plagemann, A. (2012). Towards a unifying concept on perinatal programming: Vegetative imprinting by environment-dependent biocybernetogenesis. In: Perinatal programming: The state of the art, A. Plagemann, Hg. (Berlin: de Gruyter), S. 243–282.

Schmidt, B. (2008). Eigenverantwortung haben immer die Anderen: Der Verantwortungsdiskurs im Gesundheitswesen (Bern: Huber).

Schröder, G. (2000). Die zivile Bürgergesellschaft: Anregungen zu einer Neubestimmung der Aufgaben von Staat und Gesellschaft. Die neue Gesellschaft/Frankfurter Hefte 47(4): 200–207.

Spork, P. (2009). Der zweite Code: Epigenetik – oder wie wir unser Erbgut steuern können (Reinbek: Rowohlt).

Stöger, R. (2008). The thrifty epigenotype: an acquired and heritable predisposition for obesity and diabetes? Bioessays 30(2): 156–166.

Autorenbiografien

Jan Baedke, M.A., PhD-Stipendiat der Ruhr-Universität Bochum Research School (Graduiertenschule der Deutschen Exzellenzinitiative und der Deutschen Forschungsgemeinschaft). Forschungsschwerpunkte: Geschichte und Philosophie der Biologie und philosophische Anthropologie. Sein Promotionsprojekt lautet „Causal Explanation in Epigenetics: Modeling Complex Biological Systems".

Susanne Bauer, Dr., seit 2012 Juniorprofessorin für Wissenschaftssoziologie an der Goethe-Universität Frankfurt a. M.; zuvor war sie Wissenschaftliche Mitarbeiterin am Max-Planck-Institut für Wissenschaftsgeschichte in Berlin. Forschungsschwerpunkte: Wissenschaftsforschung zu Biomedizin, Public Health, Umwelt und Technologie, Soziologie der Infrastrukturen, Sammlungen, Biobanken und Datenbanken, Effekte der Differenzproduktion in Epidemiologie und Genomforschung.

Christoph Bock, Dr., Principal Investigator am Research Center for Molecular Medicine (CeMM) der Österreichischen Akademie der Wissenschaften und Gastprofessor an der Medizinischen Universität Wien sowie assoziierter Leiter der Arbeitsgruppe „Computational Epigenetics" am Max-Planck-Institut für Informatik in Saarbrücken. Für seine Forschungen im Bereich der Epigenetik erhielt er 2008 die Otto-Hahn-Medaille der Max-Planck-Gesellschaft.

Christina Brandt, Dr., Professur für „Geschichte der Lebenswissenschaften und philosophische Anthropologie" im Rahmen der Mercator Forschergruppe „Räume anthropologischen Wissens" an der Ruhr-Universität Bochum. Forschungsschwerpunkte: Geschichte der Biowissenschaften im 20. Jahrhundert (Klon- und Stammzellforschung, Molekularbiologie), historische Interferenzen von Biologie und philosophischer Anthropologie sowie Literatur- und Wissenschaftsforschung.

Tamara Fischmann, Privatdozentin Dr. rer. med., Psychoanalytikerin DPV/IPA, Wissenschaftliche Mitarbeiterin am Sigmund-Freud-Institut Frankfurt/M. mit Schwerpunkt Methoden für psychoanalytisch-empirische Studien, Traumforschung und interdisziplinäre Forschung. Forschungsschwerpunkte: Psychoanalyse und Neurowissenschaften, Psychoanalyse und Bioethik.

Doreen Gille ist Ernährungswissenschaftlerin in der Gruppe für Humanernährung, Sensorik und Aroma an der Forschungsanstalt Agroscope, Institut für Lebensmittelwissenschaften in Bern (www.agroscope.ch).

Urte Helduser, Dr., Akademische Rätin am Institut für Neuere Deutsche Literatur der Philipps-Universität Marburg. Sie arbeitet zu Literatur- und Medizingeschichte, Disability Studies und Genderkonzepten in ästhetischen Theorien, zur Theatrum-Literatur der Frühen Neuzeit. Ihr gegenwärtiges Forschungsprojekt: „Missgeburten: Diskurse des Monströsen von der Frühen Neuzeit zur Moderne".

Horst Kreß, Prof. a. D., Freie Universität Berlin. Wissenschaftliche Schwerpunkte: Zoologie und Genetik. Lehrauftrag für Entwicklungsbiologie.

Hilmar Lemke, Prof. em. am Biochemischen Institut der Christian-Albrechts-Universität zu Kiel. Ausgewählte Forschungsschwerpunkte: Bedeutung maternaler Antikörper (Idiotypen sowie Anti-Idiotypen) für die Ontogenese des Immunsystems, idiotypische Regulation der Immunantwort, Beziehungen und Analogien zwischen Immun- und Nervensystem.

Marianne Leuzinger-Bohleber, Professorin für Psychoanalytische Psychologie an der Universität Kassel, Direktorin am Sigmund-Freud Institut, Frankfurt a.M., Lehranalytikerin der Deutschen Psychoanalytischen Vereinigung (DPV) und ord. Mitglied der Schweizer Gesellschaft für Psychoanalyse (SGP); Vice-Chair des Research Boards der International Psychoanalytical Association (IPA), Vorsitzende der Forschungs- und Hochschulkommission der DPV, Gastprofessorin am University College London, Mitglied der „Action Group" der International Society for Neuropsychoanalysis. Forschungsgebiete: Klinische und extraklinische Forschung in der Psychoanalyse, Psychoanalytische Entwicklungspsychologie, Präventionsforschung, Interdisziplinärer Dialog zwischen Psychoanalyse und Literaturwissenschaft; Psychoanalyse und Embodied Cognitive Science.

Vanessa Lux, Dr. phil., Dipl.-Psychologin, Wissenschaftliche Mitarbeiterin im Projekt „Kulturelle Faktoren der Vererbung" am Zentrum für Literatur- und Kulturforschung Berlin. Forschungsschwerpunkt: Bedeutung der Epigenetik für die Entwicklungspsychologie und das psychologische Traumakonzept.

Isabelle Mansuy, Prof. für Neuroepigenetics an der Universität Zürich und der ETH Zürich. Forschungsschwerpunkte: Epigenetische Grundlagen komplexer Hirnfunktionen, insbesondere von kognitiven Funktionen und von Verhalten bei Säugetieren sowie zur transgenerationalen Vererbung der Effekte frühkindlicher Traumatisierung bei Labortieren.

Staffan Müller-Wille, Dr., Senior Lecturer an der Universität Exeter (Großbritannien) und zur Zeit Gastwissenschaftler am Max-Planck-Institut für Wissenschaftsgeschichte in Berlin. Forschungsschwerpunkte: Geschichte des Vererbungsdiskurses, Geschichte biologischer Klassifikationssysteme, Leben und Werk von Carl Linnaeus.

Heiner Niemann, Professor Dr. Dr., Leiter des Instituts für Nutztiergenetik und Forschungsbereichsleiter Biotechnologie am Friedrich-Löffler-Institut Mariensee. Mitglied der Leopoldina seit 2008, vertreten in Expertengremien u. a. der WHO (2007), der EFSA (2007–2010) und der DFG. Forschung zur molekularen Präimplantationsentwicklung beim Säugetier, zu transgenen Tiermodellen, somatischem Klonen, Reprogrammierung und Stammzellen sowie zur genetischen Vielfalt.

Jörg Niewöhner, Juniorprofessor am Institut für Europäische Ethnologie der Humboldt-Universität zu Berlin. Forschungsschwerpunkte: ethnographische Perspektiven auf städtische Alltage und Infrastrukturen in den Feldern Gesundheit, Nachhaltigkeit und Stadtentwicklung. Zum Thema erschienen: J. Niewöhner, „Epigenetics: Embedded bodies and the molecularisation of biography and milieu", in: *BioSocieties* 6 (2011), 279–298.

Jörg Thomas Richter, Dr., Amerikanist, Wissenschaftlicher Mitarbeiter im Projekt „Kulturelle Faktoren der Vererbung" am Zentrum für Literatur- und Kulturforschung Berlin. Er forscht derzeit zur Literatur- und Kulturgeschichte der Biologie und Bevölkerungswissenschaften sowie zu Poetiken kultureller Transfers.

Sebastian Schuol, Mag. art., Stipendiat des Graduiertenkollegs Bioethik am Internationalen Zentrum für Ethik in den Wissenschaften Tübingen. Sein Promotionsthema lautet „Ethische Konsequenzen eines erweiterten Genbegriffs".

Karola Stotz, Dr., Senior Lecturer am Department of Philosophy der Macquarie University in Sydney, Australien. Sie publizierte zu Themen in Evolutions-, Entwicklungs- und Molekularbiologie, zur Psychobiologie sowie zur Kognitionswissenschaft. Forschungsschwerpunkt: Überwindung der Dichotomie zwischen „nature" und „nurture" durch eine vollständige und integrierte Theorie von Entwicklung, Vererbung und Evolution.

Georg Toepfer, Dr., Biologe und Philosoph, Leiter des Forschungsbereiches „Lebens-Wissen" am Zentrum für Literatur- und Kulturforschung Berlin. Seine Forschungsschwerpunkte sind die Geschichte und Philosophie der Biologie, zurzeit insbesondere Fragen zum Verhältnis der Biologie zu den Geistes- und Kulturwissenschaften – einerseits zur Funktion traditionell geisteswissenschaftlicher Leitbegriffe in der Biologie, andererseits zur Tragweite biologischer Theorien in geisteswissenschaftlichen Disziplinen.

Johannes Türk, Associate Professor of Germanic Studies, Indiana University, Bloomington. In seinem Buch *Die Immunität der Literatur* (Frankfurt a.M.: Fischer, 2011) befasst er sich mit der Konstitution immunologischen Wissens und seiner literarischen Reflexion. Aktuell forscht er zu Themen des emotionalen Gedächtnisses, Ethik und Politik der Empathie, Darstellungen des politischen Körpers und zur politischen Dimension der Immunität.

Barbara Tzschentke, Dr., Privatdozentin am Institut für Biologie der Humboldt Universität Berlin, Leiterin der Arbeitsgruppe „Perinatale Anpassung". Forschungsschwerpunkt: Prä- und perinatale Entwicklung von Körperfunktionen und deren Programmierung bzw. Fehlprogrammierung durch veränderte pränatale Umweltbedingen am Vogelmodell mit Schwerpunkt auf langfristigen epigenetisch verursachten neuroplastischen Veränderungen.

Jaan Valsiner ist seit 2013 Niels-Bohr-Professor am Center for Cultural Psychology der Universität Aalborg. Seit 1997 ist er Professor am Department of Psychology an der Clark University und Mitglied des *Socio-Evolutionary-Cultural Psychology Graduate Program*. 1995 erhielt er den Alexander-von-Humboldt-Forschungspreis.

Guy Vergères, PD Dr. phil. nat., ist Leiter der Funktionellen Ernährungsbiologie an der Forschungsanstalt Agroscope Institut für Lebensmittelwissenschaften in Bern (www.agrascope.dh) und Lektor für „Nutrigenomik" an der ETH Zürich und der Universität Lausanne. Er ist Mitglied des Wissenschaftlichen Rats des Netzwerkes Swiss Food Research.

Personenregister

Aristoteles 240
Auerbach, Charlotte 249
Baldwin, James Mark xxi, 152
Bateson, William xxi
Bentley, Arthur 260, 278
Benzer, Seymor 183
Bergstrom, Carl 226, 227
Blondel, Jacob 168, 169, 170
Bowlby, John 84
Breuer, Josef 96, 97, 98, 99
Brink, Royal Alexander 251, 252

Cannon, Walter B. 266
Charcot, Jean-Martin 93, 95, 96, 97, 98
Chrestien, A.-T. 112, 113, 114
Colle, Dionysius Secundus 112
Correns, Carl 241, 242
Crick, Francis xiv, 152, 159, 224, 225

Darwin, Charles 152, 231, 246, 248
Delvoye, Wim 15
Descartes, René 237, 240
Dörner, Günter 195
Dubreuilh, William 113

Ehrlich, Paul 128
Erichsen, John Eric 94, 95

Freud, Sigmund 70, 71, 92, 95, 96, 97, 98, 99, 102

Gates, Reginald Ruggles 249
Geertz, Clifford 266
Gehring, Walter 181
Godfrey-Smith, Peter 226, 231
Goethe, Johann Wolfgang von 165

Hadorn, Ernst 181
Haeckel, Ernst 237
Haller, Albrecht von xvi, 168, 169, 170
Harvey, William 238, 240
Hebb, Donald 185
Herrig, Anna Maria 165
His, Wilhelm xvii
Hoffmeyer, Jesper 155, 156
Hogness, David 181
Holliday, Robin xv, xviii, xix, 25, 223, 254

Horsthemke, Bernhard 252, 253
Huang, Sui 24, 30, 32, 35, 36, 37, 38, 254

Jablonka, Eva xv, xviii, xix, 11, 25, 28, 34, 35, 36, 38, 152, 154, 156, 159, 211, 213, 238, 241, 245
Janet, Pierre 70
Jerne, Nils 114, 115, 122
Jirtle, Randy xiii, 19, 214, 259
Johannsen, Wilhelm 221, 241, 242

Kandel, Eric 75, 184
Kant, Immanuel 174, 175
Keller, Evelyn Fox 79, 161, 217, 222, 242
Krüger, Johann Gottlob 170, 172, 173

Lamarck, Jean-Baptiste de xiv, 90, 152, 246, 249
Landecker, Hannah 12, 19, 264
Landsteiner, Karl 114
Lavater, Johann Caspar 165, 167, 173
Lederberg, Joshua xix, 115
Lessing, Gotthold Ephraim 174
Lichtenberg, Georg Christoph 174
Lillie, Frank Rattray 26
Lorenz, Konrad 130, 132, 179, 184, 193
Lucas, Prosper 92, 96
Luhmann, Niklas 273

Malebranche, Nicolas 167, 168, 170, 238
Mameli, Matteo 232
Mangold, Hilde xvii, 180
McClintock, Barbara 251
Meaney, Michael 74, 101, 216, 217, 259
Meckel, Johann Friedrich 169
Medawar, Peter 117
Metchnikoff, Élie 114
Morgan, Thomas Hunt xvi, xxi, 26, 27, 152, 181, 249
Muller, Herman J. 182

Nanney, David xix, 152, 159, 223
Nicolai, Ernst Anton 170, 171, 172

Oppenheim, Hermann 95, 96, 97, 99, 102
Oyama, Susan xvii, 211, 217, 222, 232

Page, Herbert 95
Pauling, Linus 114
Peirce, Charles Sanders 156, 160
Pembrey, Marcus xxiii, 6, 60, 250
Peterson, Bradley 75
Piaget, Jean 211
Pigliucci, Massimo xviii, 35, 211, 213, 215, 216, 231

Quastler, Henry 224

Rosvall, Martin 226, 227
Roux, Wilhelm xvii, 160, 180

Schmalhausen, Ivan Ivanovitsch xxi
Selye, Hans 266
Shannon, Claude E. 224, 226
Soemmerring, Samuel Thomas 169
Spemann, Hans xvii, 27, 160, 179, 180, 182
Spitz, René 73, 84
Steinbeck, John 245
Stent, Gunther 158, 226
Strümpell, Adolf 95, 96, 97, 99
Suomi, Steven 73

Suter, Catherine 252, 253
Szyf, Moshe 74, 101, 217, 259, 261, 262, 263, 265

Tiedemann, Heinz 180
Tsetlin, Mikhail L'vovich 29, 30
Tuke, Daniel Hack 93
Turner, Daniel 168

Vries, Hugo de 246, 247, 248, 249, 255

Waddington, Conrad Hal xv, xvii, xviii, xix, 23, 25, 26, 27, 28, 29, 30, 31, 32, 33, 34, 35, 36, 37, 38, 139, 181, 213, 238
Waterland, Rob xiii, 4, 5, 19, 259
Watson, James 152, 159, 224, 225
Weismann, August xiv, 89, 93, 99, 221, 222, 229, 242
Wezel, Karl 171, 172
Whitelaw, Emma 253
Wieschaus, Eric 181
Wolff, Caspar Friedrich xvi, 151, 169, 237, 259
Woltereck, Richard 183
Wünsch, Christan Ernst 165, 172

Sachregister

Abduktion 160
Ablesefehler 226
Acetylierung 182
– Histon- 24, 46, 101
Adaptation 37, 117, 118, 123, 127, 128, 153, 190, 194, 197, 204, 212, 224, 245, 251, 255, 275
– Adaptive Predictive Response-Modell (APR) 275, 277
– Kälte- 199, 200, 201, 204
– Mismatch-Theorie 275
– Predictive Adaptive Response-Modell (PAR) 275, 277
– Wärme- 199, 200, 204
Adipositas xiv, 195, 271, 278
– Fettleibigkeit xiii, 4, 5, 217, 272
– Metabolisches Syndrom (Met Syn) 195, 271, 272, 273, 275, 276, 277, 278, 279, 280
Adoptionsstudien 101
Aktivierung 43, 44, 47, 118, 126, 131, 143, 152, 184, 209, 227, 228, 279
Allergie 130
Allostase 266
angeboren 114, 115, 117, 182, 184, 189, 190
Anpassung (siehe auch Adaptation) 90, 117, 130, 152, 183, 189, 195, 201, 203, 204, 228, 240, 275
Attraktoren 28, 30, 32, 33
Autonomie 111, 161, 234, 246, 247
– Bürger- 279
– genetischer Variation 246

Bedeutungswandel xvii, xix, 221, 238, 247, 255
– Bedeutungsschichten xv, 266
– Katachrese 115
– Metaphern xxii, 31, 33, 113, 181, 239, 240, 242
Begriffspolitik 241, 246
Biobanken 13, 17
Biomedizin 52

Chromatin 35, 46, 62, 63, 65, 143, 182
– -Modifizierung 35
Code xxii, 11, 57, 136, 155, 179, 187, 188, 190, 222
– Cerebral- 190
– der DNA 223
– epigenetischer 183, 186, 187, 188

– Histon- 183, 187, 189
– Kern- 188, 189, 190
– Synapsen- 188, 190
Cytosin 8, 46, 183

Darwinismus xiv, 35, 37, 230, 231
– Neo-Darwinismus xiv, 26, 35, 36, 231
Determination 72, 77, 185, 187, 190, 195, 209, 222, 227, 231, 274
– Indeterminanz 151, 247
Determinismus 20, 32, 139, 140, 159
– genetischer xiv, xvii, xviii, 152, 247, 20
Developmental Origins of Health and Disease (DOHAD) 274, 275
Developmental Systems Theory (DST) xvii, 210
Differenzierung xvii, xx, 30, 32, 43, 84, 135, 141, 185, 221, 246
– Abhängige 180, 189, 190
– Selbst- xvii, 180, 189, 190
Digitalität 12, 18, 222, 223, 224
DNA xiii, xiv, xix, xxiii, xxv, 1, 3, 4, 6, 7, 8, 11, 12, 14, 15, 17, 24, 25, 35, 37, 45, 46, 47, 48, 50, 53, 57, 63, 64, 66, 101, 102, 114, 117, 119, 121, 127, 130, 135, 136, 137, 139, 141, 143, 144, 145, 152, 153, 154, 155, 156, 159, 160, 179, 182, 183, 187, 189, 210, 213, 222, 223, 225, 226, 227, 228, 229, 230, 231, 232, 242, 245, 251, 252, 253, 254, 255, 259, 260
– Code der 223
– CpG-Inseln 8
– -methylierung xiii, xix, 3, 4, 6, 7, 8, 14, 24, 45, 46, 47, 48, 50, 53, 57, 63, 66, 101, 102, 136, 139, 141, 145, 155, 183, 187, 189
– Modifikationen der xix, 7, 213, 223, 241
– -Sequenz xix, 24, 35, 57, 135, 136, 137, 223, 225, 228, 229, 252

Early Life Adversity 265
Embodiment 19
– embodied memories 70, 77
Embryo xiii, xvii, 4, 24, 27, 43, 44, 45, 48, 50, 52, 53, 136, 170, 175, 179, 180, 183, 186, 187, 188, 194, 197, 198, 203, 237, 240, 242, 276
– -logie xvi, xviii, 25, 26, 34, 180, 196

- -nalentwicklung xvii, xviii, 44, 45, 47, 144, 179, 181, 183, 188, 190, 203
- Rinder- 47
Emergenz xviii, 12, 20, 37, 38, 151, 156, 157, 160, 161, 162, 213, 231
Endokrinologie 195, 214
Enhancement 19, 20
Entwicklung xv, xvi, xvii, xx, xxv, 1, 4, 5, 19, 26, 27, 28, 32, 37, 43, 45, 46, 47, 50, 52, 53, 57, 58, 66, 73, 77, 79, 82, 83, 84, 95, 100, 110, 111, 114, 125, 126, 128, 132, 137, 141, 152, 155, 158, 162, 167, 168, 169, 170, 172, 175, 179, 184, 187, 188, 190, 193, 194, 195, 197, 198, 199, 203, 209, 210, 211, 212, 213, 214, 215, 216, 217, 218, 221, 229, 230, 231, 232, 234, 237, 238, 240, 241, 242, 248, 251, 264, 265, 267, 274, 276, 277
- -biologie 29, 36, 89, 139, 144, 183, 212, 221, 232
- -differenzen 58
- -genetik xiii, 26, 181
- -mechanismen xix, 209, 210, 211, 212, 213, 215
- -nische xxv, 210, 211, 212, 214, 215, 216, 217, 218
- -pfade xviii, 27, 28, 30, 32, 33, 157
- -ressourcen 216, 222, 223, 229, 232, 233
- -schicksal 27, 30, 33, 180
- -system 35, 211, 213, 216, 217, 232, 233
Entwicklungsphase 193, 195, 255, 274, 275, 280
- kritische 101, 102, 193, 194, 195, 197, 199, 203, 260
- sensible 130, 132, 184, 193, 277
Epiallel 48
Epidemiologie xiv, 12, 16, 18, 19, 263, 266
Epigenese xvi, xxv, 160, 161, 162, 172, 181, 209, 214, 237, 238, 239, 240, 243
Epigenetik xiii, xiv, xv, xvii, xviii, xix, xx, xxi, xxii, xxiii, xxiv, xxv, 3, 7, 8, 23, 11, 12, 19, 23, 24, 25, 27, 34, 35, 36, 38, 40, 69, 84, 101, 102, 103, 136, 137, 138, 147, 151, 152, 153, 154, 156, 158, 159, 160, 161, 162, 175, 179, 181, 212, 213, 221, 222, 239, 223, 227, 231, 240, 241, 242, 245, 246, 248, 254, 255, 256, 262, 267, 271, 272, 273, 274, 278, 280
- Definition der 7, 23, 45, 136, 213
- Elterliche Effekte/ paternale Effekte 213, 215, 216
- epigenetische Kontrollsysteme 223

- epigenetische Mechanismen xiii, xvii, xviii, xix, xx, 5, 14, 23, 24, 38, 46, 47, 52, 57, 58, 63, 65, 66, 100, 118, 136, 137, 144, 152, 190, 203, 211, 214, 252, 254, 261
- Nutri- xxiv, 2, 4, 12
- soziale 259
- Umwelt- 214, 259, 265, 266, 267
- Vererbungssysteme xix, xxv, 35, 214, 215
- Verhaltens- 259
epigenetische Landschaft xviii, 23, 27, 28, 29, 30, 31, 32, 33, 34, 36, 139, 140, 141, 142, 144, 145, 146, 147, 181, 238
- Entwicklungspfade xviii, 27, 28, 30, 32, 33, 157
- Kanalisierung 27, 185
- Schluchtenmethode xviii, 29, 30, 33, 146
Epigenom 11, 53, 57, 58, 162, 255
Epigenomik 1
- Epigenotyp 37, 57
- Nutri- 264
- Umwelt- 214
Ernährung xiii, xix, xxii, xxiii, xxiv, 1, 3, 4, 8, 11, 12, 14, 17, 18, 20, 58, 114, 132, 213, 214
- Äpfel 13, 15
- Himbeeren 13, 14
- Lebensmittel 1, 2, 6, 7
- Metabolom 13, 15
- Metabolomik 1, 13
- Milch 7
- Nahrung 1, 3, 4, 7, 8, 11, 12, 13, 18, 118, 145, 197, 201, 203, 204, 215, 259
- Nahrungsmittel 1, 11, 14, 52
erworbene Eigenschaften xiv, 38, 89
Eugenik 175
Evolution xvii, xviii, xx, 37, 152, 190, 191, 209, 210, 211, 212, 214, 217, 218, 222, 224, 230, 231, 237, 238, 240, 241, 243, 248
- erweiterte Synthetische Theorie der Evolution / Extended Synthesis xviii, 35, 36, 37, 38
- -faktoren 203
- Gradualistische Evolutionstheorie 247
- kulturelle 212
- -theorie xiv, xvi, xviii, xxi, 89, 90, 152, 212, 215, 217, 245, 247

Faktor xx, xxi, 18, 186, 211, 223, 231
- kultureller xx, xxi, xxii, xxiv, xxvi, 175, 234

- Umwelt- xxi, 3, 6, 57, 58, 83, 194, 195, 197, 203, 204, 209, 232, 246
Fertilisierung 45
Folat 3, 5, 8
Fortpflanzung xiv, 45, 167, 188, 221, 222, 234
Funktionalität 188, 190, 225, 228

Gedächtnis 61, 75, 77, 90, 99, 102, 114, 184
- -bildung 77, 184, 186, 187, 188
- deklarativ-explizit 77
- Kurzzeit- 184, 188
- Langzeit- 184, 187, 188, 201
- prozedural-implizit 77
- -zellen 120, 128
Gen xiii, xiv, xv, xvi, xvii, xxi, 2, 3, 4, 5, 6, 11, 20, 24, 25, 26, 27, 28, 31, 33, 36, 38, 46, 47, 48, 50, 52, 53, 57, 58, 62, 63, 64, 74, 120, 121, 135, 138, 140, 142, 143, 144, 145, 146, 153, 156, 179, 181, 182, 183, 209, 212, 216, 221, 224, 226, 231, 238, 241, 242, 247, 250, 251, 252, 253, 262, 265
- -aktivität xix, 11, 47, 135, 136, 182, 271
- -determinismus 247
- Entwicklungs- 181
- -expression xix, xx, 3, 5, 7, 11, 12, 19, 20, 46, 58, 64, 100, 136, 137, 139, 155, 193, 199, 203, 214, 217, 251, 259
- Gen-Kultur-Koevolution 212
- Gen-Regulationsnetzwerke 31, 32, 36, 37
- Gen-Umwelt-Interaktion 12, 247, 20
- Jahrhundert des 222, 242
- -produkt 28, 209, 213, 216
- -sequenz 209, 211, 213
- springendes 251
- -technik 211
- -transfer 52
- -zentrismus 23, 38
Generation xiii, xvi, xix, xxiii, 2, 4, 5, 6, 8, 19, 24, 25, 35, 57, 59, 60, 61, 62, 66, 69, 71, 74, 75, 78, 81, 82, 83, 84, 89, 90, 92, 93, 99, 101, 102, 128, 132, 136, 167, 182, 194, 196, 203, 210, 212, 215, 221, 232, 237, 239, 241, 242, 250, 252, 259, 276, 277
- -theorien 167, 168, 169
Genetik xiv, xvi, xvii, xviii, xix, xxi, xxii, xxv, xxvi, 1, 8, 11, 25, 26, 34, 89, 115, 118, 132, 136, 147, 151, 155, 159, 181, 183, 221, 223, 224, 227, 239, 241, 242, 245, 246, 247, 248, 249, 251, 253, 254, 255, 256, 260

- Entwicklungs- xiii, 26, 181
- genetisches Programm 47, 227
- Jahrhundert der 222
- klassische 23, 239, 241
- Nutri- 2, 12, 19, 20
- Verhaltens- xxv, 183
Genom xviii, 3, 8, 13, 19, 20, 37, 46, 53, 57, 58, 83, 114, 132, 135, 136, 142, 145, 195, 196, 209, 214, 247
- Genomweite Assoziationsstudien (GWAS) 18
Genomik xix, 1
- Nutri- xxiv, 1, 2, 11, 13, 19, 20, 158
- Post- xvii, 12, 19, 20
Genotyp xiv, xv, xviii, 27, 37, 38, 57, 73, 132, 152, 153, 156, 161, 181, 190, 209, 212, 216, 221, 222, 242
Gesundheit xiv, 8, 11, 12, 16, 162, 173, 194, 213, 241, 261, 271, 272, 273, 275, 277, 280

Hebbsche Regel 185
Histon xix, 3, 7, 24, 46, 57, 63, 127, 182, 223
- -acetylierung 46, 101
- -code 183
- -modifikation 46, 57, 136, 141, 145
Holismus 2, 15, 237
Holocaust-Überlebende 91, 100, 101
Hospitalisationsstudien 73
Hypothalamus-Hypophysen-Nebennierenrinden-Achse 75

Identität 3, 23, 26, 81, 82, 83, 117
Idiotyp 121, 122, 123, 125, 126, 127, 129, 131
- idiotypischer Regelkreis 123
- idiotypische Wechselwirkungen 123, 125, 129
Imaginationstheorie 166, 168
- Kallipädie 173, 174
- Mütterliches Versehen 166, 168, 175
Imitation 224
Immunantwort 119, 120, 122, 123, 125, 126, 128, 130
Immunität xxv, 107, 108, 109, 110, 111, 112, 113, 114, 115, 118, 119, 120, 125, 127, 128, 129, 132
- angeborene 115
- Befreiung von Leistungen 107
- diplomatische 111
- erworbene 114
- immunitas 107, 108, 112
- mittelalterliche 109, 110

– munus 107, 108
– passive 128
Immunologie xxv, 107, 112, 113, 114, 115, 240
– immunologische Prägung 130
– immunologisches Lernen 132
– immunologische Spezifität 114
Immunsystem xxv, 7, 115, 117, 118, 120, 122, 123, 125, 127, 128, 129, 130, 132, 152, 153, 199, 203, 204, 240
– Antikörper (Antigene) 114, 117, 118, 119, 120, 121, 122, 123, 125, 126, 127, 128, 129, 130, 145, 240
– Autoimmunerkrankungen 125, 126
– Lymphozyten 3, 114, 117, 118
Impfung 114, 119, 120, 240
Imprinting xix, 46, 58, 60, 130, 153, 240
Indeterminanz 151, 247
Individualisierung 19
Induktion 129, 153, 179
Information 4, 7, 37, 114, 141, 155, 179, 216, 222, 224, 225, 226, 227, 228, 229, 242, 256, 279
– nicht-präformistischer Informationsbegriff 226
– semantischer Informationsbegriff 225, 231
– Sequenz- 209
Instabilität 247, 250
intergenerationell xxvi, 24, 34, 73, 74, 245, 276

Kallipädie 173, 174
Kanalisierung 27, 185
Kausalität xiv, 18, 19, 25, 27, 37, 126, 146, 156, 158, 211, 225, 228, 233, 256
Keimbahn xiii, 46, 57, 60, 64, 66, 89, 93, 101, 241, 252, 253, 254, 260, 276
Keimplasma 90, 93, 222
– -theorie xiv, 89, 90, 99
Klonen xvii, xxiv, 43, 44, 47, 48, 52, 53, 136, 181
– Dolly 43, 53
– Kerntransfer 43, 47, 48, 52
– Klon xix, 43, 45, 52, 126
– Klonforschung 31
– reproduktives 52
– somatisches 44, 47, 48, 50, 52
– therapeutisches 52
– transgene Tiere 52, 54
Koevolution 233
– Gen-Kultur- 212

Komplexität xxi, xxiii, xxv, 36, 147, 152, 162, 188, 209, 247, 262
Körper xxii, 1, 5, 11, 12, 20, 71, 77, 78, 80, 81, 107, 111, 113, 135, 137, 141, 145, 167, 169, 171, 179, 180, 190, 211, 215, 221, 222, 230, 259, 260, 261, 266, 278
– -lichkeit 70, 74, 97, 98, 107, 112, 113, 114, 167, 179, 190, 266, 267, 268
– -substanz 221
Korrekturmechanismen 14, 47, 226, 240
Kriegskinder 91
Kultur xiv, xv, xx, xxi, xxiii, 12, 47, 90, 92, 141, 190, 217, 231, 233, 246, 267
– Gen-Kultur-Koevolution 212
– kulturelle Evolution 212
– kultureller Faktor xx, xxi, xxiv, xxvi, 175, 234
– kulturelles Trauma 91, 103
– kulturelle Übertragung von Traumata 91

Lamarckismus xiv, xviii, 38, 161
– Neo-Lamarckismus 23, 35, 36
Lebensstil xiv, 13, 262, 271, 272, 274, 277, 278
Lebenswissenschaften xv, xx, xxi, 151, 175, 210, 214, 237, 260, 268
Lernen 59, 75, 101, 114, 118, 183, 193, 215
– -fähigkeit 185
– Imitation 224
– immunologisches 132
Lillies Paradox 26
Lipoproteine
– High Density. *Siehe* HDL
– Intermediate Density. *Siehe* IDL
– Low Density. *Siehe* LDL
– Very Low Density. *Siehe* VLDL

Medizin xv, xxiv, xxv, 23, 35, 92, 96, 155, 174, 181, 212, 214
Metabolisches Syndrom (Met Syn) 195, 271, 272, 273, 275, 276, 277, 278, 279, 280
Metabolom 13, 15
Metabolomik 1, 13
Methodologie xxiv, 23, 24, 26, 30, 34, 36, 38, 160
– Epistemologie xxi, xxiii, 16, 151, 154, 160, 214, 216, 246, 253, 256, 262
– Heuristik xix, xxiv, xxv, 29, 32, 34, 113, 233, 253
Methylierung xiii, xix, 3, 4, 5, 7, 8, 12, 13, 19, 36, 45, 46, 47, 48, 50, 53, 63, 64, 74, 101,

136, 153, 156, 160, 182, 223, 227, 250, 252, 259, 276
- CpG-Inseln 8
- De- 48, 74, 156, 274, 276
- DNA- xiii, xix, 3, 4, 6, 7, 8, 14, 24, 45, 46, 47, 48, 50, 53, 57, 63, 66, 101, 102, 136, 139, 141, 145, 155, 183, 187, 189
- -muster xiii, 4, 6, 46, 47, 48, 50, 74, 101, 228, 259, 260, 263, 265, 274, 276
- -zustand 6, 252
Mikrobiom 14, 19
Mikro-RNA xiii, xix, 3, 7, 57, 63, 188, 260, 263
Mikrovesikel 7
Mismatch-Theorie 275
Moderne Synthese 209, 214, 216, 248
mRNA 7, 48, 187, 188
Mutation xxv, 8, 27, 38, 57, 123, 144, 145, 182, 183, 211, 216, 240, 242, 245, 246, 247, 248, 249, 250, 251, 252, 254, 255, 256
- Epi- 252, 253, 254, 255
- Hyper- 114, 123, 255
- Mutagenese 8, 144
- Para- 251, 252
- -perioden 249
- Prä- 248, 249, 250, 252
- Somatische 131
- Trans- 246
- Zufallskomponenten der 245, 251
- Zwei-Phasen-Mutationsprozess 250

nature/nurture xv, xx, xxvi, 172, 237, 267
natürliche Sprache 223
Nervensystem 75, 77, 92, 94, 117, 132, 187, 237
Netzwerk xviii, 27, 28, 31, 32, 33, 36, 37, 57, 109, 131, 137, 139, 141, 142, 144, 146, 147, 182, 185, 187, 195, 201, 229, 231
- -dynamik 32
Neurotransmitter 73
Neurowissenschaften 69, 75, 84, 262
Niederländischer Hungerwinter xiii, 6, 264
Nische xiv, 13, 212, 215, 216, 239
- Entwicklungs- xxv, 210, 211, 212, 214, 215, 216, 217, 218
- -konstruktion 212, 216, 218
- ontogenetische 214
- Selektions- 212, 217
Normen 107, 110, 115, 185, 267, 272
- moralische 272

- Normativität 225, 272
- soziale 272
Nukleosom 46

öffentliche Wahrnehmung xxii, 11, 12, 15, 17, 23, 107, 237, 265, 271, 272, 273, 276
one-carbon metabolism 3, 8
Ontogenese xv, xvii, xix, xx, 38, 99, 102, 125, 152, 193, 195, 198, 203, 204, 214, 239, 260, 275
Operationalisierung xx, xxi, 17, 262
Organisator xvii, 180, 195
Organismus xiii, xiv, xv, xvi, xviii, xx, xxi, xxiii, xxv, 1, 3, 11, 13, 15, 20, 24, 27, 57, 90, 112, 118, 151, 153, 154, 156, 157, 158, 161, 162, 179, 183, 188, 189, 193, 194, 195, 199, 203, 204, 211, 212, 216, 217, 221, 222, 223, 225, 227, 229, 230, 231, 232, 233, 234, 238, 239, 242, 259, 260, 275, 277
- Organismus-Umwelt-System 211

Paritätsthese 229
Paternalismus 280
Pflanzenmodell 53, 117, 167, 182, 237, 249, 251, 252, 260
Phänotyp xiii, xv, xviii, xix, xxi, xxiii, 5, 8, 25, 27, 37, 38, 93, 130, 132, 144, 145, 152, 153, 156, 160, 161, 181, 200, 201, 203, 209, 210, 211, 212, 213, 214, 216, 221, 222, 226, 242, 250
Plastizität 3, 136, 153, 185, 190, 210, 213, 237, 245, 260, 265, 275
- epigenetische 274
- metabolische 3
- neuronale 188, 195, 201, 203
post-Darwinian Synthesis 35
postmoderne Biologie 247, 256
Postnatal 45, 53, 184, 187, 193, 198, 199, 200, 201, 203, 204
Prädisposition 92, 93, 95, 97, 98, 99, 100, 190, 204
- frühkindliche 102
Präformation xvii, xxv, 166, 170, 222, 226, 237, 238, 239, 240, 242, 247
- Animalculismus 166, 170
- Jahrhundert der 247
- -lehre xvi, 168, 170
Prägung xix, xxv, 19, 20, 26, 74, 114, 117, 130, 169, 170, 171, 172, 175, 179, 183, 186, 190,

193, 194, 195, 197, 199, 200, 202, 204, 240, 255, 265, 275, 277
- -akt 275
- Fehl- 195, 275
- Filial- 193
- frühkindliche 266
- immunologische 130
- Imprinting 46, 58, 60, 153
- -phase 275
- pränatale 172
- -prozess 184, 193, 196, 275
- von Körperfunktionen 195, 197
- von Verhaltensmustern 179

Prägungsphase 275
Prävention 16, 74, 84, 271, 277, 279
- -aufklärung 279
- -defizit 278, 279, 280
- -politik 19
- -verhalten 273, 278

Prognostik/ prognostizieren 143
Programmierung 11, 274
- epigenetische 274, 275, 276, 277
- perinatale 274

Psychoanalyse 69, 72, 74, 79, 80, 81, 82, 83, 84
- psychoanalytisch xxv, 69, 70, 71, 72, 73, 77, 78, 84, 99, 101, 103, 266

Psychodynamik 70
psychosomatisch 70, 71, 80, 83, 175
Public Health 16, 279, 280

Railway Spine 70, 94, 95
Reaktionsnorm 155, 183
Reduktionismus 27, 34, 237, 262
Regelsysteme 194, 195, 197, 203, 204, 275
- Hierarchie der 199, 253

Reiz 184, 188, 215
- -schutz 69, 70

Replikationsmechanismen 136
Repräsentation 26, 91, 111, 222, 231
Reprogrammierung xvii, xix, 23, 30, 31, 33, 45, 47, 48, 50, 53, 136
- epigenetische 48, 50, 53

Reversibilität 31, 65, 245, 274, 277
RNA xiv, 7, 43, 53, 57, 63, 114, 130, 135, 137, 143, 144, 145, 152, 153, 159, 160, 188, 213
- Interferenzen 135, 144

Rückkopplung 195, 197, 252
- biochemische 252

- Feedback-Mechanismen 195, 197
- -schleifen 195

Schwangerschaft xiii, xxii, 6, 59, 83, 93, 101, 132, 165, 167, 168, 169, 170, 171, 172, 173, 240, 274, 276, 277, 280

Selbstorganisation 240
Selbstsorge 277
Selektion xxi, xxii, 35, 52, 126, 129, 136, 144, 153, 209, 211, 212, 213, 215, 217, 228, 246, 248, 261, 274

Semiose 153, 155, 156
Spezifität 74, 114, 122, 123, 209, 224, 228
- -immunologische 114

Stammzellbiologie xvii, xix, xxiv, 23, 24, 25, 30, 31, 32, 34

Statistik xxv, 16, 18, 101, 146, 154, 158, 159, 160, 224, 266

Störung 90, 92, 93, 95, 98, 250
- Angst- 58, 61, 103
- Depression 58, 60, 61, 66, 69, 71, 72, 73, 75, 77, 81, 82, 83, 84, 214, 217
- Hysterie 70, 95, 97, 98
- LAC-Depressionsstudie 69, 77
- Neurose 70, 96, 97, 98
- PTBS (posttraumatische Belastungsstörung) 74, 75, 77, 90, 94, 96, 99, 100, 102, 103

Stress xiii, xix, 58, 59, 62, 64, 75, 101, 103, 175, 200, 201, 214, 217, 255, 259, 261, 265, 266, 267, 268
- -coping 62
- frühkindlicher 60, 65, 102, 261
- Langzeitreaktion 62
- oxidativer 14
- -Paradigma 266, 267
- -theorie des Traumas 95, 99
- traumatischer 57, 58, 62, 100

synthetische Evolutionstheorie 24, 35
Systembiologie xix, 1, 3, 13, 18, 24, 34, 266

Technologien xiv, 1, 12, 13, 17, 18, 19, 107, 135, 144, 151, 152, 159, 247, 265, 268
- Biobanken 13, 17, 152
- Bioinformatik xxv, 18, 19, 142, 146, 264
- Hochdurchsatzverfahren 13, 142, 144, 145, 146
- in vitro xiv, 13, 14, 48, 50, 144
- Microarrays xiv

- -omics 1, 2, 13, 18
- Sequenzierung xiv, 13, 47, 50, 53, 144, 145
- Temperatur 80, 81, 195, 199, 200, 201
- Thermosensitivität 200
- -training 201
- Teratologie 195
- Missbildungen 165, 166, 167, 168, 169, 172, 173
- Theorie der Entwicklungssysteme (DST) 210, 222, 228, 229, 232
- Thermoregulation 194
- Tiermodelle xiv, xvii, 4, 15, 31, 53, 59, 60, 102, 144, 180, 276
- Drosophila xvi, 136, 144, 181, 182, 183, 249
- Wimpertierchen 136
- Tiermodelle (Säugetier)
- Maus xiii, xxv, 4, 5, 15, 16, 19, 31, 44, 45, 46, 59, 60, 61, 62, 63, 65, 66, 89, 101, 122, 129, 144, 260
- Ratten 5, 15, 16, 44, 45, 59, 101, 130, 132, 215, 217, 261
- Rind 44, 45, 46, 47, 52, 53
- Schaf 43, 44, 53
- Tiermodelle (Vögel) 197, 204
- Brautente 201
- Embryonen 193, 196
- Huhn 199, 201, 202
- Moschusente 200
- praecociale 193, 197, 200
- Schlupfsynchronisation 194
- Tierzucht 52, 53
- Totipotenz 34, 43, 180
- Tradition xiv, 37, 103, 169, 175, 233, 266
- Transdifferenzierung 31
- Transgenerationalität 276, 278
- transgenerationell xiii, xiv, xv, xix, xx, xxii, xxiii, 4, 5, 6, 7, 8, 19, 20, 35, 36, 37, 38, 59, 61, 62, 64, 69, 72, 73, 74, 83, 89, 92, 99, 101, 102, 119, 129, 152, 159, 166, 175, 239, 240, 250, 252, 253, 254, 260, 276, 277, 278, 279, 280
- transgenerationelle Effekte 8, 19, 276
- transgenerationelle Übertragung xiv, xv, xix, xx, xxii, 7, 37, 59, 69, 74, 89, 92, 99, 101, 102, 276
- Transkriptom 3, 183
- Transmission 62, 221, 222, 223, 224, 228, 232, 233, 234
- materielle Überlappung 224

- von Merkmalen 222
- von Organisation 228
- Trauma xx, xxii, xxiii, xxiv, 57, 58, 59, 60, 61, 62, 66, 69, 70, 71, 72, 73, 74, 75, 77, 80, 81, 82, 83, 84, 89, 90, 91, 92, 93, 94, 95, 96, 97, 98, 99, 100, 102, 103
- compassion fatigue 91
- -forschung 69, 103
- kulturell 91
- physisch 95
- psychisch 89, 90, 95, 96, 98
- Railway Spine 70, 94, 95
- sekundäre Traumatisierung 91
- Separationstrauma 73
- -übertragung 89, 90, 91, 101

Übertragung xxv, 7, 19, 59, 60, 62, 82, 89, 93, 98, 99, 101, 103, 112, 119, 130, 132, 167, 168, 210, 213, 240, 241, 247, 253, 261, 276, 280
Umwelt xiii, xiv, xv, xviii, xx, xxiii, xxv, 11, 12, 17, 19, 20, 24, 27, 43, 57, 58, 65, 66, 70, 74, 117, 118, 123, 128, 130, 132, 152, 154, 162, 189, 191, 193, 194, 195, 196, 199, 203, 204, 211, 212, 213, 214, 217, 221, 222, 223, 224, 228, 229, 231, 232, 237, 238, 239, 245, 246, 247, 259, 262, 263, 264, 265, 267, 275, 278, 279
- -bedingt 145, 196, 209, 214, 246, 273
- -bedingungen xvii, 65, 156, 157, 183, 193, 199, 201, 209, 211, 213, 214, 224, 228, 248, 260, 275
- -einfluss xix, 3, 11, 27, 57, 73, 75, 83, 100, 114, 188, 193
- -epigenetik 214, 259, 265, 266, 267
- -epigenomik 214
- -faktoren xxi, 3, 6, 57, 58, 83, 194, 195, 197, 203, 204, 209, 232, 246
- Gen-Umwelt-Interaktion 12, 247, 20
- materielle 260, 263, 264
- Organismus-Umwelt-System 211
- soziale 259, 262, 265

Variabilität xvii, xviii, 2, 11, 13, 18, 155, 159, 179, 203
Variation xxi, 26, 27, 37, 38, 211, 212, 213, 215, 217, 246, 251, 255, 256
Veranlagung 190, 250
Verantwortung xxii, xxiii, xxvi, 53, 125, 126, 182, 217, 221, 239, 271, 272, 279, 280

- Eigen- 271, 273, 277, 279, 280
- intergenerationelle 276
- -netz 277, 279
- transgenerationelle 276, 278

Vererbung xiv, xvi, xix, xx, xxii, xxiii, xxiv, xxv, xxvi, 11, 23, 24, 34, 35, 37, 38, 63, 66, 89, 90, 92, 93, 94, 96, 97, 99, 101, 102, 103, 114, 118, 130, 135, 166, 170, 175, 196, 203, 209, 210, 212, 213, 217, 218, 221, 222, 223, 228, 230, 237, 238, 239, 240, 241, 242, 245, 246, 247, 250, 251, 252, 253, 254, 255, 259, 137, 276
- -begriff xiv, 241, 254
- epigenetische 25, 34, 35, 38, 159, 213, 253, 254, 255, 276
- Erbe xvii, xxii, 237, 239
- erworbener Eigenschaften xix, 35, 89, 90, 94, 99, 203
- Kontrollhierarchie der 253
- nicht-DNA-basierte 223
- nicht-genetische 25, 36, 194, 213
- nicht-mendelnde 250
- Pseudoheredität 98
- transgenerationelle 36, 38, 250, 254

Vererbungsforschung, komparative xxiii, xxiv

Vulnerabilität 73, 74, 77, 83, 91

Weitergabe xiii, 4, 61, 72, 78, 89, 90, 91, 93, 102, 179, 215, 216, 217, 223, 224, 228, 238, 239, 241, 253, 254
- -transgenerationelle xxii, 59, 69, 72, 73, 74, 102, 166, 276

Wissenschaftsgeschichte xv, xx, xxiv, 23, 24, 26, 39, 160, 237, 245, 247

Xenotransplantation 52, 54

Zelle xiii, xiv, xviii, xix, 3, 4, 7, 14, 24, 25, 26, 27, 28, 30, 31, 33, 43, 44, 45, 47, 48, 52, 53, 57, 64, 66, 114, 117, 118, 119, 120, 121, 122, 123, 125, 126, 127, 129, 130, 135, 136, 137, 139, 140, 142, 143, 144, 145, 146, 153, 154, 157, 170, 179, 180, 182, 190, 217, 222, 223, 224, 228, 229, 231, 232, 239, 241, 247, 267
- -differenzierung xvii, xix, 26, 31, 32, 34, 35, 48, 135, 139, 142, 251
- -gedächtnis 274
- -typen xviii, 27, 135, 136, 137, 139, 141, 145, 146, 179, 182, 274
- -verband 179, 188, 190
- zellulär xiv, 27, 32, 127, 137, 144, 179, 195, 203, 214, 274
- -zustand 139, 140, 141, 142, 144, 145, 146, 147, 242

Zwillinge 2, 3, 57, 169
- Adoptionsstudien, 101
- Eineiige (monozygote) xiii, 2, 57, 74

Zytoplasma 44, 182, 187, 188, 223

www.ingramcontent.com/pod-product-compliance
Lightning Source LLC
Chambersburg PA
CBHW081919180426
43200CB00032B/2858